磁力耦合传动技术及装置的理论设计与应用

CILI OUHE CHUANDONG
JISHU JI ZHUANGZHI DE
LILUN SHEJI YU YINGYONG

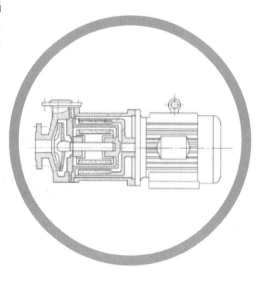

赵克中　著

U0336341

化学工业出版社

·北京·

本书阐述了磁力耦合传动技术及装置的基本原理和工程设计；讲述了物质的磁性、磁性材料、磁性材料性能、磁路排列规律和磁场的场形分布；用二维和三维方法分析了永磁体耦合场的力学状态和作用机理、磁耦合场的数值分析方法和计算及其工程应用上的分析和计算方法等内容。书中还阐述了磁力耦合传动装置的结构设计基础和设计技巧，收集了工程应用的部分检测试验数据、图表等，是优化设计的必备参考资料。

本书分为 12 章。第 1、2 章为磁力耦合传动技术的基础理论；第 3~5 章为磁力耦合传动装置的磁路设计、分析、计算，结构设计、分析、计算以及试验研究；第 6~8 章为磁力耦合传动技术及磁场的理论分析，数理分析，力学分析以及磁场的运动学、动力学分析和计算；第 9~12 章为磁力耦合传动技术在不同行业、不同设备上的部分应用，通过一些应用实例和经验，概括归纳了设备及装置应用磁力耦合传动技术的设计思路、设计方法及结构设计与分析计算的方法，总结了磁力耦合传动技术在应用方面的设计基础知识。

本书可供机械、石油、化工、制药、火电、矿产、真空、军事工程、航天、核电等行业中从事机械传动、传输与控制技术以及机械设备的工程技术人员、管理人员和相关专业的大专院校师生阅读参考。

图书在版编目（CIP）数据

磁力耦合传动技术及装置的理论设计与应用/赵克中
著 . —北京：化学工业出版社，2018.6
ISBN 978-7-122-31949-4

Ⅰ.①磁…　Ⅱ.①赵…　Ⅲ.①磁性材料 – 耦合传动 –
研究　Ⅳ.①TH132

中国版本图书馆 CIP 数据核字（2018）第 074300 号

责任编辑：戴燕红　　　　　　　　　　　　文字编辑：陈 喆　刘砚哲
责任校对：边 涛　　　　　　　　　　　　　装帧设计：尹琳琳

出版发行：化学工业出版社（北京市东城区青年湖南街 13 号　邮政编码 100011）
印　　装：三河市延风印装有限公司
787mm×1092mm　1/16　印张 27½　字数 672 千字　2018 年 9 月北京第 1 版第 1 次印刷

购书咨询：010-64518888（传真：010-64519686）　　售后服务：010-64518899
网　　址：http://www.cip.com.cn
凡购买本书，如有缺损质量问题，本社销售中心负责调换。

定　　价：138.00 元

　　《磁力驱动技术与设备》一书在2004年出版发行后，得到了广大工程技术人员和相关专业师生，特别是磁应用领域许多工程技术人员、学者及专家的关注和关怀，极大地鼓舞我于2009年完成了《磁耦合传动装置的理论与设计》。应部分人员的需求和出版社约稿，将以上两篇书稿略做修改后合编为《磁力耦合传动技术及装置的理论设计与应用》。

　　近年来，高性能稀土永磁材料稳步发展，加之新型轴承材料及电子、控制技术的迅速发展，磁力耦合传动技术在应用领域得到了广泛的研究和空前的发展。磁力耦合传动技术已由过去简单的模拟应用发展到应用于石油、化工、火电、制药、矿厂、真空、科研、航天等行业里的普通设备以及大型设备和重要传动及传输部位，并且已在军事工程、舰艇船舶以及核电站、核反应堆等领域里逐步应用。磁耦合传动技术已发展成为一种新的传动技术、新装置和新产品，在各个领域里得到了广泛应用。

　　书中论述了磁力耦合传动技术及装置的基本原理、工程设计及设计的基本思路、基础理论、技术特点、结构形式、运动状态及其应用领域和主要用途；介绍了物质的磁性、磁性材料、磁性材料性能、磁路排列规律和磁场的场形分布；用二维和三维方法分析了永磁体耦合场的力学状态和作用机理、磁耦合场的数值分析方法和计算及其工程应用上的分析方法和计算方法等方面的内容。书中还阐述了磁力耦合传动装置的结构设计基础和设计技巧，特别是通过磁路结构设计与机械结构设计的组合、配置，设计出单一的或复合的、单向的或双向的、连续的或间歇的各种类型的直线运动、圆周运动、螺旋运动以及几种运动组合的复合运动等多种运动形式的磁耦合传动装置；阐述了磁耦合传动装置整机和零部件的性能特点、受力状态、运动状态以及检测试验与研究；收集了工程应用的部分检测试验数据、图表等，是优化设计的必备参考资料。

　　全书共4篇，分为12章。第1篇包括第1、2章，阐述磁力耦合传动技术的基础理论；第2篇包括第3~5章，阐述磁力耦合传动装置的磁路设计、分析、计算，结构设计、分析、计算以及试验研究；第3篇包括第6~8章，阐述了磁力耦合传动技术及磁场的理论分析、数理分析、力学分析以及磁场的运动学、动力学分析和计算；第4篇包括第9~12章，阐述了磁力耦合传动技术在不同行业、不同设备上的部分应用，通过一些应用实例和经验，概括归纳了一些设备及装置应用磁力耦合传动技术的设计思路、设计方法及结构设计与分析计算的方法，总结了一些磁力耦合传动技术在应用方面的设计基础知识。本书可供机械、石油、化工、制药、火电、矿产、真空、军事工程、航天、核电等行业中从事机械传动、传输与控制技术以及机械设备的工程技术人员、管理人员和大专院校相关专业的师生参阅。

　　本书稿得到了东北大学徐成海、李云奇教授的指导；得到东北大学张世伟教授、刘军博士的帮助；航天集团510所杨坚华研究员、兰州理工大学李仁年教授、兰州交通大学蒋兆远教授、东北大学杨乃恒教授、巴德纯教授、谢里杨教授对初稿做了审核工作；得到了李国坤教授、张炤研究员等专家的支持和关注；本单位同事车炯、安芝贤、闫雪兰、李成军、韩爱国、杜海宽、陈雪琴、周健、段武全、王川、杨成仁、赵娜、丁成斌等工程技术人员在成稿过程中帮助做了部分试验工作和资料整理工作，在此向他们一并致以诚挚的谢意。

　　由于笔者水平有限，不足之处在所难免，恳请同行专家、学者和读者批评指正。

著　者

2018.3

第1篇 磁力耦合传动技术基础

第1章 绪论 ······ 2
  1.1 概述 ······ 2
  1.2 磁力耦合传动装置的基本结构及运动形式 ······ 7
  1.3 磁力耦合传动装置的运动特性 ······ 10
  1.4 磁力耦合传动技术的发展历史和现状 ······ 13
第2章 磁力耦合传动技术基础 ······ 16
  2.1 磁力耦合传动的基本物理量 ······ 16
  2.2 磁力耦合传动器用永磁材料的磁特性与物理特性 ······ 31
  2.3 圆筒形磁力耦合传动器的结构、尺寸代号 ······ 32
  2.4 磁扭矩计算 ······ 32
  2.5 磁场计算 ······ 35
  2.6 转角对扭矩的影响 ······ 41
  2.7 磁力耦合传动技术中的磁涡流损失 ······ 45

第2篇 磁力耦合传动装置的设计与实验

第3章 磁力耦合传动器的设计与计算 ······ 52
  3.1 磁力耦合传动器设计方法分析 ······ 52
  3.2 磁力耦合传动器磁路的配置方式 ······ 52
  3.3 磁力耦合传动器的磁路设计 ······ 54
  3.4 磁路材料选择 ······ 63
  3.5 永磁体厚度、工作气隙、极数和永磁体轴向排列的合理匹配 ······ 65
  3.6 隔离套的设计与计算 ······ 66
  3.7 磁转子长径比的选择 ······ 75
  3.8 磁力耦合传动器结构参数的优化设计 ······ 76
  3.9 影响磁路性能的因素 ······ 80
  3.10 磁力耦合传动器的静态性能测试 ······ 83
  3.11 磁力耦合传动器的动态性能测试 ······ 88
  3.12 磁力耦合传动器的运转特性 ······ 94
  3.13 磁力耦合传动器损坏原因分析及使用中应注意的问题 ······ 98
第4章 磁力耦合传动装置的结构设计与计算 ······ 100
  4.1 磁力耦合传动装置的结构功能及其控制系统 ······ 100
  4.2 磁力耦合传动装置结构设计的技术要求 ······ 101
  4.3 磁力耦合传动装置的特征参数及其相关尺寸 ······ 101
  4.4 磁力耦合组件的结构设计 ······ 102
  4.5 磁力耦合传动装置磁路工程设计的思路与方法 ······ 118
  4.6 两种典型的磁-机械传动方式的实例 ······ 124
第5章 磁力耦合传动装置的特性实验与分析 ······ 135
  5.1 磁力耦合传动装置的静态特性实验与分析 ······ 135
  5.2 磁力耦合传动装置的动态特性实验与分析 ······ 147

5.3　涡流损失实验与分析 ································· 155
5.4　振动测试实验与分析 ································· 160

第3篇　磁力耦合传动的理论分析与计算

第6章　耦合运动磁场的力学分析 ······················· 166
6.1　耦合运动磁场的动力学分析 ······················· 166
6.2　耦合运动磁场的运动学分析 ······················· 177
6.3　影响耦合磁场运动特性的因素 ····················· 186
第7章　耦合磁场的有限元分析与理论计算 ················· 187
7.1　耦合磁场的有限元分析与建模 ····················· 187
7.2　耦合磁场的力学 2D 分析与计算 ··················· 206
7.3　耦合磁场的力学 3D 分析与计算 ··················· 228
第8章　磁力耦合传动装置的运动学分析 ··················· 242
8.1　磁力耦合传动装置内磁转子振动频率的响应分析 ····· 242
8.2　磁力耦合传动装置启动过程分析 ··················· 243
8.3　磁力耦合传动装置稳定性分析 ····················· 247
8.4　磁力耦合传动装置的使用与故障诊断 ··············· 250

第4篇　磁力耦合传动技术的应用

第9章　磁力耦合传动用于离心泵 ······················· 256
9.1　磁力耦合传动离心泵概论 ························· 256
9.2　磁力耦合传动离心泵的设计与计算 ················· 265
9.3　磁力耦合传动离心泵的制造与调试 ················· 314
9.4　磁力耦合传动离心泵的选用 ······················· 330
第10章　磁力耦合传动齿轮泵 ··························· 367
10.1　齿轮泵的工作原理 ····························· 367
10.2　磁力耦合传动齿轮泵的结构及特点 ··············· 369
10.3　磁力耦合传动齿轮泵的设计 ····················· 370
10.4　磁力耦合传动齿轮泵设计应注意的问题 ··········· 376
10.5　2CY 型磁力耦合传动齿轮泵 ····················· 381
10.6　MCB 型磁力耦合传动齿轮泵 ····················· 382
第11章　磁力耦合传动用于螺杆泵 ······················· 384
11.1　磁力耦合传动螺杆泵的工作原理及结构 ··········· 385
11.2　磁力耦合传动技术在螺杆泵上应用的可靠性 ······· 386
11.3　磁力耦合传动螺杆泵的设计 ····················· 386
11.4　3GY-7/52-C 型磁力耦合传动三螺杆泵 ············· 389
11.5　磁力耦合传动螺杆泵的应用前景 ················· 391
第12章　磁力耦合传动技术的其他应用领域 ··············· 392
12.1　磁力耦合传动技术在真空动密封中的应用 ········· 392
12.2　磁力耦合传动技术在搅拌反应釜中的应用 ········· 405
12.3　磁力耦合传动技术在全密封阀门中的应用 ········· 417
12.4　磁力耦合传动技术在仪表工业中的应用 ··········· 428

第 1 篇

磁力耦合传动技术基础

第1章 绪 论

1.1 概述

磁力耦合传动又称为磁力传动或磁力驱动。它是以现代磁学理论为基础,应用永磁材料或电磁铁的磁力作用,来实现力或扭矩(功率)无接触传递的一种新技术。实现这一技术的装置称为磁力耦合传动器,或称为磁力耦合器、磁力联轴器、磁力耦合传动装置等。磁力耦合传动装置与磁力耦合传动器的主要区别是在磁力耦合传动器的基础上增加了机械装置。

在目前的工业化大生产中,许多过程是在传输、反应、搅拌、加热、冷却、吸收、清洗、扩散、分离等运作下实现的,其输送、通断、控制、变换、调节等功能必须通过一定的传动控制装置来实现。这种传动控制装置应该既能随工作机件正常运转、自动调节位置和实现控制等功能,又能满足运转灵活、控制自如、全密封、不泄漏、不扩散等技术要求。这样的传动控制装置如果能在现代化工业生产设备上得到应用,必将带来明显的经济效益。此外,在机械传动中还有一些传动装置,如样品传递的输入与取出、载荷位移与运动以及一些高精度的力和扭矩的传递,在其传递过程中使传输结构可实现主、从动件分离并使运动方向或运动状态在同步或不同步条件下完成其各自的运动轨迹等方面的要求,对于这些具有特殊要求的传动形式,如果采用磁力耦合传动与机械传动相结合的综合传动方式取代单纯和复杂的机械传动形式,不仅可以简化传动装置,而且还可以提高装置运行的可靠性和传动效率。这里阐述的磁力耦合传动装置是一种完全可以实现上述要求的磁力耦合传动与机械传动相结合,并且在一定程度上还可以实现运动过程自动控制的一种全新的技术。

(1) 磁力耦合传动技术的应用特点

①可将轴传递动力的动密封转化为静密封,实现动力的零泄漏传递。磁力耦合传动传递力或扭矩,是利用磁场力作用特性而实现的。磁力耦合传动并不需要两个永磁件相对接触或连接,因此,当主动件旋转时,在磁场力的作用下即可实现从动件同时进行旋转,而工作容器内外之间并不需要主动轴(或传动杆)穿过容器壁来达到工作目的,从而可实现动力传递过程的静密封状态,彻底做到零泄漏。

②可避免振动传递,实现工作机械的平稳运行。主动件与从动件相互间无接触,不存在刚性连接问题,主动件发生突变或振动时都不会直接传递到从动件上,从动件发生突变或振动时同样也不会影响主动件的工作状态,从而可避免振动或突变的传递,实现工作机械的平稳运行。

③可实现工作机械运行中的过载保护。在主动件与从动件无刚性连接的条件下,设计时可适当增加工作扭矩以增加安全运动感,但当从动件负载突然增加,超载过大时,两件之间可产生滑脱而结束扭矩的传递,从而避免了从动件在不能正常工作时(如主动轴抱死、扫膛等)容易被损坏的危险,同时也对电动机起到了保护作用。

④与刚性联轴器相比较，安装、拆卸、调试、维修均较方便。磁力耦合传动装置在结构上较为简便，主动件与从动件之间存在间隙，易于安装、拆卸和维修，既可减小设备维修的难度和劳动强度，又可提高设备的工作效率。

⑤磁力耦合传动传递动力的运动方式。磁力耦合传动传递动力时可做直线运动、旋转运动以及直线运动与旋转运动相结合的螺旋式复合运动；磁力耦合传动与不同机械结构设计相结合，可实现三维空间的有序运动、其他一些不同方式的运动或一定距离的位移及旋转任意角度的定向运动。

⑥可净化环境，消除污染，实现文明生产。环境保护是我国实现经济可持续发展的一项基本国策，在石油、化工、制药、海上油井作业、有色金属冶炼、湿法选矿、食品等行业的生产流程中，应用磁力耦合传动技术研制而成的泵可完全避免有毒、有害、易燃、易爆、强酸、强碱等腐蚀性介质的泄漏，既保护了操作者的安全，又防止了对环境的污染。

（2）磁力耦合传动技术在应用中存在的问题

①磁场的存在可干扰周围环境。磁场在某一空间的存在干扰了周围环境，使某些应避免磁场干扰的仪器与设备的使用受到了限制。

②磁力耦合传动器在启动过程中易产生滞后。在启动运转过程中，主动磁转子的磁转角与从动磁转子的磁转角存在着转角差并随时间变化而变化；在正常运转中，负载扭矩变化时磁场力扭矩也同样发生变化，从而可导致主、从动件之间产生错动。因此，磁力耦合传动器在要求精确的设备使用上受到了限制。

③磁力耦合传动器与接触式密封装置相比较，效率相对降低。这主要是因为采用金属材料作为隔离套，由于金属隔离套处于正弦交变磁场中，该磁场不但大小变化而且方向也发生变化，导致金属材料隔离套中在垂直于磁力线方向的截面上感应出涡流电流。这种涡流的产生，既能减弱工作磁场，降低传递扭矩，又能产生涡流损失并以焦耳热的形式释放出能量，从而消耗了主轴的一部分传递功率，降低了传递效率。

（3）磁力耦合传动装置的特点

磁力耦合传动装置除了具有常规的磁力耦合传动器所具有的可转化轴传递动力的动密封为静密封，实现工作平稳运行，避免振动传递，实现工作装置在运行中的过载保护，与刚性联轴器相比较易于安装调试、拆卸维修、净化环境、消除污染、实现文明生产等一系列特点外，它还具有传递动力方式较多、结构功能齐全等特点。

①把磁力耦合传动技术从简单的二维平面圆周运动变为四维空间螺旋式复合运动，很好地解决了最大转角与转动范围的控制技术，把复杂的螺旋式复合运动定域在有效空间。

②将磁路设计和机械结构设计有机结合成运动的整体，完成复杂的运动轨迹；突破了传动系统传统机械联动机制，很好地实现了动态下的静密封。

螺旋运动是在三维空间运行的，可以说它是在平面圆周运动的基础上叠加了轴向推进位移和时间因素，同时解决了转角与推进位移（二者皆为时间的函数）的数量关系；解决了转动力矩与轴向推进作用的矢量关系。

③把磁极的紧密型排列、对称性排列和非对称性排列进行合理配置，使耦合的两组分离部件做彼此相关、同步和不同步的双向异型相对运动。

④为任意条件和任意状态的运行摸索出普遍适用的规律。

（4）磁力耦合传动器的分类

磁力耦合传动器依据其不同的分类方法，有如下几种。

①依据磁力耦合传动器耦合原理　可分为同步式、涡流式和磁滞式三种。

a. 若设主动件转速为 n_1，从动件转速为 n_2，传递的扭矩为 T 时，可传递的最大扭矩为 T_{max}，永磁体的内禀矫顽力为 jH_{c_1}，在主、从动两部件中均采用永磁体，两部件中的矫顽力均相等而又足够大时，在 $n_1 = n_2$，$T < T_{max}$ 的条件下，则称磁力耦合传动器为同步式。

b. 若主、从动两部件，主动件为导电体，且电导率 σ 不等于零时，从动件为永磁体，此时称磁力耦合传动器为涡流式。

c. 若主动件为磁滞材料，内禀矫顽力为 jH_{c_1}，从动件为永磁体，内禀矫顽力为 jH_{c_2} 时，$jH_{c_1} > jH_{c_2}$；$T < T_{max}$，$n_1 = n_2$ 时，则无能量损失（磁滞损失），此时磁力耦合传动器被称为磁滞式。

②依据磁力耦合传动器传递运动的方式　可分为直线运动、旋转运动、复合运动以及其他一些特殊运动等。

a. 直线运动式磁力耦合传动器。其结构示意如图 1-1 所示。当主动件做直线运动时，从动件也做直线运动。主动件为环状设置在隔离套外侧，通常由外磁体、磁屏蔽、外罩、传动件等零件组成。从动件也是环形，由内磁体、隔离套、磁回路、紧固件、传动件等零件所组成。

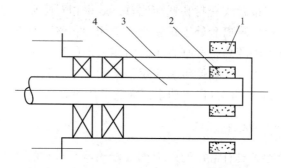

图 1-1　直线运动式磁力耦合传动器结构示意

1—外磁体；2—内磁体；3—隔离套；4—传动件

b. 旋转运动式磁力耦合传动器。其结构如图 1-2 所示。当外磁转子 3 通过电动机做旋转运动时，内磁转子 7 也随之做旋转运动，这种磁力耦合传动器的主动件与从动件均由转轴、永磁体、隔离套、磁回路、轴承、轴承座等部件所组成。

c. 复合运动式磁力耦合传动器。其结构较复杂，但外形基本上与直线运动式磁力耦合传动器接近。复合运动式磁力耦合传动器主动件做直线加旋转的复合运动时，从动件同时也随之做复合运动。

采用永磁体进行复合式驱动的磁力耦合传动器，如图 1-3 所示。这种结构既能分别传递直线运动和转动，又能传递两种运动组合的运动，如螺旋运动、装卡运动，其结构及磁极的排列要比单一运动的磁力耦合传动装置复杂些，外形与直线传动机构相近。因为外磁极既要推动内磁极做直线运动又要做转动运动，而且传动杆仍然要在滚珠轴承导轨上做直线

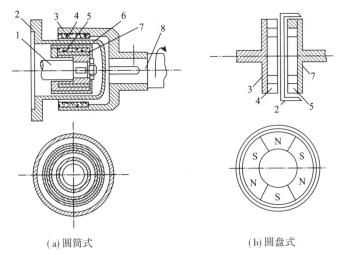

(a) 圆筒式　　　　　　　　(b) 圆盘式

图 1-2　旋转运动式磁力耦合传动器结构示意

1—从动轴；2—隔离套；3—外磁转子；4—外磁转子用永磁体；
5—内磁转子用永磁体；6—工作气隙；7—内磁转子；8—主动轴

运动，所以应在传动杆中心装一转轴来完成转动动作。样品托可以固定在转轴的一端，在转动时随转轴一起旋转，传动杆不动；直线运动时，则和转轴一起随传动杆移动。传动杆可用滚轮调节其运动中心线和管道中心线的同轴度和平行度，导轨架同法兰做成一体，便于整体拆装。密封管一端焊在法兰上，密封管外装有一根标尺，可以显示移动距离，外磁极上装有防尘垫和转角限位器，不需要转动时，限位器夹住标尺，外磁极就不会转动，如果限位器上有角度刻度，就可以测量转角的大小；将限位器松开，磁极可以任意旋转角度，如果标尺上装有定位夹，也可以固定传动杆往复运动的行程。密封管的另一端焊有堵头，堵头上可装支架，托住密封管，避免密封管成为悬臂梁。

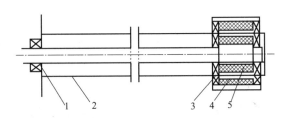

图 1-3　复合运动式磁力耦合传动装置结构示意

1—滚动轴承；2—筒状隔离密封套；3—外滚动轴承；4—外磁转子；5—内磁转子

d. 传递特殊运动的磁力耦合传动器。也可采用电磁场与永磁磁场相结合的方法来实现。这种结构可以将传递往复运动转变为传递间歇的旋转运动。

如图 1-4 所示。图中（a）是把螺管线圈传动置于密封容器内的部件 1 上，可通过棘轮机构用以保证棘轮 2 做间歇式的旋转运动。图中（b）是当电磁铁 5 吸引电枢 6 时，通过杠杆 3 和棘爪，使棘轮 4 转动一个角度，即可把电枢 6 的往复运动转变为旋转运动。

当需要向密封容器内传递周期性摆动时可采用图 1-5 所示的结构。这种磁联摆动式结构把电磁线圈置于大气中，与摆动件 2 是通过隔离套实现的。

③依据磁力耦合传动器的结构形式　可分为圆筒式和圆盘式两种形式。

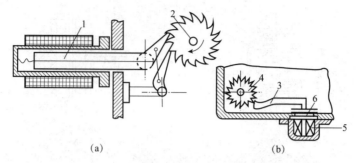

图1-4　用电磁力变往复运动为间歇旋转运动的密封结构示意

1—传动杆；2，4—棘轮；3—杠杆；5—电磁铁；6—电枢

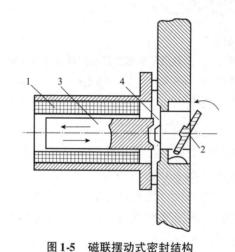

图1-5　磁联摆动式密封结构

1—电磁线圈；2—摆动件；3—铁芯；4—密封板

④依据永磁体的布局方式　可分为间隙分散式和组合拉推式两种。

a. 间隙分散式磁力耦合传动器　永磁体的排列形式如图1-6所示。排列时永磁体与永磁体之间相隔一定距离以避免两个永磁体之间相互作用的磁场短路或同极磁场的作用而引起退磁。

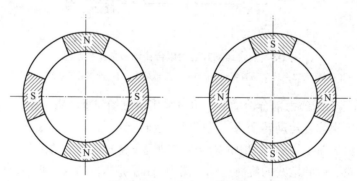

图1-6　间隙分散式磁力耦合传动器永磁体的排列形式

b. 组合拉推式磁力耦合传动器　永磁体的排列形式如图1-7所示。其是由具有高矫顽力的永磁体相互间进行紧密排列而组成的。其主要特点是磁场聚集、传递扭矩大、相对体积小，是目前磁力耦合传动器中最常采用的一种新型的磁路排列方式。

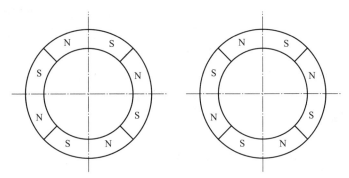

图1-7 组合拉推式磁力耦合传动器永磁体的排列形式

1.2 磁力耦合传动装置的基本结构及运动形式

磁力耦合传动装置属于机械传动系统，其基本结构如图1-8所示，主要由三个部分组成。

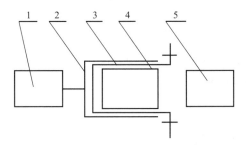

图1-8 磁力耦合传动装置的基本结构示意

1—动力机；2—主动磁组件；3—隔离套；4—从动磁组件；5—负载

①与主动磁场和从动磁场相结合的机械分别构成主动磁机械运动部件和从动磁机械运动部件，还有与运动状态相配套的导向装置等；

②主、从动磁运动部件之间的工作气隙中设置了隔离套部件，包括隔离套工作状态（如温度等）的测试装置及导向装置等；

③运动的动力装置及控制系统，其运动系统如图1-9所示。

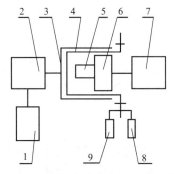

图1-9 磁力耦合传动装置的运动系统示意

1—动力控制系统；2—动力机；3—主动磁组件；4—隔离套；5—负载传动及导向装置；
6—从动磁组件；7—负载装置；8—运动状态检测器；9—温度检测装置

它的程序是：动力控制系统控制动力机工作，根据运行要求，动力机工作转速可调，工作转向可变换，动力机带动主动磁组件运行工作后，主、从动磁组件磁场透过隔离套4的器壁相互耦合，当主动磁组件3进行运动时，从动磁组件6由于磁场作用开始运动；从动磁组件带动和控制负载传动及导向装置5正常运行，件5工作时拖动传动杆及负载按程序进行工作，运动状态检测器8主要检测从动磁组件及件5、件7的工作运行状态；温度检测装置9主要检测隔离套及内部温度状态；隔离套4除具备密封隔离的作用外，还对主、从动磁组件具有定位、支撑以及控制从动磁组件定向运动的作用。

从磁力耦合传动装置的结构和应用功能来看，其运动形式大致可分为以下几种：

（1）主、从动磁组件做同步旋转运动

如图1-8所示。此类运动形式的结构属于基本类型，其应用非常广泛，普遍应用于磁传动泵、磁传动搅拌反应釜、高速转动机械等设备上。当主动磁组件被动力机带动做旋转运动时，从动磁组件在耦合磁场的作用下跟随主动磁组件同步旋转，同时由于耦合磁场的作用，从动件的运动状态完全受主动件运动状态的牵动和制约。

（2）主、从动磁组件做同步直线运动

如图1-10所示。当主动磁组件1做直线运动时，从动磁组件2跟随件1做直线运动。主动磁组件1为环状，设置在隔离套外侧，通常由外磁体、磁屏蔽体、外罩、传动支撑部件等零部件所组成。从动件也是环状，由内磁体、内隔离罩、磁屏蔽体、紧固件、传动支撑件等零部件所组成。

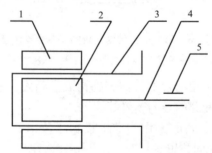

图1-10　主、从动磁组件做同步直线运动磁力耦合传动装置示意
1—主动磁组件；2—从动磁组件；3—隔离套；4—传动杆；5—滑动组件

（3）主、从动磁组件做同步螺旋运动

由于螺旋运动是平面圆周运动与圆周平面垂直方向上的直线运动相结合的复合运动，所以它较前两种单一运动形式的磁力耦合传动装置复杂得多，从磁路排布上完成了复合运动磁场的叠加，使得彼此叠加的多个场的作用力有序化从而实现复杂运动。如图1-11所示。

这种磁力耦合传动装置的外形与直线同步运动装置相接近。螺旋式复合运动装置的主动件做螺旋式旋转复合运动时，从动磁组件同时也随之做相同的复合运动，其主、从动件的运动轨迹是相同的。这种结构还可以分别完成旋转运动、直线运动或直线运动与旋转运动相结合的复合运动。

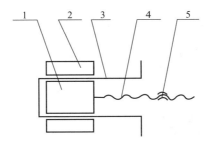

图1-11 主、从动磁组件做同步螺旋运动磁力耦合传动装置示意

1—内转子；2—外转子；3—隔离套；4—传动螺杆；5—导向件

（4）主动磁组件做旋转运动，从动磁组件的传动杆做直线运动

这种形式是主、从动磁组件做不同状态运动的组合形式，主动磁组件做旋转运动是二维的，即平面圆周运动，从动磁组件的传动杆在主动磁组件运动平面的轴线方向上做轴向平动，它的运动是一维的。系统整体的运动是二维的。以磁力耦合传动控制齿轮变换系统为例，其结构如图1-12所示。

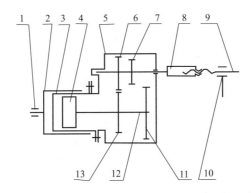

图1-12 磁力耦合传动控制齿轮变换系统结构示意

1—滑动副；2—主动磁力耦合组件；3—隔离套；4—从动磁力耦合组件；5—箱体；
6—从动大齿轮；7—从动小齿轮；8—齿轮轴；9—传动杆；10—导向装置；
11—主动大齿轮；12—从动耦合组件传动轴；13—主动小齿轮

主动磁力耦合组件2做旋转运动，速度是通过齿轮传动比的改变来调节的，齿轮变换是由从动磁力耦合组件做轴向位移进行调节的，传动的导向作用原理是齿轮轴为空心轴，内孔中带螺纹，由螺杆带动传动杆，加之导向装置输出直线运动形式。传动杆直线运动位移的距离、位置是由螺杆控制的，螺杆的长度和导程是根据技术要求设计确定的。这样，主、从动磁力耦合传动装置就具有直线运动和旋转运动的功能。当需要变换齿轮进行调速时，主动磁力耦合组件及动力传动轴做直线往复位移，从动磁力耦合传动组件随着主动磁力耦合传动组件做同步运行，使啮合齿轮组变换，再做旋转运动达到调速的目的。主、从动磁力耦合的磁路排列为径向轴向组合排列。

图1-13和图1-14所示装置也属此类运动形式。图1-13中，传动轴1带动螺旋套4做旋转运动，主动磁组件3与从动磁组件5耦合，传动杆6与从动磁组件5连接，由于导向装置7的作用，传动杆6做直线运动。图1-14中，传动轴1带动导向槽旋转套4做旋转运动，主动磁组件3跟随导向槽旋转套4做旋转运动，从动磁组件5在传动螺杆6的作用下做螺旋

运动，而传动杆7在导向装置8的作用下输出直线运动，由于主、从动磁组件相互耦合，主动磁组件在做旋转运动的同时于导向槽中做直线滑移运动。

诸如此类运动形式，可根据复合方式的不同而组合成多种类型。既可以是单一运动又可以是复合运动，既可以是同步运动也可以是异步运动，既可以是连续运动又可以是断续或间歇的运动。

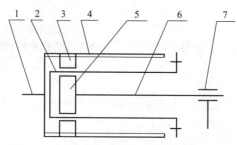

图 1-13　螺旋套磁力耦合传动装置结构示意

1—传动轴；2—隔离套；3—主动磁组件；4—螺旋套；5—从动磁组件；6—传动杆；7—导向装置

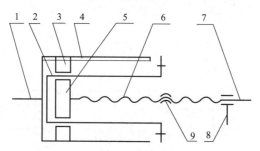

图 1-14　旋转与直线复合运动结构示意

1—传动轴；2—隔离套；3—主动磁组件；4—导向槽旋转套；5—从动磁组件；
6—传动螺杆；7—传动杆；8—导向装置；9—螺旋副

（5）主、从动磁组件分别做旋转运动与螺旋运动

当主动磁组件做旋转运动时，从动磁组件与传动杆沿着主动磁组件旋转的轴线做螺旋运动。这种运动装置与（3）中所述运动装置有所不同。本装置是短距离行程，而（3）中的装置是远距离行程，并且（3）是同步的，而本结构主、从动组件运动的轨迹是不同步的，称为异型运动。

以上几种运动形式是磁力耦合传动装置的基本运动形式，通过上述多种运动形式的组合设计，还可设计出满足多种用途的不同形式的运动，例如，主动磁组件做旋转运动，从动磁组件与传动杆先做螺旋运动到一定距离后再做直线运动；主动磁组件做旋转运动，从动磁组件先做直线运动到一定距离后再做旋转运动或螺旋运动。另外，随着对磁力耦合传动装置更加深入的研究，其输入和输出的运动形式将会派生出更多种类的装置组合类型，以满足现代工业中许多特殊场合复杂机械传动的需要。

1.3　磁力耦合传动装置的运动特性

磁力耦合传动装置的运动特性是指它的稳定性、分离性和可靠性。

1.3.1 磁力耦合传动装置的稳定性

磁力耦合传动装置具有良好的稳定性。这是由于主、从动磁组件相互间无接触，不存在刚性连接。当主动件或从动件发生突变或振动时，由于主、从动件间不直接传递运动，因此可完全避免振动或突变的传递，实现装置的平稳运行。其具体表现为：

（1）机械特性

磁力耦合传动装置做旋转运动时，由于是恒扭矩传动，正常运动时，主、从动磁组件是同步的，即转速相同（$n_1 = n_2$）。机械特性通常由输出特性来表征，是恒定不变的。

（2）传动的透穿性

传动系统的输入扭矩 T_1 随其输出扭矩 T_2 变化而变化的性质称为传动的透穿性，如果 T_2 变化时 T_1 保持恒定不变，则此传动系统具有非透穿性，或称该系统具有不可透穿性。磁力耦合传动装置属恒扭矩传递运动，是绝对非透穿系统。

（3）输出刚度和自动适应性

传动系统的输出转速 n_2 随输出扭矩 T_2 变化的程度在技术上称为输出刚度，用 K 表示：

$$K = -\frac{\mathrm{d}T_2}{\mathrm{d}n_2}$$

显然，输出刚度 K 是输出特性曲线 $n_2 - T_2$ 在某一工况点处斜率的负值，一般情况下，它是随工况点的不同而变化的，K 值大，输出特性硬，K 值小，输出特性软，如图 1-15 所示（图中 C 为常数）。

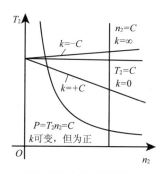

图 1-15 磁力耦合传动装置的输出特性曲线

从图中曲线可见，当扭矩恒定时（$T_2 = C$），输出特性的 $K = 0$，具有最硬的输出特性，而在功率恒定时（曲线为等腰双曲线，$T_2 n_2 = C$），输出特性具有可变化的输出刚度，即在低转速区具有硬的输出特性，而在高转速区具有软的输出特性，可见，磁力耦合传动装置是一种具有可变化输出刚度的装置。

由于某种意外因素的影响，转速调整，输出扭矩与载荷自动调节达到适应的特性称为传动系统的自动适应性，具有恒定功率输出特性的传动装置在许多工况下都有着非常理想的自动适应性。磁力耦合传动系统为软连接方式，具有恒定功率输出特性，是较为理想的传动装置。

（4）允许输出特性

对输出转速 n_2 进行调节时所能输出的最大功率 P_{max} 与转速 n_2 的关系称为允许输出特性。一般常见的允许输出特性有恒扭矩型和恒功率型两类。

传动系统输出特性与允许输出特性的差别在于：

①在输出特性中 n_2 的变化是由于载荷的扭矩 T_2 的变化而引起的，在允许的输出特性中 n_2 的变化是由于传动进行调节所引起的。

②输出特性中的扭矩 T_2、功率 P_2 是传动系统的实际输出量，其量值取决于载荷大小和工况状态；而允许输出特性中的扭矩 T_2 和功率 P_2 是传动系统能够输出的最大扭矩和最大功率，它取决于传动系统的机械结构强度等物理条件。

（5）磁力耦合传动装置的功率（P）与扭矩（T）的特性

当磁路设定以后，因为磁耦合传动是恒扭矩传动，其转速是恒定的，所以功率也是设定的额定值，$P = \dfrac{Tn}{9550}$，因为 $Tn = C$，所以 $P =$ 常数。其特性曲线如图1-16所示。

大量的实验证明：在额定负载下，磁力耦合传动装置的转速 n 增加，功率 P 增大，这时传递扭矩 T 按规律也相应增大，但增大幅度小，当传递扭矩 T 增大到最大扭矩时，磁力耦合传动装置滑脱。这个实验证明了磁力耦合传动装置在传递扭矩的过程中具有恒定最大传递扭矩的性能。

因为最大传递扭矩恒定，所以对磁力耦合传动装置来说，最大传动功率与转速成正比。在传动功率额定的情况下进行传动，转速越高，所需扭矩越小，因此，传动装置体积小，其稳定性也大为提高。

综上所述，当受到外界扰动时，磁力耦合传动装置具备了可以自动恢复到原来运行状态的能力，是一种稳定性较好的装置。

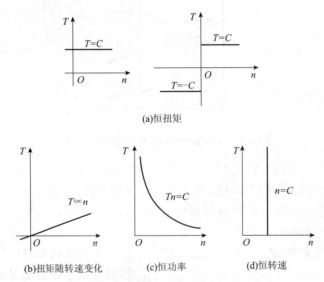

(a)恒扭矩

(b)扭矩随转速变化　　(c)恒功率　　(d)恒转速

图1-16　磁力耦合传动装置的特性曲线

1.3.2 磁力耦合传动装置的分离性

前面阐述了磁力耦合传动装置的多种运动形式，无论是同步运动，还是异步运动，都具有一个共同特点即运动的分离性。

磁力耦合传动装置的主动磁组件和从动磁组件之间是无接触的软连接。这种绝对分离、完全依赖耦合磁场的作用来传递力和力矩的软连接装置，当与其他装置相配合时，可根据不同的传动要求完成各自的运动轨迹，非常灵活自如而且多样化。

由于磁力耦合传动装置的分离性特点，使得主、从动磁组件之间可用隔离套将其分隔在两个完全不同的体系中，同时隔离套无疑起到全密封的作用，仅这一特性就使得工业传动控制的许多动密封场合可直接用磁力耦合传动装置进行改造后变为静密封。而且，由其分离性特点造就的多种复合运动形式，还使得现代工业中大量复杂的机械传动装置得到简化并且便于控制及维修。

1.3.3 磁力耦合传动装置运动的可靠性

为了验证磁力耦合传动装置运动的可靠性，对其进行包括不同磁极数、永磁体不同排列方式、各种运动形式、不同外形尺寸以及传递不同扭矩等多种类型的磁力耦合传动装置的大量实验是十分必要的，其内容包括：

①扭矩、转角差的测量；
②大磁隙磁力耦合传动装置的扭矩测试；
③磁控制阀的运动参数及测试，并对测试数据进行可靠性分析；
④启动过程的随机测试；
⑤多种载荷运动状态的性能试验；
⑥多种载荷超载状态的试验；
⑦脱耦条件的分析；
⑧转速、扭矩及功率的测试与分析；
⑨振动、噪声及温度等的影响；
⑩磁涡流对运动可靠性的影响试验等。

经过上述大量的可靠性试验及研究，结果表明磁力耦合传动装置与其他传动装置相比，更显出其高可靠性的优点，因而被广泛应用于工业生产的许多领域及较为复杂的传动系统中，以满足各种可靠性要求很高的运动系统的需要。

1.4 磁力耦合传动技术的发展历史和现状

磁力耦合传动技术早在20世纪30年代就已经被人们所提出，但是由于当时对这一技术尚缺乏足够的认识，而且也受到永磁材料发展局限性的制约，因此，在这一时期内虽然对这一技术进行过很多的实验研究，但终未取得较大的进展。20世纪50年代，一些科学技术工作者又开始对这一技术重新进行探讨、研究和研制，虽有一些进步，但由于条件的限制，其结果基本与以往一样。20世纪70年代起，随着现代工业的进步和发展，工业生产日益重视对新技术的需求和对环境的保护，西方发达国家还相继制定了严格的环境保护和产品可靠性等法规，促进了新技术、新产品的开发和利用。磁力耦合传动技术在这一时期又被一些科技工作者所重视和关注，从而引起了进一步的深入研究，有了很大的发展并在工业中逐步应用，磁力耦合传动技术在泵上的应用就是显著的一例。随着工业的发展，对工业用泵轴封的泄漏问题提出了苛刻的要求，由于各种工业用泵所存在的最薄弱的环节就是轴封的泄漏，即使是机械密封也始终有 $3 \sim 8 mL/h$ 的泄漏量，这对一个大型化工业生产厂家而言，数千台运转的工业泵的总泄漏量问题是十分严重的。因此，开发无泄漏全密封的各种设备就成为工业界的重要课题，磁力耦合传动离心泵的开发和研究就成为当时发展此项技术的一个重要课题。20 世纪 70 年代，磁力耦合传动离心泵主要采用铁氧体永磁材料和铝镍钴永磁材料，这些材料不但存在易退磁、占用空间大、传动效率低等缺点，而且造价和维修费用较高，在应用上受到了限制。20 世纪 70 年代后期，随着稀土永磁材料，如稀土钴和钕铁硼类等新兴永磁材料的发展和应用，磁力耦合传动技术有了迅速的发展和极大的提高，如采用钐钴永磁材料制成的磁力耦合传动器，在传递相同扭矩时与采用铁氧体永磁材料制成的磁力耦合传动器相比，其质量差距很大。钕铁硼永磁体的磁能积已达到 $38 MGs \cdot Oe$（$1Gs = 10^{-4}T$，$1Oe = 79.5775 A/m$）以上，可使磁力耦合传动器传递扭矩（功率）的能力提高 $3 \sim 4$ 倍，传递的最大功率可达 $400kW$。另外，由于碳化硅（陶瓷）滑动轴承等材料的应用，磁力耦合传动泵的使用寿命得到大幅度提高。由于技术上的一系列突破和设计与工艺等方面的改进，磁力耦合传动泵的可靠性和经济性均有较大的提高。因此，进入 20 世纪 80 年代后，磁力耦合传动技术在泵工业上的应用迅速发展，磁力耦合传动泵已经成为石油、化工、制药等许多领域中的常用设备。

英、德、日、美、意等国对磁力耦合传动泵的研究和开发较早，目前生产磁力耦合传动泵的厂商有英国的 HMD 无密封泵公司、Seal loss 无密封泵公司，德国的 Dicker 泵公司及 Klaus、Kcacs 泵公司，美国的 Dresser 泵公司，日本的三和特殊制钢株式会社等。这些外国公司生产的磁力耦合传动泵，总体结构设计大同小异，绝大部分采用定轴式和动轴式两种结构。目前，从配套功率上看，应用在工业生产上的产品多在 30kW 以下，其中 $2.2 \sim 7.5kW$ 的磁力耦合传动泵用量最多，采用的磁性材料多为一般性稀土永磁材料。

当今国际上磁力耦合传动泵发展最快的是德、英、日、美等国家。日本主要在 7.5kW 以下功率领先，特别是其塑料泵，工艺、质量都很好，已在日本国内化工行业普遍使用。德国已发展到 300kW。英国 HDM 公司近年研制的两级磁力耦合传动泵，其流量为 $560m^3/h$、扬程为 500m、输送介质温度达 205℃、功率达 350kW。

我国较早开展磁力耦合传动泵研制的甘肃省科学院磁性器件研究所，已经先后成功试制了稀土钴磁力耦合传动器和磁力耦合传动泵的系列产品，其技术水平在某些方面已达到国际先进水平。该所开发的新型组合拉推式稀土钴磁力耦合传动器和磁力耦合传动设备已经大批量生产，在许多工业领域中得到了广泛的应用，所生产的磁力耦合传动泵的功率已达到 185kW、流量为 $150m^3/h$、扬程达 380m。

目前，除甘肃省科学院磁性器件研究所外，国内一些泵生产企业也都在进行磁力耦合传动泵的试生产和工业应用，主要产品为小功率泵，多用于中小型化肥、化工等工业部门中。

从国内外磁力耦合传动泵的发展情况看，目前的发展趋势是由小功率向大功率发展，在使用的技术要求以及产品的结构设计、内在质量、工艺性能等方面也越来越高。一些资料分析表明，磁力耦合传动泵应用的覆盖面将会越来越宽，较之常规的工业用机械泵，必将在泵业发展史上起到重要的作用。

近年来正在开发的特种工程用塑料磁力耦合传动泵，特别是小型泵，发展十分迅速。这种泵型不但成本低而且制造工艺比较简单。随着高强度、耐磨和耐高温的纳米材料的问世及纳米磁性材料研制的成功，磁力耦合传动泵的应用领域更加宽广，在化工、制冷、汽车用泵、加热循环系统、饮料业和日常生活用泵等领域中必将得到进一步的应用，发展前景十分可观。例如：英国 Topton 泵公司开发的高扬程磁力耦合传动泵，其零件采用聚丙烯或耐化学性能的聚偏二氟乙烯（PVDE）注塑成型，泵壳耐压 1.5MPa、耐液温 150℃；德国的 Richter 公司、日本的岩木公司等开发的普通泵、旋涡泵、多级泵及其泵壳和叶轮均采用聚四氟乙烯，轴承采用高密度和高纯度氧化铝陶瓷制造；我国开发生产的磁力耦合传动离心泵轴承采用三氧化二铝陶瓷制造，叶轮、泵壳、隔离套均采用四氟乙烯（F_4）、六氟丙烯（F_6）共聚物制造。目前氮化硅、碳化硅、氧化锆等陶瓷轴承也已投入实用。

为输送高温液体，进一步开发高温大流量磁力耦合传动泵是十分必要的。英国 HMD 泵公司在欧洲化工展览会上展出符合 API610 第七版的新型超级（双支承、双涡壳）磁力耦合传动泵样机，其设计扬程为 500m、流量为 560m³/h、电动机功率为 350kW。轴承为 a-SIC，耐温为 205℃。

现阶段，我国磁力耦合传动泵的发展趋势除了应当大力开发耐强腐蚀性介质的磁力耦合传动塑料衬里泵，采用聚四氟乙烯等工程塑料、陶瓷复合等材料，以满足我国化工等行业的需求外，还应当开发并采用以太阳能为能源的磁力耦合传动泵以及开发大功率、耐高温、耐高压的磁力耦合传动泵，其耐压能力应达到 50MPa，介质温度应达到 500℃，电动机功率应达到 300kW。此外，开发以永磁电动机驱动的磁力耦合传动泵也应提上日程。

随着磁力耦合传动技术的研究、开发和应用，其应用领域进一步拓宽，反应搅拌釜、真空设备、高速机床、阀门传动机构、液压传动机构、仪器仪表、检测机构等设备和装置已经得到了广泛的应用。

目前，人们已经对磁力耦合传动技术产生了比较新的认识，设计与技术均较为成熟，工艺、生产较为完善，磁力耦合传动技术的应用也有了很大发展，这为磁力耦合传动技术的深层次研究与发展奠定了较好的基础。

第2章 磁力耦合传动技术基础

19 世纪 20 年代由瑞典科学家奥斯特所发现的电流磁效应是指当电流 I 流经面积为 A_i 的四周时其作用与一个小永磁体相像。若令 $LA_i = T$，则 T 称之为磁矩。随后安培对这一现象进行了实验性的再发现，并通过他所提出的分子电流假说进行解释，他认为在永磁体中存在着许多微小的 I 和 A_i 均相等的分子电流，其中只有在永磁体边缘处的分子电流才未互相抵消，而且这些未抵消的分子电流相当于在永磁体的侧面有电流在永久地无阻滞地流动着，从而产生了 N 极和 S 极，这就是一个任意形状的磁性体总会有 N 极和 S 极存在，并且 N、S 极既不可分离又不能独立存在。直至 19 世纪，人们经过许多实验后才认识到物质的磁性是与物质本身存在基本粒子的自旋现象紧密地联系在一起的，即认为物质的磁性来源于原子的磁性，而原子的磁性又包括原子内电子的自旋磁矩、电子的轨道磁矩和原子核的磁矩等三部分，但是由于热运动的缘故，原子的磁矩并不容易朝着某一特定的方向整齐地排列起来，因此，在一般的材料中只能表现出大约 $10^{-6} \sim 10^{-5}$ 的磁化率。如果采用一个几千奥斯特乃至更强的超强磁场，也能使材料中的各个原子磁矩整齐地排列在该外加磁场的方向上。当然也有少数元素如 Fe、Co、Ni 等（主要是元素周期表中的第Ⅷ B 族元素）具有自发磁化的特性，即在内部分子场作用下，相邻原子的磁矩趋向于相互平行排列，而同时由于退磁场的作用，这种自发磁化只能在小区域内实现，各小区域的原子磁矩是平行的，但小区域之间的自发磁化方向又是混乱的，因此，就整块材料的宏观磁矩而言仍然为零，人们通常把这一小区域称为磁畴，磁畴之间有一个过渡层，称为磁畴壁，人们把磁矩趋向于互相平行排列的小区域的磁畴部分视为铁磁性的磁矩排列，把过渡层的磁畴壁部分视为顺磁性的磁矩排列。

目前，人们把磁性物体分为三类，即抗磁体、顺磁体和铁磁体。抗磁体是从宏观现象认为原子系统的总磁扭矩等于零，如 Cu、Al 等。顺磁体则是原子总磁扭矩不等于零，磁矩排列是混乱的物质，居里温度以上的某些物质呈现顺磁性。而铁磁体则是指原子总磁矩不等于零但磁矩方向呈现出规则排列的物质，居里温度以下的 Fe、Co、Ni 等都呈现铁磁性。同样，总磁矩虽然不为零，但磁矩反方向呈现出有规则的排列的物质称为反铁磁体。如 Cr、Mn 等物质。

2.1 磁力耦合传动的基本物理量

2.1.1 磁场的基本物理量和相关名词术语

（1）磁场

磁场是自然界的基本场之一，存在于磁体或载流介质的附近，是运动电荷、载流介质或磁体周围存在着的一种特殊形态的物质。

（2）磁滞回线

磁滞回线是当磁化磁场循环改变时，表示磁性体中的磁感应强度（磁化强度或磁极化强度）随磁场强度变化的闭合曲线。

（3）退磁曲线

退磁曲线是磁滞回线（一般是指饱和磁滞回线）在第二或第四象限中的那一部分。

（4）剩余磁感应强度 B_r

剩余磁感应强度 B_r 是从磁性体的饱和状态，把磁场（包括自退磁场）沿饱和磁滞回线单调地减小到零时的磁感应强度（磁通密度）。

（5）磁感应强度 B

磁感应强度 B 是用作磁场定量量度的矢量，是表征磁场内某点的磁场强弱和方向的物理量。单位是特斯拉（T），或韦伯/米^2（Wb/m^2），或高斯（Gs，高斯是非法定计量单位，$1Gs = 10^{-4}T$）。

（6）磁通量 Φ

磁通量是磁感应强度矢量的通量，是表示磁场分布情况的物理量，单位韦伯（Wb）。在均匀磁场中

$$\Phi = BS$$

式中　B——磁通密度，是标量，只表示磁感应强度的大小，如果不是均匀磁场，取 B 的平均值，Wb/m^2；

　　　S——通道面积，m^2。

（7）磁场强度 H

磁场强度是描述磁场现象的一个物理量，其量值是该磁场对另一作为单位磁场的比值。它的旋度是形成磁场的电流密度，单位为 A/m 或奥斯特（非法定计量单位，$1Oe = 79.6A/m$）。在各向同性的导磁物质中，磁场强度和磁感应强度的关系是

$$H = \frac{B}{\mu}$$

（任何物理量的测定都是与单位物理量的比值得到量值的，这里的单位磁场是拟定的磁场单位）

（8）磁感应矫顽力 H_{cB}

磁感应矫顽力是从磁性体的饱和磁化状态，沿饱和磁滞回线单调改变磁场，使磁感应强度 $B = 0$ 时的磁场强度值，单位为 A/m 或奥斯特（Oe）。

（9）内禀矫顽力 H_{cj}

内禀矫顽力是指从磁性体的饱和磁化状态，沿饱和磁滞回线单调改变磁场，使磁化强

度 $M = 0$ 时的磁场强度值。单位同 H_{cB}，在稀土永磁材料中 H_{cj} 是 H_{cB} 的几倍。

（10）磁能积 BH

磁能积是指在永磁体退磁曲线上，任意点的磁感应强度和磁场强度的乘积，它与磁路结构有关。

（11）最大磁能积 $(BH)_{max}$

最大磁能积指在永磁体退磁曲线上获得的磁能积的最大值。

（12）表面磁场

表面磁场指永磁体表面某一指定位置的磁感应强度。

（13）气隙磁场

气隙磁场是磁路中磁性体表面之外某一指定气隙位置的磁感应强度。

（14）工作点

工作点是用来描述磁路中永磁体工作状态的点，即以永磁体工作时的磁感应强度和磁场强度作为坐标的一个点。

（15）居里温度 T_c

居里温度是铁磁性物质由铁磁状态转变为顺磁性状态的临界温度，它是表征永磁材料温度使用范围和温度稳定性的重要参量，单位为摄氏度（℃）。

（16）磁导率 μ

磁导率是表征材料特性的一个因子，是用来衡量物质导磁能力的物理量，它与材料中产生的磁感应强度和磁场强度的比值成正比，单位为亨利/米（H/m）。

$$\mu = \frac{B}{H}$$

相对磁导率　　$\mu_1 = \mu / \mu_0$
磁性材料　　　$\mu \gg \mu_0$　　$\mu_1 \gg 1$
非磁性材料　　$\mu \approx \mu_0$　　$\mu_1 = 1$
式中　μ_0——真空磁导率，$\mu_0 = 4\pi \times 10^7 \mathrm{H/m}$；
　　　μ_1——常数时，不具有磁化特性。

（17）剩磁温度系数 a_{B_r}

剩磁温度系数是在给定的两个温度之间所测得的剩余磁感应强度的相对变化与该温度差之比。即

$$a_{B_r} = \frac{B_{r2} - B_{r1}}{B_{r1}(t_2 - t_1)}$$

式中，B_{r1}、B_{r2} 分别为温度 t_1 和 t_2 时测得的剩余磁感应强度。

（18）磁化强度 M

磁化强度是表征磁介质磁化程度即所处磁化状态的物理量。具体指顺磁性物质在外磁场作用下单位体积内的分子磁矩。

通常磁化强度用 M 表示

$$M = \frac{\sum P_\mathrm{m}}{\Delta V}$$

式中，$\sum P_\mathrm{m}$ 为体积元 ΔV 内各分子磁矩的矢量和。

磁化强度的单位是安培/米（A/m）。

2.1.2 物质的磁性

（1）物质磁性的产生

一个任意形状的磁性体总有两个极，N 极和 S 极，目前认为这两个极不可分离也不能独立存在。

电流 I 流过面积 A_i 的四周，其作用与一个小永磁相像。$M_i = IA_i$，称 M_i 为磁矩。这就是电流的磁效应，1820 年为瑞典人奥斯特所发现。若干年后，安培提出了分子电流假说来解释永磁体，认为在永磁体中存在着许多微小的 I 和 A_i 均相等的分子电流，其中只有在永磁体边缘处的分子电流才未互相抵消。这些未抵消的分子电流相当于在永磁体的侧面有电流在永久地无阻滞地流动着，这样就产生了 N 极和 S 极，即产生了磁性。

19 世纪的许多实验使人们认识到物质的磁性与物质的基本粒子的自旋紧密联系，即认为物质的磁性来源于原子的磁性，而原子的磁性包括三部分：①电子的自旋磁矩；②电子的轨道磁矩；③原子核的磁矩。

（2）铁磁性的产生

因热运动的缘故，原子磁矩不容易朝某一特定的方向整齐地排列起来，在一般材料中只表现出大约 $10^{-6} \sim 10^{-5}$ 的磁化率，即要用一个几千万奥斯特（$1\mathrm{Oe} = 79.5775\mathrm{A/m}$）以至更强的超强磁场才能使材料中的各个原子磁矩整齐地排列在该外磁场方向上。不过有少数元素如 Fe、Co、Ni 等（主要是元素周期表中的第四周期第Ⅷ B 族元素），具有自发磁化的特性，即在内部分子场作用下，相邻原子的磁矩趋向于互相平行的排列。而同时由于退磁场的作用，这种自发磁化只能在小区域内实现，各小区域的原子磁矩是平行的，而小区域之间自发磁化方向又是混乱的，整块材料的宏观磁矩为零。这小区域称为磁畴。磁畴之间有一个过渡层，称为畴壁。人们把磁矩趋向于互相平行排列的小区域的磁畴部分视为铁磁性的磁矩排列，把过渡层的畴壁部分视为顺磁性磁矩排列。

（3）抗磁体

从宏观现象认为原子系统的总磁扭矩等于零，称为抗磁体。例如：铜、铝等。

（4）顺磁体

原子总磁扭矩不等于零，磁矩排列混乱的物质称为顺磁体。居里温度以上的某些物质，呈顺磁性。

（5）铁磁体

原子总磁扭矩不等于零，磁矩方向呈规则排列的物质称为铁磁体。居里温度以下的铁、钴、镍等呈铁磁性，总磁矩不为零。磁矩反方向有规则排列称反铁磁体，如铬、锰等呈反磁性。

2.1.3 永磁材料应满足的基本条件和主要参数

（1）基本条件

①高的饱和磁化强度；
②强的单轴磁晶各向异性；
③居里温度点高。

（2）主要参数

永磁材料是具有巨大磁滞的材料，其磁化强度或磁感应强度的变化总落后于外磁场的变化，所以称为磁滞。人们常用磁滞回线来直观地表述磁滞行为，揭示永磁材料的性能，提供了选用永磁材料时所需要的主要参数。

通过对磁滞回线的了解，知道永磁材料的主要参数是剩磁、矫顽力以及磁能积。选用材料时主要考虑高剩磁、高矫顽力的高磁能积材料，在磁力耦合传动技术的应用中还应根据不同使用状态对使用温度提出明确的要求。

2.1.4 磁性材料的分类及烧结钴基永磁材料的特点

（1）磁性材料的分类

目前在工业生产上广泛应用的永磁材料有四大类：①铸造 Al-Ni 系和 Al-Ni-Co 系永磁材料，简称为铸造永磁材料；②铁氧体永磁材料；③稀土永磁材料；④其他永磁材料，如可加工 Fe-Cr-Co、Fe-Cr-V、Fe-Pt、Pt-Co 和 Mn-Al-C 永磁材料等。其中，稀土永磁材料是 20世纪 60 年代出现的新型金属永磁材料，它是以稀土金属元素与过渡族金属间元素所形成的金属间化合物为基体的永磁材料。稀土永磁材料可分为两大类，第一大类是 Sm-Co 永磁或称钴基稀土永磁材料，第二大类是 R-Fe-B 永磁或称铁基稀土永磁材料。

磁性材料按其成分可分为金属型和陶瓷型两种，金属型磁性材料性能好，陶瓷型磁性材料价格便宜。

磁性材料按其性能可分为软磁材料和硬磁材料两种。软磁材料矫顽力相对低，磁滞回路窄，如电动机铁芯为软磁材料，可由铸铁、硅钢、坡莫合金、铁氧体制造。硬磁材料矫顽力相对高，磁滞回路宽，如永久磁铁，可由碳钢、钴钢及铁镍铝钴合金制造。

（2）磁性材料的特点

磁性材料主要特点是具有高导磁性、磁饱和性和磁滞性等特点。

第一、二代烧结钴基稀土永磁材料具有以下共同特点：

①高的磁特性。具有很高的剩余磁感应强度 B_r，很高的磁能积（BH）和很高矫顽力 H_c（特别是很高的内禀矫顽力 H_{cj}）。目前采用的烧结钴基稀土永磁的剩余磁感应强度可达 1.2T，接近铝镍钴永磁体的最高水平，而其矫顽力则可达到 800kA/m，约为铁氧体永磁材料的 3 倍。

烧结钴基稀土永磁体的最大磁能积已可达到 240J/m³，这个数值为常用铝镍钴永磁体的 5 倍、铁氧体永磁的 10 倍。

②直线退磁特性。它们的退磁曲线基本为直线，回复线与退磁曲线相重合，可逆的相对磁导率接近于 1.0，这一特性为电动机设计制造带来许多方便。退磁曲线见图 2-1。

③耐温高。烧结钴基稀土永磁材料的居里温度可达 850℃，因此可适应高温环境工作，R_2Co_{17} 钴基稀土永磁体的工作温度可达 300℃。

④温度稳定性较好。钴基稀土永磁体 RCo_5、R_2Co_{17} 的剩磁感应强度可逆温度系数可达到 0.03%，其水平接近铝镍钴永磁体。

⑤烧结成型的钴基稀土永磁体较脆，抗拉强度较差，一般不能进行车、铣等机械加工，常用线切割和磨削加工等方法来保证稀土永磁体的最后尺寸要求。

⑥钴基永磁体比较昂贵的两个原因是：钴是一种战略物资且产量较少（主要产于非洲的扎伊尔）；稀土元素钐（Sm）在镧系元素中产量较少，与钕（Nd）等元素相比要更昂贵。

(3) 磁性材料的应用和发展

铝镍钴、铁氧体等稀土永磁材料的相继开发利用后，在 20 世纪 60 年代，日本、美国先后又研制出稀土永磁材料钐钴类，如 $SmCo_5$ 和 Sm_2Co_{17}，1983 年，高磁性能的钕铁硼问世。我国从 20 世纪 70 年代开始研制，直到 1985 年以后，随着研究生产单位的逐渐增多，生产方式也大幅改善，生产能力不断提高，1987 年，钕铁硼年产能力已达 300T 以上，现在年产能力已远超过 5000T。目前国内永磁材料品种基本齐全，性能优良，为磁力耦合传动技术的发展提供了良好的条件。

2.1.5 稀土钴永磁材料

稀土钴永磁材料是 20 世纪 60 年代中期兴起的磁性能优异的永磁材料。其特点是剩余磁感应强度 B_r、磁感应矫顽力 H_c 及最大磁能积（BH）$_{max}$ 都很高，如图 2-1 所示。1:5 型（RCo_5）永磁体的最大磁能积现已超过 199kJ/m³（25MGs·Oe）；2:17 型（R_2Co_{17}）永磁体的最大磁能积现已达 263kJ/m³（33MGs·Oe），剩余磁感应强度 B_r 一般高达 0.85~1.15T，接近铝镍钴永磁材料水平，磁感应矫顽力 H_c 可达 480~800kA/m，大约是铁氧体永磁的 3 倍。稀土钴永磁材料的退磁曲线基本上是一条直线，回复线基本上与退磁曲线重合，抗去磁能力强。另外，稀土钴永磁材料 B_r 的剩磁温度系数比铁氧体永磁材料低，通常为 $-0.03\%~K^{-1}$ 左右，并且居里温度高，一般为 710~880℃。因此，这种永磁材料的磁热稳定性最好，很适合用来制造各种高性能的永磁电动机，缺点是价格比较昂贵，导致电动机的造价较高。

由于稀土钴永磁材料硬而脆，抗拉强度和抗弯强度均较低，仅能进行少量的电火花或线切割加工，所以，永磁体尺寸的设计要避免过多的加工余量，以免造成浪费和增加成本。

其次，由于这种永磁材料的磁性很强，磁极相互间的吸引力和排斥力都很大，因此，磁极在充磁后运输和装配时都要采取措施，以免发生人身危险。

表2-1是国产稀土永磁材料的部分牌号及其主要磁性能，供选用时参考。

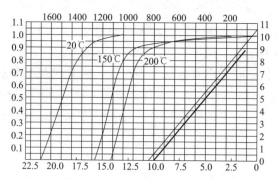

图2-1 烧结 Sm_2CO_{17} 在不同温度下的退磁曲线

表2-1 稀土永磁钐钴材料磁性参数

牌号	剩余磁感应强度 B_r		磁感应矫顽力 H_{cB}		内禀矫顽力 H_{cj}		最大磁能积（BH）$_{max}$	
	mT	kGs	kA/m	kOe	kA/m	kOe	kJ/m³	MGs·Oe
YX16	750~880	7.5~8.8	597±40	7.5±0.5	≥1989	≥25	127±16	16±2
YX18	800~930	8.0~9.3	637±40	8.0±0.5	≥1432	≥18	143±16	18±2
YX20	850~980	8.5~9.8	637±40	8.0±0.5	≥1273	≥16	159±16	20±2
YXT18	900~1030	9.0~10.3	637±40	8.0±0.5	≥1194	≥15	143±16	18±2
YX22A	900~1030	9.0~10.3	653±40	8.2±0.5	≥1989	≥25	175±16	22±2
YX22B	900~1030	9.0~10.3	653±40	8.2±0.5	≥1432	≥18	175±16	22±2
YX24	950~1080	9.5~10.8	676±40	8.5±0.5	≥1432	≥18	191±16	24±2
YX26A	1000~1130	10.0~11.3	716±40	9.0±0.5	≥1194	≥15	207±16	26±2
YX26B	1000~1130	10.0~11.3	716±40	9.0±0.5	≥796	≥10	207±16	26±2
YX28	1050~1150	10.5~11.5	716±40	9.0±0.5	≥1194	≥15	223±16	28±2
YX30	1100~1200	11.0~12.0	438~517	5.5~6.5	454~597	5.7~7.5	239±16	30±2

2.1.6 钕铁硼永磁材料

钕铁硼永磁材料是1983年问世的高性能永磁材料，它的磁性能高于稀土钴永磁材料。室温剩余磁感应强度 B_r 可高达1.47T，磁感应矫顽力 H_{cB} 可达992kA/m（12.4kOe），最大磁能积高达525.4kJ/m³（66MGs·Oe），是目前磁性能最高的永磁材料。由于钕在稀土资源中的含量是钐的十几倍，资源丰富，铁、硼的价格便宜，又不含战略物资钴，因此，钕铁硼永磁材料的价格比稀土钴永磁材料便宜得多，问世以来，在工业和民用的永磁电动机中迅速得到推广应用。

钕铁硼永磁材料的不足之处是居里温度较低，一般为310~410℃左右；温度系数较高，

B_r 的剩磁温度系数可达 $-0.13\% \ \mathrm{K}^{-1}$，$H_{cj}$ 的温度系数达 $-(0.6 \sim 0.7)\% \ \mathrm{K}^{-1}$，因而在高温下使用时磁损失较大。由于其中含有大量的铁和钕，容易锈蚀也是它的一大弱点，所以要对其表面进行涂层处理，目前常用的涂层有环氧树脂喷涂、电泳和电镀等，一般涂层厚度为 $10 \sim 40 \mu \mathrm{m}$。不同涂层的抗腐蚀能力不同，环氧树脂涂层抗溶剂、抗冲击能力、抗盐雾腐蚀能力良好；电泳涂层抗溶剂、抗冲击能力、抗盐雾能力极好；电镀有极好的抗溶剂、抗冲击能力，但抗盐雾腐蚀能力较差，因此，需根据磁体的使用环境来选择合适的保护涂层。

另外，由于钕铁硼永磁材料的温度系数较高，造成其磁性能的热稳定性较差。一般的钕铁硼永磁材料在高温下使用时，其退磁曲线的下半部分要产生弯曲并有膝点存在，如图 2 - 2 所示。为此，使用普通钕铁硼永磁材料时，一定要校核永磁体的最大去磁工作点，以增强其可靠性。对于超高矫顽力钕铁硼永磁材料，内禀矫顽力可大于 $2000\mathrm{kA/m}$，国内有的厂家已有试制产品，其退磁曲线在 150℃ 时仍为直线，如图 2-3 所示。

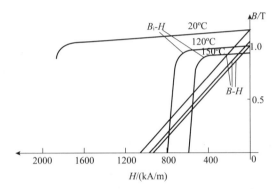

图 2-2 不同温度下钕铁硼永磁的内禀退磁曲线和退磁曲线 （NTP - 208UH）

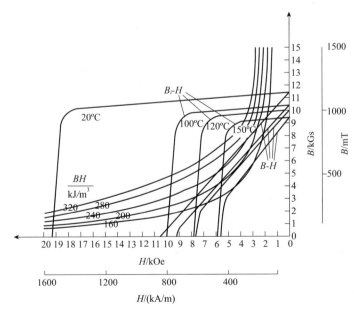

图 2-3 不同温度与钕铁硼永磁的内禀退磁曲线和退磁曲线 （NTP - 256H）

表 2-2 给出国产钕铁硼永磁材料的部分牌号及其主要磁性能，供选用时参考。

表 2-2　国产钕铁硼永磁材料的部分牌号及其主要磁性能烧结钕铁硼永磁材料磁性参数

牌号	剩余磁感应强度 B_r		矫顽力 H_{cb}		内禀矫顽力 H_{cj}		最大磁能积 $(BH)_{max}$	
	mT	kGs	kA/m	kOe	kA/m	kOe	kJ/m³	MGs·Oe
N30	1080~1150	10.8~11.5	756~836	9.5~10.5	≥836	≥12	223~247	28~31
N33	1120~1170	11.2~11.7	756~836	9.5~10.5	≥836	≥12	247~263	31~33
N35	1160~1220	11.6~12.2	756~836	9.5~10.5	≥836	≥12	263~286	33~36
N38	1220~1280	12.2~12.8	756~836	9.5~10.5	≥836	≥12	286~310	36~39
N40	1250~1290	12.5~12.9	836~915	10.5~11.5	≥955	≥11	303~318	38~40
N42	1280~1320	12.8~13.2	836~915	10.5~11.5	≥955	≥11	318~342	40~43
N45	1320~1380	13.2~13.8	836~915	10.5~11.5	≥955	≥11	342~366	43~46
N30M	1080~1150	10.8~11.5	796~859	10.0~10.8	≥1035	≥14	223~247	28~31
N33M	1120~1170	11.2~11.7	796~859	10.0~11.0	≥1035	≥14	247~263	31~33
N35M	1160~1220	11.6~12.2	796~859	10.0~11.0	≥1035	≥14	263~286	33~36
N38M	1220~1280	12.2~12.8	836~915	10.5~11.5	≥1035	≥14	286~310	36~39
N40M	1250~1300	12.5~13.0	836~915	10.5~11.5	≥1035	≥14	302~326	38~41
N42M	1280~1320	12.8~13.2	836~915	10.5~11.5	≥1035	≥14	318~342	40~43
N30H	1080~1150	10.8~11.5	796~859	10.0~10.8	≥1353	≥17	223~247	28~31
N33H	1120~1170	11.2~11.7	812~876	10.2~11.0	≥1353	≥17	247~263	31~33
N35H	1160~1220	11.6~12.2	844~907	10.6~11.4	≥1353	≥17	263~286	33~36
N38H	1210~1250	12.1~12.5	876~955	11.0~12.0	≥1353	≥17	286~310	36~39
N40H	1240~1280	12.4~12.8	876~955	11.0~12.0	≥1353	≥17	302~326	38~41
N30SH	1080~1150	10.8~11.5	796~859	10.0~10.8	≥1592	≥20	223~247	28~31
N33SH	1120~1170	11.2~11.7	812~876	10.2~11.0	≥1592	≥20	247~263	31~33
N35SH	1160~1210	11.6~12.1	859~892	10.8~11.2	≥1592	≥20	263~279	33~35
N38SH	1210~1250	12.1~12.5	876~955	11.0~12.0	≥1592	≥20	286~310	36~39
N25UH	970~1050	9.7~10.5	732~812	9.2~10.2	≥1989	≥25	183~199	23~25
N28UH	1040~1080	10.4~10.8	780~812	9.8~10.2	≥1989	≥25	207~223	26~28
N30UH	1080~1120	10.8~11.2	804~844	10.1~10.6	≥1989	≥25	223~239	28~30

2.1.7　永磁材料的磁特性

根据静磁学的线性理论，介质的磁学特性用介质极化来表述。假设介质的磁通密度为 B，介质中的磁场强度为 H，介质的极化强度为 J，则有：

$$B = \mu_0 H + J \qquad (2-1)$$

因为极化强度 J 与介质中的单位体积内磁二极矩和 M 成比例，即：

$$J = \mu_0 M \qquad (2-2)$$

式中，M 为介质的磁化强度。

在自由空间和非磁性材料中，$J = 0$。常数 μ_0 的值为 $4\pi \times 10^{-7} H/m$。

通常 J 可以写为两项之和，即：

$$J = J_o + J_m \tag{2-3}$$

其中，J_o 与磁场强度无关，它代表介质在外磁场作用之后产生的永久磁化。当 $H = 0$ 时，$B_r = J_o$，表示介质的剩磁。为了方便，常称 J_o 为剩磁向量。

向量 J_m 是由磁场所产生的极化强度。在各向同性介质中，假设满足线性理论，则 J_m 正比于场强，即：

$$J_m = \mu_0 \chi_m H \tag{2-4}$$

χ_m 是一个量纲为 1 的参数，称为磁化率。式（2-1）可以改写为：

$$B = \mu H + J_o \tag{2-5}$$

$$\mu = \mu_0 \left(1 + \chi_m \right) \tag{2-6}$$

μ 是介质的磁导率，通常定义一个量纲为 1 的数，用于说明磁导率的大小。

$$K = \frac{\mu}{\mu_0} = 1 + \chi_m \tag{2-7}$$

在各向异性介质中，J_m 和 H 的关系取决于 H 的方向，J_m 的分量和 H 的分量之间满足如下等式：

$$J_{m,i} = \mu_0 \sum_{j=1}^{3} \chi_{m,ij} H_j (i = 1, 2, 3) \tag{2-8}$$

式中，系数 $\chi_{m,ij}$ 是对称张量 χ_m 的元素。

各向同性顺磁介质的特点是 χ_m 为正。χ_m 为负的介质称为抗磁介质。通常顺磁介质和抗磁介质的 χ_m 都比较小。

在抗磁性的经典模型中，将时变磁场加到介质上时，根据经典电动力学，它将与原子中绕轨道运动的电子相互作用，结果是产生一个感应电流抵抗所加磁场 H 随时间的变化。因此，若 H 的幅值增加，感应电流就产生一个极化强度 J_m，其方向与 H 的方向相逆。抗磁原子不存在永磁磁二极矩。

相比起来，非磁磁性来源于永磁磁二极矩。具有不平衡电子自旋和轨道角动量的原子在无外磁场的情况下，其永磁磁二极矩的方向是任意的。而当外磁场施加于介质时，磁二极矩倾向于沿外加磁场的方向取向，产生一个有限极化 J_m，方向与 H 相同。对于足够小的磁场强度 H，J_m 与 H 成比例，产生一个正的磁化率 χ_m。

应当指出的是，在被分类为顺磁介质的磁性材料中，场与永磁磁二极矩的作用足够强，足以弥补抗磁效应。

即使在没有外磁场时，有些介质也会自发磁化。当相邻磁二极矩的相互作用力足够强时，每个磁二极矩都倾向于朝向和相邻磁二极矩的方向平行的方向取向。这种一致排列扩展到一个小区域，便形成磁畴。每个磁畴有一个总的磁二极矩。各磁畴的磁二极矩之间可以任意取向，在这种情况下，从宏观上看，介质并不表现出磁性。当引入外场时，各磁畴的磁二极矩沿外场的方向排列，随着外场强度的增加，出现饱和现象，表明介质极化存在一个上限。

当外场移去，各磁畴并不回到原来的方向，这就是磁滞。具有磁滞特性的磁性材料称为铁磁材料。铁磁材料的上述特性与温度有关，即单个磁畴的磁二极矩在称为"居里温度"的临界温度处消失。

铁磁材料的磁滞回线如图 2-4 所示。其中 OP_1 是起始磁化曲线，P_1 的纵坐标是磁场强度 H_1 所引发的磁感应强度，当 H_1 足够大时，材料的极化达到饱和。当介质内的磁场强度向零变化时，

磁感应强度沿 P_1P_2 线变化。根据式（2-1），$H=0$ 处磁感应强度之值和极化强度 J_o 相等。

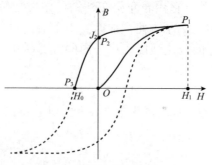

图 2-4　铁磁材料的磁滞回线

当外磁场反向时，磁感应强度沿图 2-4 中的第二象限的曲线 P_2P_3 衰减。P_3 的横坐标为 H_0，表示使材料内磁感应强度为零所需施加的外磁场大小。图 2-4 中的虚线表示磁滞回线的剩余部分。

单靠材料的铁磁特性还不能形成永磁材料，现代商用永磁材料的磁滞效应是通过材料相结合来控制的，使得由外磁场形成的极化在外磁场去掉后几乎完全不消失，并且 J_o 很大。典型的永磁材料磁滞回线如图 2-5（a）所示，并用图 2-5（b）来阐明永磁材料的基本特性。

图 2-5（b）中，第一象限给出了永磁材料的磁能积 BH，它定义为退磁曲线上每点磁感应强度与磁场强度的模之间的积。从图可见，当 $B=0$ 和 $B=J_o$ 时，磁能积为零。当在某点处的退磁曲线与双曲线相切时，磁能积在该点达到最大值，称为材料的最大磁能积，这里记为 W，许多文献记为 $(BH)_{max}$。它是表征材料磁性能的一个基本参数，W 越大，磁性材料储存的磁能就越多，因此，粗略地说，产生一个给定磁场所需的永磁材料数量取决于 W。

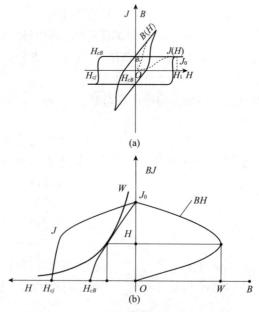

图 2-5　永磁材料的磁滞回线和去磁曲线

永磁材料第二个重要的参数是材料的极化强度，即：

$$J = B - \mu_0 H \tag{2-9}$$

图 2-5 中将 J 对 H 做出了曲线图。由图可知，J 的最大值为 J_0，随着退磁场强度的增加，在 H_{cj} 处 J 减小到零。H_{cj} 称为内禀矫顽力。内禀矫顽力越大，磁性材料抵抗外部退磁场的能力越强。因此，当材料要承受大的时变场作用或承受很强的退磁场时，H_{cj} 很大就显得十分重要了。

几种重要的近代永磁材料的去磁特性曲线如图 2-6 所示。从图示可见，铝镍钴有很高的剩磁，但矫顽力非常低。铝镍钴的极化特性和去磁特性可视为重合。钕铁硼的去磁特性近似为直线，其极化特性甚至在超过矫顽力的很宽的磁场强度范围内都是平直的。钕铁硼的矫顽力和内禀矫顽力现已超过 960kA/m 和 360kA/m，所以使它们退磁很不容易。

图 2-6 还表示出了恒磁铁氧体的去磁特性，它的去磁特性曲线基本上是直线。同铝镍钴比较，恒磁铁氧体的矫顽力要大很多，但剩磁却相当小；同钕铁硼比较，恒磁铁氧体的磁能积要低一个数量级。

在温度不高的情况下，钕铁硼的去磁特性基本上可视为直线，在温度升高后，去磁特性仍在很宽的范围内保持直线。工作状态位于这些直线部分的钕铁硼，其 $\chi_m \approx 5 \times 10^{-2}$。因此，这时候的钕铁硼有与空气相近的磁导率，著名永磁结构专家 Manlio G. Abclc 称此时的钕铁硼为透明的（transparency）。恒磁铁氧体的情况与此差不多，$\chi_m \approx 0.1$。Abclc 非常重视这一点，认为这和铁磁材料以及铝镍钴很不相同。他的想法是透明性，意味着外面的磁通可以像穿过空气一样穿过钕铁硼或恒磁铁氧体。这种特点的应用领域非常广泛，特别是对于节省永磁材料，减小永磁机构体积，提高机构性能具有非常重要的意义。

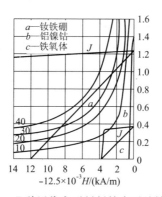

图 2-6 几种近代永磁材料的去磁特性曲线

（图中磁能积数值以 $10^6 \mathrm{Gs \cdot Oe}$ 为单位给出）

在图 2-6 中，钕铁硼和恒磁铁氧体的去磁特性曲线都是直线，但实际使用中，有些产品的去磁特性曲线的下端（与磁通密度低的部分相对应）往往是朝向横坐标轴弯曲的，去磁特性曲线直线刚开始打弯的地方称为膝点。高磁能积但内禀矫顽力不高的钕铁硼材料会出现膝点。常温下具有笔直去磁特性曲线的钕铁硼，温度升高后也会出现膝点。高温下，去磁特性曲线呈直线的恒磁铁氧体，在低温下则会出现膝点。

已充磁的永磁体向外产生磁场，自己则承受退磁，因此，永磁体总是工作在自己的退磁曲线上。至于具体在退磁特性曲线的哪一点，则要由永磁体自身的几何形状、尺寸和外磁路的具体情况来决定。去磁特性曲线上的那一点即称为永磁材料的工作点。例如，在图 2-7 上，P_1 代表了永磁材料的一个可能的工作点，在这里，P_1 的位置由 B_d 和 H_d 确定，它们分别是永磁材料内部的实际磁通密度和磁场强度。

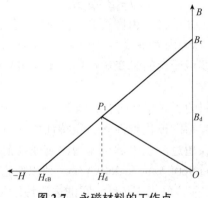

图 2-7 永磁材料的工作点

对于一个静态系统，永磁材料的工作点不变动。设计中，应力求将工作点选择在靠近去磁特性曲线上最大磁能积所对应点的附近，在一维情况下，这是可以做到的。但是对一块有一定尺度的工作中的永磁材料来说，它每一局部的工作点实际上是不一样的。这时候的指导原则是力求实现最高的永磁材料的利用系数 M，M 的定义是：

$$M = \frac{\int_{V_1} |B|^2 \mathrm{d}V}{\int_{V_2} |J_o|^2 \mathrm{d}V} \qquad (2-10)$$

这里，V_1 是磁场工作区，B 是磁场工作区的磁感应强度，V_2 是永磁材料所占有的区域，J_o 是永磁材料的剩磁向量。式（2-10）的右端为一分式，分母与储存在永磁材料中的能量成比例，分子则与永磁材料所激发的磁场中所包含的能量占其自身所储能量的份额成比例。

在一个动态系统里，永磁材料的工作点是变化的，即在去磁特性曲线上游动。在正确的设计里，工作点只应游动于去磁特性曲线的直线部分。这种工作点的游动是磁可逆的，即工作点的游动位置可以复原。在不合理的设计里，工作点会太低，越过了去磁特性变化曲线的膝部，不可恢复的退磁将会发生。

永磁材料的去磁特性与温度有关。这种与温度的依赖关系由 B 的温度系数和 H 的温度系数来表征。两系数的定义是：

$$T_K(B_r) = \frac{1}{B_r} \times \frac{\mathrm{d}B_r}{\mathrm{d}T} \times 100\% \quad (\mathrm{K}^{-1}) \qquad (2-11)$$

$$T_K(H_{cj}) = \frac{1}{H_{cj}} \times \frac{\mathrm{d}H_{cj}}{\mathrm{d}T} \times 100\% \quad (\mathrm{K}^{-1}) \qquad (2-12)$$

这里，T 代表材料的温度。

2.1.8 不同温度下永磁材料的磁特性

（1）材料的温度特性

近代永磁材料的温度问题研究有十分丰富的内容，这里需要专门讨论。

首先列出近代永磁材料的 B 温度系数和 H 温度系数,如表 2-3 所示。

表 2-3 永磁材料的温度系数

材料名称	B 温度系数/% K^{-1}	H 温度系数/% K^{-1}
恒磁铁氧体	−0.18	0.35
铝镍钴	−0.02	−0.03
钐钴	−0.03	−0.2
钕铁硼	−0.11	−0.58

表中的钐钴材料和钕铁硼材料都有负的 B 和 H 的温度系数,且 H 的温度系数绝对值大于 B 的温度系数的绝对值。试验表明,在温度变化过程中,钐钴和钕铁硼都倾向于保持自己的 μ 值不变,亦即在室温下大体为直线的钐钴和钕铁硼的去磁特性曲线在温度升高后斜率保持不变,只是由于 H 温度系数绝对值较大,所以使特性曲线下端开始弯曲,出现膝点,温度越高,膝点也越高。图 2-8 和图 2-9 示出了法国真空熔炼公司的牌号为 VACO-MAX240HR 的钐钴(2:17)和牌号为 VACODYM510HR 的钕铁硼在不同温度下各自的去磁特性曲线。从图中可以看到膝点与温度的关系。

表 2-3 中的恒磁铁氧体有负的 B 温度系数和正的 H 温度系数,后者绝对值较大。恒磁铁氧体在温度变化过程中 μ 倾向于不变,于是在某温度下为直线的去磁特性曲线,随着温度的降低,特性曲线下端开始弯曲,出现膝部,温度越低,膝点越高。图 2-10 示出了牌号为 SSR − 460 的恒磁铁氧体在不同温度下的去磁特性曲线。

通过图 2-8 ~ 图 2-10 较全面地表述了相关的永磁材料的温度特性,各种永磁材料的这类特性是进行永磁机械设计的必备基础资料。

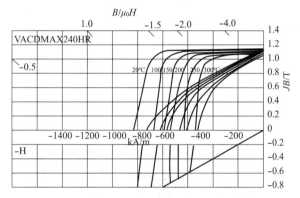

图 2-8 钐钴 2:17 在不同温度下的去磁特性曲线

($B/\mu_0 H$)其中 JB 是纵坐标,T 是计量单位

(2)不可逆温度退磁

图 2-11 中曲线①表示钕铁硼永磁材料在室温下的去磁特性。曲线②表示在某一更高温度下的去磁特性。如果磁路的负载为 P_1,则室温时工作点在 a,高温时在 b,在温度交替变化中 a、b 之间是完全可逆的。

如果磁路负载线很低,为 P_2,则室温时工作点在 a',高温时在 b'。此时 b' 在高温去磁特性曲线膝部以下,当由高温回到室温时,工作点不能再回到 a',而是停在某一中间点 c。$a' \rightarrow c$ 便成为不可逆磁损失。此后,同样的温度循环如果再继续下去,不可逆退磁会一次一次地发生,直至装置不能再工作为止。最近有学者称此过程为热磁疲劳。目前,这个项目

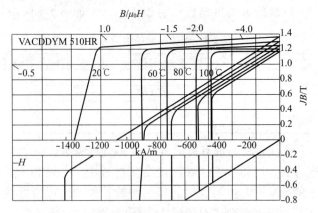

图 2-9　钕铁硼在不同温度下的去磁特性曲线

正在国家自然科学基金的资助下展开深入研究。

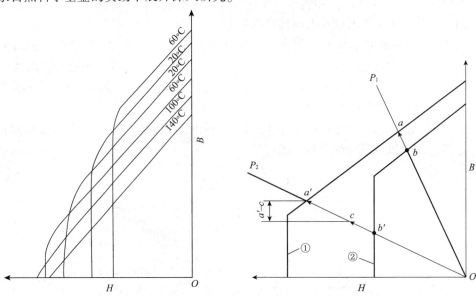

图 2-10　恒磁铁氧体在不同温度下的去磁特性曲线　　　图 2-11　不可逆温度退磁原理图

在上面的叙述中引用了磁路理论的一些概念，例如负载线等，虽然磁路理论在用于精确计算时有弱点，但用它来说明物理问题仍然是很合适的。

的确，永磁材料的耐温程度有明显的高低之分，例如图 2-9 中的钕铁硼，在 20℃ 时有笔直的去磁特性曲线，但到了 80℃ 时就出现了很高的膝部。而在图 2-8 中的钐钴 2∶17，它在 80℃ 时尚有直的去磁特性曲线，要出现如图 2-9 中的钕铁硼在 80℃ 时表现出的那种程度的膝点则要在 200℃ 以上。从这种意义上讲，钐钴比钕铁硼的耐温性能要高得多。因此，在设计工作中考虑温度问题的时候，选择材料固然重要，但是，永磁材料的工作点定在哪里，定得是否合理同样重要。

在实际工作中，钕铁硼材料出现的问题最多，因为它有很高的磁能积和很高的性能价格比，所以很多磁力耦合传动装置都希望选它作为磁源。但问题往往出在温度上（80℃、100℃、120℃）。以减小最大磁能积为代价可以获得较高的温度，如 150℃、180℃，每千克价格也随着上列数字不断上升。其实，用厂家提供的所谓可在 120℃ 温度下工作的材料制作磁力耦合传动装置，结果未必就能在 120℃ 下安全工作。永磁材料生产厂家确定材料工作温度的方法是按某种约定，制作一个直径为 D、高度为 H，易磁化方向取在 H 方向的永磁磁柱，充磁后经加温再降回加温前的温度后测量磁性能，若磁性能基本不变，则称上面加温的温度（当然是最高而不退磁的那一次的温度）为该材料的最高工作温度。因此，结论是：为了设计出能在给定温度下工作的磁力耦合传动装置，除按图 2-8～图 2-10 那种形式给出的资料挑选恰当的永磁材料以外，还必须知道（例如通过有限元计算）设计中的磁力耦合传动装置的永磁材料的工作点分布状况是否合理，即是否有的工作点在指定运行温度下会处在去磁特性曲线的膝点以下，如果有，则应调整材料和设计，以消除这种情况。

2.2　磁力耦合传动器用永磁材料的磁特性与物理特性

2.2.1　磁力耦合传动器选用磁性材料时的注意事项

①根据使用条件和温度、腐蚀、振动、结构等技术要求，选用不同的磁性材料，以满足技术与设计需要。

②研究磁力耦合传动器在设备上启动、运转等特性状态，考虑优化设计磁路和选材以及使用过程的可靠性。

③进行使用情况的技术分析，合理选用磁性材料，做到成本低、经济又实用。

2.2.2　不同永磁材料的磁特性、物理特性

表 2-4 为不同永磁材料的磁特性、物理特性。

表 2-4　不同永磁材料的磁特性、物理特性

性能		单位	永磁材料				
			铁氧体	Sm_2Co_{17}（钐钴）	$Nd-Fe-B$（钕铁硼）	AlNiCo（铝镍钴）	FeCrCo（铁铬钴）
磁特性	剩磁 B_r	T	≥0.39	≥1.05	≥1.17	≥1.15	1.4
		kGs	≥3.9	≥10.5	≥（11.7）	≥（11.5）	（14）
	磁感应矫顽力 H_{cB}	kA/m	≥240	≥676	≥844	≥127.36	51.74
		kOe	≥3.0	≥8.5	≥（10.6）	≥（1.61）	（0.655）
	内禀矫顽力 H_{cj}	kA/m	≥256	≥1194	≥1595	≥127.36	52.54
		kOe	≥3.2	≥15	≥20	≥（0.61）	（0.66）
	最大磁能积 $(BH)_{max}$	kJ/m³	≥27	≥209.96	247～263	≥87.56	47.76
		MGs·Oe	≥3.4	26～30	37～38	（10～12）	（5～7）
	B_r 温度系数	%℃$^{-1}$	-0.18	-0.03	-0.126	-0.02	-0.03
	可逆磁导率 μ	H/m	1.1	1.03	1.05	1.3	2.6
	居里温度 T_c	℃	460	670～850	340～400		
物理特性	密度 d	g/cm³	5.0	8.4	7.4	7.3	7.7
	电阻率 ρ	Ω·m	>10⁶	8500	14400	0.0045	0.0065
	抗弯强度	MPa	127.4	117.6	245		
		kgf/mm²（1kgf/mm² = 9806.65kPa）	13	（12）	（25）		

续表

性 能		单 位	永磁材料				
			铁氧体	Sm_2Co_{17}（钐钴）	$Nd-Fe-B$（钕铁硼）	AlNiCo（铝镍钴）	FeCrCo（铁铬钴）
物理特性	抗压强度	MPa	—	509.6	735		
		kgf/mm^2	—	(52)	(75)		
	热膨胀系数	$10^{-6}℃^{-1}$	11	9	3.4（∥）-4.8（⊥）	11	12

注：括号中是计算值。

2.3　圆筒形磁力耦合传动器的结构、尺寸代号

在磁力耦合传动器的设计中，为了统一磁扭矩及磁场计算时所用各零件符号，图 2-12 给出了圆筒形磁力耦合传动器结构尺寸的代号，便于计算时统一采用。

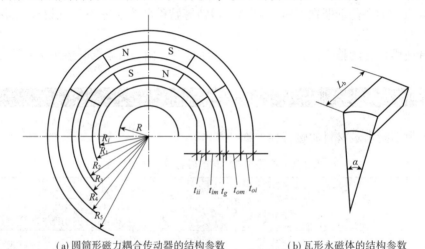

(a) 圆筒形磁力耦合传动器的结构参数　　　(b) 瓦形永磁体的结构参数

图 2-12　圆筒形磁力耦合传动器的结构尺寸代号

R—扭矩传递轴半径；R_i—磁力耦合传动器内半径；R_1—内永磁体内半径；
R_2—内永磁体外半径；R_3—外永磁体内半径；R_4—外永磁体外半径；
R_5—外磁转子轭铁外半径；t_{ii}—内磁转子轭铁厚度；t_{im}—内磁转子磁体厚度；
t_g—工作气隙宽度；t_{om}—外磁转子磁体厚度；t_{oi}—外磁转子轭铁厚度；
L_b—瓦形永磁体轴向长度；α—瓦形永磁体张角

2.4　磁扭矩计算

在磁力耦合传动器设计中，磁扭矩计算十分重要，其计算方法较多，如等效磁荷法、马克斯威应力法、静磁能理论扭矩求解法、气隙数值法、扭矩有限元计算法等。关于磁力及磁扭矩的计算方法较多，但这些方法计算比较复杂，现仅就工程上常用的两种方法做如下介绍。

2.4.1 高斯定理求解法

这种方法是采用高斯定理和永磁材料的 $B-H$ 曲线而求解磁扭矩的。通常是将计算式编成程序，在计算机上对各种磁路模型进行反复运算，改变已知参数进行优化设计的一种工程上较为实用的方法，其扭矩 T 的表达式为

$$T = \left(\frac{1}{5000}\right)^2 KMH_m St_h R_c \sin\left(\frac{m}{2}\phi\right) \ (\text{kgf}\cdot\text{cm}) \tag{2-13}$$

式中　K——磁路系数，不同磁路，K 值也不同，对于组合拉推磁路，$K=4\sim6.4$；

　　　M——磁化强度，$M=\dfrac{B_m+H_m}{4\pi}$（B_m、H_m 分别为工作点的磁感应强度与磁场强度），Gs；

　　　H——外磁路在内磁体处产生的磁场强度，Oe，$H = N_1\times4\pi m\left(1-\dfrac{t_g}{\sqrt{t_g^2+t_0}}\right)\eta$ [N_1 为极面形状的经验系数，扇形极面 $N_1=1.05$，长方形、正方形极面 $N_1=1.24$；t_g 为工作气隙宽度，cm；t_0 为磁极弧长，$t_0=\dfrac{1}{2}$（内磁极外弧 + 外磁极内弧），cm；η 为磁体厚度系数，η 与 t_h/t_0 的关系见表2-5]；

　　　m——磁极的极数；

　　　S——磁极的极面积，cm^2；

　　　t_h——磁体厚度，cm，$t_h=\dfrac{1}{2}$（$t_{im}+t_{om}$），cm；

　　　R_c——作用到内磁极上磁力至转动中心的平均转动半径，cm，$R_c=\dfrac{1}{2}$（R_2+R_3）；

　　　ϕ——工作时的位移角，(°)。

表 2-5　η 与 t_h/t_0 的关系（$t_h>0.9$）

t_h/t_0	η	t_h/t_0	η
0.2~0.4	0.7	0.7~0.9	0.95
0.5~0.6	0.85		

当 $\sin\left(\dfrac{m}{2}\phi\right)=\sin90°$ 时，扭矩达到最大值。也就是说在 $\sin\left(\dfrac{m}{2}\phi\right)=\sin90°$ 时，即内外磁体的位移为磁体在移动方向的宽度的一半时扭矩达到最大值，此时轴向力抵消。

式（2-13）中的尺寸代号如图2-13所示。

2.4.2 经验公式求解法

在圆筒式磁力耦合传动器设计中，计算磁扭矩还可以采用比较实用的经验公式求解法。圆筒形静态磁路的结构尺寸如图2-14所示。

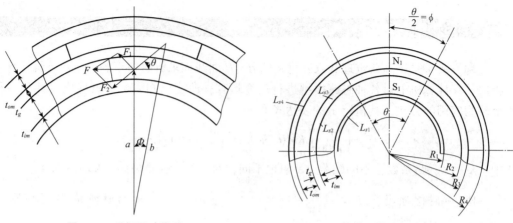

图 2-13　磁极尺寸代号　　　　图 2-14　圆筒形静态磁路结构尺寸代号

这种结构由内外两个磁环组成，每个磁环均由 m 个 N、S 极交替排列的瓦形永磁体组成。其气隙中心的磁场强度可按内外相对应的两块永磁体产生的磁场强度的叠加进行计算，其值分别为：

$$H_i = \frac{B_r}{\pi}\left[t_g^{-1} \frac{L_{s2}L_b}{t_g\sqrt{t_g^2+L_b^2+L_{s2}^2}} - t_g^{-1}\frac{L_{s1}L_b}{(4t_{im}+t_g)\sqrt{(4t_{im}+t_g)^2+L_b^2+L_{s1}^2}}\right] \quad (2-14)$$

$$H_o = \frac{B_r}{\pi}\left[t_g^{-1} \frac{L_{s3}L_b}{t_g\sqrt{t_g^2+L_b^2+L_{s3}^2}} - t_g^{-1}\frac{L_{s4}L_b}{(4t_{om}+t_g)\sqrt{(4t_{om}+t_g)^2+L_b^2+L_{s4}^2}}\right] \quad (2-15)$$

$$H_g = H_i + H_o \quad (2-16)$$

式中　H_i——内磁环上永磁体产生的磁场强度，Oe；

　　　H_o——外磁环上永磁体产生的磁场强度，Oe；

　　　H_g——工作气隙中的磁场强度，Oe；

　　　B_r——永磁体剩余磁感应强度，Gs；

　　　t_g——工作气隙，cm；

　　　L_b——永磁体轴向长度，cm；

　　　L_{s1}——内永磁体内弧长，cm；

　　　L_{s2}——内永磁体外弧长，cm；

　　　L_{s3}——外永磁体内弧长，cm；

　　　L_{s4}——外永磁体外弧长，cm；

　　　t_{im}——内永磁体厚度，cm；

　　　t_{om}——外永磁体厚度，cm。

外磁转子被电动机带动旋转后，由于内磁转子存在着负载惯性和负载阻力作用，所以只有在外磁转子相对内磁转子旋转一个位移转角差 θ 后，内磁转子才开始与外磁转子同步转动。如图 2-15 所示。

当转角 θ 旋转到 $\theta/2$ 时，由于内磁转子上的永磁体受到邻近两块外磁转子上永磁体的吸力 F_1 和斥力（推力）F_2 的联合作用而产生一个最大的扭矩，该最大扭矩与磁场之间的关系可按式（2-17）计算。

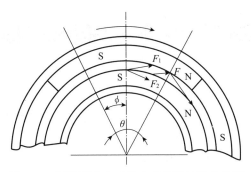

图 2-15 圆筒形动态磁路内磁转子的受力分析

$$T_{max} = \frac{1}{3} B_r H_g S_m R \ (\text{N} \cdot \text{m}) \qquad (2-17)$$

式中 B_r——永磁体剩余磁感应强度，T；

$\quad\ \ H_g$——工作气隙中的磁场强度，Oe；

$\quad\ \ S_m$——内外永磁体磁极相互作用的总面积，cm^2；

$\quad\ \ R$——内外永磁体平均作用半径，cm。

根据式（2-17）的计算与实验测得的气隙中心磁场强度所得到的数值见表2-6。

表 2-6 气隙中心磁场强度、磁扭矩计算值与实测数据对比

气隙长度/cm	气隙中心磁场强度/O_e		最大磁扭矩/kgf·cm	
	计算值	实测值	计算值	实测值
0.4	7250		8.37	8.45
0.55	6079	7000	14.18	15.40
0.61	5886	6200	18.78	13.80
0.65	5754	5800	13.51	13.00

从表2-6中可以看出，静磁场与磁扭矩的计算值相比较是很接近的。而且最大磁扭矩 T_{max} 与永磁体的剩磁、气隙中心处的磁场强度、永磁体总面积及内外永磁体作用半径成正比，而气隙磁场强度又与永磁体的几何形状、气隙长度、永磁体剩磁密切相关。因此，根据上述公式经过反复计算就可以找出磁力耦合传动器的最佳设计方案，从而可避免设计的盲目性。可见这一公式作为简易快速的工程计算方法，具有一定的实用性。

2.5 磁场计算

从电磁场的基本理论出发，在建立磁力耦合传动器磁场计算的物理和数学模型的基础上，利用有限元法求出磁力耦合传动器横断面的磁场分布情况并对磁场进行计算是比较方便的。同时，利用这一程序对磁力耦合传动器的磁极数、轭铁厚度、永磁体厚度、气隙大小等参数对磁扭矩的影响进行剖析，对有关的结构参数进行优化，也为正确合理地设计磁力耦合传动器提供了理论依据。

2.5.1 基本假设与物理模型

（1）基本假设

①假设磁力耦合传动器的气隙尺寸远小于其轴向尺寸，这样可以忽略端部效应的影响，把磁场分布的三维问题当作二维问题进行处理。

②磁力耦合传动器的内外轭铁均为导磁体且足够厚，在轭铁处不发生磁饱和。

③磁力耦合传动器的磁场是周期分布的，在一个极矩范围内求解即可。

在上述假设的基础上，就可以研究磁力耦合传动器的横断面的场形分布，并且可以忽略内磁转子轭铁内侧、外磁转子轭铁外侧的磁场，同时，为更准确地反映磁力耦合传动器内部磁场相互作用的实际情况（相邻磁体之间存在漏磁），以半个圆周为研究对象。

（2）物理模型

基于上述分析，物理模型如图 2-16 所示，各参数名称和符号见表 2-7。

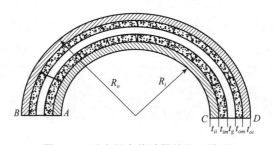

图 2-16　磁力耦合传动器的物理模型

表 2-7　物理模型各参数名称和符号

符号	名称	单位	符号	名称	单位
R_i	磁力耦合传动器内径	mm	t_{om}	外转子永磁体厚度	mm
R_o	磁力耦合传动器外径	mm	t_{oi}	外转子永轭铁厚度	mm
t_{ii}	内磁转子轭铁厚度	mm	m	永磁体极数	
t_{im}	内磁转子磁体厚度	mm	ϕ	内外转子转角差	(°)
t_g	工作气隙厚度	mm	α	瓦形磁极张角	(°)
t_m	永磁体厚度	mm	L	磁力耦合传动器轴向长度	mm
t_1	轭铁厚度	mm			

2.5.2 数字模型

①基本方程

$$\begin{cases} \nabla \times H = J \\ \nabla \cdot B \end{cases}$$

如果材料为非线性（轭铁处出现磁饱和如 AlNiCo 永磁材料），则磁导率为磁感应强度 B 的函数，即：

$$\mu = \frac{B}{H(B)}$$

磁感应强度 B 是通过矢量磁位 A 得到的，有：

$$B = \nabla \times A$$

由以上各式得：

$$\nabla \times \left(\frac{1}{\mu(B)} \nabla \times A \right) = J \qquad (2-18)$$

对于线性的各向同性的材料有：

$$-\frac{1}{\mu} \nabla^2 A = J \qquad (2-19)$$

对于非线性的各向异性的材料有：

$$\frac{1}{\mu(B)} \nabla^2 A = J \qquad (2-20)$$

②边界条件　在磁场的有限元计算中，边界条件的确定是非常必要的，只有足够的边界条件才能保证问题解的唯一性，边界条件通常有三种形式。

a. Dirichet 条件：在这种边界条件中，最常用的是定义 $A=0$，它意味着阻止磁通穿过边界，物理模型中的 AC、BD 属于这种边界。

b. Neuman 条件：定义了沿边界 A 的法向分量通常取 $\frac{\partial A}{\partial n} = 0$，这种定义保证了磁流垂直边界穿过，高磁导率的金属边界属于这种边界，物理模型中，不同介质的交界线（与永磁体交界线除外）属于这种边界。

c. Robin 条件：也称混合边界条件，描述了 A 与它的法向分量 $\frac{\partial A}{\partial n}$ 的关系，物理模型中永磁体交界线属于这种边界。

③磁场力计算　根据电磁理论，磁场对于载流导体和铁磁物质之间存在着力的作用，沿磁力线方向存在着纵张力，同时在垂直于磁力线的方向存在着侧压力。按 Maxwell 公式，对于稳态或缓变磁场作用在真空介质中任一单位表面积上的电磁应力为：

$$P = \frac{1}{\mu_0} (n \cdot B) B - \frac{1}{2\mu_0} B^2 n \qquad (2-21)$$

式中　P——单位表面积上的电磁应力，N/m^2；

n——沿该表面法线方向的单位矢量；

B——该表面处的磁感应强度，T；

μ_0——真空磁导率，$\mu_0 = 4\pi \times 10^{-7}$。

磁场对某一物体的作用力，可以通过计算包围该物体的任意封闭表面 s 上应力 P 的面积积分得到，即 $F = \oint P \mathrm{d}s$，此公式适用于磁场对任意物体的作用力的计算，只要该物体是一刚体。计算出了两作用面积上的作用力 F，则 F 与作用半径 r_F 的乘积为磁作用扭矩。

2.5.3　有限元法计算

（1）方程

对磁力耦合传动器磁路设计进行研究，需要了解磁力耦合传动器磁隙中每点磁场强度，所以引入了麦克斯韦方程组的微分形式，采用矢量磁位 A 作为求解对象，求解区域内磁场方程为：

$$\left. \begin{aligned}
& \Omega\colon\ \frac{\partial}{\partial x}\left(\beta\frac{\partial A}{\partial x}\right)+\frac{\partial}{\partial y}\left(\beta\frac{\partial A}{\partial y}\right)=0 \\
& A\big|_{\overline{AB}}=A\big|_{\overline{CD}} \\
& A\big|_{\overline{AC}}=A\big|_{\overline{BD}}=0 \\
& L_1=\left(\beta\frac{\partial A}{\partial n}\right)_{L_1^+}-\left(\beta\frac{\partial A}{\partial n}\right)_{L_1^-}=\frac{m}{|m|}\times|m\times n| \\
& L_2=\left(\beta\frac{\partial A}{\partial n}\right)_{L_2^+}=\left(\beta\frac{\partial A}{\partial n}\right)_{L_2^-}
\end{aligned} \right\} \tag{2-22}$$

式中　Ω——求解区域；

L_1——永磁体与其他介质的分界线；

L_2——不同介质的分界线；

m——永磁体的磁化矢量；

n——永磁体表面外法线单位矢量；

β——磁阻率。

利用有限元法求解场的拉普拉斯方程的边值问题，就是把该边值问题等价为一个相应的条件变分问题，再通过引入近似函数，把条件变分问题离散为方程组，最后求解方程组，求得磁场的分布后，再用 Maxwell 应力法求得最大扭矩。

(2) 注意事项

由于有限元法把求解区域离散化了，B 值在一个三角形单元中为一个常数，在另一个三角形单元中为另一个常数，因此，磁场分布成为不连续。为了减小这种离散误差，必须把区域剖分得足够细，特别在磁场较强并且磁场变化较大的地方，以便使计算所得的磁场能较好地逼近真实情况。

磁场有限元分析的目的是求力与扭矩，通常是通过麦克斯韦应力法求得。然而，使用麦克斯韦应力法应遵循一定的原则，否则，所得结果（力、扭矩）与实际结果将相差很大。下面说明如何建立问题，如何正确选择积分路径，以便通过麦克斯韦应力法对力、扭矩进行准确估算。

物体所受的力是由包含此物体封闭表面所受的力的合力。式 (2-21) 给出了一个物体上磁场力的理论计算值，然而在利用有限元法进行计算时，出现了数值上的误差。这是因为尽管矢量磁位 A 的计算很精确，但 B 与 H 的计算是不太准确的，因为它们是通过 A 的微分得到的，也就是说，A 是每一个单元上的线性函数，而 B 和 H 在每一单元为一定值。在 B 与 H 变化较大的区域，误差较大，尤其在不同导磁材料的边界处，B 与 H 的切向分量的误差更大。最大的误差值出现在这种交界面的拐角处。然而，应力法有一个性质，对于一个确定的问题，无论积分路径如何，只要包围这个所求物体的路径仅通过空气（或者，至少路径的每个点都在同一磁导率区域），那么所计算的力或扭矩就是准确的。

因此，得到准确力、扭矩值有两条原则，一是所定义的轮廓线不能在边界上，也不能在两物体的分界面上；二是在求解区网格应划得尽可能小。

2.5.4　稳定磁场磁吸引力的计算

（1）磁耦合力的微分表达式

磁耦合力 f 为

$$f = -\left(\frac{\mathrm{d}w_m}{\mathrm{d}g}\right)_{\phi = 常数} \tag{2-23}$$

式中　$\dfrac{\mathrm{d}w_m}{\mathrm{d}g}$——磁场能量 w_m 随坐标 g 的变动率；

　　　　ϕ——与磁路交链的总磁通。

在一个非均匀的场中，磁场的能量可以表示为

$$w_m = \frac{1}{2}E^2 G \quad 或 \quad w_m = \frac{1}{2}E\phi \tag{2-24}$$

式中　E——工作磁隙中磁势；

　　　　G——磁导。

在理想状态的磁耦合系统中，正常使用的磁力耦合系统的磁势可近似看作不变，磁耦合力 f 的大小可以写成

$$f = -\frac{1}{2}E^2 \frac{\mathrm{d}G}{\mathrm{d}g} \tag{2-25}$$

从式中可以看出，在相同的磁势 E 下，磁导 G 随坐标 g 的变化率 $\dfrac{\mathrm{d}G}{\mathrm{d}g}$ 愈大，则磁耦合力 f 愈大。因此，若想获得足够大的磁传动力，工作磁隙中须建立足够的磁势 E，同时使磁导 G 在力传递方向随坐标 g 的变化率足够大。

（2）磁耦合力计算公式的推导

磁场是物质存在的一种形态，具有能量和动量。在传递力或扭矩的过程中，磁场的分布要发生变化或者说 $\mathrm{rot}H$ 不为零。那么随时在磁场中任一处所存在的单位体积力 f_g 表示为

$$f_g = \frac{1}{4\pi}\mathrm{rot}H \times B = \frac{1}{4\pi\mu}(\mathrm{rot}B) \times B \tag{2-26}$$

根据矢量运算可知

$$\mathrm{grad}(A \cdot B) = A\mathrm{grad}B + B\mathrm{grad}A + A \times \mathrm{rot}B + B \times \mathrm{rot}A \tag{2-27}$$

因此

$$\frac{1}{4\pi\mu}(\mathrm{rot}B) \times B = \frac{1}{4\pi\mu}B\mathrm{grad}B - \frac{1}{8\pi\mu}(B \cdot B) \tag{2-28}$$

由于　　　　　　　　$B(\mathrm{grad}B) = \mathrm{div}(BB) - B\mathrm{div}B$

而且　　　　　　　　　　　　$\mathrm{div}B = 0$

因此　　　　　　　　　　$B(\mathrm{grad}B) = \mathrm{div}(BB)$

把上列各式综合处理可得

$$f_g = -\frac{1}{8\pi\mu}\mathrm{grad}B^2 + \frac{1}{4\pi\mu}\mathrm{div}(BB) \tag{2-29}$$

整个磁场区内体积力的计算，是将 f_g 进行体积积分所得

$$f_{gv} = \iiint_V f_g \mathrm{d}V = -\frac{1}{8\pi\mu}\iiint_V \mathrm{grad}B^2\mathrm{d}V + \frac{1}{4\pi\mu}\iiint_V \mathrm{div}(BB)\mathrm{d}V \quad (2-30)$$

矢量分析公式

$$\iiint_V \mathrm{grad}f\mathrm{d}V = \iint_s f\mathrm{d}s$$

$$\iiint_V \mathrm{div}A = \iint_s A\mathrm{d}s$$

整理式（2-30）为：

$$f_{gv} = -\frac{1}{8\pi\mu}\iint_s B^2\mathrm{d}s + \frac{1}{4\pi\mu}\iint_s BB\mathrm{d}s$$

$$= -\frac{1}{8\pi\mu}\iint_s B^2\mathrm{d}s + \frac{1}{4\pi\mu}\iint B^2\cos\theta B_o\mathrm{d}s \quad (2-31)$$

式中 $\cos\theta$——矢量 B 与面积元 $\mathrm{d}s$ 法线方向间夹角的余弦；

B_o——B 的单位矢量。

式（2-31）积分项中，第一项表示与面积元法线方向相反的表面力。因此，积分是沿着整个磁场的边界进行的。第二项表示 $B^2\cos\theta$ 沿边界的面积分，因此，在矢量 B 与面积 $\mathrm{d}s$ 法线的夹角为 90°时，其值为零，第二项沿磁场侧面积的积分为零。

对式（2-31）第一项采用 MKSA 制改写为

$$F_s = \left(\frac{1}{5000}\right)^2 \iint_s B^2\mathrm{d}s \quad (2-32)$$

根据磁路设计和计算的实际对式（2-32）简化改写为

$$F_y = \frac{1}{1+\alpha\delta}\left(\frac{B}{5000}\right)^2 \cdot S_c \quad (2-33)$$

式（2-33）表示某一单元（或单级磁极）磁体的磁吸引力计算式，在磁力耦合传动技术的设计和组合排列中，其磁路是由多级磁极耦合组成的，因此式（2-33）应改写为：

$$F_x = \frac{m}{1+\alpha t_g}\left(\frac{B}{5000}\right)^2 \cdot S_c \quad (\mathrm{kgf}) \quad (2-34)$$

式中 m——磁极极数；

α——磁体损失系数（或漏磁因素），计算较为复杂，根据设计经验和试验计算假定在常用磁驱动的设计中选 0.3~0.5；

t_g——磁隙高度，cm；

B——磁体的工作点，通过计算磁导值，在 B/H 图上用图解法求得，Gs；

S_c——磁极作用方向上的磁极面积，cm²。

（3）磁传递扭矩计算

磁传递扭矩 T 为

$$T = F_x R_c \quad (\mathrm{kgf}\cdot\mathrm{cm}) \quad (2-35)$$

式中 R_c——磁场作用的力臂，对旋转件来说为磁场转动作用的平均半径，cm；

F_x——磁场作用力（或磁场吸引力），kgf。

2.6 转角对扭矩的影响

2.6.1 实验测试数据

（1）磁力耦合传动器静态扭矩角位移的测定

测试装置如图 2-17 所示。将内、外磁转子分别固定在横向具有水平滑道的装置上，内磁转子固定在装置的左端处不动，外磁转子固定在装置的右端可转动。内磁转子的左端固定有与转子轴线方向成垂直方向的角度刻度盘，外磁转子左端部固定一指针（为保证测量精度，刻度盘与指针足够大）。外磁转子的伸出轴与扭矩扳手相连。这样可以由刻度盘上所示读数确定角度（位移角）值，扭矩扳手上此时的读数为相应转角的扭矩值。

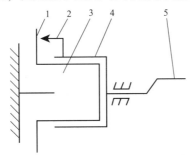

图 2-17 扭矩转角测量实验台示意
1—刻度盘；2—指针；3—内磁转子；4—外磁转子；5—扭矩扳手

（2）扭矩、转角关系的测定

转动扭矩扳手到所确定的角度（由指针在刻度盘的读数确定），读出此时扭矩扳手上的扭矩值，每一角度的数值重复测多次，然后取平均值，依次测出周期内的扭矩、转角差。测量结果见表 2-8 ~ 表 2-12。

表 2-8 扭矩、转角差的测量结果

（$L_b = 3.9\text{cm}$，$t_{om} = 0.5\text{cm}$，$t_{im} = 0.5\text{cm}$，$R_c = 12.6\text{cm}$。磁性材料：Sm_2Co_{17}）

扭矩	转角差 ϕ/（°）								
	0	3	5	7	9	10	11	12	13
$T_{实测}$/kgf·m（1kgf·m=9.8J）	0.003	2.51	4.1	5.12	5.73	5.92	6.01	6.03	5.92
$T_{理论}$/kgf·m	0	3.06	4.78	5.89	6.52	6.69	6.93	6.71	6.44
扭矩	转角差 ϕ/（°）								
	14	16	18	19	20	21	22	23	24
$T_{实测}$/kgf·m（1kgf·m=9.8J）	5.89	4.83	3.21	2.07	0.60	-1.02	-2.02	-2.82	-3.49
$T_{理论}$/kgf·m	6.08	5.09	3.70	2.41	0.21	-1.54	-2.06	-3.42	-4.08

表 2-9 扭矩、转角差的测量结果

($L_b = 22.1\,cm$, $t_{om} = 0.5\,cm$, $t_{im} = 0.5\,cm$, $R_c = 14.5\,cm$。磁性材料：Sm_2Co_{17})

扭矩	转角差 $\phi/(°)$								
	0	3	5	7	9	10	11	12	13
$T_{实测}/kgf \cdot m$	0.002	15.17	22.11	26.17	28.96	30.64	31.21	30.81	28.99
$T_{理论}/kgf \cdot m$	0	16.59	23.44	27.29	30.38	31.81	32.85	32.01	30.85

扭矩	转角差 $\phi/(°)$								
	14	16	18	19	20	21	22	23	24
$T_{实测}/kgf \cdot m$	27.85	23.48	15.49	9.52	3.06	0.08	-4.6	-9.99	-16.07
$T_{理论}/kgf \cdot m$	29.06	25.11	17.01	11.38	3.51	-1.61	-5.87	-11.55	-18.02

表 2-10 扭矩、转角差的测量结果

($L_b = 3.9\,cm$, $t_{om} = 0.5\,cm$, $t_{im} = 0.5\,cm$, $R_c = 12.6\,cm$。磁性材料：$Nd-Fe-B$)

扭矩	转角差 $\phi/(°)$								
	0	3	5	7	9	10	11	12	13
$T_{实测}/kgf \cdot m$	0	3.59	5.26	5.89	6.40	7.01	7.53	7.81	7.09
$T_{理论}/kgf \cdot m$	0	4.80	6.42	7.02	7.98	8.57	8.99	8.18	6.92

扭矩	转角差 $\phi/(°)$								
	14	16	18	19	20	21	22	23	24
$T_{实测}/kgf \cdot m$	6.28	5.51	4.96	3.07	0.08	-2.34	-3.61	-4.54	-5.16
$T_{理论}/kgf \cdot m$	6.30	5.66	4.98	3.20	0.10	-2.40	-3.68	-4.70	-5.77

表 2-11 扭矩、转角差的测量结果

($L_b = 22.1\,cm$, $t_{om} = 0.5\,cm$, $t_{im} = 0.5\,cm$, $R_c = 14.7\,cm$。磁性材料：$Nd-Fe-B$)

扭矩	转角差 $\phi/(°)$								
	0	3	5	7	9	10	11	12	13
$T_{实测}/kgf \cdot m$	0.008	17.23	24.03	30.17	36.61	40.11	43.96	42.43	40.01
$T_{理论}/kgf \cdot m$	0.10	20.01	27.57	35.61	32.04	45.57	48.02	45.80	43.32

扭矩	转角差 $\phi/(°)$								
	14	16	18	19	20	21	22	23	24
$T_{实测}/kgf \cdot m$	31.11	27.51	18.93	12.05	5.52	0.16	-5.01	-14.57	-20.08
$T_{理论}/kgf \cdot m$	36.27	28.85	19.57	13.09	6.08	0.02	-6.13	-14.81	-21.77

表 2-12 扭矩、转角差的测量结果

($L_b = 32.5\,cm$, $t_{om} = 0.7\,cm$, $t_{im} = 0.7\,cm$, $R_c = 20.8\,cm$。磁性材料：$Nd-Fe-B$)

扭矩	转角差 $\phi/(°)$								
	0	3	5	7	9	10	11	12	13
$T_{实测}/kgf \cdot m$	0.009	50.09	82.26	112.28	126.41	129.53	133.25	128.07	124.96
$T_{理论}/kgf \cdot m$	0	51.12	82.56	113.01	133.32	136.38	139.18	135.07	131.78

扭矩	转角差 $\phi/(°)$								
	14	16	18	19	20	21	22	23	24
$T_{实测}/kgf \cdot m$	120.91	103.64	70.41	45.17	13.32	-16.01	-44.60	-62.13	-77.02
$T_{理论}/kgf \cdot m$	123.88	105.31	71.85	46.96	13.54	-16.98	-45.69	-62.84	-77.68

表2-8～表2-12列举了选用不同磁性材料和不同设计结构尺寸的磁力耦合传动器转角与扭矩的五组数据，其中：表2-8、表2-9为Sm_2Co_{17}材料，表2-10～表2-12为$Nd-Fe-B$材料；表2-8与表2-10、表2-9与表2-11中的结构尺寸一样，表2-12列举了较大扭矩的磁力耦合传动器。

（3）最大扭矩的测得

缓慢扳动扭矩扳手，扭矩随转角的增大不断增大，达到某一最大值，扭矩突然下降，扭矩突然下降前的最大值即为最大扭矩，经多次测量取平均值。

2.6.2 理论计算结果

利用有限元程序，计算了实验所用磁力耦合传动器在不同转角下的扭矩，数据见表2-8～表2-12，实测值、计算值为离散的点，用三次样条拟合，如图2-18所示。

2.6.3 理论计算数据与实验测量数据比较

把理论计算所得扭矩、转角曲线与实验测量所得曲线放在图2-18上，通过比较可以看出，两者的变化趋势是一致的，理论值略大于实测值，这是由计算公式的误差、测试误差以及在测量时摩擦损失的存在等造成的。

①从上述计算与测量的情况可以看出：同轴式磁力耦合传动器实测扭矩与转角差的运动轨迹是周期性变化的曲线，如图2-19所示，近似于正弦曲线。传递扭矩 T 是 ϕ 角的周期函数，周期以弧度表示为 $4\pi/m$，当 $\phi=0$ 时，相互作用的磁体以相同的磁化方向彼此正对，此时磁力耦合传动器处于稳定状态，气隙中的磁感应强度全部为径向，无扭矩传递；当 $\phi=\pi/2m$ 时，相互作用的磁体以相反的磁化方向彼此正对，此时传动器处于不稳定状态。

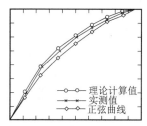

图2-18 实测实验值与理论计算拟合曲线比较

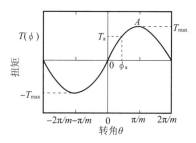

图2-19 扭矩与转角的关系曲线

②当在 $0<|\phi|<\pi/m$ 范围内，$|T(\phi)|=|T(-\phi)|$ 随 ϕ 角增大，$T(\phi)$ 增大，达到最大值 $T_{max}=T(\phi=\pi/m)$，在此范围内，传动器处于稳定状态；当 ϕ 角增大到大于 $\dfrac{\pi}{m}$ 时，扭矩 T 迅速减小（$\pi/m<|\phi|<2\pi/m$），在此范围内，传动器处于不稳定状态。场形与不同转角差的磁场分布如图2-20所示。

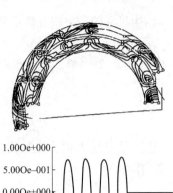
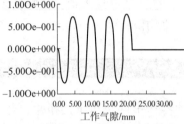
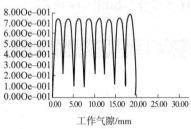

(a) $\phi=1.406°$

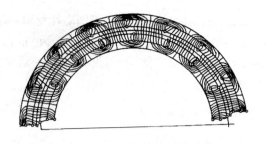
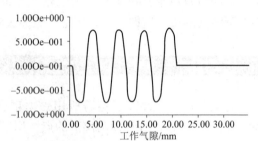
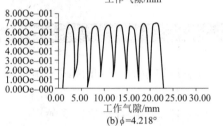

(b) $\phi=4.218°$

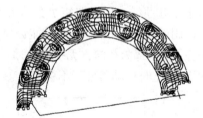
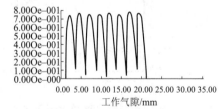
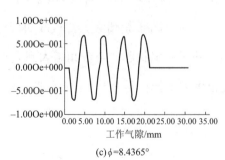

(c) $\phi=8.4365°$

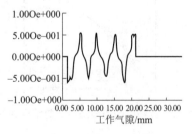
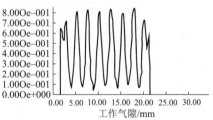

(d) $\phi=11.25°$

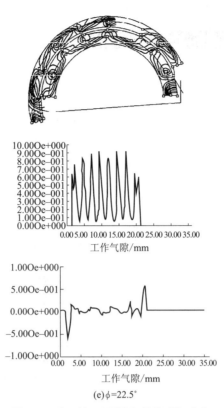

(e)ϕ=22.5°

图2-20 场形与不同转角差的磁场分布

2.7 磁力耦合传动技术中的磁涡流损失

2.7.1 涡流的产生及影响

磁力耦合传动装置由内、外磁转子及内、外磁转子间的隔离套三大部件组成。隔离套是磁力密封传动装置中的一个重要部件。若隔离套为金属材料，那么当内、外磁转子同步或不同步旋转运动时，金属隔离套便处在交变磁场中，磁场的方向和大小按一定规律瞬间变化，即隔离套壁厚中的磁通量随时间而变化，作为导体将产生环绕磁通量变化方向的涡电流，即环形电流（佛科电流），称为涡流。

涡流产生的过程称为趋肤效应过程。一方面减弱了工作磁场，降低了传递的力或扭矩，另一方面产生涡流损耗并以热量的形式释放，消耗了原动机的功率（能量），降低了工作效率。金属隔离套密封磁力耦合传动装置在正常运转工作时，由于涡流的产生，连续释放热量，磁性材料工作的环境温度不断上升，温度升高到额定温度值时，磁体的磁性能随温度的继续升高而降低，降低磁性能而使传递的力或扭矩下降，影响磁装置的正常运行和工作。当温度升高至磁性材料的居里温度点时，磁性材料的磁性能完全消失，即磁传动装置的工作作用完全失效。

2.7.2　涡流损失的计算

（1）模型与假设条件

①基本模型与参数　磁场与隔离套的基本模型如图2-21、图2-22所示，基本参数包括：隔离套轴向磁化长度 L（mm）；隔离套壁厚度 t（mm）；内、外磁转子转角差 ϕ（rad）。

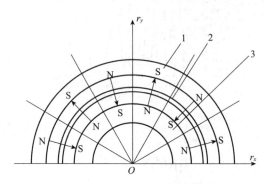

图 2-21　磁场基本模型

1—外磁转子；2—隔离套；3—内磁转子

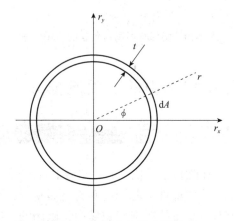

图 2-22　隔离套基本模型

t—隔离套壁厚度；ϕ—内、外磁转子转角差；$\mathrm{d}A$—单元的体积

②假设条件

a. 磁场 B 沿 r 取向，且在隔离套内随 ϕ 坐标变化，即

$$B = B_r r$$

$$B_r = B_o \sin\phi$$

式中，B_o 为工作气隙中最大磁通密度。隔离套相对内、外磁转子为逆时针旋转，由变化磁场产生的电流沿 Z 向，电动势 E 变化为

$$E = E_z Z$$

式中，E_z 为随 ϕ 变化的最大电动势。

b. 隔离套中位移电流相对于传导电流可以忽略。

c. 隔离套厚度 t 远小于轴向长度 L，可以忽略端部效应，仅以横断面为研究对象。

（2）涡流损失理论计算式的导出

按 Maxwell 方程

$$\nabla \times E = \frac{\partial B}{\partial t} \tag{2-36}$$

根据上述假设条件 a 和上式在其坐标下可得

$$\frac{\partial B_r}{\partial t} = -\frac{1}{r} \times \frac{\partial E_Z}{\partial \phi} \tag{2-37}$$

$$B_r = B_o \sin m\phi$$

$$\frac{\partial B_r}{\partial t} = B_o m \sin\phi \frac{\mathrm{d}\phi}{\mathrm{d}t} \tag{2-38}$$

$$\omega = \frac{2\pi n}{60} \tag{2-39}$$

把式（2-39）、式（2-38）代入式（2-37）得

$$\frac{dE_Z}{d\phi} = -r\frac{2\pi n}{60} m B_o \cos m\phi \tag{2-40}$$

对式（2-40）两边积分得

$$\int_0^{E(\phi)} \mathrm{d}E_z = -\frac{\pi n r B_o}{30} \int_0^{\phi} \cos m\phi d(m\phi)$$

$$E_z(\phi) = -\frac{\pi n r B_o}{30} \sin m\phi \tag{2-41}$$

电流密度为

$$\delta_{cy} = \gamma E_Z(\phi) = -\frac{\gamma \pi n r B_o}{30} \sin m\phi \tag{2-42}$$

如图 2-22 所示，在单元面积 $\mathrm{d}A = r\mathrm{d}\phi t$ 中的功率损失为

$$\mathrm{d}P = (\delta_{cy} r\mathrm{d}\phi t)^2 \mathrm{d}r = (\delta_{cy} r\mathrm{d}\phi t)^2 \frac{1}{\gamma} \times \frac{\mathrm{d}L}{r\mathrm{d}\phi t}$$

在整个隔离套中的涡流损失 P_j 为

$$P_j = \int_0^L \int_0^{2\pi} (\delta_{cy} r\mathrm{d}\phi t)^2 \frac{1}{\gamma} \times \frac{\mathrm{d}L}{r\mathrm{d}\phi t}$$

$$= Lr^3 t \frac{\pi^3 n^2 B_o^2}{900} \gamma \tag{2-43}$$

式中 L——磁化长度，m；

　　　r——隔离套半径，m；

　　　t——隔离套壁厚，m；

　　　n——电动机转速，r/min；

　　　B_o——磁感应强度，T；

　　　γ——电导率，s/m。

（3）理论计算实例

已知 $D_1 = 128.4$mm　　　　　　$L = 33$mm

$$\gamma = 0.625 \times 10^6 \text{s/m} \qquad n = 2950 \text{r/min}$$

$$B_o = 0.4996\text{T} \qquad t \text{ 分别为 1.9mm、1.36mm 和 1.04mm}$$

利用式（2-43）对三种不同厚度的隔离套进行理论计算。结果如表 2-13 所示。

表 2-13　不同 t 值下的 P_j 的计算值

t/mm	1.9	1.36	1.04
P_j/W	60.7	43	33.4

（4）涡流损失的实验测试

磁涡流损失的测试装置如图 2-23 所示。利用该装置对理论计算时所采用的三种不同厚度的金属隔离套分别进行了测试。测试数据经计算机处理的结果见表 2-14。

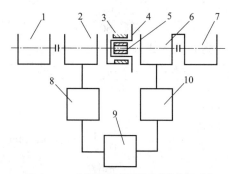

图 2-23　磁涡流损失的测试装置框图

1—电动机；2，6—转速扭矩功率仪；3—外磁转子；4—隔离套；
5—内磁转子；7—负载机；8，10—二次仪表；9—计算机

表 2-14　不同 t 值下 P_j 的实测值

t/mm	1.9	1.36	1.04
P_j/W	65.3	48.7	39.2

从表 2-13 与表 2-14 中可以看出，理论计算值与实测值基本一致，实测值在测试时因受机械摩擦力的影响略大于计算值，计算与实测值基本符合实际状态。

（5）产生涡流损失的因素分析及有关参数的选择

①理论和实测表明，磁涡流损失的大小与隔离套的厚度 t 有关，在满足隔离套强度要求的条件下，隔离套的壁厚越小越好。

②磁涡流损失的大小与隔离套材料的电导率 γ 成正比关系。电导率大，涡流损失大，因此，隔离套选择电导率小的材料为宜。

③磁涡流损失的大小与磁场旋转半径 r 的三次方成正比，而与磁程长度 L 的一次方成正比。结构设计时尽量减小 r 值，适当增大 L 值，有利于控制或减小涡流损失。这是因为 r 值大，磁转子旋转的线速度大，从而导致了交变磁场在隔离套中产生影响很大。所以，在满足设计要求的前提下，主动机转速不宜选高。

上述讨论与分析表明，磁力耦合传动器中金属隔离套产生涡流造成功率损失，只要通过对参数和永磁材料的合理选择就能有效控制涡流损失的大小或把涡流损失降低到最小值。

参 考 文 献

[1] 赵克中. 磁耦合双向传动控制器的研究. 沈阳：东北大学，2006.

[2] 王德喜. 同轴屏蔽式永磁磁力传动器的研究. 沈阳：东北大学，2000.

[3] D. Weiman，H. J. weismann. Application of rare earth magnets to coxial coupingness. At third international workshop on rare cobalt poermanent magnets and their applications，California，1978：325.

[4] 黄席椿. 电磁能与电磁力. 北京：人民教育出版社，1987.

[5] 胡之光. 电机电磁场的分析与计算（修订本）. 北京：机械工业出版社，1989.

[6] Y. D. YaoTheoretical computations for the torque of magnetic coupling，IEEE Trans. Magn，1995（31）：1881.

[7] 机械工程手册、电机工程手册编委会. 机械工程手册：第六卷31篇. 北京：机械工业出版社，1984.

[8] 赵克中编著. 磁力驱动技术与设备. 北京：化学工业出版社，2004.

[9] 郭洪锋，蒋生发. 磁力联轴器设计方法和分析. 机械科学技术，1998，27（2）：11.

[10] 唐任远. 现代永磁电机理论与设计. 北京：机械工业出版社，1997.

[11] 现代科学技术词典. 上海：上海科学技术出版社，1980.

[12] 宋定后，等. 永磁材料及其应用与维修，中国氯碱.1999（4）：35－37.

[13] 夏平畴. 永磁机构. 北京：北京工业大学出版社，2001.

[14] Li Guokun，Li Xingning，Zhao Kezhong. Research on rare earth－cobalt magnetic driving technology and its characteristic proceeding of the seventh international work－shop magnctic and their applications. Beijing China，1983：193.

[15] 李国坤，赵克中等. 稀土钴磁力特性研究. 第二届永磁合金学术会议文集. 北京，1983.

[16] 王景海. 水泵技术.1993，5：21－22.

[17] 刘凯等. 水泵技术.1997，1：37－38.

[18] 赵克中，徐成海. 化工机械.2003.

第 ② 篇

磁力耦合传动装置的
设计与实验

第3章 磁力耦合传动器的设计与计算

3.1 磁力耦合传动器设计方法分析

随着磁力耦合传动技术的迅速发展，采用磁力耦合传动器实现工业机械中的扭矩无接触传递，用以彻底消除动力传递中的固体硬连接方式或动密封动力传递的泄漏问题，是近年来动力传递方式或动密封技术中取得的重要成果。但是，由于磁力耦合传动器中所采用的永磁材料较贵，与通常的固体接触动力传递方式相比成本高，使其在使用方面受到了一定的限制，因此，在磁力耦合传动器的设计中，对磁力耦合传动部分的磁路设计进行认真的分析与计算，制造出性能好、成本低，适用于各种不同工作条件下的磁力耦合传动器是十分重要的。

磁力耦合传动器的磁路部分，是指由永磁体、工作气隙和导磁体三个部分所组成的部件（包括磁体的排列方式）。由于磁路的设计任务和要求在于建立保证工作气隙中具有设计确定的磁场强度，即保证设备工作时所需要的磁力或磁扭矩达到要求的前提下，力求得到一个具有最高的磁稳定性和最小磁路体积的磁力耦合传动器。因此，选择最佳的磁路形式，配置性能优越的永磁材料，确定最佳的磁路尺寸和具有良好的结构性能并且满足一定机械强度要求的材料选择和结构件，就成为磁力耦合传动器磁路设计中应当考虑的重要问题。

3.2 磁力耦合传动器磁路的配置方式

磁力耦合传动器磁路的选择配置方式及最佳磁路形式的研究设计与永磁材料的发展密切相关。在第二、第三代永磁材料没有问世之前，人们采用的磁路配置方式如图 3-1 所示。这种单行间隙分散式的磁路形式所存在的主要缺点是体积大、产生的磁力或磁扭矩小且易于退磁，不适合于工业应用。因此，这种磁路配置方式随着磁性材料的发展，目前已基本不予采用。

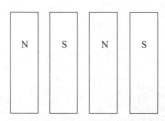

图 3-1　单行间隙排列的磁路配置的平面展开

随着第二、第三代永磁材料研制成功，由于这些材料磁极间磁化强度的相互干扰已大为减小，因而出现了如图 3-2 所示的单行紧密排列的磁路配置方式。这种形式虽然增强了磁场强度，提高了传递扭矩的能力，但是由于磁极间的交替排列容易产生磁力线在同一转子上形成回路的现象而造成部分磁通的浪费。为了克服这种缺点并避免单块永磁材料在宽度上的增大，又出现了如图 3-3 所示的单行聚磁排列的磁路配置方式。如果磁力耦合传动器在轴向长度允许的条件下，还可以采用如图 3-4 所示的多行聚磁排列的形式和图 3-5 所示的多行紧密排列的形式。后两种形式不但可以进一步提高磁力耦合传动器的扭矩而且也有利于磁力耦合传动器直径的减小，从而可减少能量的耗损。

为了避免相邻异性磁极间的磁通形成回路而造成部分磁通失效，也可采用如图 3-6 所示的渐变式磁路配置方式，由于这种磁路可以使内外磁转子间磁场强度大大提高，因而更有利于磁力耦合传动性能的发挥。

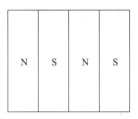

图 3-2　单行紧密排列的磁路配置的平面展开　　图 3-3　单行聚磁排列的磁路配置的平面展开

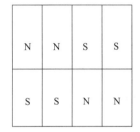 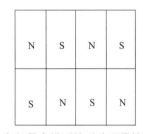

图 3-4　多行聚磁排列的磁路配置的平面展开　　图 3-5　多行紧密排列的磁路配置的平面展开

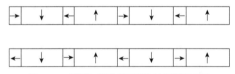

图 3-6　渐变式磁路配置的平面展开

为了减少因磁路边缘效应而浪费的部分磁通也可以按图 3-7 所示，在磁极两端分别加一个较薄的磁极来布置磁路。

图 3-7　减少边缘效应的磁路配置

磁力耦合传动器中磁极数目的多少与转子径向尺寸的大小及单个磁极尺寸等相关因素有关。一般来说，磁极数目的多少会影响磁极耦合场强及磁扭矩的高低，磁扭矩通常有一个最佳值，这就是磁路设计中参数选择的一个重要议题，而且会随着传递功率的变化而变化。磁极既可排成单排，也可排成数排，如图 3-1 ~ 图 3-5 所示。但是随着磁极排数的增加，其扭矩并非呈线性增加，图 3-8 所示为磁极数目与传递功率的关系曲线，可供参考。设计经验表明：磁极按偶数配置，除大磁间隙、大功率、高转速等一些特殊设计的情况外，其选择磁极配对的数目通常在 8 ~ 30 极之间较为适宜，因为在这一范围内传递的扭矩较大。此外，增大磁转子的径向尺寸，加大旋转半径或增加内、外磁体相互作用的总面积，在一定程度上均可提高磁力耦合传动器的传递扭矩。至于内、外磁转子之间的有效工作气隙尺寸由于受到传动器整体结构的影响，应综合加以考虑，就总体而言，缩小工作气隙尺寸有利于传递扭矩的提高，但是，过小的气隙必将会受到使用条件的制约或给加工制造和安装带来困难。因此，除一些特殊要求的磁隙外，通常选定工作气隙值时分两种情况考虑：作为动力传递的磁力耦合传动器时，其单边有效工作气隙选值范围一般在 0.75 ~ 2.5mm 为宜；作为动力密封传递的磁力耦合传动密封器时，其单边有效工作气隙选值范围一般在 1.5 ~ 7.5mm 为宜。

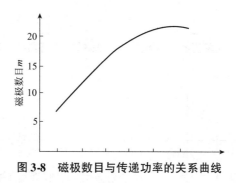

图 3-8　磁极数目与传递功率的关系曲线

3.3　磁力耦合传动器的磁路设计

在磁力耦合传动器的磁路设计中，结合研制真空度为 10^{-6} Pa 真空系统的磁传动元件，对稀土钴磁传动的原理进行探讨。根据磁力耦合传动的静磁能模型，采用具有独创性的组合型磁路，可提高磁力耦合传动器组合系数，达到磁力耦合传动器小型化和高传递扭矩的效果。在结构设计上，则是将以瑞伯公司为代表的分散布置的工作磁路改变为紧密排列的工作磁路。之所以能够做出这一重大改进和发展，是由于我国永磁工作者近年来通过大量的研究与试验已掌握了高磁能积、高矫顽力的新型稀土永磁材料的性能以及其在退磁场影响下不易退磁的特性。

3.3.1　静磁能与传动力

当条形磁体处于磁场中，即可受到磁场对它的作用而产生一个力矩，如图 3-9 所示。图中（a）表示磁场作用在条形磁体上的力；图中（b）表示磁化物体处在磁场中时所受到的力。可见，在磁化方向上，力 H_1 对条形磁体不产生扭矩，只有力 H_2 对条形磁体产生扭矩。其扭矩 T 可用下式表示：

$$T = HJ\sin\theta(\mathrm{N \cdot m}) \tag{3-1}$$

式中　H——磁场强度，A/m；

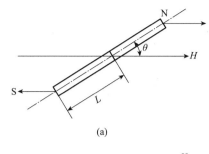

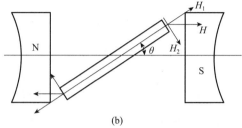

图3-9　磁场对条形磁体作用的力与扭矩

J——磁体的磁偶扭矩，$Wb \cdot m$；

θ——两作用磁极的相对位移转角，（°）。

要使磁体在磁场中转动就需要反抗力矩做功，并以静磁能的形式储存。将力矩对θ积分，可得到静磁能的一般表达式：

$$E'_H = -HJ\cos\theta(\mathrm{J}) \tag{3-2}$$

当$\theta = 0°$时，$E'_H = -jH$，此时静磁能最小；

$\theta = 90°$时，$E'_H = 0$；

$\theta = 180°$时，$E'_H = jH$，此时静磁能最大。

图3-10所示为磁化物体处在外磁场中的静磁能曲线。

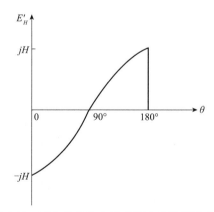

图3-10　磁化物体处在外磁场中的静磁能曲线

当磁力耦合传动器为多级时，外磁场方向改变一次，静磁能即从$-jH$变为jH，若磁力耦合传动器的转角差为ϕ，磁极对数为m，则式（3-2）中的θ可表示为

$$\theta = \frac{m}{2}\phi \tag{3-3}$$

对于某一单个磁极产生的作用力，可从静磁能的变化中求得

$$fdg = -dw \qquad\qquad (3-4)$$

式中　f——作用于磁极上的力，N；

　　　dg——位移增量，m；

　　　dw——磁能变化量，J。

依静磁能原理可知，在磁隙中则有

$$W = \frac{1}{2}B_g^2 A_g t_g \qquad\qquad (3-5)$$

式中　A_g——磁极面积，m^2；

　　　B_g——磁隙中的磁感应强度，为 dg 的函数，T；

　　　t_g——磁隙，为 dg 的函数，m。

从而得

$$f = -\frac{dw}{dg} = -\left(\frac{1}{2}B_g^2 A_g \frac{dt_g}{dg} + A_g t_g B_g \frac{dB_g}{dg}\right) \qquad\qquad (3-6)$$

从式（3-6）中可以看出，磁传动力 f 与磁感应强度 B_g 和磁极面积 A_g 成正比，与磁极位移量 dg 成反比。

3.3.2　磁路形式与选择

根据永磁体排列形式的不同，磁路的形式可分别排列成间隙分散式和组合拉推式两种。前者两永磁体之间按一定间隔距离进行排列，后者两永磁体之间靠紧排列。图 3-11(a) 与图 3-11(b) 分别给出了直线型磁力耦合传动器两种不同排列形式的磁路对比，其能量曲线如图所示。

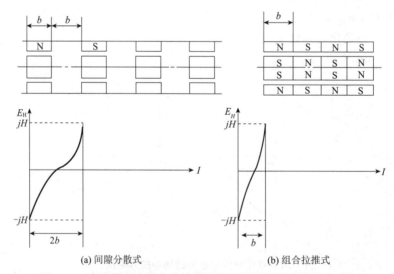

(a) 间隙分散式　　　　　　　　(b) 组合拉推式

图 3-11　直线型磁力耦合传动器两种不同排列形式的磁路对比

从图中不难看出，在相同体积下的磁力耦合传动器，图 3-11(b) 的排列形式与图 3-11(a) 的排列形式相比，能够排列出较多的永磁体，相对来说传递力矩较大或可以减小外形尺寸。可以看出，在图 3-11(a) 所示磁路中，当位移增量 $dg = 2b$ 时，静磁能从 $-jH$ 增大到 jH，而图 3-11(b) 的磁路中，当位移增量 $dg = b$ 时静磁能即可从 $-jH$ 增大到 jH。可见，组合拉推式磁路所传递的扭矩明显大于间隙分散式磁路传递的扭矩。这一结论同样适合于圆筒式磁力耦合传动器。图3-12是旋转圆盘式两种不同磁路形式的对比。

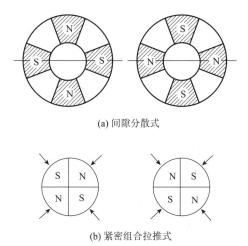

(a) 间隙分散式

(b) 紧密组合拉推式

图 3-12　旋转圆盘式磁力耦合传动器两种不同磁路形式的对比

图 3-12(a) 是采用间隙分散式磁路的轴向磁力耦合传动器，图 3-12(b) 是采用紧密组合拉推式磁路的轴向磁力耦合传动器。图 3-13 所示为组合拉推式磁路传递扭矩的原理。

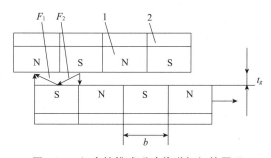

图 3-13　组合拉推式磁路传递扭矩的原理

1—永磁体；2—软磁材料；F_1—拉力；F_2—推力；t_g—工作间隙；b—永磁体宽度

分析表明：当从动磁转子的磁极 S 位于主动磁转子 N、S 两个极的中间位置时扭矩最大（此时 $\theta = 90°$）。根据同性相斥异性相吸的原理，相邻两磁极对从动磁极的作用力在旋转方向上是叠加的，这有助于获得高传动力矩。同时，由图3-13还可见到，通过磁场力的作用，可以减轻甚至抵消轴向作用力，对支撑轴承的寿命有利。分析认为，这种磁路的磁力耦合传动密封装置，在两磁极间有非磁性的金属隔离套，由于靠得很近的两磁极产生的轴向磁场互相抵消，可有效地控制或减小在隔离套壁厚内的涡流损失，也有效地控制或减少了因涡流引起的隔离套发热。所以，这种组合型磁路的磁力耦合传动器具有较好的磁场透过器壁传递能量的效果，不仅适用于力或扭矩的传递器件，还适用于磁力耦合传动密封结构的装置。

3.3.3　组合拉推式磁路的扭矩方程

磁力耦合传动主要应计算出传动扭矩的大小，借以判断所设计的磁力耦合传动器是否能够满足工程应用的要求。计算磁扭矩的有关公式除之前章节已介绍的一些方法外，在工程设计中常采用式（2-13）进行，这里不再介绍。

式（2-13）中磁路系数 K 取决于不同磁场排布。各种不同磁路的 K 值及传动扭矩的对比见表3-1。

表3-1　同种材料、同样的导磁回路时不同磁路的 K 值及传动扭矩对比

磁路形式	$\dfrac{永磁体体积}{磁路体积} = \dfrac{1}{E}$	K	转矩/kgf·cm	
			实测	计算
法国瑞伯公司样品	1/8	1	25	
分散型	1	2	58	50
圆周组合	1/2	4~6.4	201	200
径向平面组合	1	4~6.4	406	447

表3-1中的部分数据是根据各种报道资料中的图形尺寸、性能参数等数据进行选样推算得到的。

在工程设计中，由计算得到式（2-13）中的 T 值后，还应根据实用功率以及实际应用状态的不同进行功率匹配计算或修正处理。

（1）功率匹配计算或修正处理的基本思路

永磁磁力耦合传动传递力或扭矩的过程是一个恒力或恒扭矩的传递过程，它的最大传递力或扭矩是一恒定值。因此，考虑到工程中可能存在的复杂情况，应根据实际应用情况进行功率匹配计算或修正处理。如在磁力耦合传动应用过程中，存在着启动过程中启动扭矩与额定扭矩的功率匹配或修正；应用于大功率的电动机启动过程和小功率的电动机启动过程中不同启动扭矩系数的功率匹配或修正；启动过程中采用延时启动和正常启动的扭矩匹配或修正等。又如在使用过程中不同负载状态对力或扭矩的匹配或修正问题，分为轻负荷启动过程中力或扭矩的匹配或修正；重负荷启动过程中力或扭矩的匹配或修正；额定扭矩启动过程中力或扭矩的匹配或修正等。由于使用状态不同，需要对 T 值作具体的匹配或修正。因为 T 值是恒定的，若在应用中设计选配过大，会造成使用原材料多、成本高，而且还会因大磁场引起或造成一些不必要的麻烦或浪费；设计选配小了，使得设备在使用过程中不正常，影响正常工作。

（2）匹配计算或修正处理的几个主要因素

通过设计计算、试验测试以及实际应用验证，对使用过程的几个主要因素作了分析归纳。

①在直线运动、螺旋运动以及低转速运动中，采用直接启动，启动过程的启动时间长、加速度较小、运动平稳，启动力或扭矩与额定运动的差值小。

②如果小电动机等空载直接启动，启动过程的时间较短、加速度较大、启动力或扭矩与额定运动的差值较大。

③在轻负荷状态下直接启动，启动时间较短、加速度较大、启动力或扭矩与额定运动的差值较大。

④在重负荷状态下直接启动，启动时间短、加速度大、启动力或扭矩与额定运动的差值大。

因此，在运行启动过程中，根据不同的运动状态和负载状态，采用不同的启动方式，必要时可采用延时启动的方法，控制或减小启动过程的加速度值，有效地控制启动力或扭矩，减小启动力或扭矩与额定运动的差值。

（3）匹配与修正的计算方法

作为运动机构特别是旋转运动机构，它的启动过程力或扭矩的变化大，过程较复杂。磁力耦合传动用于机械运动机构，应适应于运动机构的变化，与运动机械相匹配。因此，在磁力耦合传动的力或扭矩的设计计算中可采用下述几种匹配或修正的计算方法，对启动扭矩加以修正。

①轻载启动（硬启动过程）。在轻载启动过程中，启动扭矩 T_q 为

$$T_q = \alpha_{10} T \tag{3-7}$$

式中　T_q——启动扭矩，kgf·cm；

　　　T——设计扭矩，kgf·cm，参见式（2-13）；

　　　α_{10}——启动系数，与 T_e/T 值有关（T_e 为额定运转扭矩，kgf·cm）。

当 $\dfrac{T_e}{T} = 0.88 \sim 0.95$ 时，T_e 与 a_{10} 的关系见表3-2。

表3-2 T_e 与 α_{10} 的关系

T_e	α_{10}	T_e	α_{10}
≤300	1.80 ~ 2.00	4800 ~ 7500	1.45 ~ 1.50
300 ~ 1200	1.65 ~ 1.80	7500 ~ 13000	1.40 ~ 1.45
1200 ~ 3000	1.55 ~ 1.65	≥13000	≤1.40
3000 ~ 4800	1.50 ~ 1.55		

在实际应用中，扭矩大于1200kgf·cm 的旋转机械（如泵等设备），除个别特殊情况外，均采用了延时启动的方法，电网设备简便，运行、操作安全可靠。

②延时启动（软启动过程）。在延时启动过程中，启动扭矩 T_q 为

$$T_q = \alpha_{11} T \text{（kgf·cm）} \tag{3-8}$$

当 $\dfrac{T_e}{T} = 0.88 \sim 0.95$ 时：T_e 与 α_{11} 的关系见表3-3。

表3-3 T_e 与 α_{11} 的关系

T_e	α_{11}	T_e	α_{11}
≤300	1.35 ~ 1.40	4800 ~ 7500	1.21 ~ 1.24
300 ~ 1200	1.30 ~ 1.35	7500 ~ 13000	1.18 ~ 1.21
1200 ~ 3000	1.27 ~ 1.30	≥13000	≤1.18
3000 ~ 4800	1.24 ~ 1.27		

③载荷启动。在载荷状态下启动时有两种情况：一种情况是软特性启动，虽然是在满载荷情况下启动，启动扭矩高于轻载启动，但启动扭矩并不是远高于轻载启动扭矩，启动惯性相对稳定；另一种情况是硬特性启动，这种情况下启动扭矩很大，惯性大，无特殊情况，一般不采用磁力耦合传动的传递方式。

3.3.4　组合拉推式磁路的应用实例

（1）大磁间隙磁力耦合传动器

图 3-14 是测试扭矩为 200kgf·cm 的精密轴承用的磁力耦合传动器。磁极共 18 极，每极磁体体积为 2.4cm³。磁体紧密排列，平均半径为 8.6cm。在内外磁体的背部具有软磁回路，而且不饱和。

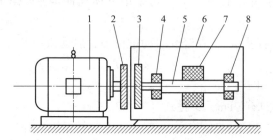

图 3-14　磁力耦合传动式精密轴承试验测试装置
1—电动机；2—外磁转子；3—内磁转子；4，8—轴承；
5—轴；6—真空室；7—可调负载

该磁力耦合传动器连续运转性能良好，运转平稳、振动小、转速稳定、结构简单、体积小，能符合超高真空密封性能的要求，无漏气现象。负载运动一直运转稳定、正常，测量得到的数据可靠。其中的两台还在磁间隙为 28～25mm 的条件下运转，由此可见，稀土钴磁力耦合传动可以进行高压差系统的密封传动。

（2）高压差扭矩磁力耦合传动器

图 3-15 所示为磁力耦合传动式氦压缩机，共 4 个磁极，磁体总重 0.36kg（包括软磁回路），带动一台小型氦压缩机，压差为 50 大气压，分别在 630r/min、800r/min 下进行试验后，不仅具有良好的保护整机的作用，而且其体积也比封闭电动机小得多。用于灌注氦气，进行密封性检验，其密封性能良好。

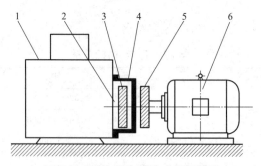

图 3-15　磁力耦合传动式氦压缩机
1—压缩机；2—轴；3—内磁转子；4—隔离套；5—外磁转子；6—电动机

（3）直线传动器

图 3-16 所示为用于真空系统传递直线运动的一种磁力耦合传动器，行程为 250mm，

$\phi 42 \times 20mm^2$ 的磁环，由轴向组合拉推磁路组成，可带动 1.5kg 的样品进行传递。

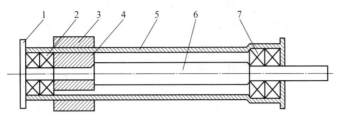

图3-16 直线传递磁力耦合传动器

1—挡板；2—后轴承；3—外磁转子；4—内磁转子；5—隔离套；6—轴；7—前轴承

（4）磁力转动传动复合式传动器

图3-17 是采用径向及轴向两种组合时所得到的既能转动又能传动的复合传递磁力耦合传动器，它用于高精度的分子束外延等仪器上的磁力转动和传动。

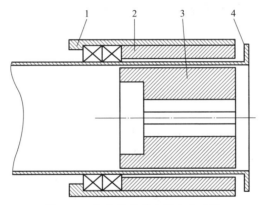

图3-17 复合传递磁力耦合传动器

1—外基体；2—外磁转子；3—内磁转子；4—隔离套

从上述叙述中可以看出：以高性能、高稳定性的稀土钴永磁材料所组合的拉推磁路研制成功的磁传动密封器件，具有体积小、重量轻、寿命长、间隔板薄、涡流小、密封性能可靠以及转动惯量小、功耗小等优点。虽然在无负载时有轴向力，但在有负载时轴向力摩擦力也会减小，从而能延长轴承使用寿命，还具有传动平稳、漏磁小、受外磁场的影响小等优点。磁力耦合传动不但可以进行任何角度的转动和较长的直线平动以及转动平动等各种运动的传递，而且当负载过大卡住时，磁力耦合传动器能自动滑脱，起到保护电动机和整机的作用。因为电动机的振动传递小，有减振的作用，也可对高压容器进行密封传动，所以，磁力耦合传动器既具有传动密封作用，又具有保护和减振作用，兼有密封装置传动器、保护器、减振器的三大作用。我国稀土资源富有，大力推广应用稀土钴磁力耦合传动技术将使其显示出更多优越性。

3.3.5 大磁隙磁路设计方法的修正

常规的磁路设计主要是依据磁场分布、聚集、离散等理论分析，永磁材料构成的磁路设计虽然有较多的文献报道，但却有一定的局限性，特别是稀土永磁材料的应用，为大磁隙磁路的设计创造了条件。仍然采用常规方法进行磁路设计的计算结果误差较大，因此，对原有的设计公式或公式中相关参数进行适当的修正是必要的。

试验验证和研究分析表明，对磁路设计公式进行修正的方法基本上可分为两种：一种是对公式的设计计算结果用隐函数系数进行修正，即系数修正法；另一种是对设计公式中的相关参数进行修正处理，即参数修正法。在磁路设计中，分析与对比表明，采用第二种方法较为简便，采用这种方法对设计公式中的部分参数进行修正处理后，设计了多种磁路，这些磁路通过多次实验研究、分析以及实用中的考核表明，对大磁隙磁路的设计采用参数修正法是较为适用的。

理想状态的磁路设计是尽可能少地使用永磁材料来获得较高的磁场强度。也就是说在永磁材料性能参数确定后，进行合理的最佳的磁路设计，能够得到较大的磁场力即磁传递力或扭矩。现就修正的几个主要参数分述如下。

（1）磁体厚度 h 的修正

为确保大磁间隙磁路设计的准确性，在实际磁路设计中，改变磁体厚度 h 的方法经实验所得如下：

①当磁隙为 6mm 时，磁体厚度可确立为 5.5mm，此 6mm 磁隙的数值可确认为是设计的特征尺寸参数。

②磁隙在 6mm 的基础上递增时，磁隙每增加 1mm，磁体厚度应在 5.5mm 的基础上以 8.5% 的递增率叠加。

③磁隙在 6mm 的基础上递减时，磁体厚度 h 可不进行修正，这是因为磁间隙小于 6mm 时，即可视为小间隙磁路，这时磁体厚度根据技术要求按常规方法设计即可。

通过上述方法给出的磁隙大于 6mm 时，磁体厚度 h 递增的经验计算方法为

$$h = 5.5 \times (1 + 8.5\%)^x = 5.5 \times 1.085^x \tag{3-9}$$

式中，x 为磁隙增大的距离，mm。

（2）平面运动磁场磁极宽度 b 的修正

在平面运动磁场的大间隙磁路设计中，在修正磁体厚度 h 的同时对磁极宽度 b 也应进行必要的修正，其方法是：

①磁隙为 6mm 时，磁极宽度 b 为 11mm，磁隙每增加 1mm，磁极宽度以 13.6% 的递增率递增。即 b 值的递增率为：

$$b = 11 \times (1 + 13.6\%)^x = 11 \times 1.136^x \tag{3-10}$$

式中，x 为磁隙增大的距离，mm。

②磁隙小于 6mm 时，视为小间隙磁路，b 值可不做修正。

（3）旋转运动磁场磁极角 θ 的修正

一对耦合磁场做旋转运动时，主、从动磁极相互作用的作用力大小可通过仪器进行监测，也可通过耦合磁极在外力作用下产生的主、从动磁极相对滞后角（转角差）ϕ 计算出来。如图 3-18 所示，图中（a）为耦合磁场无外力作用静止时滞后角 ϕ 为零，这时瓦形磁极的磁极角 θ 等于磁力耦合角 θ'。图中（b）是外力作用下使耦合磁场的主、从动磁极产生滞后角（转角差）ϕ，当外力增大时，ϕ 值也随之增大，当 ϕ 角增大到最大值 ϕ_{max} 时，

$\phi_{max} = \dfrac{\theta}{2} = \theta'$，此时磁场做功最大，但是此点也是磁力耦合态滑脱与耦合的不稳定点。

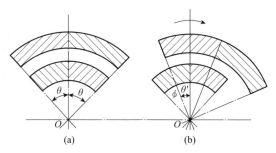

图3-18 滞后角（转角差）ϕ 示意图

大磁隙磁路设计中对 θ 的修正，通过实验验证显得更为重要。通过修正 θ 角，不仅使磁场扭矩计算差异小，还可以控制磁力耦合传动的耦合极数。

θ' 角的修正比较复杂，它与磁力耦合传动系统的启动特性、磁力耦合传动器的运转半径、系统的运转惯性以及磁隙的变化量等有关，不能确切地给出经验验算方法。表3-4 给出了一组通过实验整理的不同功率下的经验数据，供设计磁力耦合传动时参考。

表3-4 不同功率下有关参数的修正经验数据

项目	功率						
	1.1~4kW	5.5~11kW	18.5~37kW	45~75kW	90~130kW	160kW	190kW
$\theta/$（°）	25.7	22.5	20	20	18	16.4	16.4
磁耦合极数	12~14	14~16	16~18	16~18	18~20	22	22
磁作用半径/mm	50	60	70	80	90	100	120
工作转速/（r/min）	2870	2870	2950	2970	2950	2950	2950
启动方式	直接启动和延时启动						

3.4 磁路材料选择

构成磁力耦合传动器主要零件的材料是永磁材料（磁钢）、软磁材料和隔磁材料等，现分述如下。

3.4.1 磁性材料的选择

组成磁力耦合传动器的主体材料是磁性材料，磁性材料性能的优劣直接关系到磁力耦合传动器的性能，它不仅决定磁力耦合传动器应用过程中启动和运转过程是否可靠，而且也是评价磁力耦合传动装置整体性能的关键所在。对于同一种磁路类型，相同的磁路尺寸，要得到最大的气隙磁感应强度，需要选择最适宜的磁性材料。

一般，用于传递扭矩的永磁材料应具备三个条件：一是要有高的剩余磁感应强度 B_r，这样才能得到较大的磁力和磁扭矩；二是要有高的矫顽力 H_c，这样永磁材料才不易退磁，也就是说，永磁材料应具有较高的磁能积（BH）；三是要有良好的温度稳定性，温度稳定性是指永磁材料随着使用环境温度变化时，其自身磁性变化较小，在一定温度范围内磁性较为稳定的一种性能。因此，对有温度要求的装置应重点考虑所选用的磁性材料的温度稳定性，剩磁可逆温度系数要小。

居里温度是反映磁性材料性能的特征参数，它是物质从铁磁性转变成顺磁性的临界温度，通俗地说，达到居里温度的永磁体则完全丧失磁性，所以，在磁路设计中一般应避免达到或高于居里温度。在低于居里温度的范围内，剩磁随温度上升呈线性下降，其表达式为：

$$B_{rt} = B_r \left(1 + \alpha_{B_r} \Delta t \right) \tag{3-11}$$

式中 B_{rt}——工作温度下永磁材料的表面剩磁，T；

B_r——常温下磁性材料的表面剩磁，T；

α_{B_r}——剩磁可逆温度系数，% ℃$^{-1}$；

Δt——温升，℃。

由于材料的 α_{B_r} 不同，温度每升高 100℃，铁氧体剩磁下降 18%，钐钴（SmCo$_5$）剩磁下降 4%，钕铁硼下降 12%，钐钴（Sm$_2$Co$_{17}$）下降 3%，而传动扭矩与 B_r^2 成正比，故可计算出每当温度升高 100℃，上述材料的传动扭矩分别减少 33%、8%、23%、6%。通常磁性材料样本中的数据是在常温下测定的，设计磁力耦合传动器时必须考虑工作温度的影响，以保证传动的可靠性。

铁氧体应用最早，其价格便宜，但磁能积低（小于 3.6kJ/m³），用它制成的磁力耦合传动器结构尺寸大，适用于传动扭矩小、功率不大的装置，工作温度为 85℃ 以下；Nd-Fe-B 近年来广泛用于磁力耦合传动器件，因它的 B_r 值可达 1.25T，磁能积 $(BH)_{max} \leqslant$ 280kJ/m³，工作温度为 150℃ 以下；Sm$_2$Co$_{17}$ 是一种高级合金，稀土与合金之比是 2:17，工作温度可达 300℃，对于高温工况，选择它最为有效，但价格较为昂贵。

目前，我国市场上常用的永磁材料有铁氧体、钕铁硼（Nd-Fe-B）、稀土钴（R$_2$Co$_{17}$）、铝镍钴（AlNiCo）和铁铬钴（FeCrCo）等，其性能比较见表 2-4。

从表 2-4 中可以看出，铝镍钴剩磁 B_r 的温度系数绝对值最小，铁氧体最差，钐钴较好；钕铁硼的最大磁能积最大，是铁氧体的近 10 倍左右；除铁氧体密度外，其他的磁性材料密度都较高；钕铁硼的抗弯强度比铁氧体和稀土钴高一倍，其抗压强度也比钐钴高，热膨胀系数最小。综合诸多性能，可以评定钕铁硼及钐钴是最优良的永磁材料，而铁氧体是这几种常用永磁材料中性能最差的。

显然，磁力耦合传动器中永磁材料应选用钕铁硼或钐钴较好，但钕铁硼使用温度较低，只有在温度较低（0~85℃）时选用。

3.4.2　隔磁材料选择

隔磁材料的主要作用是支持和保护磁性材料，其次是隔磁，减少磁通在磁块之间的横向泄漏，使大部分磁通能在一对磁极之间通过，以达到磁极之间的作用力尽可能大的目的。因此，它必须具有很低的磁导率。在腐蚀性条件下使用时，隔磁材料还必须具有一定的耐腐蚀性能，或者采取一定措施做好抗腐蚀性工作，否则，因为导磁块的材料选择不当，会导致磁通泄漏增大，加快磁性失效。

3.4.3 软磁材料选择

永磁材料是装在磁力耦合传动器的内、外转子上的，由于内、外永磁材料之间的磁通必须经过内、外转子而形成回路，因此，内外转子也必须由磁导率较高的软磁材料制成。

软磁材料在磁路中起着很重要的作用，使用软磁材料做成磁屏蔽，可以防止外磁场的干扰，改变磁路中的磁通密度，调整漏磁的大小。表征软磁材料磁性能的特性参数为磁导率，对确定的材料而言，其最大磁导率与初始磁导率是常数，一般要求软磁材料的磁导率越大越好，矫顽力越小越好，饱和磁化强度越大越好。几种常用的软磁材料为工业纯铁、硅钢、铁镍合金、铁铝合金、铁钴合金、恒导磁合金、磁温度补偿合金以及软磁铁氧体等。由于磁力耦合传动器中的磁路采用的永磁材料在磁路中不存在变化磁场，不必考虑磁损问题，所以，采用与工业纯铁磁性能十分相近的低碳钢来取代工业纯铁，既容易加工，价格又比较便宜，是比较理想的一种选择。

3.5 永磁体厚度、工作气隙、极数和永磁体轴向排列的合理匹配

永磁体选取后，其磁性能即为定值，但永磁体耦合面上剩余磁感应强度的大小与永磁体的厚度有关，当瓦形永磁体的形状给定后，磁力耦合面气隙中的磁感应强度就有一个相对应的值。通常将永磁体厚度与耦合面弧长之比称为永磁体几何形状系数，用 η 表示。实验表明在气隙不变的情况下，在 $\eta < 0.4$mm 的区域内，磁感应强度 B_r 随 η 增加，而且增加较快，在 $\eta > 0.6$mm 的区域，η 增加时 B_r 却增加缓慢，如图 3-19 所示。

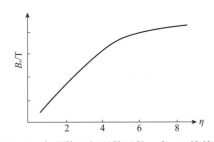

图 3-19 永磁体几何形状系数 η 与 B_r 的关系

通常把永磁体排列为圆筒形的轴向长度 L_b 与磁体排列径向剖截面直径 D_c 的比值 $\dfrac{L_b}{D_c}$ 称为永磁体的长径比，除一些特殊设计外，其取值范围一般为 $0.2 \sim 1.7$。磁场作用直径

$$D_c = \frac{1}{2}(D_3 + D_2)$$

式中　D_3——外磁转子永磁体内径尺寸；

　　　D_2——内磁转子永磁体外径尺寸。

在磁力耦合传动器的磁路设计中，为了方便而且较为准确地选择并确定永磁体的磁极数目，引出磁极数系数 K_j 的概念，即

$$K_j = \frac{\pi D}{m t_g} \tag{3-12}$$

式中　D——气隙平均直径，cm；

　　m——磁极数；

　　t_g——工作气隙，cm。

　　从式（3-12）中看出：磁极数系数 K_j 与磁作用平均直径 D 成正比；与磁极数 m、工作气隙 t_g 成反比。由此认为 K_j 值与以上相关参量有密切的关联。在磁路设计中，确定相关参量是一项重要的参考值。在磁力耦合传动器的设计中，K_j 值的选择范围为 2.5～9.5。一般，工作气隙 t_g 值大时 K_j 选大值；t_g 值小时 K_j 选小值。

　　引出并认识了磁极数系数 K_j 后，在磁路设计中对其他一些参考值应引起足够的认识和了解，有益于磁路设计。如：工作气隙的绝对气隙 $t_g = R_3 - R_2$（R_3 为外磁转子永磁体的内半径；R_2 为内磁转子永磁体的外半径）和相对气隙 $r_g = \dfrac{R_2}{R_3}$ 通常是在设计中选择确定的，通过大量的设计与试验后认为，这些参数在确定前还应参考图 3-20 所示的相对气隙 r_g 与永磁体极数 m 之间的关系曲线来校验选择理想的磁极数 m 和磁体半径尺寸 R_3、R_2。

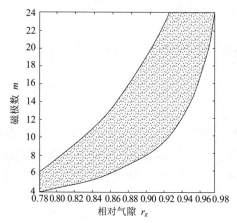

图 3-20　相对气隙 r_g 与永磁体极数 m 的关系曲线

　　图 3-20 给出了磁极数 m 与相对气隙 r_g 的关系区域带，设计时可参考使用。磁力耦合传动的静态扭矩与磁极数系数的关系曲线如图 3-21 所示。

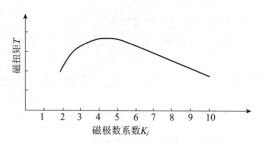

图 3-21　静态磁扭矩 T 与极数系数 K_j 的关系曲线

　　从图中曲线可看出，极数系数在 4～6 的范围为最佳设计选择值，曲线拐点为最佳点。

3.6　隔离套的设计与计算

　　在磁力耦合传动器中，隔离套位于内、外磁转子之间，高压介质的密封完全由隔离套承担，因此，设计时应满足以下两点要求，一是承受压力时其变形量不宜超过设计的要求，二是要尽可能减少金属隔离套在交变磁场作用下产生的涡流损失以提高磁力传动的工作效率。

3.6.1　隔离套的结构形式

隔离套的结构是根据装置的介质状态、压力状态及磁力耦合传动器的结构形式、磁场间隙的大小等进行设计的。隔离套的结构形式较多，但归纳起来进行分类，其结构形式原则上可分为三种，如图 3-22 所示。图中，（a）为平底式隔离套；（b）为轴承座式隔离套，分为内凸和外凸两种结构；（c）为底部呈蘑菇形状的隔离套。还有底部为外凸球形或可拆卸等多种结构形式。

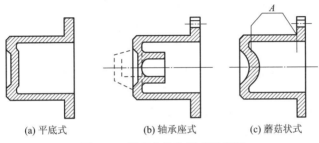

（a）平底式　　　　（b）轴承座式　　　　（c）蘑菇状式

图 3-22　隔离套结构形式示意图

从图 3-22 中可以看出，隔离套结构主要由法兰、薄壁筒和底板（有时带有轴承座）三部分组成。从实用的性质看，隔离套属于液体在套内高速旋转的小型压力容器类产品；工作的筒壁位于交变磁场中，受交变磁场的涡流影响产生热量；产品具有复杂的技术要求和特殊的性能。因此，在设计中应给予足够的重视。

3.6.2　隔离套材料的选择

（1）对选用材料的要求

隔离套是应用在磁力耦合传动装置中的密封件，在交变磁场中工作，一般承受内压力。隔离套中装有内磁转子，空隙及空腔中装满系统传输的工作介质（并流动）。内磁转子旋转时，由于内磁转子的旋转搅拌，空隙和空腔中的液体随着转子的旋转速度而流动，此时，隔离套不但承受内压力，还要受到一定速度的液体的冲击和冲刷，因此，在选择材料时应注意一些特殊的技术问题。

①非导磁性材料。在交变磁场中工作、不隔磁、磁损失小。

②注意材料的强度和韧性。因为在磁场间隙中工作，受磁场间隙的制约和磁场的影响，壁厚要求以薄为好。从理论上讲，壁薄且耐压高最佳，选择材料时，应在注意材料强度的同时兼顾材料的韧性。

③抗冲击、耐冲刷和腐蚀。由于隔离套内的内磁转子旋转的作用，液体具有一定的线速度，从而产生圆周力和切线力，对隔离套内表面进行冲刷和冲击，加速材料的摩擦、磨损和性能衰减。同时，在液体运动的过程中，还会出现其他一些如电化学腐蚀、晶间腐蚀、氧化腐蚀等腐蚀问题。所以，在材料选择中应注意材料的耐摩擦、抗冲击和腐蚀

等问题。

（2）隔离套材料的选择

隔离套的常用材料有金属和非金属两大类。

①金属材料。不锈钢具有工艺性好、适用介质范围广等优点，是使用最广泛的金属材料。常用的金属材料还有 316L、316 不锈钢，哈氏合金 C、C276 合金、钛合金、718 铬镍铁合金等。几种常用金属材料的承压能力如表 3-5 所示。金属材料工艺性能好、强度高、壁厚小，但其局限性在于不能适用于强腐蚀性介质，运行工作时存在涡流损失等问题。

②非金属材料。常用非金属材料有陶瓷和各种合成材料。陶瓷不仅可以完全消除涡流损失，还可以适用于几乎所有的腐蚀性介质和高温、高磨损场合。某些化学介质受热时会产生聚合、结晶等变化，陶瓷密封套尤其适合于这些介质的输送。氧化锆（ZrO_2）是最常用的陶瓷材料。陶瓷材料的工艺性较差，由于受强度限制，壁厚较大，经有限元优化设计，2.5MPa 压力的陶瓷隔离套最小的壁厚为 4mm。其他非金属材料如塑料、碳素纤维等也开始用于不同用途的磁力耦合传动泵中，其中，塑料的应用最为广泛。常用的工程塑料有聚丙烯、聚四氟乙烯、聚偏二氟乙烯以及玻璃钢增强纤维、高分子材料等。塑料价格低廉、工艺性好、无涡流损失，但不耐高温，对输送介质有选择性、强度低、壁厚大。

表 3-5 几种常用金属材料及其承压能力

材料	电阻率/Ω·m	传递扭矩/N·m	承压 1.9MPa		承压 4MPa	
			厚度/mm	3000r/min 时涡流损失/%	厚度/mm	3000r/min 时涡流损失/%
316 不锈钢	0.75×10^{-6}	1000	1.25	12.36	2.5	26.65
304	$(0.106 \sim 0.115) \times 10^{-6}$	1000	1.25	15.16	2.5	32.93
哈氏合金 C	0.80×10^{-6}	1000	1.00	7.08	2.0	15.16
钛合金	$(0.47 \sim 1.8) \times 10^{-6}$	1000	0.7	4.85	1.6	8.99
718 合金	0.83×10^{-6}	1000	0.8	6.14	1.7	13.87

3.6.3 隔离套设计中特殊性问题的处理

掌握了隔离套的用途、技术要求以及技术条件，除一般常规性设计外，还应考虑结构设计中的特殊性问题。

（1）薄弱环节的处理

隔离套是薄壁型容器构件，在完成结构设计后，校核计算找出结构中的最薄弱环节，分析具体情况，采取不同方式进行必要的处理，确保结构的可靠性是必要的。上述介绍的三种结构形式的隔离套，其薄弱环节均在筒壁与法兰和底部隔板连接的筒壁端面处，如图 3-22(c) 中 A 点剖视所示。处理的方法是调节相关尺寸，尽可能加大圆角 R 以增加结构强度，如图 3-23 所示。

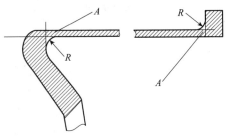

图 3-23　圆角 R 放大示意

（2）反扣封头

隔离套底部如果按平板设计壁厚，其壁厚值很大，不但增加了泵的重量，也浪费了材料。由于隔离套在结构设计上既要求足够的强度，还要求壁薄，在设计思路上不能采取常规式的设计方法。因此，经过设计、实验的经验分析和对比，采用如图 3-24 所示反扣封头（压力容器封头）的方法，既增加了机械强度，又大大地减少了底部厚度。从图中可以看出，隔离套底部分为 A、B、C 三个部分，这三个部分可分别视为两个封头的组合。图中 ΔQ 箭头表示流动介质的流动方向。

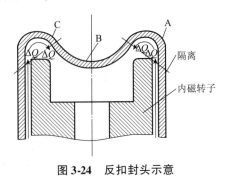

图 3-24　反扣封头示意

（3）隔离套内表面热量的流线型考虑

金属隔离套在交变磁场中工作，隔离套壁厚中所产生磁涡流热使套壁的温度急剧上升，严重时热量会导致磁转子退磁使设备不能正常运行。因此，设计隔离套时，一方面尽可能减少壁厚借以减小磁涡流热的产生，另一方面应考虑散热问题，通常采用的方法是液体对流散热，使隔离套内表面液体流动，将产生的热量由流动的液体带走。

所以，隔离套内表面要求光洁度高、液体流动性好；在各弯道处圆滑过渡，尽量减少流动介质的阻力。如图 3-24 箭头所示，使隔离套内壁形成理想的流线型结构，保证液体畅通。

（4）防止汽蚀

实际工作中，隔离套内液体流动的线型是螺旋线，其流速是流体的轴向速度和随内磁转子作圆周运动的速度的叠加。流体的轴向速度高时，其叠加的线速度高于内磁转子的线速度；轴向流速低时，液体的线速度接近于内磁转子的线速度。

内磁转子的线速度 v_{cn} 表示为

$$v_{cn} = \pi D_c n \, (\text{m/s}) \tag{3-13}$$

式中　D_c——内磁转子的外直径，m；

　　　n——内磁转子的转速，r/min。

　　流体在隔离套内高速运动时，由于吸收隔离套上产生的磁涡流热和摩擦及碰撞发热，液体的温度升高快，加速了液体汽化，液体在隔离套与内磁转子的间隙中边汽化边螺旋流动，当穿过间隙到达隔离套底部时形成了螺旋运动的汽液混合物。隔离套内表面处压力提高，轴线中心处压力低，螺旋形的汽液形成了压力梯度，在这种情况下，由于轴线中心处压力低，液体的温度没有发生变化，液体的汽化速度加快，导致出现真空状态，产生汽蚀现象，汽蚀严重时，隔离套底部中心易被穿孔。

　　磁力耦合传动泵隔离套内的汽蚀问题解决不好会影响泵的正常运行，产生汽蚀，特别是输送易汽化的介质时更应注意。因此，防止汽蚀是设计和使用中应注意的一个重要技术问题，故隔离套和冷却系统在设计时应采取一系列措施。

　　①设计必要的导流槽，使隔离套内特别是在套底部具有一定的压力，其压力值为 p_D。

$$p_D = \frac{\Delta p}{2}$$

$$\Delta p = p_1 - p_2 \tag{3-14}$$

式中　Δp——泵出入口压力差，MPa；

　　　p_2——泵出口压力，MPa；

　　　p_1——泵入口压力，MPa。

　　②流体要有一定的流动性，其流量的大小根据散热量的多少来确定。

　　③内磁转子与隔离套之间的工作间隙的大小要合适，除一些特殊情况外，其工作间隙的截面积应是导流孔截面积的 7 倍以上。

　　④减小内磁转子及隔离套的表面粗糙度和提高圆弧倒角等工艺性的技术要求。

　　以上介绍了一些防止汽蚀的措施，但在液体和一些特殊环境中工作，有时不能有效控制汽蚀的发生，因此，在隔离套的结构设计上还应采取措施。如图 3-22（c）所示，将隔离套底部设计为凸起的蘑菇形结构，这种结构形式经试验分析证明具有良好的抗汽蚀作用。具体结构的尺寸是由内磁转子和隔离套端部的相关尺寸、外形结构和几何空间尺寸确定后，再根据实际状态进行设计确定的。一般来说，蘑菇形外形型线尺寸与内磁转子外形型线间的间隙尺寸要大于内磁转子与隔离套之间的间隙尺寸。

3.6.4　隔离套的设计计算

（1）法兰壁厚与强度计算

法兰壁厚 δ_F 计算参照公式

$$\delta_F = D_F \sqrt{\frac{Kp}{[\sigma_b]} \phi} \quad (\text{mm}) \tag{3-15}$$

$$[\sigma_b] = \frac{\sigma_b}{n_b}$$

式中　D_F——法兰内径，mm；

K——平板系数，一般选 0.3；

p——轴向载荷，MPa；

ϕ——焊接系数；

$[\sigma_b]$——许用应力，MPa；

σ_b——强度极限，MPa；

n_b——安全系数。

（2）螺栓强度计算

①螺栓轴向受力计算。螺栓受力与轴线平行；由于螺栓均布，各螺栓受力均相等。

$$F = \frac{p}{Z} \quad (\text{MPa}) \tag{3-16}$$

式中 p——轴向总载荷，MPa；

Z——螺杆数量；

F——单个螺杆受力，MPa。

②螺栓最小直径 d_1

$$d_1 \geqslant \sqrt{\frac{4 \times 1.3 Q_P}{\pi [\sigma]}} \quad (\text{mm}) \tag{3-17}$$

式中 Q_P——剩余预紧力，MPa；

$[\sigma]$——螺栓材料的许用应力，MPa。

$$[\sigma] = \frac{\sigma_s}{n_s} \tag{3-18}$$

式中 σ_s——材料的屈服极限，MPa；

n_s——安全系数。

（3）预紧力 Q_P

$$Q_P = Q_P' + K_c F \quad (\text{MPa}) \tag{3-19}$$

式中 Q_P'——剩余预紧力；

K_c——相对刚度系数，$K_c = \dfrac{C_L}{C_L + C_F}$；

F——螺栓轴向受力，MPa。

由于剩余预紧力

$$Q_P' = Q_P - (1 - K_c') F$$

$$= Q_P - \frac{C_F}{C_L + C_F} F$$

式中，$K_c = 1 - K_c' = \dfrac{C_F}{C_L + C_F}$

通常，$Q_P = K_0 F$

式中，K_0 为预紧系数，通常 K_0 在 $0.2 \sim 1.8$ 之间。

$$Q_P' = K_0 F - K_c' F$$

Q_P' 分三种状态分析计算：

①紧密性连接如汽缸、压力容器等，$Q_P' = (1.5 \sim 1.8)\ F$；

②工作载荷有变化的连接，$Q_P' = (0.6 \sim 1)\ F$；

③工作载荷无变化的一般性连接，$Q_P' = (0.2 \sim 0.6)\ F$。

（4）螺栓总拉力 Q

$$
\begin{aligned}
Q &= Q' + F \\
&= K_0 F - K_c' F + F \\
&= (1 + K_0 - K_c')\ F \\
&= (1 - K_c' + K_0)\ F \\
&= \left(\frac{C_L}{C_L + C_F} + K_0 \right) F \\
&= (K_c + K_0)\ F
\end{aligned}
\tag{3-20}
$$

（5）螺栓的其他强度条件

螺栓的剪切强度条件

$$
\tau = \frac{F_s}{\dfrac{\pi}{4} d_1^2} \leqslant [\tau]
\tag{3-21}
$$

螺栓与孔壁的挤压强度条件

$$
\sigma = \frac{F_s}{d_1 L_{\min}} \leqslant [\sigma_p]
\tag{3-22}
$$

式中　F_s——剪切力，MPa；

　　　d_1——螺栓直径，mm；

　　　$L_{\min}$——螺栓被挤压面的最小长度，一般选 $L_{\min} \geqslant 1.5 d_1$；

　　　$[\tau]$——材料的许用剪应力，MPa；

　　　$[\sigma_p]$——材料的许用挤压应力，MPa。

（6）隔离套壁厚的计算

①壁厚定义　壁厚度定义为：$K < 1.1$ 或 $K > 1.1$，当 K 值小于 1.1 为薄壁容筒；当 K 值大于 1.1 为非薄壁容筒。

$$
K = \frac{D_w}{D_n}
\tag{3-23}
$$

式中　D_w——容筒外径，mm；

　　　D_n——容筒内径，mm。

②筒壁厚计算　筒壁厚 δ_t 为：

$$
\delta_t = \frac{p D_n}{2 [\sigma_b] \phi - p} \quad (\text{mm})
\tag{3-24}
$$

③隔离套底板厚的计算　底板厚 δ_D 为：

$$
\delta_D = D_n \sqrt{\frac{Kp}{[\sigma_b] \phi}} \quad (\text{mm})
\tag{3-25}
$$

3.6.5　隔离套变形设计计算

隔离套因受压引发变形时，会引起隔离套位置以及内外间隙的变化，设计中，压力小时的变形不必考虑；压力大时，变形量较大，应对变形量进行计算，以保证此变形不影响隔离套的正常工作。

一般，在设计中轴向尺寸留有较大空间，轴向变形量不计算，只计算径向变形量。

$$\Delta S = \frac{pR_1^2}{ES\left(1-\dfrac{\mu}{2}\right)} \tag{3-26}$$

式中　ΔS——隔离套的径向位移，mm；

　　　R_1——隔离套的内径，mm；

　　　S——隔离套的壁厚，mm；

　　　p——设计压力，MPa；

　　　E——弹性模量，MPa；

　　　μ——泊松比。

3.6.6　压力试验

径向变形量满足设计要求，应进行水压试验，而且试验保压时间大于10min时不得有渗水、冒汗等现象发生，并测量其变形以保证隔离套能可靠工作。对有加强筋的隔离套，进行计算时，应考虑加强筋的作用。满足水压试验要求的条件是：

$$\sigma_1 = \frac{p_1\,(D_i+S)}{2S\phi} \leqslant 0.9\,[\sigma_s] \tag{3-27}$$

$$p_1 = 1.25p\,\frac{[\sigma]}{[\sigma]^1}$$

式中　p_1——水压试验压力，MPa；

　　　σ_1——水压试验时隔离套的周向应力，MPa；

　　　$[\sigma]^1$——设计温度下材料的许用应力，MPa。

隔离套在试压过程中允许径向、轴向及端部有一定的变形量，当压力减为零时，允许有塑性变形量，其变形量应符合表3-6要求。

表3-6　隔离套水压试验时的允许变形量

材　质	轴向/mm		直径/mm		端面/mm	
	试验最大压力变形	试压复零变形	试验最大压力变形	试压复零变形	试验最大压力变形	试压复零变形
金属隔离套	≤0.5	≤0.2	≤1	≤0.5	≤1	≤0.2
非金属隔离套	≤1	≤0.5	≤0.7	≤0.2	≤2	≤0.5

压力试验的方法按压力容器的有关规定和要求进行，其试验方法如图3-25所示。

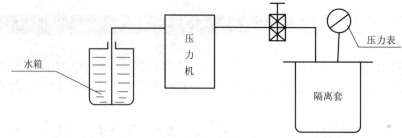

图 3-25   压力试验示意图

3.6.7   隔离套结构及材料的最新进展

随着工业发展，磁力耦合传动泵在技术上的要求更为严格，为了保证石化强腐蚀及核工业等有毒和危险介质在输送过程中的绝对安全和可靠，双密封隔离套结构得到了很快的发展。由于双密封隔离套结构具有内、外两层隔离套，二者均能单独承受系统压力，当其中之一发生破坏时，系统不会发生泄漏，这时可通过其监控装置取得失效信号，及时停机检查和维修。

①金属双密封隔离套   金属双密封隔离套结构具有强度高、壁厚薄、体积小、工艺性能好等优点，其弱点是内、外密封隔离套内部存在涡流，而内循环冷却系统只能冷却内层隔离套，外层隔离套必须设置单独的外层冷却系统，这就增加了系统的复杂性，而且也不经济，一般很少采用。

②碳素纤维-陶瓷双密封隔离套   如图 3-26 所示，采用碳素纤维内密封和陶瓷外密封相结合的结构。由于碳也是导体，放碳素纤维的密封套内会产生一些涡流，但通过调整纤维的缠绕角度，可使其涡流减小到可以忽略的程度，陶瓷中完全无涡流，因此，内、外套均无须冷却。

碳素纤维的耐热有限，不能用于高温环境。此外，碳素纤维材料的任何损伤都会破坏其纤维网络，从而降低整体强度，同时，碳素纤维材料的抗化学腐蚀能力很弱。其他合成材料同样也存在类似问题。

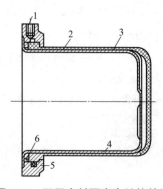

图 3-26   双层密封隔离套结构简图

1—法兰；2—碳纤维内衬（或金属内衬）；3—陶瓷外套；

4—稳定黏结剂；5—密封圈；6—弹性压紧圈

③塑料-金属双层密封隔离套 这种隔离套在结构上与图 3-26 基本相似，只是将隔离套材质采用塑料热成型材料所代替，其涡流热损失几乎为零，抗腐蚀能力很强，成型工艺性好，成本低。但因塑料件严格限制使用温度范围且工作压力低，为了使其提高耐压性能和工作性能的稳定性，可在塑料套外加上一层薄壁的金属外壳或金属网状外壳，使得应用效果更佳。

④金属-陶瓷双密封隔离套 如图 3-26 所示，该结构采用金属（常用哈氏合金 C）内密封隔离套和陶瓷外密封套。金属内密封套中的涡流损失所产生的热量由内循环系统冷却，外密封套中没有涡流，不需冷却。这两种材料均具有较好的强度和耐腐蚀性并可在高温下运行。内 、外密封套经过各种不同材料组合的运行试验表明，该结构具有较大优势，适用性较强。

⑤监控装置 当双密封隔离套其中之一失效时，系统可靠性大为降低，应立即停机检修。监控装置的功能就是及时地将失效信息反馈给操作者。如图 3-26 所示，在内、外隔离套之间有一密闭空隙，其内的压力变化可通过传感器反馈仪表显示出来。当内隔离套失效时，由于容器内液体的泄出，空隙中处于正压状态；当外隔离套失效时，空隙中的压力则为大气压。在两种情况下，监控装置均自动发出警报。

双密封隔离套的应用极大地提高了磁力耦合传动泵的运行可靠性，但是其内、外磁环间的间隙却明显增大了，使得磁力耦合传动效率受到影响，因此，传递相同扭矩时所需的体积和磁场强度均大于单密封隔离套结构。表 3-7 所列为不同隔离套的试验数据。

表 3-7　不同隔离套的试验数据（选用金属材料为 1Cr18Ni9Ti）

密封套结构形式		密封套壁厚/mm	相对磁工作间隙/mm
金属单密封套	（1.5MPa）	1.2	4.5
金属单密封套	（2.5MPa）	1.6	5.5
陶瓷单密封套	（2.5MPa）	3.0	7.0
金属 – 陶瓷双密封套	（1.5MPa）	4.5	8.5
金属 – 陶瓷双密封套	（2.5MPa）	5.5	9.5

随着磁力耦合传动泵在石化、核工业及其他有毒、危险领域的广泛应用，双隔离套技术将不断地得到发展和完善。

3.7　磁转子长径比的选择

确定了磁转子的长径比，即确定了磁转子的外形尺寸。确定长径比时对磁转子的基本要求是能够满足其扭矩要求，同时还应该有较低的涡流损失和较好的成本效益。从增大扭矩和降低成本的角度考虑，应使直径与磁体的总用量成反比，但增大直径会增加内磁转子的摩擦损失和金属隔离套交变磁场中产生的涡流损失，影响工作效率，提高运转成本，因此，长径比应根据不同情况分析对比得到。

假如内磁转子在充满输送介质的转子室中以 2900r/min 的转速高速旋转，其外圆线速度为 15m/s 以上，如此高速的旋转体与液体摩擦会产生较大的功率损失，这是磁力耦合传动泵诸多损失中较大的一项功率损失。它包括两部分：一是内磁转子圆柱面的摩擦损失，它与转子半径的五次方及转子的长度成正比；二是内磁转子端面的摩擦损失，它与转子半径的五次方成正比。圆柱面的摩擦损失大约是端面摩擦损失的 2 倍。由此可见，内磁转子的半径越大，摩擦损失也越大。另外，由隔离套引起的涡流损失也与半径的平方成正比。所以，磁转子长径比的选择一定要适当。缩小半径，虽然减小一点扭矩，但可以减少摩擦损失和涡流损失，对提高传动效率有利。然而，在要求传动功率一定，即传递的扭矩一定时，磁转子的磁路直径不能太小，否则将导致磁转子过长，磁体用量增大，磁能的利用率降低，轴承的支承难以解决，安装也不方便。因此，根据理论分析和试验研究表明，当传递扭矩的最大静磁扭矩在 300N·m（或拖动功率在 100kW）以下时，磁转子的长径比取 0.2～2；300～500N·m（或拖动功率 100～500kW 以上）时，长径比取 0.5～2.5；500N·m 以上（或拖动功率 500N·m 以上），长径比取 0.8～3。磁转子长径比选择的原则是转速低、压力（扬程）小时取小值；转速高、压力（扬程）大时取大值。

3.8　磁力耦合传动器结构参数的优化设计

磁力耦合传动器的结构参数较多，每一参数的变化对磁力耦合传动器扭矩的传递均有直接的影响。因此，对这些参数通过磁路概念进行计算并利用有限元法进行设计便可以得到各参数的优化设计，以下是计算的磁力耦合传动器所给定数据的基本物理模型，符号如图 2-12 所示：

$$R_i = 25\text{mm}；\ R_1 = 50\text{mm}；\ t_{ii} = 5\text{mm}；\ t_{im} = 5\text{mm}；$$
$$t_g = 4\text{mm}；\ t_{om} = 5\text{mm}；\ t_{oi} = 6\text{mm}。$$

上述相关参数确定后，选定不同磁极数，则产生相应的磁扭矩 T 及相关转角 ϕ，从而优化选择磁传动设计的有关参数。

3.8.1　磁极数的优化

磁极数与扭矩的关系如表 3-8 所示。

表 3-8　磁极数与扭矩的关系

m	$T/\text{N·m}$	转角差 $\phi/(°)$	m	$T/\text{N·m}$	转角差 $\phi/(°)$
4	76.6	45	14	266.1	12.8
6	104.7	30	16	308.1	11.2
8	144.5	22.5	18	346.3	10.0
10	185.2	18	20	322.4	9.0
12	225.6	15	24	380.6	7.5

由表 3-8 中数据可以看出，磁极数的多少对扭矩的大小有直接的影响，磁极数不能太少，由静磁能的表达式（3-2）可知当 N、S 极每变化一次，静磁能的储存就增加一次，磁极数增加有利于静磁能的储存，静磁能最终被转化为动能被释放，所以说，磁极数多有利于扭矩的传递。但磁极数也不能太多，否则，不同磁极接触多，漏磁多，使得气隙磁通密度减少，传递的扭矩也会下降。

图 3-27 ~ 图 3-29 分别为 24 极、4 极、18 极磁力耦合传动器磁场分布的断面图，通过场形的分布可以看出，4 极的气隙磁场最弱，24 极的漏磁多，18 极为最佳。

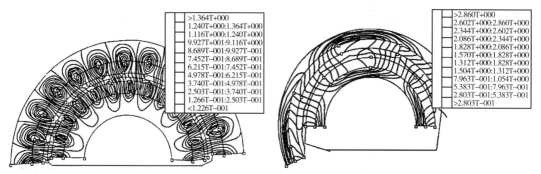

图 3-27　24 极磁力耦合传动器磁场分布　　　　图 3-28　4 极磁力耦合传动器磁场分布

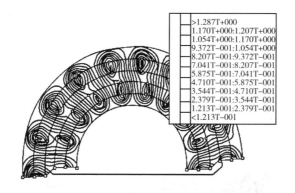

图 3-29　18 极磁力耦合传动器磁场分布

前面总结出了磁极数确定的大体规律，然而，最佳极数的确定是很难的，它与许多因素有关。从表 3-9 可以看出，最佳磁极数与永磁材料的性能有关，表 3-10 中的扭矩值是在除永磁材料不同外，其他部分均相同的情况下计算所得的数据，永磁材料为 SmCo 时最佳磁极数为 18；为 Nd – Fe – B 时，最佳磁极数同样为 18。而测试得到的扭矩值差异较大，因此，磁极数与磁材料的性能有关。

表 3-9　磁极数与永磁材料的关系

永磁材料	m（极数）	$T/\mathrm{N \cdot m}$	最佳磁极数	永磁材料	m（极数）	$T/\mathrm{N \cdot m}$	最佳磁极数
SmCo	6	140. 1	18 极	Nd – Fe – B	6	160. 2	18 极
	8	189. 4			8	241. 3	
	10	233. 5			10	268. 1	
	12	270. 0			12	295. 8	
	14	308. 1			14	337. 9	
	16	340. 2			16	375. 3	
	18	372. 3			18	410. 2	
	20	350. 1			20	391. 4	
	24	310. 6			24	350. 9	

表 3-10　极数与其他因素的关系

结构尺寸	m（极数）	T/N·m	最佳磁极数	结构尺寸	m（极数）	T/N·m	最佳磁极数
$t_{im}=t_{om}=10\text{mm}$ $t_g=4\text{mm}$ $t_{ii}=t_{oi}=10\text{mm}$ $R_i=35\text{mm}$	6	46.1	18 极	$t_{im}=t_{om}=5\text{mm}$ $t_g=4\text{mm}$ $t_{ii}=t_{oi}=10\text{mm}$ $R_i=35\text{mm}$	6	26.5	18 极
	8	59.8			8	35.2	
	10	75.4			10	44.3	
	12	90.6			12	53.6	
	14	104.4			14	62.9	
	16	123.6			16	72.6	
	18	139.7			18	82.3	
	20	134.3			20	79.4	
	24	120.6			24	72.8	

表 3-10 中磁力耦合传动器的磁体厚度尺寸不同，其设计的结构尺寸也不同，而选用相同的永磁材料（$Nd-Fe-B$），经试验测试得到的最佳磁极数基本相同，为 18 极。同时从表中看出，磁体尺寸与极数有着密切的关系。

通过设计计算与试验测试，磁力耦合传动器设计中磁作用半径小时，磁极数相应选少些；磁作用半径大时，磁极数相应选多些。气隙大时，磁极数相应选少些；气隙小时，磁极数相应选多些。由此认为，尽管在磁极数与其他因素的关系中找到了一些影响确定最佳磁极数的因素，但由于最佳磁极数的确定较为复杂，在设计中除遵循一定规律性外，还应该根据不同的具体情况进行具体分析确定。

3.8.2　轭铁厚度的优化

在磁路中，轭铁起着很重要的作用：通过轭铁可以防止外磁场的干扰、影响；安装磁系统，轭铁成为磁系统的自回路；轭铁还可以改变磁路中的磁通密度，调整漏磁的大小；在磁路中可以定向磁通密度的空间分布，决定永磁场的工作状态。使用轭铁可以改变磁通密度的分布，从而在磁力耦合传动器的设计中使磁通密度分布在最需要的地方。沿径向磁化的磁体组成的磁力耦合传动器中使用轭铁能明显提高磁力耦合传动器的性能，特别明显的是它能使传递的扭矩提高 120% 左右。由此可见轭铁使用的重要性。

在对轭铁尺寸的优化设计中发现，轭铁的厚度太薄，在轭铁处将出现磁饱和，如图 3-30 所示，使磁阻增加，气隙磁密减小，磁性材料的性能降低，传递的扭矩降低，磁力耦合传动器性能下降。若轭铁的厚度太厚，对传动扭矩的增加并无太大贡献，如图 3-31 所示，但却使旋转部件的转动惯量增大，从而增加了磁力耦合传动器的启动扭矩，降低了磁性材

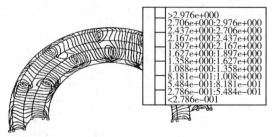

图 3-30　轭铁厚度 $t_i=2\text{mm}$ 磁场分布图

料的利用率，增加了运转部件的不稳定性。通过计算可知，轭铁的厚度取值应略大于永磁体厚度较为适宜，如图 3-32 所示，从表 3-11 的数据中可以证实这一点。

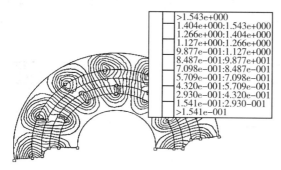

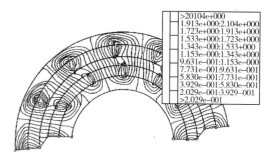

图 3-31　轭铁厚度 $t_i=13mm$ 磁场分布图　　　　图 3-32　轭铁厚度 $t_i=6mm$ 磁场分布图

表 3-11　不同永磁体厚度时轭铁厚度 t_i 与扭矩 T 的关系

磁体厚度	t_i/mm	T/N·m	磁体厚度	t_i/mm	T/N·m	磁体厚度	t_i/mm	T/N·m
3mm	1	21.1	6mm	4	61.1	9mm	7	76.4
	2	26.9		5	62.3		8	77.2
	3	30.6		6	63.4		9	78.1
	4	31.9		7	63.8		10	79.1
	5	32.3		8	64.1		11	79.3
	6	32.4		9	64.3		12	79.4
	7	32.4		10	64.1		13	79.1

3.8.3　永磁体厚度的优化设计

磁体在磁路中提供磁势，磁路中气隙磁密越大，扭矩越大。在保证轭铁不饱和的情况下，进行了多组不同永磁体厚度的扭矩计算，数据见表 3-12。在一定范围内，随永磁体厚度的增加，扭矩增加得较快，从表 3-12 中也能看出，当磁体厚度增加到一定厚度时，扭矩增加得较慢或不增加，这是因为永磁体随厚度的增加，一方面磁势增加，而另一方面磁阻、漏磁也将增加，当厚度增加到一定值后，所增加的磁势几乎全部消耗在增加的磁阻和漏磁上，而对外磁路的贡献很小，所以出现了磁体厚度增加很多，而扭矩增加很小的情况。基于上面的分析，为提高永磁体的利用率，永磁体的厚度不宜太厚。

表 3-12　永磁体厚度 t_m 与扭矩 T 的关系（相同磁极数及结构尺寸）

t_m/mm	T/N·m	t_m/mm	T/N·m
2	16.6	8	62.0
3	27.2	9	65.1
4	36.8	10	66.9
5	44.4	11	69.2
6	53.7	12	71.3
7	58.2	13	72.8

表 3-13 中磁极数相同，磁作用半径基本相同，结构尺寸（除磁间隙及相关尺寸向外扩张外）基本接近（或相同），从表中数据可看出：当 $t_g = 6$mm 时，最佳永磁体厚度尺寸为 $t_m = 6 \sim 8$mm；当 $t_g = 9$mm 时，最佳永磁体厚度尺寸为 $t_m = 7 \sim 9$mm；当 $t_g = 12$mm 时，最佳永磁体厚度尺寸为 $t_m = 8 \sim 10$mm。如表 3-14 所示。

表 3-13　不同气隙下磁体厚度 t_m 与扭矩 T 的关系

t_g/mm	t_m/mm	T/N·m	t_g/mm	t_m/mm	T/N·m	t_g/mm	t_m/mm	T/N·m
6	4	24.8	9	4	14.6	12	4	8.6
	5	30.4		5	18.2		5	10.7
	6	36.1		6	22.1		6	13.2
	7	42.8		7	25.3		7	15.8
	8	48.7		8	29.8		8	18.1
	9	52.6		9	36.7		9	23.2
	10	55.9		10	40.4		10	25.3
	11	58.4		11	42.3		11	27.9

表 3-14　气隙与最佳永磁体厚度的关系

t_g/mm	最佳 t_m/mm	t_g/mm	最佳 t_m/mm
4	4 ~ 6	9	7 ~ 9
6	6 ~ 8	12	8 ~ 10

把表 3-14 数据拟成曲线，如图 3-33 所示。

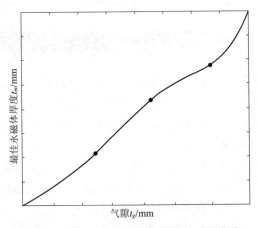

图 3-33　气隙与最佳永磁体厚度的关系曲线

从图 3-33 中可以看出气隙越大，则磁极的厚度也越大。

3.9　影响磁路性能的因素

磁扭矩是反映磁路中磁性大小的一个重要参数，通过磁扭矩的计算式，可以分析影响磁力耦合传动器磁性能的各种因素，现分述如下。

3.9.1 有效磁场强度 H 对磁性能的影响

永磁体尺寸越大、材料越好、充磁质量越高，磁化后的 H 值就越高，产生的磁扭矩就越大，但永磁体的规格尺寸和材料性能均受到制造厂家现有生产能力和手段的制约，因而 H 不可能很高，必须合理设计永磁体的形状和尺寸。另外，H 值会随着温度的升高而下降，其影响大小可由下式决定。

$$H = H_{20℃} \times \left[1 - \alpha_B \left(t - 20 \right) \right] \tag{3-28}$$

式中 α_B——磁温度系数；

　　t——永磁体工作后的温升；

　　$H_{20℃}$——环境温度为20℃时的标准磁场强度。

可见，只要 t 在永磁体的居里点温度以下，呈现出的温度变化为可逆过程时，即可满足磁路的工作要求。因此，设计时必须考虑到介质的最高工作温度对磁路的影响。

3.9.2 磁路结构对磁力矩的影响

磁路结构设计是否合理对磁力矩有相当大的影响。前面介绍的拉推式磁路是圆筒形磁力耦合传动器中最佳的磁路结构，这种磁路的磁场不仅有吸力还有推力的作用，即内磁体受到了磁场的吸力 F_1 与斥力 F_2 的联合作用，它们在旋转方向上是相叠加的（$F = F_1 + F_2$），如图 3-34 所示。这就使得传递到从动磁极上的力矩由于相邻异性磁极的反作用效应得以增大，这与分散性磁路相比，同样外形尺寸下力矩大大增加。

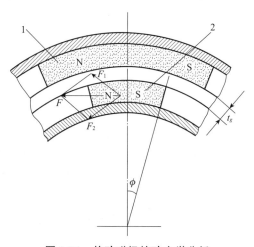

图 3-34　从动磁极的动力学分析

1—外磁转子永磁体；2—内磁转子永磁体

3.9.3 工作气隙及磁极数的影响

从理论上来讲，工作气隙越小，气隙的退磁作用就越小；磁极数越多，磁扭矩越大。但磁极数越多，磁力耦合传动器的尺寸就越大。工作气隙太小，会给制造、安装及使用带来麻烦。因此，合理的工作气隙和磁极数应通过磁路的相关计算来确定。

表 3-15 所示为只改变气隙大小所计算的不同气隙下的最大扭矩。

表 3-15　气隙与扭矩的关系

t_g/mm	$T/N \cdot m$	备　注
2	65.2	
3	58.6	
4	50.1	$m = 12$
5	42.6	$NdFeB_{37}$
6	45.8	$\theta = 7.5$
7	46.9	$t_m = 5mm$
8	37.8	

这一系列离散点，用三次样条函数的方法拟合为平滑的曲线，如图 3-35 所示。

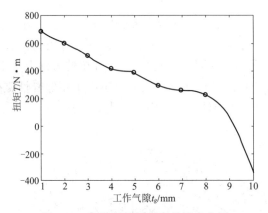

图 3-35　气隙与扭矩关系的拟合曲线

从图 3-35 中可以看出，随着气隙宽度的增大，最大扭矩迅速减小。由于内、外磁体为磁源，气隙与磁体中的磁阻要比轭铁中的大得多，所以，磁势主要消耗在气隙与磁体上。气隙增大，消耗在气隙上的磁通密度明显增大，气隙中的磁通密度势必减小，导致扭矩下降。为了充分利用永磁材料，应尽量地减小气隙宽度。然而，气隙的减小受到具体情况的限制，如：隔离套的壁厚、内磁转子与隔离套的间隙、隔离套与外磁转子的间隙、装配时的不同轴度、连接内外转子的轴长度、内外转子转动时的振动情况等。也就是说，气隙的减小肯定要对机械加工和机械装配提出更高的要求，从而提高了设备的成本。因此，气隙大小的确定应全面考虑。

3.9.4　永磁材料对磁扭矩的影响

永磁材料应选用具有较高磁能积并使之难以退磁的材料。磁体在磁路中提供了磁势，磁性能好，磁能积大，则磁路中气隙磁密大，所提供的扭矩就大。表 3-16 给出了选用不同永磁材料时所产生的扭矩的关系。

此外，减小导磁体的磁阻率，增大隔磁体的磁阻率和隔离套的电阻率等措施都能减少磁通损失，增大磁扭矩，防止或减缓磁性失效。另外，磁材料的制造质量，如充磁是否充分等将对磁扭矩产生直接影响，磁材料的制造质量差将直接导致磁性失效。

表 3-16 永磁材料与扭矩的关系

永磁材料	$T/N \cdot m$	备 注
$NdFeB_{40}$	40.11	
$NdFeB_{37}$	37.3	
$NdFeB_{32}$	34.6	$t_g = 5mm$
$NdFeB_{10}$	2.1	$t_m = 5mm$
$SmCo_{27}$	31.1	$m = 12$
$SmCo_{24}$	27.8	$\theta = 7.5$
$SmCo_{20}$	24.2	

3.9.5 转子轮毂与轴材料对磁扭矩的影响

磁力耦合传动器中用转子轮毂与轴固定内、外磁转子，磁转子的轮毂和固定转子的转轴材料对气隙磁密有一定的影响，导磁轮毂和轴能提高气隙中的磁密，增大气隙中的磁通。当磁轭较厚、气隙磁密较小时，有无导磁轮毂和轴对气隙影响不大；当磁轭较薄、气隙磁密较大时，有无导磁轮毂和轴则对气隙有一定的影响。

3.10 磁力耦合传动器的静态性能测试

3.10.1 静态性能测试装置原理及实验方法

静态性能测试装置如图 3-36 所示。装置中采用扭矩转速传感器及转速扭矩功率仪，测试数值直接数字显示和计算机处理，测试较为准确可靠。测试根据扭矩转速传感器的工作原理，将扭矩转速传感器转动轴的一端固定，另一端用联轴器连接被测磁力器件的输出端。磁力器件的输出端与传感器转动轴为硬连接。磁力器件的输入端装有旋转装置。打开仪器，转动磁力器件的输入端即可进行测试。

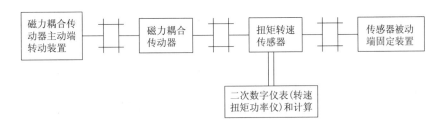

图 3-36 静态性能测试装置示意图

测试参量可根据对器件性能的要求以及对器件的应用要求而确定。测试时将待测器件装在静态测试台上。

对力和扭矩的测量也可根据扭矩 = 力×力臂的原理，力臂是器件转轴中心到受力处的半径，力可通过计算得到（也可通过砝码质量测得）。本测试中采用了两种方法，扭矩的大小由扭矩转速传感器通过二次仪表示出和用力与力臂的简便方法测出，这样可对比分析测得磁力耦合传动器的传递力和传递扭矩，提高测试精度。测试静摩擦扭矩时，打开传感器的固定端（即磁力器件的输出端及输入端均不固定）。最大传递扭矩 T_{max} 等于最小脱开扭矩 T'_{max} 减最大静摩擦扭矩 T_{fo}，在测量时加力过程均应缓慢而平稳，在低转速下测量静摩擦扭矩。测试磁力直线转动传动器的最大静摩擦力时与测试传递力一样，也要在低转速情况下进行，传递杆的移动速度要很慢并且移动方向与轴心线水平。测转角时将指针和角度盘分别固定在内、外磁转子上，运动时进行测试。测量外形尺寸和磁极间距离用卡尺，测行程用米尺，测直线位移重复精度用百分表，测质量用台秤，测漏磁用高斯计，测强磁场的影响用两块高磁场的磁体 N、S 极对测试。

3.10.2 测试结果及误差分析

(1) 磁力耦合传动器静态测试数据

磁力耦合传动器静态测试数据见表 3-17，表中最大脱开扭矩及起始滑脱角两栏中最大、最小、平均三个项目为不同型号的传动器磁力耦合磁极数不同（其中有 4 极、8 极、12 极、16 极、18 极、20 极等），传动器的每对磁极相对滑脱后在不同位置与另一磁极又相互耦合，在这样的耦合过程中，各对磁极所产生的扭矩以及各耦合状态下滑脱的角度不同，即有最大、最小以及各个位置不同值的算术平均值计算。磁力耦合传动器的实测扭矩 T 与转角差 ϕ 的关系曲线基本上符合式 (2-1) 的理论计算值。

表 3-17　磁力耦合传动器静态测试数据

型号	编号	最大脱开力矩 T/kgf·cm			起始滑脱角 /(°)			最大静摩擦扭矩 T_{fo} /kgf·cm	最大传递力矩 T_{max} /kgf·cm	磁场强度对 T_{max} 的影响 /kgf·cm	质量 /kg	单位质量磁扭矩/ (kgf·cm/kg)	外形尺寸[①] /mm		
		最大	最小	平均	最大	最小	平均						L	D_1	D_2
平面型	A 3	5.68	5.65	5.66	46	44	45	0.53	5.12	0.15	2.20	2.2	165	58	98
	2	5.32	5.2	5.21	43	42	42.5	0.20	5.09	+0.05	2.20	2.2	214	49	98
	3	4.64	4.59	4.61	43	43	43	0.20	4.39	−0.15	2.19	2.2	214	49	98
	4	5.44	4.79	5.28	30	29	29	0.20	4.59	0.05 ~0.15	2.21	2.2	214	49	98
同轴型	B 2	85.92	85.52	85.75	24	22	22	0.25	85.27	0.05 ~0.10	5.5	14.7	235	89	114
	4	83.96	82.56	83.26	24	22	22	0.70	81.86	无	5.51	14.7	235	89	114
	C 2	37.16	36.56	36.88	23.6	22	22	0.23	36.33	无	2.61	13.8	204	64	98
	3	38.42	36.71	37.41	23.5	22	22	0.85	35.85	无	2.62	13.8	204	64	98
	D 3	18.5	17.99	18.20	26	25.2	25.2	0.75	17.24	无	1.56	11.1	163	64	98

续表

型号	编号	最大脱开力矩 T/kgf·cm			起始滑脱角 /(°)			最大静摩擦扭矩 T_{f_o} /kgf·cm	最大传递力矩 T_{max} /kgf·cm	磁场强度对 T_{max} 的影响 /kgf·cm	质量 /kg	单位质量磁扭矩/ (kgf·cm/kg)	外形尺寸[1] /mm		
		最大	最小	平均	最大	最小	平均						L	D_1	D_2
同轴型	E	781	753	767	12	10	11	1	717	无	8.50	90.2	147	165	195
		776	745	760	13	10	11.5	1	710	无	8.40	90.4	147	165	195
		782	766	774	12	9.5	10.75	1	720	无	8.52	90.8	147	165	195
	F	4396	4210	4303	11	10	10.5	30	4010	无	26.5	162.4	508	230	285
		4316	4208	4262	12	10	11	30	4000	无	26.5	160.8	508	230	285
		4253	4183	4218	12	10.5	11.25	30	3980	无	26.5	159.1	508	230	285
	G	13325	13016	13170	11	9.0	10	43	12516	无	89.5	147.1	556	250	404
		11972	11291	11631	12	10	11	43	10790	无	89.0	130.7	556	250	404
		13011	12517	12764	11	10	10.5	43	12010	无	89.8	142.1	556	250	404

注:编号列中 E 型为 50、51、52;F 型为 60、61、62;G 型为 70、71[2]、72。

①参考外形尺寸图。

②磁材料磁性弱。

注:表中测试的数据对设计、试验及研究磁力耦合传动技术提供了依据。其中:

1. A、B、C、D 型为小型磁力耦合传动器,选用的磁性材料为 Sm_2Co_{17}。

2. E、F、G 型为中、大扭矩的磁力耦合传动器,选用磁性材料为 $Nd-Fe-B$。

3. 外形尺寸:L 中包括了轴向安装用外磁转子轮毂及隔离套法兰壁厚及轴长等尺寸;D_2 中包括了隔离套连接法兰外径尺寸;质量中包含了隔离套及连接法兰以外磁转子法兰、轮毂及轴长等的质量,其外形尺寸如图 3-38 所示。

4. 最大传递扭矩是指在平稳运动中可传递的最大扭矩,这时磁力耦合传动不产生滑脱保持着正常工作,但磁扭矩的传递状态已处于滑脱的临界状态。在设计中将该值参照为额定扭矩值。

其典型的实验结果如图 3-37 所示。图中曲线是根据 C 型磁力耦合传动器的实测数据绘制的,其他型号的磁力耦合传动器基本遵循这种规律,所不同的是各型号的磁力耦合传动器当转动到不同角度时其扭矩大小不同。

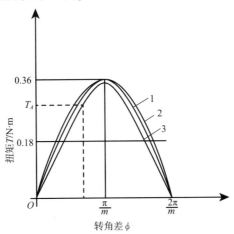

图 3-37 磁力耦合传动器与转角差的关系曲线

1—理想正弦曲线;2—实测扭矩曲线;3—理论计算扭矩曲线

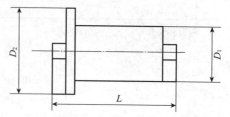

图 3-38　几种磁力耦合传动器外形结构及尺寸

（2）ϕ96mm、ϕ120mm 平面型磁力耦合传动器扭矩 T 与工作间隙 t_g 的特性曲线

ϕ96mm、ϕ120mm 平面型磁力耦合传动器的最大脱开力矩 T_{max} 与两磁转子磁极之间间隙距离的关系如图 3-39 所示。这两种磁力耦合传动器的外径尺寸分别为 ϕ96mm 和 ϕ120mm；磁极分别为 8 极和 12 极；当两磁极间的磁隙为 2mm 时，最大脱开扭矩分别为 50kgf·cm 和 65kgf·cm；当两极间的磁隙为 13.6mm 时，最大脱开扭矩分别为 11kgf·cm 和 5kgf·cm。

从图 3-39 中可以看出，磁极极数相对多的磁力耦合传动器在两磁极的磁隙减小时扭矩曲线急剧上升；磁隙增大时，扭矩曲线为陡降。相反，磁极极数相对少的磁力耦合传动器两磁极的磁隙减小或增大时，其扭矩曲线上升或下降的速度均较平缓，而且两条扭矩曲线上升或下降的过程中产生了交叉点。

从图 3-39 中还可以看出，磁扭矩 T 与工作间隙 t_g 的变化为曲线关系，因此，t_g 对 T 的影响非常灵敏。由此，当一个磁路设计确定后，使用扭矩的大小或微量调整也可以通过调节磁工作间隙的大小来控制，比如，扭矩过大时，可拉开间隙使用；扭矩小时，可缩小间隙正常工作。

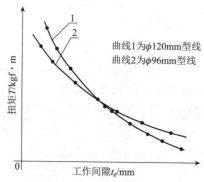

曲线1为ϕ120mm型线
曲线2为ϕ96mm型线

图 3-39　ϕ96mm、ϕ120mm 平面型磁力耦合传动器扭矩与工作间隙的特性曲线

（3）ϕ110mm 同轴型磁力耦合传动器扭矩 T 与磁极数 m 的特性曲线

ϕ110mm 同轴型磁力耦合传动器的磁场作用半径 R_c 为 5.5cm；磁体紧密性排列为 16 极；磁工作间隙 t_g 设计为 0.4cm，实际为 0.36cm。磁力耦合传动器的磁扭矩 T 与磁极极数 m 的测试数据见表 3-18。

表 3-18　不同磁极数磁力耦合传动器的磁扭矩的测试数据

型号	次数	代号	磁扭矩 T/kgf·m											
			16 极			14 极			12 极			10 极		
			最大	最小	选项	最大	最小	选项	最大	最小	选项	最大	最小	选项
CZM-1	1	01	1.36	1.32		1.22	1.20		1.11	1.10		0.84	0.80	
		02	1.35	1.33	1.32	1.22	1.21	1.20	1.08	1.03	1.03	0.91	0.85	0.80
		03	1.35	1.34		1.20	1.20		1.12	1.05		0.90	0.84	
	2	11	1.37	1.34		1.20	1.19		1.09	1.03		0.85	0.80	
		12	1.33	1.33	1.32	1.21	1.20	1.19	1.09	1.04	1.03	0.92	0.85	0.80
		13	1.35	1.32		1.21	1.20		1.17	1.10		0.90	0.85	
	3	10	1.32	1.32		1.20	1.19		1.15	1.10		0.90	0.81	
		20	1.36	1.34	1.32	1.22	1.20	1.19	1.15	1.10	1.06	0.91	0.81	0.81
		30	1.39	1.35		1.22	1.20		1.13	1.06		0.82	0.82	

表 3-18 中，磁极数从 16 极变为 10 极的过程中，磁工作间隙 $t_g = 0.36$mm 不变，因此，各磁极数 m 下测得的扭矩 T 值是在恒工作间隙 t_g 值下测得的。

由表 3-18 测试数据做出磁极数 m 在增减过程中，扭矩 T 变化的曲线。

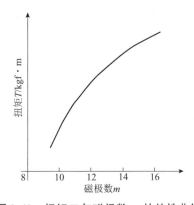

图 3-40　扭矩 T 与磁极数 m 的特性曲线

图 3-40 绘出了在磁工作间隙 t_g 值不变的情况下，改变磁力耦合传动的磁极数 m 后其扭矩 T 的变化值。这条曲线实质上反映了当 t_g 值不变磁极数 m 增减时，扭矩 T 值的变化率。从曲线看，表示了一种较为规范的扭矩 T 与磁极数 m 的变化规律。

（4）LWE 型磁力直线转动传动器的实测值

最大脱开扭矩　$T = 27$kgf·cm

最大摩擦扭矩　$T_{fo} = 0.15$kgf·cm

最大传递扭矩　$T_{max} = 26.7$kgf·cm

转角　$\theta \geqslant 360°$

最大脱开力　$F_{max} = 22.5$kgf

静摩擦力　$F_f > 1.25$kgf

最大传递力　$F_t = 21.0$kgf

最大行程 $L_{max} = 760mm$

直线位移偏差 $< 0.2mm$

LWE 直线传动器实测数值为：

最大传递力 $F_t = 1.5kgf$

最大行程 $L_{max} = 240mm$

（5）误差分析

磁力耦合传动器扭矩 T 与转角 θ 的实测曲线与理想正弦曲线非常接近，多次测试中最大偏差小于 12%，其中，3% 是测量过程本身存在的误差，在 3% 中仪器测量误差为 2%，安装及工、卡、量具造成的误差为 1%。图 3-37 所示曲线的误差小于 5%，表 3-18 中最大扭矩误差小于 6%，造成误差的主要原因是磁力耦合传动器的静摩擦扭矩较大。

从实验数据及误差分析中可以看出，稀土磁力耦合传动器的静态测试数值与同类用途的磁力耦合传动器的测试数据相比，在相同磁路尺寸时稀土钴磁传动的扭矩比其他一些磁材料制作的磁传动的扭矩大很多倍，所以，稀土钴磁力耦合传动器的体积小、重量轻、扭矩大，有利于向大功率、高转速发展，并且实测扭矩数值与理论计算数值相比，其最大偏差小于 15%，这说明采用式（2-1）计算磁力耦合传动器磁扭矩，不但计算简便，而且比较准确。

对磁力直线运动或转动传动器而言，由于运动过程中包含了直线传动的力，做直线位移时，受力状态下内、外磁转子磁极的行程过程产生了直线位移和位移差，其公式为

$$\Delta L = L_{外} - L_{内} \tag{3-29}$$

式中 $L_{外}$——外磁路行程；

$L_{内}$——内磁路行程；

ΔL——内外磁路的相对位移量。

磁力转动式传动器转动工作时还有磁极间的相对角位移，这对精密定位转动具有一定的影响，但只要准确计算，定位使用得当，可以消除位移对定位工作的影响。过去用铝镍钴分散型磁路做直线旋转传动时体积大且运行不平稳，而采用稀土钴紧密排列型磁路做直线旋转传动时体积小，十分平稳。

3.11   磁力耦合传动器的动态性能测试

3.11.1   试验装置、原理及测试方法

（1）测试装置、原理

动态性能试验装置台如图 3-41 所示。为了保证较高的安装精度、减小振动、拆卸方便、克服装配上的困难，并且尽可能地避免各传感器件轴上产生弯矩及磁力耦合传动器本身受影响传递弯矩以保证测量精度，该试验装置在各器件的连接中采用了具有减振、容易对准安装的磁力耦合传动联轴器，取代了其他形式的联轴器的连接方式。测试平台为整体结构，并且采用了较为先进的数字显示测试仪器，其测试原理如图 3-42 所示。测试前将待测器件装在测试台上，测试时首先将使用仪器根据说明书进行预热或调整有关机构及开关

安置到待测情况，然后启动电动机，这时传感器、磁力耦合传动器、负载发电机与相应的联轴器开始运转，二次仪表即显示出数据，当电动机转速调到某一工作转速并将负载调到某一额定值时，磁力耦合传动器两端的传感器通过二次仪表显示出该工作转速下磁力耦合传动器的输入功率 $W_入$、输出功率 $W_出$ 以及相应的传递扭矩。调整转速以同样方法可测得各工作转速下的输入、输出功率及传递扭矩。通过以上方法测出各工作转速点的输入、输出功率，然后用测得数据计算工作效率。一般计算公式为：

$$\eta_总 = W_出 / W_入 \tag{3-30}$$

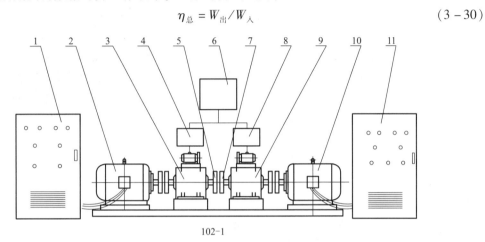

图3-41 动态性能试验装置台

1—可控硅调速电源控制柜；2—电动机；3、9—扭矩仪；4、8—二次仪表；5—主动磁转子；
6—计算机；7—从动磁转子；10—发电机；11—电源负荷柜

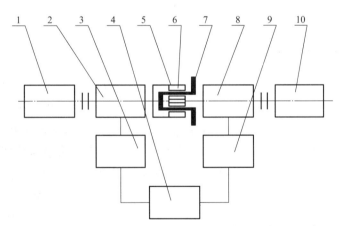

图3-42 磁力耦合传动器动态性能试验装置测试原理示意

1—电动机；2、8—转速扭矩功率仪；3、9—二次仪表；4—计算机；5—外磁转子；
6—内磁转子；7—隔离套；10—负载机

（2）测试方法

由于磁力耦合传动器与传感器之间均采用磁力联轴器连接，磁力联轴器也具有一定的功率损失，因此，计算磁力耦合传动器的工作效率时，应除去磁力联轴器的功率损失和传感器本身的损失。磁力耦合传动器工作效率的计算公式为

$$\eta = \frac{\eta_{总}}{\eta_1\eta_1\eta_{传}} = \frac{\eta_{总}}{\eta_1^2\eta_{传}} \qquad\qquad (3-31)$$

式中　　η——传动器效率；

　　　　$\eta_{总}$——综合效率；

　　　　η_1——磁力联轴器的效率；

　　　　$\eta_{传}$——传感器本身的传递效率，两台传感器以一台计算。

　　表 3-17 中，A、B、C、D 四种磁力耦合传动器根据实际应用的需要，结构设计时选额定转速为 1500r/min。

　　测试装置的发电机负载为 36V、110V、220V 三组灯泡，负载的大小连续可调。为了使测试数据有比较、对照、便于分析，以达到较为准确的测试目的，测试时将 A、B、C、D 四种产品中每一种产品至少测试 2~3 台，每台还以不同负载测试几组数据，并对 C 型传动器做了连续运转试验，传动器可连续平稳地进行力的传递。在测试过程中，对磁力器件的表面温度也进行了测量。

　　E、F、G 三种磁力耦合传动器的测试方法和测试过程与 A、B、C、D 等产品的测试程序基本相同，只是测试时所用负载机不同。在大功率、大扭矩的测试中，负载从零值到额定值差值大，试验中负载的变化幅度也较大，所以，为便于增、减载荷的控制和较为准确的测试，采用了电磁式制动测功机，利用控制电流的大小来调节负载大小的变化。

　　从测试数据来看，磁力耦合传动器的转速、扭矩、功率之间的相应变化具有一定的规律，而这种变化规律同样符合常用计算公式：

$$P = \frac{1}{975}Tn \qquad\qquad (3-32)$$

式中　　P——功率，kW；

　　　　T——传递扭矩，kgf·m；

　　　　n——转速，r/min。

　　大量的实验证明：在额定负载下，磁力耦合传动器的转速 n 增加，则功率 P 增大，这时传递扭矩 T 也相应增大，但传递扭矩 T 增大到最大扭矩时磁力耦合传动器滑脱，这个实验证明了前面介绍过的磁力耦合传动器在传递扭矩的过程中具有恒定最大传递扭矩的性能。

　　由于最大传递扭矩恒定，这种磁力耦合传动器的最大传动功率与转速成正比。如果在传动功率额定的情况下进行传动，若转速高，则所需扭矩小，传动器的体积小。所以，磁力耦合传动器向高转速发展具有较好的经济效益等一定的优越性，如果是低转速大功率传动必定体积大，相对来说一次性投资大、成本高，这只是对传动器性能的探讨而言，如果与其他传动结构、动密封传动结构等相比，不一定是高成本、不经济。

3.11.2　效率与转速的测试结果及数据分析

　　转速与效率的测试结果如图 3-43 所示。图中 A、B、C、D 四条曲线分别为 A、B、C、D 四种不同型号的小功率磁力耦合传动器产品的效率曲线。

　　图 3-43 中，曲线表明在小功率磁力耦合传动器额定负载下，随着转速的变化，效率也有一些变化，但变化值较小。这说明，磁力耦合传动器在传递力和扭矩的过程中，对输入功率的损耗小，工作效率基本接近稳定状态，所以，在转速变化较大的范围内使用这种传

动器，其有效工作效率高，运转可靠。从效率随着转速变化的现象还可看到，这种型号的磁力耦合传动器具有转速和效率的最佳值，转速在 $800 \sim 1500 \mathrm{r/min}$ 范围内，磁力耦合传动器的工作效率较高。

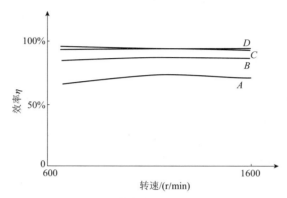

图 3-43　磁力耦合传动器效率与转速的关系

实测效率值分析认为：小功率磁力耦合传动在运转中不接触密封件，相互无摩擦，仅有轴承、介质等摩擦及隔套壁薄、转速低、涡流损失小等，所以功耗小。由实测曲线还可看到，平面型磁力耦合传动器 A 的工作效率低于同轴型磁力耦合传动器 B、C、D，这主要是由轴向力引起的。因为平面型磁力耦合传动器的两个磁转子，即主动磁转子和从动磁转子的磁场作用力是轴向方向，磁场力的相互吸引力大，因此磁转子轴的支撑轴承承受磁力吸引力造成的轴向摩擦力大，使有效工作效率下降。

3.11.3　测试结果及数据分析

（1）转速、扭矩、功率的测试

转速、扭矩、功率的测试数据如表 3-19 所示，这里选的是 B 型磁力耦合传动器的一组测试数据，B 型磁力耦合传动器磁极为 12 极，同轴型结构。

表 3-20 和表 3-21 为 C 型磁力耦合传动器在不同负载下的两组实测数据，C 型传动器磁极为 8 极，同轴型结构。

表 3-22 为 E 型磁力耦合传动器动态性能测试数据；表 3-23 为 F 型磁力耦合传动器动态性能测试数据；表 3-24 为 G 型磁力耦合传动器动态性能测试数据；表 3-25 为 $\phi96\mathrm{mm}$ 型磁力耦合传动器转速 n 与效率 η 试验数据。

表 3-19　B 型磁力耦合传动器转速、扭矩、功率测试数据

转速	输　入		输　出	
/（r/min）	扭矩/kgf·m	功率/kW	扭矩/kgf·m	功率/kW
600	0.150	0.093	0.128	0.075
800	0.170	0.140	0.138	0.113
1000	0.187	0.192	0.153	0.157
1200	0.204	0.251	0.168	0.206

转速	输 入		输 出	
/（r/min）	扭矩/kgf·m	功率/kW	扭矩/kgf·m	功率/kW
1400	0.220	0.317	0.181	0.260
1500	0.229	0.353	0.187	0.287
1600	0.237	0.389	0.193	0.317
1800	0.252	0.466	0.204	0.378

表 3-20　C 型磁力耦合传动器在不同负载下的第一组数据

转速	输 入		输 出		灯负载	灯负载	总效率
/（r/min）	扭矩/kgf·m	功率/kW	扭矩/kgf·m	功率/kW	电压/V	电流/A	/%
600	0.096	0.059	0.080	0.049	30	1.15	83
1000	0.118	0.121	0.098	0.101	60	1.40	83.4
1200	0.128	0.157	0.106	0.130	70	1.55	82.8
1400	0.138	0.198	0.116	0.165	80	1.70	83.3
1500	0.143	0.220	0.120	0.184	90	1.75	83.6
1600	0.147	0.241	0.123	0.201	95	1.80	83.4
1800	0.157	0.290	0.131	0.241	105	1.95	83.1
平均值							85.5

表 3-21　C 型磁力耦合传动器在不同负载下的第二组数据

转速	输 入		输 出		灯负载	灯负载	总效率
/（r/min）	扭矩/kgf·m	功率/kW	扭矩/kgf·m	功率/kW	电压/V	电流/A	/%
600	0.119	0.073	0.101	0.062	40	1.20	84.9
1000	0.147	0.150	0.124	0.127	70	1.55	84.6
1200	0.158	0.196	0.135	0.167	80	1.70	85.2
1400	0.170	0.242	0.145	0.028	98	1.85	85.9
1500	0.175	0.268	0.151	0.231	103	1.90	86.1
1600	0.182	0.297	0.155	0.254	110	1.98	95.5
1800	0.191	0.352	0.165	0.304	125	2.10	86.3
平均值							85.5

表 3-22　E 型磁力耦合传动器动态性能测试数据

转速	输 入		输 出		总效率
/（r/min）	扭矩/kgf·m	功率/kW	扭矩/kgf·m	功率/kW	/%
600	1.58	0.95	1.35	0.81	85.42
1000	1.93	1.98	1.74	1.69	85.96
1400	2.26	3.16	1.93	2.72	86.01

转速	输　入		输　出		总效率
/ (r/min)	扭矩/kgf·m	功率/kW	扭矩/kgf·m	功率/kW	/%
1800	2.58	4.65	2.17	3.97	86.13
2200	2.91	6.33	2.54	5.44	86.02
2600	3.23	8.31	2.74	7.91	86.15
2800	3.39	9.43	2.93	8.02	86.21
3000	3.56	10.39	3.14	9.07	86.09
平均值					86.01

表 3-23　F 型磁力耦合传动器动态性能测试数据

转速	输　入		输　出		总效率
/ (r/min)	扭矩/kgf·m	功率/kW	扭矩/kgf·m	功率/kW	/%
600	11.91	7.08	9.98	5.95	83.91
1000	15.32	15.87	13.21	12.87	84.02
1400	18.21	25.47	15.28	21.29	83.95
1800	21.04	37.78	17.58	30.94	84.04
2200	23.61	53.91	19.82	43.58	84.11
2600	26.21	68.14	22.01	57.24	84.01
2800	27.56	77.18	23.21	65.01	84.25
3000	28.98	86.94	24.32	73.02	84.31
平均值					84.07

表 3-24　G 型磁力耦合传动器动态性能测试数据

转速	输　入		输　出		总效率
/ (r/min)	扭矩/kgf·m	功率/kW	扭矩/kgf·m	功率/kW	/%
600	30.98	15.59	25.41	15.24	82.05
1000	37.56	37.85	32.14	31.33	82.78
1400	44.25	61.95	36.72	51.41	82.98
1800	50.68	91.22	42.04	75.67	82.96
2200	57.09	125.59	47.39	104.27	83.02
2600	63.81	165.81	52.65	137.85	83.09
2800	66.08	185.02	54.85	153.59	83.02
3000	69.61	207.81	57.28	172.56	83.11
平均值					82.88

表 3-25 ϕ96mm 型磁力耦合传动器转速 n 与效率 η 试验数据

输　入		输　出		总效率 η/%
转速/（r/min）	功率/kW	转速/（r/min）	功率/kW	
600	0.075	600	0.072	96
1000	0.152	1000	0.142	96.7
1500	0.277	1500	0.267	96.3
2900	0.755	2900	0.731	96.4

（2）误差分析

测试装置中采用两套测量的仪器，引起的误差为 2%。B、C 型磁力耦合传动器负载采用灯泡装置，由于灯泡在室内温度不同时散热的快慢程度不同，因而对测试精度带来了一些影响，并且测试台为整体结构，因此在测试过程中由于振动以及测试过程中的调试安装等均造成一些误差，但经分析对比，认为总的误差不大于 5%。

①磁力耦合传动器在转动过程中，只要主动磁极能带动从动磁极或者主、从动磁极之间不滑脱时，其主、从动磁极的转速是同步的。当主、从动磁极过载滑脱时，发生了相同磁极（N 极对 N 极或 S 极对 S 极）和不同磁极（S 极对 N 极）的相对运动，由于这种特殊运动产生了磁场吸引力和排斥力交替变化，从而引起了机械振动和噪声。

②主、从动磁极运动时，在启动过程主、从动磁极之间具有初始角位移即转角差，这对于有些精密传动可能有一些影响，但运转正常后，除电动机、台架的振动等对角位移差的变化有影响外，其运转是平稳的。

③由于主、从动磁极传递动力时不接触，所以相互之间不发生摩擦、碰撞及其他损失，使用寿命长。一般，使用寿命是由磁性材料的选择性能及使用环境条件决定的。

④由于磁路设计合理，磁屏蔽较好，因而漏磁少，对外界环境影响小。同样，外界磁场对磁力耦合传动的影响也很小，这就扩大了使用范围。

⑤经分析，同轴型磁力耦合传动器效率损失主要是由隔离套采用不锈钢等金属材料，涡流损失较大而造成的。如果采用其他涡流损失较小的材料，如塑料、玻璃纤维强化塑料等，其有效工作效率还可提高到与无隔离套的磁力耦合传动相接近的程度。

⑥平面型磁力耦合传动器的效率损失除涡流损失外，主要是由轴向力引起的，如果在设计中从结构上采取措施克服轴向力的摩擦损失，还可以进一步提高工作效率。

⑦连续运转实验表明，磁力耦合传动器运转正常，并测得表面温升不大于 40℃。

综上所述，通过对稀土钴磁力耦合传动的动、静态性能试验研究表明，稀土钴磁力耦合传动器具有运转可靠、平稳、传递振动小、工作效率高、体积小、扭矩大等显著优点，并可向大功率、高转速发展。稀土钴磁力耦合传动不仅在传动技术、动密封传动技术的领域里能够推广应用，而且在石油化工机械、仪器仪表、科学实验、核技术、空间技术等领域里也具有广泛的应用前景。我国稀土矿藏丰富，广泛推广应用稀土钴磁力耦合传动技术，将具有更加重大的意义。

3.12　磁力耦合传动器的运转特性

磁力耦合传动器作为电动机与工作机之间的动力传动装置，在使用中必然有启动、反转和制动等启动的过渡过程及稳定的运转状态，其运转特性曲线如图 3-44 所示。

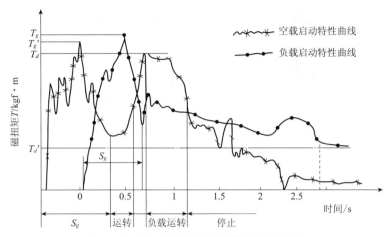

图 3-44 磁力耦合传动器的运转特性曲线

T_g—负载最大启动扭矩；T_d—负载扭矩；

$T_g{'}$—空载最大启动扭矩；$T_d{'}$—空载扭矩；S_g—启动时间

图 3-44 表明，由磁力耦合传动器连接的传动系统和通常的机械传动系统一样，都是惯性系统，它的启动特性与一般的机械联轴器有相似之处，即启动扭矩高于稳定运转时的工作扭矩。依运动学原理，启动方程应满足

$$T_a = T - T_d = J \frac{\mathrm{d}w}{\mathrm{d}t} = \frac{GD^2}{375} \times \frac{\mathrm{d}n}{\mathrm{d}t} > 0 \qquad (3-33)$$

式中　T_a——惯性扭矩或称为动态扭矩；

　　　T——输入扭矩；

　　　T_d——稳定工作扭矩；

　　　n——额定转速；

　　GD——运动系统在磁力联轴器从动轴上反映的飞轮惯量。

图中负载启动时负载系统的启动扭矩为 T_g。下面列举几种实际应用中测试的磁力耦合传动负载启动的特性曲线，如图 3-45 所示。

图 3-44 是在测试启动、运转特性曲线的过程中，将测试信号放大后，记录仪微观描述了运动过程中机械运动型线的基本轨迹，反映了回转式机械运动的一种形态。

图 3-45 是对几种产品启动、运转过程的测试，曲线宏观反映了产品运转过程的基本特性。

图 3-45（a）中：最大启动扭矩　　$T_g = 13.26 \mathrm{kgf \cdot m}$；

　　　　　　　额定扭矩　　　　$T_d = 12.75 \mathrm{kgf \cdot m}$；

　　　　　　　启动时间　　　　$S_g = 1.65 \mathrm{s}$；

　　　　　　　额定转速　　　　$n = 2970 \mathrm{r/min}$。

图 3-45（b）中：最大启动扭矩　　$T_g = 16.62 \mathrm{kgf \cdot m}$；

　　　　　　　额定扭矩　　　　$T_d = 16.13 \mathrm{kgf \cdot m}$；

　　　　　　　启动时间　　　　$S_g = 1.75 \mathrm{s}$；

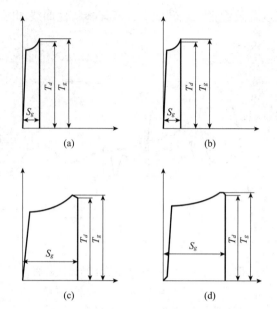

图 3-45　磁力耦合传动负载启动特性曲线

$$额定转速　　　　n = 2970 \text{r/min}。$$

图 3-45（c）中：　最大启动扭矩　$T_g = 19.99 \text{kgf} \cdot \text{m}$；

额定扭矩　　　$T_d = 19.60 \text{kgf} \cdot \text{m}$；

启动时间　　　$S_g = 1.85 \text{s}$；

额定转速　　　$n = 2970 \text{r/min}。$

图 3-45（d）中：　最大启动力矩　$T_g = 24.91 \text{kgf} \cdot \text{m}$；

额定力矩　　　$T_d = 24.59 \text{kgf} \cdot \text{m}$；

启动时间　　　$S_g = 1.875 \text{s}$；

额定转速　　　$n = 2970 \text{r/min}。$

　　图 3-45 中四种不同负载功率的产品，启动运转过程中均选用了同一个电动机，采用了同一种延时启动方法，所以启动、运转过程的曲线较平滑、均匀、规范。从测试数据看，当启动时间 S_g 加长时，最大启动扭矩与额定负载扭矩的差值 ΔT_g 减小。启动时间 S_g 与差值 ΔT_g 比较数据为：

　　图（a）：$S_{g1} = 1.65 \text{s}$ 时，$\Delta T_{g1} = 0.5 \text{kgf} \cdot \text{m}$；

　　图（b）：$S_{g2} = 1.75 \text{s}$ 时，$\Delta T_{g2} = 0.49 \text{kgf} \cdot \text{m}$；

　　图（c）：$S_{g3} = 1.85 \text{s}$ 时，$\Delta T_{g3} = 0.39 \text{kgf} \cdot \text{m}$；

　　图（d）：$S_{g4} = 1.875 \text{s}$ 时，$\Delta T_{g4} = 0.32 \text{kgf} \cdot \text{m}。$

　　在图 3-45 中，每条曲线的每组数据是在反复试验的基础上，优选的最佳值。如图 3-45（c）中，当最大启动扭矩调节到 19.99kgf · m 后，采用延时启动的方法，经不同的延时多次试验，最后选定 $\Delta T_{g3} = 0.39 \text{kgf} \cdot \text{m}$，确定这个值为最佳启动值。这时 $S_{g3} = 1.85 \text{s}$，若减小 S_{g3}，则 ΔT_{g3} 增大，而且增大的幅度比较大；若增大 S_{g3}，则 ΔT_{g3} 值减小，但减小的数值非常小。因此，S_{g3} 确定为最佳启动时间，依此类推，试验选择出其他产品曲线的 S_g 与 ΔT_g 的最佳点。S_g 与 ΔT_g 的试验曲线如图 3-46 所示。

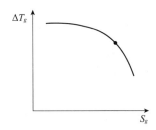

图3-46 S_g 与 ΔT_g 的试验曲线

在设计和应用时应考虑如下几点。

(1) 带负载直接启动的情况

在电动机有关性能参数允许的范围内进行降压启动以延长启动时间，可降低启动扭矩，节省磁性材料，降低成本。

试验测试与研究表明，当电动机在功率不变的情况下直接启动，其启动时间为 0.9s 左右，磁力联轴器所能带动的负载功率为 83W，而当启动时间延长为 5s 左右，启动时可带动的负载功率为 402W，启动时间延长后，启动时可带动的负载功率随之增至接近 5 倍，对于不同惯性系统，适当延长启动时间，均可使磁力耦合传动器带负载直接启动的能力成倍增加。

(2) 空载启动情况

空载启动时，GD 减小，易启动，磁力耦合传动器的空载启动、负载运转、停止运转等过程如图 3-44 曲线所示。

(3) 减振特性

在石油化工系统中通过联轴器连接的泵系统很多，而绝大部分泵均采用机械密封。它要求运转时振动小，以延长机械密封的使用寿命和防止密封损坏而造成介质的泄漏。磁力耦合传动器是无接触的柔性传动，在传递功率时传递的振动很小。图 3-47 为电动机以磁力耦合传动器和弹性柱销联轴器两种方式连接时工作机的实测振动。对于机械式的弹性柱销联轴器，由于振动大等因素引起弹性柱销的磨损快，不但寿命短、振动大，而且易使机械密封损坏而泄漏。磁力耦合传动器传递的振动始终很小，因而大大延长了机械密封的寿命，可广泛地应用于石油化工领域和其他要求振动小的传动系统中。

(4) 滑脱特性

磁力耦合传动器的从动件，在过载造成负载过大或卡住时，磁力耦合传动器的主、从动耦合件会滑脱发生相对运动。处在交变磁场的作用下，将产生涡流损耗、磁滞损耗和剩余损耗，这些损耗大部分转变为热能会引起磁体温度上升。因此，滑脱问题在设计中应引起重视，特别是大功率磁力耦合传动器磁极数多、转速高，设计时必须考虑滑脱问题和选用工作温度较高的永磁材料。

(5) 径向与轴向磁吸引力对运转特性的影响

同轴型磁路由于它的对称性和运转时的磁特性可将磁吸引力降低到很小，对其运转特性影响不大。但是对平面型磁力耦合传动器来说，主、从动磁路间的吸引力引起轴向力，这对于小功率传动器来说，因轴向力较小，对其实用方面来说易克服且影响不大。但是当功率大于10kW时，由于轴向力过大一般不宜采用，若采用，应从结构上解决好轴向力的问题。一般来说，无特殊要求则选用同轴型更为可靠。

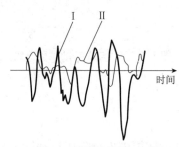

图3-47　两种不同联轴器横向振动的曲线对比

Ⅰ—采用弹性柱销联轴器连接的泵体振动曲线，电动机功率7.5kW，轴的不同轴度小于0.3mm；

Ⅱ—采用磁力耦合传动器连接的泵体振动曲线，电动机功率13kW，轴的不同轴度小于2mm

3.13　磁力耦合传动器损坏原因分析及使用中应注意的问题

3.13.1　磁力耦合传动器损坏原因分析

①使用温度超过磁性材料允许工作温度时会出现退磁现象。磁性材料的允许工作温度是一重要技术指标，在选用磁性材料时要根据环境及使用温度合理选用、得当使用。如果磁性材料的使用温度选用过高会造成材料的浪费、成本高；选用过低，使用中会产生退磁现象影响正常运转。一般来说，无特殊要求时，磁性材料使用温度的简单选择方法是：

$$T_s = \alpha_t T_\alpha \qquad\qquad (3-34)$$

式中　T_s——使用温度，℃；

　　　T_α——磁性材料的允许工作温度，℃；

　　　α_t——安全使用温度系数，$\alpha_t \approx 0.7 \sim 0.9$，使用温度高时 α_t 选值小，使用温度低时 a_t 选值大。

②内、外磁转子之间或是内、外磁转子与其他件（如隔离套等）之间产生摩擦、碰撞时会引起磁性材料的退磁或损伤。

内、外磁转子之间或与其他件之间因使用不当或因其他原因产生摩擦时，磁性材料会产生摩擦热，或是产生磨损，或是碎裂致使磁转子的磁性能减弱。内、外磁转子之间或是与其他件之间发生碰撞时，磁性材料易碎裂，使磁转子的磁性下降。这些现象都会影响磁力耦合传动器的正常工作，因此，在使用磁力耦合传动中应严格注意和控制摩擦、碰撞等。

③内、外磁转子磁性材料的包封破裂、损伤或焊接不好都会使磁性材料受到外界气氛或液体的氧化、腐蚀等。

包封的作用是保护磁性材料与外界绝对隔离或是相对隔离，使磁性材料不易被氧化、腐蚀等。但是摩擦、撞击、焊接不好以及材质本身的质量问题等都会引起包封产生裂缝、破碎、漏洞等，使磁性材料与外界气氛、液体直接相接触，造成磁性材料的氧化、腐蚀、粉化等，使磁转子的磁性能局部或全部失效，影响磁力耦合传动的正常工作。

④内、外磁转子滑脱做相对运动或使磁转子冷却系统失效等会引起磁涡流热上升，当温度上升至超过磁性材料的允许工作温度时同样会造成磁性材料的退磁，使磁力耦合传动不能正常工作。

3.13.2　使用磁力耦合传动器应注意的问题

①磁力耦合传动器内外转子所用磁性材料必须相同或性能接近，否则会导致力或扭矩传递效果差。

②在安装、调试时应轻拿轻放，防止与其他金属的碰撞；要特别注意不能用力敲打，以免磁体损坏，影响力或扭矩的传递或导致磁性器件的损坏。

③在启动、运转中由于一些其他问题造成内外转子相对滑脱时，应立即停车以免磁能变为热能使内外转子快速升温而使磁性材料退磁。

④磁力耦合传动是一种无接触的力的连接或传递，它不同于机械式的连接，在操作中要严格执行操作规程，否则不能达到应有效果。

⑤磁力耦合传动是恒扭矩传动，所以在启动、运行中，当载荷大于其额定扭矩时都会使磁力耦合传动脱开，因此，无特殊要求时，一般应轻负荷启动，逐步加载至额定负载运转。

第4章 磁力耦合传动装置的结构设计与计算

4.1 磁力耦合传动装置的结构功能及其控制系统

目前，从磁力耦合传动装置的功能上看，这种装置既可设计成人工手动操作，也可设计成机动操作。前者比较简单，后者是指通过寻求动力机械的传动（一次或二次动力机均可）将动力机输出的各种形式的能量（动力传动）或各种形式的运动状态（运动传递）传送给工作装置，使其完成预定的动作（包括运动和力），借以实现调速、变矩、转换等改变运动形式的各项功能。在动力传递过程中，磁力耦合传动装置是在动力装置与工作装置之间取消了机械的直连部分（联轴器等），由磁力耦合传动装置上的主动磁组件和与之相互隔断而又彼此耦合的从动磁组件代替直连装置完成的各种运动。依赖磁力耦合的主、从动磁组件通过磁场作用的柔性连接，完成软传递操纵和控制系统实现运动或力的传递。可见，磁力耦合传动装置是各种机械传动中较为理想的一种传动装置。

传动通常可分为一般机动型和自动控制运动型两类。

一般机动型是指动力机直接带动主动磁组件，而从动磁组件与工作装置连接，主动部件以其运动状态来控制工作装置的工作状态和参数，借以完成设定的运动形式或状态的变换。传动可以是匀速的，也可以是变速的即可调速的传动。在高温条件下，从动磁转子是用铁磁性材料（钢、软铁等）制成的。

自动控制运动的形式较为复杂，它的系统如图4-1所示。

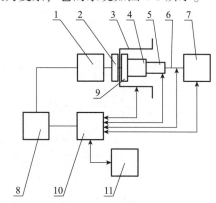

图4-1 磁力耦合传动自动控制系统示意图

1—动力机；2—主动磁组件；3—隔离套及支承箱；4—机械传动与控制装置；5—导向装置；
6—传递杆；7—负载；8—打印机；9—从动磁组件；10—计算机自动控制检测系统；11—电源系统

磁力耦合传动自动控制系统由动力机带动正常运转工作时，计算机自动控制检测系统同时进入正常控制检测状态，如动力机的转速、转向及功率大小；磁力耦合系统的转速、转向及扭矩大小；隔离套的温度状态；机械传动与导向装置的转角、位移及运动的控制状态；传递杆的位移运动及工作状态；负载载荷的大小及运行状态等。在整个系统运动工作过程中，这些数据、工作状态以及位置状态的控制检测都是由计算机自动控制检测系统完成的。计算机自动控制检测系统还具有控制调节的功能，如装置运动的位移量过大或偏小以及位置偏差等，装置本身反馈信号或外界输送一信号则自动控制调节其大小或偏差；当载荷大小变化时，装置反馈信号或外界传入信号则自动控制调节电流变化动力机的做功能力；磁力耦合系统扭矩的变化状态以及影响正常运行时，装置反馈信号或外界输入信号自动控制调节或报警等。计算机自动控制检测系统还有对故障的检测作用，在整机的运行过程中控制检测系统对控制检测的各个部件的运动状态以及运动过程中所出现的不正常现象的反馈信号及时报出或报警，便于及时修正或调整处理。

4.2　磁力耦合传动装置结构设计的技术要求

4.2.1　功率与效率

磁力耦合传动装置是恒扭矩传动装置，在结构设计中应注意额定扭矩与启动扭矩的比值设计，功率根据工作转速换算；效率的高低是根据结构设计的具体条件确定的，如选用的材质不同，支撑轴承的结构形式不同，或运动装置的复杂程度不同时，其效率均有所不同。因此，在设计中明确地提出功率、效率的技术要求是十分重要的。

4.2.2　转速与寿命

磁力耦合传动装置是一种无接触的传动装置，很容易使工作转速向高转速发展，在设计高转速时应注意密封隔离套的设计和选材，以避免金属隔离套产生过大的磁涡流现象影响到正常的工作。

磁力耦合传动系统的运转寿命取决于支撑轴承，在结构设计中，不同工作状态下选用不同材质和设计不同结构的轴承是一个重要的问题。

4.2.3　工作温度

工作温度在磁力耦合传动系统的结构设计中非常重要。通常把磁性材料分为常温和高温两类。常温材料使用于常温环境中。高温材料使用于高温环境中，但高温材料的应用温度也有一定的温度范围，超过使用温度的限制范围，在结构设计中就要考虑增加冷却系统，对磁力耦合部件特别是永磁材料排布的工作面要进行冷却，使磁性材料工作的环境温度务必控制在使用温度的范围内。

4.3　磁力耦合传动装置的特征参数及其相关尺寸

磁力耦合传动装置的特征参数较多，表4-1给出了这些参数的一些相关计算及其必要的说明，其中 R_1、R_2、R_3、R_4、t_h、t_g、R_c、L 等相关尺寸如图4-2所示。

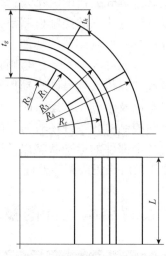

图 4-2　相关尺寸示意图

表 4-1　磁力耦合传动装置常用的特征参数

参数	符号	单位	计算公式	说明
磁极数	m	极		设计磁场力或扭矩时确定
磁有效工作长度	L	m		设计磁场力或扭矩时确定
磁作用有效半径	R_c	m	$R_c = \dfrac{1}{2}(R_3 + R_2)$	R_3、R_2 磁路设计时确定
隔离套壁厚	t	m		
轭铁厚度	t_1	mm		R_4、R_3、R_2 磁路设计时确定
永磁体厚度	t_h	mm	$t_h = R_4 - R_3 = R_2 - R_1$	R_4、R_3、R_2 磁路设计时确定
工作气隙	t_g	mm	$t_g = R_3 - R_2$	R_4、R_3、R_2 磁路设计时确定
有效磁场强度	H	Oe	$H = H_{20℃}[1 - \alpha_B(t-20)]$	$H_{20℃}$ 为 20℃时标准磁场强度，α_B 为温度系数
转速	n	r/min	$n = \dfrac{30\omega}{\pi}$	ω 为角速度，rad/s
速度	v	m/s	$v = \dfrac{\rho d n}{60} = \dfrac{\omega d}{2} = \omega R_c$	d 为参数圆直径，m
扭矩	T	N·m	$T = \dfrac{Fd}{2} = FR_c$；$T = \dfrac{1000P}{\omega} = \dfrac{9550P}{n}$	R_c 为磁作用平均半径
作用力	F	N	$F = \dfrac{2T}{d}$，$F = \dfrac{1000P}{v}$	
功率	P	kW	$P = \dfrac{T\omega}{1000} = \dfrac{Fv}{1000} = \dfrac{Tn}{9550}$	

4.4　磁力耦合组件的结构设计

4.4.1　确定磁力耦合组件外形尺寸的长径比

　　磁力耦合组件的外形尺寸是由它的长径比所决定的，在确定磁力耦合组件的长径比时，除了要求组件能够满足其扭矩这一条件外，还应当有较低的涡流损失和较好的成本效益，如果从增大扭矩和降低成本考虑，应是直径与磁体的总用量成反比，但增大直径会增加内磁组件的摩擦损失和金属隔离套交变磁场中产生的涡流损失，影响工作效率，提高运转成本，因此，长径比的确定应根据不同情况分析对比来确定。此外，通过分析磁扭矩密度与位置的关系所得出的为了减小边缘效应的影响，转子的长度 L 与外转子的直径 $2R$ 之比 $L/2R$ 应大于 1 的结论，也是确定磁力耦合组件长径比的理论根据。

假如内磁组件在充满输送介质的转子室中以 2900r/min 的转速高速旋转时，其外圆线速度可高达 15m/s 以上，如此高速的旋转体与介质（液体）摩擦会产生较大的功率损失，这是磁力耦合传动装置诸多功率损失中较大的一项。它包括两部分：一是内磁组件圆柱面的摩擦损失，它与组件半径的四次方及组件的长度成正比；二是内磁组件端面的摩擦损失，它与组件半径五次方成正比。圆柱面的摩擦损失大约是端面摩擦损失的 2 倍。可见，内磁组件的半径越大，摩擦损失也越大。另外，由隔离套引起的涡流损失也与半径的平方成正比。所以，磁组件长径比的选择一定要适当。缩小半径，虽然减小一点扭矩，但可以减少摩擦损失和涡流损失，对提高传动效率有利。然而，在要求传动功率一定，即传递的扭矩一定时，磁组件的磁路直径不能过小，否则将导致磁组件长度过长，磁体用量增大，磁能的利用率降低，轴承支承难以解决，安装也不方便。因此，根据理论分析和试验研究认为，当传递扭矩的最大静磁扭矩在 300N·m（或拖动功率在 100kW）以下时，磁组件的长径比取 0.2 ~ 2；最大静磁扭矩在 300N·m 以上至 500N·m 以下（或 100kW 以上至 500kW 以下）时，长径比取 0.5 ~ 2.5；最大静磁扭矩在 500N·m 以上（或 500kW 以上）时，长径比取 0.8 ~ 3。磁组件长径比选择的原则是转速低、压力小时取小值；转速高、压力大时取大值。

4.4.2 磁力耦合组件磁路设计中若干问题的探讨

4.4.2.1 隔离套内的涡流损失计算

（1）涡流的产生及其影响

铁磁性导体在交变磁场中，由于磁通量随时间的变化，导体内将产生环绕磁通量变化方向的涡流，磁感应强度 B 的变化滞后于磁场的变化，B 的振幅由导体表面向内而逐渐减弱，这称为趋肤效应。隔离套内涡流的产生过程也正是趋肤效应过程。趋肤效应的产生一方面减弱了工作磁场，降低了传递的力或扭矩，另一方面所产生的涡流损失将以热量的形式释放出来，即消耗了原动机的功率（能量），也降低了工作效率，故采用金属隔离套的磁传动装置在正常工作时，连续释放热量，导致磁组件中的磁性材料工作温度不断升高，而使磁性能下降，若达到磁性材料的居里温度时，则磁性能完全消失，造成磁力耦合传动装置工作失效。可见，在设计时计算涡流损失的大小，尽量减少这一损失是非常重要的。

（2）Maxwell 方程在涡流损失计算中的应用

为了应用 Maxwell 方程对涡流损失进行计算，所选用的基本模型如图 4-3 和图 4-4 所示。基本参数包括隔离套轴向磁化长度 $L(mm)$；主、从动磁组件转角差 $\phi(rad)$，并假设：

①磁场 B 沿 r 取向，且在隔离套内随 ϕ 坐标变化，即 $B = B_r r$，$B_r = B_o \sin\phi$。其中，B_o 为工作气隙中最大磁通密度。隔离套相对主、从动磁组件为逆时针旋转，由变化磁场产生

的电流沿 z 轴方向，电动势 E 变化为：$E = E_z z$，E_z 为随 ϕ 变化的最大电动势。

②隔离套中位移电流相对于传导电流可以忽略。

③隔离套厚度 t 远小于轴向长度 L，可以忽略端部效应，仅以横断面为研究对象。

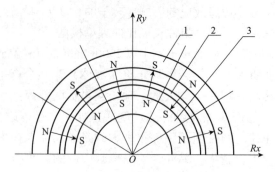

图 4-3　磁场模型图

1—外磁转子；2—隔离套；3—内磁转子

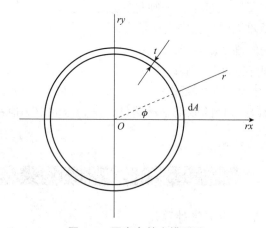

图 4-4　隔离套基本模型图

t—隔离套壁厚；ϕ—内、外磁转子转角差；dA—单元的面积

按 Maxwell 方程

$$\nabla \times E = \frac{\partial B}{\partial t} \tag{4-1}$$

并依假设条件和式（4-1）在其坐标下可得：

$$\frac{\partial B_r}{\partial t} = -\frac{1}{r} \times \frac{\partial E_z}{\partial \phi} \tag{4-2}$$

用 $B_r = B_o \sin m\phi$ 得

$$\frac{\partial B_r}{\partial t} = B_o m \sin\phi \frac{d\phi}{dt} \tag{4-3}$$

将 $\omega = \dfrac{2\pi n}{60}$ 和 $B_r = B_o \sin m\phi$ 及式（4-3）代入式（4-2）则得：

$$\frac{dE_z}{d\phi} = -r \frac{2\pi n}{60} m B_o \cos m\phi \tag{4-4}$$

对式（4-4）两边积分得：

$$\int_0^{E(\phi)} \mathrm{d}E_z = \frac{\pi n r B_o}{30} \int_0^{\phi} \cos m\phi \mathrm{d}(m\phi) \tag{4-5}$$

$$E_z(\phi) = -\frac{\pi n r B_o}{30} \sin m\phi$$

电流密度为:

$$\delta_{cy} = \gamma E_z(\phi) = -\frac{\gamma \pi n r B_o}{30} \sin m\phi \tag{4-6}$$

如图 4-4 所示,在单元面积 $\mathrm{d}A = r\mathrm{d}(\phi t)$ 中的功率损失为:

$$\mathrm{d}P = [\delta_{cy} r\mathrm{d}(\phi t)]^2 \mathrm{d}r = [\delta_{cy} r\mathrm{d}(\phi t)]^2 \frac{1}{\gamma} \times \frac{\mathrm{d}L}{r\mathrm{d}(\phi t)}$$

在整个隔离套中的涡流损失 P_j 为:

$$P_j = \int_0^L \int_0^{2\pi} [\delta_{cy} r\mathrm{d}(\phi t)]^2 \frac{1}{\gamma} \times \frac{\mathrm{d}L}{r\mathrm{d}(\phi t)}$$

$$= L r^3 t \frac{\pi^3 n^2 B_o^2}{900} \gamma (\mathrm{kW}) \tag{4-7}$$

式中　L——磁化长度,mm;

　　　r——隔离套半径,mm;

　　　t——隔离套壁厚,mm;

　　　n——电动机转速,r/min;

　　　B_o——磁感应强度,T;

　　　γ——电导率,s/m。

(3) 理论计算实例

已知 $D_1 = 128.4$mm, $L = 33$mm, $\gamma = 0.625 \times 10^6$s/m, $n = 2950$r/min, $B_o = 0.4996$T, t 分别为 1.9mm、1.36mm 和 1.04mm,利用式 (4-9) 对三种不同厚度的隔离套进行理论计算,其结果如表4-2所示。

表 4-2　不同 t 值下的 P_j 的计算值

t/mm	1.9	1.36	1.04
P_j/W	60.7	43	33.4

(4) 工程中常用的磁涡流损失计算方法

工程中对磁涡流损失 P_j 的计算方法有:

①隔离套磁化-磁导涡流损失计算方法

$$P_j = \frac{4}{3} \pi^3 D_y L_x \eta_x \times \frac{1}{\rho} \times t_d^2 f^2 B_o^2 (\mathrm{kW}) \tag{4-8}$$

式中　D_y——隔离套内径,cm;

　　　L_x——隔离套轴向磁化长度,cm,$L_x = (1.01 \sim 1.05)L$;

　　　L——磁极轴向长度,cm;

　　　η_x——磁化系数,根据 L_x 和 D_y 的特征尺寸确定;

ρ——隔离套材料电阻率，$\dfrac{\Omega \cdot cm^2}{m}$；

t_d——隔离套壁厚，cm；

f——磁极工作频率，Hz；

B_o——作用在隔离套上的磁感应强度，Gs。

②隔离套磁涡流损失环形电流计算方法

$$P_j = \frac{N}{24\rho} h^2 \omega^2 B_o^2 Ls \ (kW) \tag{4-9}$$

式中　ρ——金属的电阻率，$\Omega \cdot m$；

N——总环流数；

h——电流环流宽度，m；

ω——频率，Hz；

B_o——磁感应强度，Wb/m^2；

L——金属导体长度，m；

s——金属导体截面积，m^2。

由式（4-7）~式（4-9）可见，磁感应强度越高，转速越高，金属截面积越大，磁化面积越大，材料的电阻越小，则磁涡流损失就越大。如果设计合理，磁感应强度和转速在一个合理的和必需的最大值时，应尽可能选用比电阻大的金属材料或合成材料，并尽可能减少金属隔离套的截面积和磁作用面积，就可以大幅度降低涡流损失。

根据试验研究的结果看，当隔离套采用低电阻率的不锈钢（1Cr18Ni9Ti）材质时，功率损失为8%~12%，传动效率为90%左右；而选用高电阻率的钛合金（TC4）材料，并制成薄壁时，功率损失只有3%~5%，传动效率可达95%以上。普通旋转机械的密封装置虽然没有磁涡流损失，但也存在由机械联轴器、轴承等带来的机械损失，其功率损失为2%~3%，传动效率为97%~98%，与磁力耦合传动装置采用薄壁钛合金隔离套条件下的功率损失相比，差距不大。而当磁力耦合传动装置采用非金属隔离套时，产生的磁涡流损失很小，传动效率大大提高，有时其效率高于普通旋转机械效率。

③扭矩比率计算方法　在长期的设计计算和试验研究中，经过综合分析和总结归纳提出了确定磁力耦合传动装置的涡流扭矩和最大静磁扭矩的比例公式，即：

$$\frac{T_w}{T_{k\max}} = 29 \times 10^{-8} \times nr \frac{\delta}{\rho} \tag{4-10}$$

式中　T_w——涡流扭矩，$N \cdot m$；

$T_{k\,\max}$——最大静磁扭矩，$N \cdot m$；

n——转速，r/min；

r——隔离套平均半径，m；

δ——隔离套壁厚度，m；

ρ——隔离套材料电阻率，$\Omega \cdot m$。

该公式简单、实用，容易掌握，是在试验研究的基础上总结出来的经验公式。只要知道最大静磁扭矩，按公式求得比例，就可求得涡流扭矩，也就可以求得涡流损失的功率。

根据上述公式，对五种磁力耦合传动装置进行了计算和实测，结果见表4-3。

表4-3 五种磁力耦合传动装置理论计算值与实测值的比较

序号	n / (r/min)	r /m	δ /m	ρ /$\Omega \cdot$ m	比例 /%	$T_{k\max}$ /N·m	T_w /N·m	$N_{计}$ /kW	$N_{测}$ /kW	误差 /%
1	2900	0.057	0.001	0.75×10^{-6}	6.39	80	5.11	1.55	1.50	3.3
2	2900	0.067	0.0014	0.75×10^{-6}	10.52	65	6.84	2.08	2.06	1
3	2900	0.067	0.001	0.75×10^{-6}	7.51	65	4.88	1.48	1.40	5.7
4	2900	0.077	0.001	0.75×10^{-6}	8.63	135	11.66	3.54	3.50	1.1
5	1475	0.087	0.001	0.75×10^{-6}	4.96	610	30.3	4.67	4.50	3.8

从表4-3中可以看出，两者基本一致，误差在工程技术允许范围之内。如果需要更精确地计算不同工况下的涡流损失大小，可按如下方法进行。

磁力耦合传动装置工作时，主、从动磁组件的磁极转角不同，静磁扭矩 T_k 和涡流扭矩 T_w 也不同。它们之间的关系可由式（4-11）、式（4-12）和图4-5表示。

$$T_k = T_{k\max}\sin\frac{m\phi}{2} \tag{4-11}$$

$$T_w = T_{w\max}\cos\frac{m\phi}{2} \tag{4-12}$$

式中 m——磁极极数；

ϕ——转角差。

精确计算不同工况下涡流损失时，应把实测的磁力耦合传动装置的输入功率折算为静磁扭矩，把它和该磁力耦合传动装置最大静磁扭矩之比，并按式（4-11）求得相对转角 ϕ，再根据 ϕ 工况下实测的涡流扭矩 T_w（由涡流损失功率折算而得），按式（4-12）求得 $T_{w\max}$。有了 $T_{w\max}$ 以后，便可得到任何工况（转角）下的涡流损失大小。

由图4-5还可看出，在磁极转角差 $\phi = 0 \sim \pi/m$ 范围内，T_w 变化很小。为防止磁力耦合传动装置打滑（转），实际使用时，T_k 总是小于 $T_{k\max}$ 的90%，因而 T_w 变化更小。所以，在绝大多数情况下，按涡流损失比率算得的结果是完全可以满足工程技术要求的。

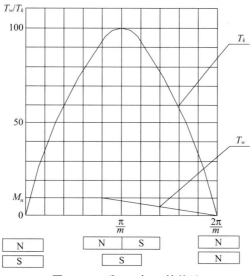

图4-5 T_k 和 T_w 与 ϕ 的关系

（5）减小涡流损失和磁组合件摩擦损失的措施

①正确设计隔离套　隔离套的设计除了要能承受足够的内压（或外压）以外，还要具有较低的磁涡流损失。因此，隔离套应选用电阻率大、机械强度高、耐腐蚀性好的非导磁性材料制作。试验与研究表明，压力在40N以下，工作温度在50℃以下的小型磁力耦合传动装置可采用非金属材质的隔离套，它不会产生明显的磁涡流损失，隔离套壁厚可取2～3mm，也可以在非金属隔离套外层压装金属网套或金属套，以增加强度。金属隔离套适用于较高压力的容器中。金属隔离套较理想的材质为TC4钛合金，其电阻率和允许强度均比1Cr18Ni9Ti高1倍左右。金属隔离套的壁厚根据磁传动工作转速、工作压力大小等参数可以在0.6～8mm之间选择。

②合理设计长径比　对磁组件的基本要求是能满足其工程需要的扭矩值，同时还应具有较小的磁涡流损失和较低的工业成本。从增大扭矩和降低成本考虑，应增大直径，但是因直径与磁性材料总用量成反比，增大直径不会增加摩擦损失和磁涡流损失，而且会使磁组件的惯性矩增大，从而离心力加大。

③流道的设计与布置及冷却润滑流量的确定　对磁组件的冷却润滑流体所造成的功率损失与其他两种功率损失相比较显得很小。因此，只要流道设计、布置合理，流量适当，该项功率损失可降到最小。

④合理设计确定冷却润滑系统　磁力耦合组件的主、从动磁场做运动时，处在主、从动磁场中的金属隔离罩壁中由于交变磁场的影响及作用，产生磁涡流热，而且随着主、从动磁场运动的速度不断提高，其磁涡流热迅速增加，当速度增至1000r/min或高于1000r/min时，磁涡流热现象明显表现出来，并且会影响到隔离套和磁场的正常工作，甚至由于磁涡流热的影响等而导致系统不能正常运行。在磁涡流热影响加剧，隔离套温度提高到一定程度时，会导致磁体产生热退磁，使磁部件的磁作用力消失，系统停止运行。因此，在进行磁力耦合组件的系统设计中，为确保系统正常运行，必须考虑到对于金属隔离套及磁组件在运行过程中进行冷却散热装置的设计。

同时还应考虑在使用磁力耦合组件的系统中设有磁组件的支撑轴承装置，而且轴承装置需要冷却润滑，因此，系统设计中还需考虑设计磁力耦合支撑轴承的冷却润滑装置。

磁力耦合组件冷却散热装置及支撑轴承装置冷却润滑装置的设计，在结构中有时是统一考虑设计的，有时是分别考虑设计的，对于小功率、低速度以及系统压力能满足循环需要的磁力耦合组件系统，在结构设计中是统一考虑的。根据其回流流量，设计统一流道来完成其散热冷却、润滑的效果及目的。对于大功率、高转速以及根据系统工作流体的温度、压力、黏度等技术参数，可分别设计回流流道，确定回流压力及流量，以便实现其冷却润滑的效果及目标。

回流流道大小的设计及布置和回流流量及压力的确定，主要取决于隔离套磁涡流热散热量的计算和支撑轴承装置冷却润滑流量的需要设计确定。

因此，回流流道的设计与布置及冷却润滑流量的回流运行对系统来说造成了一定的功率损失，如果设计合理、选择得当，会控制功率损失；否则，会增大功率损失。从这个意义上讲，只要严格控制流道大小的设计，流道布置合理，回流量与压力适当，该项功率损失可降到最小。

（6）磁力耦合组件的摩擦损失与惯性矩计算

磁力耦合组件的摩擦损失主要是指浸泡在工作容器内的旋转磁组件（即内磁组件）与流体相接触所产生的摩擦损失。

现以 1.5kW 磁力耦合传动装置为例，内磁组件在充满液体介质的转子室中以 2900r/min 的转速旋转，可以计算出周缘线速度高达 15m/s 以上。如此高速的旋转体与液体摩擦会产生一定的功率损失，这项损失主要产生在内磁组件上的摩擦损失。其中，内磁组件外圆圆柱面上的摩擦损失由计算可知，它与转子有效半径的 4 次方成正比，与内磁组件轴向长度成正比；而内磁组件端面上的摩擦损失，则与转子有效半径的 5 次方成正比。而圆柱面的摩擦损失约是端面摩擦损失的 2 倍。

内磁组件的圆柱面的摩擦功率损失可以按圆盘摩擦损失的公式来计算。圆柱表面的功率损失可按下式计算：

$$P_y = K_f K_m \omega^3 R^4 L \tag{4-13}$$

式中　P_y——圆柱面功率损失，kW；

　　　　K_f——摩擦因子系数；

　　　　K_m——摩擦阻力系数，与摩擦介质的密度、黏度和压力有关；

　　　　ω——旋转角速度，rad/s；

　　　　R——转子有效半径，m；

　　　　L——内磁组件轴向长度，m。

内磁组件端面水力摩擦功率损失由下式计算：

$$P_c = K_f C_f \omega^3 R^5 \tag{4-14}$$

式中　P_c——端面功率损失，kW；

　　　　K_f——摩擦因子系数；

　　　　C_f——摩擦因数，与介质的黏度、密度和端面的相关尺寸有关。

由于内磁组件并不是标准的圆盘，其表面液体的流动情况也十分复杂，而且与内磁组件的表面状态如光洁度、结构、形状等都有密切关系，因此，实际的水力功率损失要比上式计算复杂得多，上式计算方法为一般性通用计算方法。由式（4-13）和式（4-14）也可以看出，内磁组件圆柱表面的水力摩擦功率损失与内磁组件半径的 4 次方成正比，内磁组件端面的水力摩擦功率损失与内磁转子半径的 5 次方成正比。降低内磁组件水力摩擦功率损失的最有效的途径是减小内磁组件的半径，通过对磁路的优化设计，合理地选择磁路的长径比 $\dfrac{L}{D}$，才能使功率损失控制在最小限度内。否则，将会使功率损失增大，传动效率下降。

磁力耦合传动装置的长径比计算和尺寸确定是比较复杂的，在磁路设计中其轴向长度和内磁转子半径与扭矩 T 是正比关系，同样与功率也是正比关系。因此，长和径的设计确定在磁路设计中是优化设计的基本程序。为使设计获得更为理想的效果，可以把长径比的关系列为高次方程求解，通过逼近法等计算方法求得理想的长径比值。磁力耦合传动装置除在一些特殊的精密传动外，对于普通的旋转机械虽然不存在转子室内水力摩擦损失，但却存在着由机械密封、填料等轴封与轴之间的摩擦力造成的机械摩擦损失。为了减小轴封泄漏，当将填料轴封间隙调小时，其功率损失将增大。而磁力耦合传动装置由于取消了机械联轴系统及轴封装置，不存在轴封与轴之间的机械摩擦损失。所以，在磁力耦合传动装置设计合理的条件下，即选择内磁转子最佳长径比的尺寸下，内磁转子的摩擦损失是可以控制在最低限度内的，其水力摩擦损失未必大于一些普通旋转机械的机械摩擦损失。

(7) 隔离套的散热传热分析

隔离套散热传热的分析计算对于正确有效应用磁力耦合传动装置十分重要，同时可有效控制隔离套工作温度对磁场的影响和散热传热所引起的功率损失。

金属隔离套的热量主要是交变磁场产生，其次是工作介质传热、摩擦等其他因素产生热。分析计算中，摩擦等因素产生的热量小，对系统运行的影响不明显，可忽略不计，介质的传热主要是根据介质的温度状态具体分析计算和提出散热传热方案，本文中主要针对隔离套磁涡流热分析计算。

对隔离套散热传热的方式主要采取对流散热。对流散热采用了两种方法：一是采用内循环或外循环流体流动强制散热；二是自然风流或强制风流循环散热。除特殊需求外，设计中一般采用内循环或外循环流体强制散热，此结构方法简便。

隔离套散热传热的计算以应用于化工丙烷增压装置的磁力耦合传动装置为例进行分析计算。通过实例分析计算，进一步探讨和提高对散热传热的分析计算方法。压力容器的压力为4MPa，管道内需增压0.8MPa。本系统采用了两套磁力耦合传动装置：一套为螺旋运动的装置用于阀门控制系统，另一套为旋转式装置用于压缩装置。下面以旋转式磁力耦合装置为例分析计算。

①磁力耦合传动装置技术参数

传递扭矩：200N·m；

额定功率：60kW；

磁涡流损失：5.5%（3.3kW）；

压缩介质温度：60℃；

隔离套材质：TC4；

隔离套壁厚：1.5mm；

介质：丙烷（压缩介质和冷却介质均为丙烷）。

②介质的物理特性

临界温度：96.8℃；

比热容：$C_p = 0.75\text{cal}/(\text{g}\cdot℃) = 3.125\text{J}/(\text{g}\cdot℃)$；

密度：$\rho = 0.5\text{g/cm}^3$；

黏度：$\mu = 0.09\times10^{-2}\text{g}/(\text{cm}\cdot\text{s})$；

热导率：$k = 1.8\times10^{-4}\text{cal}/(\text{cm}\cdot\text{s}\cdot℃)$；

普朗特数：$P_r = \dfrac{\mu C_p}{k} = \dfrac{0.09\times10^{-2}\times0.75}{1.8\times10^{-4}} = 3.75$

③相关参数

a. 热流量：$Q = 60\text{kW}\times5.5\% = 3.3\text{kW} = 792\text{cal/s} = 3300\text{J/s}$；

b. 液流量：$M = \pi r^2 v_{om} = \pi\times0.4^2\times400 = 201(\text{cm}^3/\text{s})$；

式中　r——循环散热管半径，cm；

　　　v_{om}——从动磁组件线速度，cm/s。

c. 液体流速 v: 从动磁组件与隔离套内表面间隙里流动的速度

$$v = M_{om}/\frac{\pi}{4}\ (R_t^2 - R_r^2) = 27.8\text{cm/s}$$

式中　　R_t——隔离套内半径，cm；

　　　　R_r——从动磁组件的外径，cm。

d. 液体温升 Δt: 液体介质通过磁组件与隔离套内表面的间隙吸收热量后介质流出间隙时的温升。

$$\Delta t = \frac{Q}{M_{om}C_p\rho} = 10.5\text{℃} \tag{4-15}$$

④无量纲数

a. Re 雷诺数

$$Re = \frac{\rho v_{av}L_c}{\mu} = \frac{\rho\ \sqrt{v^2 + \left(\frac{1}{2}v_{om}\right)^2}\ 2t_g}{\mu} \tag{4-16}$$

式中　　v——流体流速，cm/s；

　　　　v_{om}——从动磁组件的线速度，cm/s；

　　　　L_c——液体通过的间隙宽度；

　　　　v_{av}——流体穿过工作间隙时的速度，cm/s。

计算得：

$$Re = \frac{\rho v_{av}L_c}{\mu} = 195027.5$$

又 P_r 普朗特数为 3.75，$1 < P_r < 5$，则流体为紊流。

b. 摩擦因子 f

$$\begin{aligned}
f &= (1.82\lg Re - 1.64)^{-2}\\
&= (1.82 \times \lg 195027.5 - 1.64)^{-2}\\
&= 0.01567
\end{aligned}$$

c. N_μ 努谢尔特数

$$N_\mu = 632.47 \tag{4-17}$$

⑤对流传热系数　对流传热系数 h_r 为：

$$h_r = \frac{kN_\mu}{L_c} = 1.4824\text{J/(cm}^2 \cdot \text{s} \cdot \text{℃)} \tag{4-18}$$

⑥隔离套内表面与液体的温差

$$Q = h_r A \Delta t_1 \tag{4-19}$$

式中　　h_r——对流传热系数；

　　　A——对流传热的面积，cm^2；

　　Δt_1——温度差，℃。

$$\Delta t_1 = Q/(h_r A) = 3300/(1.4824 \times \pi \times 14.2 \times 14.5) = 3.4\ (\text{℃})$$

由此得隔离套内表面的温度 $t_{内}$ 为：

$$t_{内} = 60\text{℃} + 10.5\text{℃} + 3.4\text{℃} = 73.9\text{℃}$$

则导热流体介质的温度 $t_{流}$

$$t_{流} = 60℃ + 10.5℃ = 70.5℃$$

⑦隔离套外表面温度 $t_{外}$　隔离套内、外表面温度差为 Δt_2，假设内表面流体散热，而外表面无流体散热，处于静止状态。

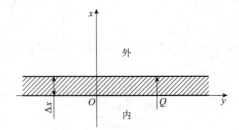

图 4-6　隔离套管壁导热示意图

图 4-6 所示其传热过程。设

$$Q_x = Q\left(1 - \frac{x}{\delta}\right) \tag{4-20}$$

$$Q_x = \frac{\Delta t_x}{\Delta x}k_1 A \tag{4-21}$$

式中　k_1——金属热导率；
　　　A——传热面积。

$$\Delta t_x = Q_x / (k_1 A \Delta x) \tag{4-22}$$

$$\Delta t_x = \frac{Q}{k_1 A}\left(1 - \frac{x}{\delta}\right)\Delta x \tag{4-23}$$

则：

$$
\begin{aligned}
\Delta t_2 &= \int_0^\delta \Delta t_x \mathrm{d}x \\
&= \int_0^\delta \frac{Q}{k_1 A}\left(1 - \frac{x}{\delta}\right)\mathrm{d}x \\
&= \frac{Q}{k_1 A}\int_0^\delta \left(1 - \frac{x}{\delta}\right)\mathrm{d}x \\
&= \frac{Q}{k_1 A} \times \left(x - \frac{x^2}{2\delta}\right)_0^\delta \\
&= \frac{\delta}{2} \times \frac{Q}{k_1 A}
\end{aligned} \tag{4-24}
$$

将有关参数代入式（4-24），得

$$\Delta t_2 = 2.49℃$$

则隔离套外表面温度 $t_{外}$ 为：

$$t_{外} = 73.9℃ + 2.49℃ \approx 76.4℃$$

（8）隔离套的散热计算

通过前面的分析和计算，对隔离套的散热分析和计算有了基本的认识和分析。除一些结构特殊要求及低转速装置的设计外，隔离套散热方式在设计中均采用强制对流散热的方法。在设计时结构内部或外部设计了循环系统，通过内部流体压力差的变化作用强制隔离套流体循环流动，以获得隔离套表面中工程应用强制对流散热的效果。

①对流散热计算的基本公式 对流散热基本公式为：

$$Q_\rho = h_r F_p (t_p - t_y)$$

或

$$Q_\rho = h_r (t_p - t_y)$$

式中 h_r——对流传热系数，$\mathrm{J/(cm^2 \cdot s \cdot ℃)}$；

F_p——换热面积，$\mathrm{cm^2}$；

t_p——隔离套壁温度，℃；

t_y——液流温度，℃；

Q_ρ——单位时间内通过的散热量，$\mathrm{J/s}$。

已知：隔离套表面平均温度 $t_p = \dfrac{1}{2}(t_外 + t_内) = 75.15℃$，$t_外$ 为隔离套壁外表温度，$t_内$ 为隔离套壁内表温度。

$$F_p = A = \pi \times 14.2 \times 14.5 = 646.85 (\mathrm{cm^2})$$

$$h_y = 1.4802 \mathrm{J/(cm^2 \cdot s \cdot ℃)}$$

$$t_y = 70.5℃$$

则

$$Q_p = h_r F_p (t_p - t_y) = 4452.2 \mathrm{J/s}$$

从以上分析计算看出：产生热流量 $Q = 3300\mathrm{J/s}$，对流散热量 $Q_p = 4452.2\mathrm{J/s}$，则 $Q_p > Q$，设计选取的相关参数满足工艺技术的要求，安全可靠。

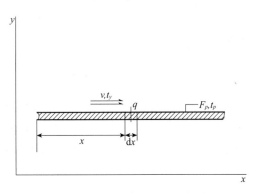

图4-7 对流散热表面传热系数分析

②对流散热的积分表达式 如图4-7所示，隔离套内温度为 t_y 的流体以速度 v 流过面积为 F_p 的圆环形状表面，圆环表面温度为 t_p 大于 t_y，流体流过隔离套表面时，则将发生对流散热。由于流体流动过程中流动条件沿表面点变化，使得对流散热表面传热系数 h_r 和单位面积上的对流散热量 Q_p 也将沿表面变化，由此分析，对流散热的基本表达可表示为：

$$Q_x = h_x (t_p - t_y)_x$$

式中 h_x——表面 x 处的局部表面传热系数；

Q_x——x 处单位散热面积上的对流散热量；

$(t_p - t_y)_x$——x 处的表面温度与流体温度之差。

对于整个表面积 F_p 来说，总的对流散热量由下式确定：

$$Q_p = F_p Q_x \mathrm{d} F_p$$

本节分析计算中表面 F_p 的温度 t_p 与坐标 x 无关，则将上式可以写为：

$$Q_p = (t_p - t_y) \int F_p h_x \mathrm{d}F_p$$

或者是

$$Q_p = h_r F_p (t_p - t_y)$$

式中，h_r 为散热表面 $\mathrm{F_p}$ 的平均对流散热表面传热系数，定义为：

$$h_r = \frac{1}{F_p} \int F_p h_x \mathrm{d}F_\rho$$

流体流过平面时，h_x 随流动距离 x 变化，则

$$h_r = \frac{1}{L} \int_0^L h_x \mathrm{d}x$$

式中，L 为沿 x 方向平面上的长度。

③对流散热微分方程式

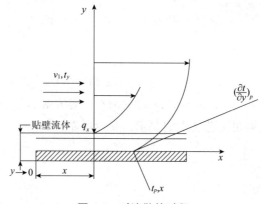

图 4-8　对流散热过程

分析图 4-8 认为，流体流过隔离套壁面时，由于摩擦与黏性的作用，流体速度随着流体离壁面距离的减小而逐渐降低，在贴壁处当 $y = 0$ 时，流体速度被滞止趋于零，处于无滑移状态，因此，隔离套壁面与流体之间热量交换传递的方式是以导热方式通过贴在壁面上的较厚的流体进行的。

根据傅里叶导热定律，如果以 Q_x 表示沿壁面 x 处导热热量密度，则 Q_x 可以表示为

$$Q_x = -k \left(\frac{\partial t}{\partial y} \right)_{p,x}$$

式中　k——流体的热导率；

$\left(\dfrac{\partial t}{\partial y} \right)_{p,x}$——$x$ 点贴壁处，沿壁面法向的流体温度变化。

因此，x 点处的导热量密度 Q_x 应等于该点处单位壁面积与流体之间的对流散热量，即

$$Q_x = -k \left(\frac{\partial t}{\partial y} \right)_{p,x} = h_x (t_p - t_y)_x$$

式中，$(t_p - t_y)_x$ 为 x 处的表面温度与流体温度之差。则

$$h_x = -\frac{k}{(t_p - t_y)_x} \left(\frac{\partial t}{\partial y} \right)_{p,x}$$

4.4.2.2　磁力耦合传动装置的功率匹配问题

(1) 磁力耦合传动装置功率匹配的基本思路

永磁磁力耦合传动装置传递力或扭矩的过程是一个恒力或恒扭矩的传递过程，它的最大传递力或扭矩是一恒定值。因此，考虑到在工程使用过程中存在着相当复杂的情况，应根据实际应用情况进行功率匹配计算或修正处理。就磁力耦合传动装置应用过程而言，在很多情况下对功率进行一些必要的修正是很必要的。例如：在启动过程存在着启动扭矩与额定扭矩的功率匹配或修正；应用于大功率的电动机启动过程和小功率的电动机启动过程中不同启动扭矩系数的功率匹配或修正；启动过程中采用延时启动和正常启动的扭矩匹配或修正。又如在使用过程中对不同负载状态的力或扭矩的匹配或修正问题：轻负荷启动过程中力或扭矩的匹配或修正；重负荷启动过程中力或扭矩的匹配或修正；额定扭矩启动过程中力或扭矩的匹配或修正等。由于使用状态不同，根据不同的运动状态和负载状态对力或扭矩值做必要的具体的匹配或修正。旋转运动中因为扭矩值 T 是恒定值，在应用中，设计选配过大，使用原材料多、成本高，而且还会因大磁场引起不必要的麻烦或造成一些功能的浪费；设计选配小了，使得设备在使用过程中显得功能亏欠，影响正常工作。

(2) 匹配计算或修正处理的几个主要因素

通过设计计算、试验测试以及实际应用验证，对磁力耦合传动装置在使用过程中的几个主要因素进行了分析归纳。

①在直线运动、螺旋运动以及低转速运动中，采用直接启动，启动时间长、加速度较小、运动平稳，启动力或扭矩与额定运动的差值小。

②在小电动机配置等情况下，空载直接启动，启动过程的时间较短、加速度较大，启动力或扭矩与额定运动的差值较大。

③在轻负荷状态下直接启动，启动时间较短、加速度较大，启动力或扭矩与额定运动的差值较大。

④在重负荷状态下直接启动，启动时间短、加速度大，启动力或扭矩与额定运动的差值大。

因此，在运行启动过程中，根据不同的运动状态和负载状态，可采用不同的启动方式，必要时可采用延时启动的方法，借以控制或减小启动过程的加速度值，有效地控制启动力或扭矩，减小启动力或扭矩与额定运动的差值。

(3) 匹配与修正的计算方法

作为运动装置特别是旋转运动装置，在它的启动过程中力或扭矩的变化较大，过程较复杂。磁力耦合传动装置用于机械运动传递、功率输送，非常适应于运动装置的变化，能很好地与运动机械相匹配。因此，在磁力耦合传动的力或扭矩的设计计算中，可采用下述几种匹配或修正计算的方法，对启动扭矩加以修正。

①轻载启动（硬启动过程）　在轻载启动过程中，启动扭矩 T_q 为：

$$T_q = \alpha_{10} T \tag{4-25}$$

式中　T_q——启动扭矩，N·m；

　　　α_{10}——启动系数，与T_e/T值有关（T_e为额定运转扭矩，N·m）；

　　　T——设计扭矩，N·m。

T_q与α_{10}的关系见表4-4。

在实际应用中，扭矩大于1200N·m的旋转机械如泵、釜等设备除特殊情况外，均采用了延时启动的方法，电网设备简便，运行、操作安全可靠。

表4-4　T_q与α_{10}的关系

T_q/N·m	α_{10}	T_q/N·m	α_{10}
≤300	1.80~2.00	4800~7500	1.45~1.50
300~1200	1.65~1.80	7500~13000	1.40~1.45
1200~3000	1.55~1.65	>13000	1.40
3000~4800	1.50~1.55		

②延时启动（软启动过程）　在延时启动过程中，启动扭矩T_q为：

$$T_q = \alpha_{11} T \tag{4-26}$$

T_q与α_{11}的关系见表4-5。

表4-5　T_q与α_{11}的关系

T_q/N·m	α_{11}	T_q/N·m	α_{11}
≤300	1.35~1.40	4800~7500	1.21~1.24
300~1200	1.30~1.35	7500~13000	1.18~1.21
1200~3000	1.27~1.30	≥13000	≥1.18
3000~4800	1.24~1.27		

③载荷启动　在载荷状态下启动时有两种情况：一种是软特性启动，虽然是在满载荷情况下启动，启动扭矩高于轻载启动扭矩，但启动扭矩并不是远高于轻载启动扭矩，启动惯性相对稳定；另一种是硬特性启动，这种情况下启动扭矩很大，惯性大，无特殊情况，一般不采用磁力耦合传动的传递方式。

4.4.3　磁力耦合组件的设计实例

宇航空间试验站冷却循环系统用的磁力耦合传动装置的结构设计图见图4-9。装置的主要技术指标是：

工作转速：2000~4000r/min（可调）；

工作温度：50~80℃（试验温度）；

传递扭矩：1N·m；

配套电动机功率：40W；

直流无刷：27V；

主动磁组件与隔离套的工作间隙：单边为1.25mm；

从动磁组件与隔离套的工作间隙：单边为1mm。

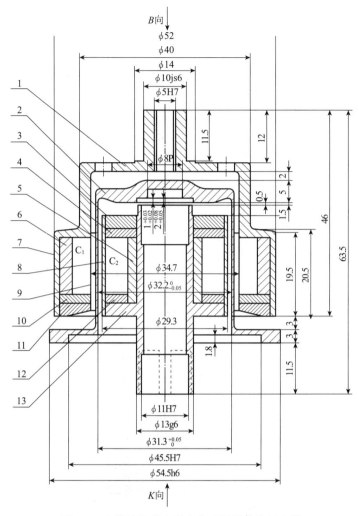

图4-9　宇航站用磁力耦合传动装置结构示意图

1—外磁转子基体；2—隔离套；3—内焊环；4—内压环；5—内衬铁；
6—外衬铁；7—圆柱销（$\phi 2mm \times 5mm$）；8—内包封；9—外包封；10—外挡环；
11—外压环；12—内挡环；13—内转子基体

在设计时将主动磁组件的外旋转套称为外转子基体，从动磁组件的内旋转体称内转子基体，导磁体称为衬铁。C_1为主动磁体组件，C_2为从动磁体组件，C_3为控制箱（图4-10）。

组装程序及工艺是：内衬铁5与内转子基体13热压装配；C_2与5用高低温高强度黏结剂黏结；内包封8与C_2黏结配合装配；内压环4与内挡环12是C_2两端的屏蔽磁性能和保护磁体材料；内包封8与内焊环3、内转子基体13是焊接封口并将焊缝处理后外轮廓整体抛光处理即成型为从动磁组件。外衬铁6与外磁转子基体1热装配并加圆柱销7定位；C_1件与外衬铁6配合装配并加黏结剂黏结；外包封9与C_1黏结配合装配；外挡环10是在C_1一端的屏蔽磁性能和保护磁体材料；外压环11与外磁转子基体1、外包封9配合装配成型为主动磁组件；9与11、1根据技术要求可做焊接缝口或不焊接缝口。

图4-10是这一装置用在宇航空间冷液循环旋涡式永磁传动泵的整机结构图。该设备是

由直流无刷式永磁电动机、磁力耦合传动器、无轴封永磁传动离心泵以及整机的控制箱四个部分所组成。从图中可以清楚地看到无轴封永磁传动离心泵的零部件组成和装配关系。

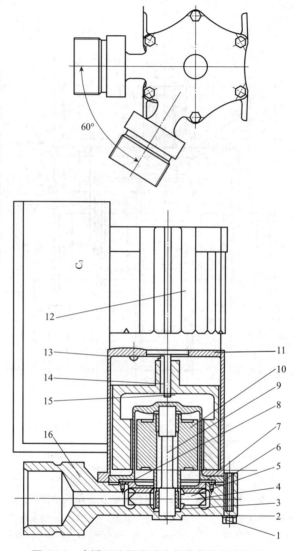

图4-10　冷循环旋涡式磁力耦合传动泵结构图

1—六角头螺栓；2—弹簧垫圈；3—推力盘；4—轴承；5—叶轮；6—密封垫；7—泵盖；
8—十字槽沉头螺钉；9—轴；10—泵传动部件；11—支架；12—直流无刷永磁电动机；
13—十字槽沉头螺钉；14—异形键；15—挡圈；16—泵体

4.5　磁力耦合传动装置磁路工程设计的思路与方法

在掌握磁力耦合传动装置中磁路设计的基础理论和相关知识的基础上，对具体实施的磁路工程还必须就其项目所要求的技术环节进行全面的统筹考虑，确定准确的设计程序和方法，选用最优化的设计途径，然后再进行装置中磁路工程的设计是十分重要的。

4.5.1　磁路工程设计的基本思路

对于磁力耦合传动装置进行工程设计，首先要进行设计分析，对设计提出的技术条件和要求进行对比分析，对进行设计的磁力耦合传动装置的整体性能有一个比较明确的概念；其次是设计方法分析，选择最优化的途径，以保证设计确定的磁场强度完全满足工作气隙磁通密度和获得性能优异的结构设计方案，然后再根据耦合运动磁场的整体结构形式，综合分析考虑结构的运行方式、机械运动与磁力耦合传动的配合，确定了配合形式，才能决定磁路的设计与配置问题。

在磁路的配置问题中，永磁体厚度、工作气隙、磁极数和永磁体轴向排列都是重要的问题，因为永磁体选取后其磁性能即为定值，而且永磁体耦合面上剩余磁感应强度的大小与永磁体厚度有关，厚度确定后再确定磁极数目，一般来说，磁极数目多或少都会影响磁极耦合场强度及磁扭矩高低，磁扭矩通常有一个最佳值，而且会随着传递功率的变化而变化，这就要求在磁路设计中必须进行认真的参数选择。设计经验表明，磁极按偶数配置，除大磁间隙、大功率、高转速等一些特殊设计要求的情况外，其选择磁极配对数目通常在 8～30 极之间较为适宜，因为在这一范围内传递的扭矩较大。此外，增大磁转子的径向尺寸，加大旋转半径或增加内、外磁体相互作用的总面积在一定程度上均可提高磁力耦合传动装置的传递扭矩。就总体而言，缩小工作气隙尺寸有利于传递扭矩的提高，但是过小的气隙必将会受到使用条件的制约或给加工制造和安装带来困难。最后是磁性材料、隔磁材料和软磁材料的选择，为了得到最大的气隙磁感应强度，需要选择最适宜的磁性材料。一般说来，用于传递扭矩的永磁材料应具备三个条件：一是要有高的剩余磁感应强度 B_r，这样才能得到较大的磁力和磁扭矩；二是要有高的矫顽力 H_c，使永磁材料不易退磁，也就是说，永磁材料应具有较高的磁能积 BH；三是要有良好的温度稳定性，即剩磁温度系数要小。

隔磁材料的主要作用是支持和保护磁性材料，其次是隔磁，减少磁通在磁块之间的横向泄漏。因此，隔磁材料必须具有很低的磁导率。软磁材料起磁屏蔽作用，防止外部磁场的干扰影响，改变磁路磁通密度，调整漏磁的大小，一般要求软磁材料的磁导率越大越好，矫顽力越小越好，饱和磁化强度越大越好。在完成以上几个层面的工作以后则可进行设计计算和系数优化处理。

4.5.2　磁路工程设计方法

一般机械工程应用中，磁路工程设计可按以下步骤采取比较简捷可靠的方法进行计算。

（1）磁路的排列分析

在磁路设计计算前首先根据外形尺寸、力及扭矩大小等技术条件进行磁路排列，在排列几种磁路后，进行图样设计和分析对比，从中确定可行的磁路排列，然后进行结构设计。

（2）磁耦合力和扭矩的工程计算

①磁耦合力的计算

　　a. 磁耦合力的微分表达式。在一个非均匀的场中，磁场的能量可以表示为：

$$\omega_m = \frac{1}{2}E^2 G \ 或 \ \omega_m = \frac{1}{2}E\phi \qquad\qquad (4-27)$$

式中　E——工作磁隙中的磁势；

　　　　G——磁导；

　　　　ϕ——与磁路交链的总磁通。

　　在理想状态的磁力耦合系统中，正常使用的磁力耦合系统的磁势可近似看作不变，那么磁耦合力 f 的大小可以写成：

$$f = -\frac{1}{2}E^2\frac{\mathrm{d}G}{\mathrm{d}g} \qquad\qquad (4-28)$$

　　从式中可以看出，在相同的磁势 E 下，磁导 G 随坐标 g 的变化率 $\dfrac{\mathrm{d}G}{\mathrm{d}g}$ 愈大，磁耦合力 f 愈大。因此，要获得足够大的磁传动力，工作磁隙中须建立足够的磁势 E，同时使磁导 G 在力传递方向随坐标 g 的变化率足够大。

　　磁耦合力的微分表达式为：

$$f = -\left(\frac{\mathrm{d}\omega_m}{\mathrm{d}g}\right)_{\phi=常数} \qquad\qquad (4-29)$$

式中　$\dfrac{\mathrm{d}\omega_m}{\mathrm{d}g}$——磁场能量 ω_m 随坐标 g 的变化率。

　　b. 磁耦合力的积分表达式。磁场对某一物体的作用力 F，可以通过计算包围该物体的任意封闭表面 S 上应力 P 的面积积分得到，即：

$$F = \oint P\mathrm{d}S \qquad\qquad (4-30)$$

$$P = \frac{1}{\mu_o}(nB)B - \frac{1}{2\mu_o}B^2 n$$

式中　P——单位表面积上的电磁应力，$\mathrm{N/m^2}$；

　　　　n——沿表面法线方向的单位矢量；

　　　　B——表面处的磁感应强度，T；

　　　　μ_o——真空磁导率，$\mu_o = 4\pi \times 10^{-7}$。

　　此公式适用于磁场对任意形状的铁磁性物体的作用力计算，只要该物体是一刚体。

　　c. 用静磁能理论求解磁力耦合作用力。对于某一单个磁极产生的作用力，可从静磁能的变化中求得：

$$f\mathrm{d}g = -\mathrm{d}w$$

式中　f——作用于磁极上的力，N；

　　　$\mathrm{d}g$——位移增量，m；

　　　$\mathrm{d}w$——磁能变化量，J。

　　依静磁能原理可知，在磁隙中则有：

$$w = \frac{1}{2}B_g^2 A_g t_g \qquad\qquad (4-31)$$

式中　A_g——磁极面积，$\mathrm{m^2}$；

　　　　B_g——磁隙中的磁感应强度，T；

t_g——磁隙，m。

由式（4-29）、式（4-31）得

$$f = -\frac{\mathrm{d}w}{\mathrm{d}g} = -\left(\frac{1}{2}B_g^2 A_g \frac{\mathrm{d}t_g}{\mathrm{d}g} + A_g t_g B_g \frac{\mathrm{d}B_g}{\mathrm{d}g}\right) \tag{4-32}$$

从式（4-32）中可以看出，磁传动力 f 与磁感应强度 B_g、磁极面积 A_g 成正比，与磁极位移量 dg 成反比。

②磁耦合扭矩的计算

a. 磁耦合扭矩的经验公式求解法。在同轴型磁力耦合传动装置的磁路设计中，人们还采用了一种简易的经验公式求解。

这种结构的主、从动磁组件分别是由两个磁转子组成，每个磁转子都是由 m 个 N、S 极交替排列的瓦形永磁体构成的。其气隙中心的磁场强度可按内、外相对应的两块永磁体产生的磁场强度的叠加进行计算。

当外磁转子被电动机带动旋转后，由于内磁转子存在着负载惯性和负载阻力作用，只有在外磁转子相对内磁转子旋转一个位移转角差 θ 后，内磁转子才开始与外磁转子同步转动。

当转角 θ 旋转到 $\theta/2$ 时，由于内磁转子上的永磁体受到邻近两块外磁转子上永磁体的吸力 F_1 和斥力（推力）F_2 的叠加作用，两力共同作用的结果产生一个最大的扭矩，该最大扭矩与磁场之间的关系，可按下式计算。

$$T_{\max} = \frac{1}{3}B_r H_g S_m R (\mathrm{N \cdot m}) \tag{4-33}$$

式中　B_r——永磁体剩余磁感应强度，T；

　　　H_g——工作气隙中的磁场强度，Oe；

　　　S_m——内、外永磁体磁极相互作用的总面积，cm^2；

　　　R——内、外永磁体平均作用半径，cm。

b. 气隙数值求导法求解磁耦合扭矩。磁传递扭矩 T 为

$$T = F_x R_c (\mathrm{N \cdot m}) \tag{4-34}$$

式中　R_c——磁场作用的力臂，对旋转件来说，为磁场转动作用的平均半径，m；

　　　F_x——磁场作用力（或磁场吸引力），N。

$$F_x = 3.92 \times 10^{-7} \frac{m}{1 + \alpha t_g} B^2 S_c (\mathrm{N})$$

式中　m——磁极数；

　　　α——磁体损失系数（或漏磁因数），在常用磁传动的设计中选 0.3～0.5；

　　　t_g——磁隙高度，cm；

　　　B——磁体的工作点的对应值，通过计算磁导值，在 $B-H$ 图（图4-11）上计算出负载斜率，然后用图解法求得，Gs；

　　　S_c——磁极作用方向上的磁极面积，cm^2。

c. 静磁能理论求解法。静磁能理论法求解扭矩 T 的表达式为：

$$T = 3.92 \times 10^5 KMHS t_h R_c \sin\frac{m}{2}\phi (\mathrm{N \cdot m}) \tag{4-35}$$

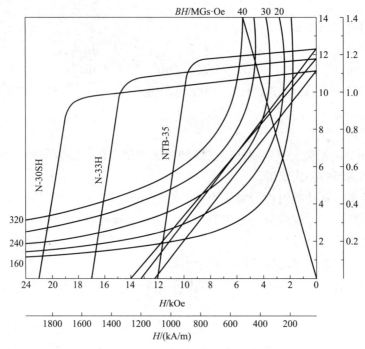

图 4-11　$B-H$ 性能参数示意图

$$K = \frac{\gamma}{c}\pi\cos\theta$$

$$\gamma = b - a$$

$$C = \sqrt{a^2 + b^2 - 2ab\cos\theta}$$

$$H = N_1 \times 4\pi m\left(1 - \frac{t_g}{\sqrt{t_g^2 + t_0^2}}\right)\eta$$

式中　K——磁路系数，各种不同磁路，K 值不同，对于组合拉推磁路，$K = 4 \sim 6.4$；平面型磁路选小值，同轴型磁路选大值；

　　　M——磁化强度，$M = \dfrac{B_m + H_m}{4\pi}$，Gs（$B_m$、$H_m$ 分别为工作点相应斜线的磁感应强度与磁场强度，如图 4-12 所示）；

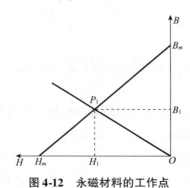

图 4-12　永磁材料的工作点

　　　H——外磁路在内磁体处产生的磁场强度，Oe；

N_1——极面形状的经验系数, 无特殊要求时, 扇形块选 1.05, 矩形块选 1.24;

t_g——工作气隙宽度, cm;

t_0——磁极弧长, $t_0 = \dfrac{2\pi}{m}R_2$ (2π 为弧度), cm;

η——磁体厚度系数;

m——磁极数;

S——磁极的极面积, cm^2, $S = t_0 L$;

t_h——磁体厚度, cm, $t_h = R_2 - R_1 = R - R_3$, 若 $R_2 - R_1 \neq R - R_3$, 则 t_h 选小值;

R_c——作用到内磁极上磁力至转动中心的平均转动半径, cm, $R_c = \dfrac{1}{2}(R_3 - R_2) + R_2$;

ϕ——工作时的位移角, (°)。

当 $\sin\dfrac{m}{2}\phi = \sin 90°$ 时, 扭矩达到最大值。也就是说在 $\sin\dfrac{m}{2}\phi = \sin 90°$ 时, 即内、外磁体的位移为移动方向的宽度的 1/2 时扭矩达到最大值, 此时轴向力趋于零。

工程设计中, T 值计算得到后, 还应根据实用功率以及实际应用状态的不同进行功率匹配计算或修正处理。

4.5.3 磁路工程设计的修正及讨论

(1) 磁路工程设计的修正

在磁力耦合传动的磁路设计中, 首先, 因为在理想状态的磁路设计, 是尽量使用较少的磁性材料, 但这与实际应用并不一致, 因此, 必须科学合理地优化磁路设计, 以获得理想的磁场能和较大的扭矩; 其次, 磁隙的变化对磁场能的利用率、磁扭矩的大小有着直接影响, 磁性材料的基本尺寸确定、磁性能选定后, 磁隙增大则磁隙场能减弱、磁扭矩降低, 若使场能不减弱, 在磁路设计上则需改变磁材料的基本尺寸和性能。但是磁隙增大到一定值时 (通常称为大磁间隙时), 这种关系发生了明显的变化, 仍然采用常规的方法进行磁路设计计算, 其结果并不是很理想。因此, 在磁隙变化较大的磁路设计中, 对常用的设计计算公式或公式中相关的参数进行适当的修正是必要的。

①磁体厚度 t_h 的修正

$$t_h = h_t \times (1 + 8.5\%)^x = h_t \times 1.085^x \qquad (4-36)$$

式中 h_t——理想磁体厚度, mm;

x——磁隙增大的距离, mm。

②磁极宽度 (弧度) b 的修正

$$b = b_b \times (1 + 13.6\%)^x = b_b \times 1.136^x \qquad (4-37)$$

式中 b_b——理想设计宽度, mm;

x——磁隙增大的距离, mm。

③磁极耦合角 θ 的修正。磁极耦合角 θ 的修正计算比较复杂, 它与磁力耦合系统的启动特性、运转半径、系统的转动惯性矩等诸多变化量有关, 不能确切地给出关于 θ 的经验修正式。表 4-6 列出了不同功率状况下 θ 参数的修正经验数据, 供参考。

表4-6　不同功率状况下关于 θ 参数的修正经验数据

项　目	功率/kW						
	1.1~4	5.5~11	18.5~37	45~75	90~130	160	190
$\theta/(°)$	25.7	22.5	20	20	18	16.4	16.4
磁力耦合极数	12~14	14~16	16~18	16~18	18~20	22	22
磁作用半径/mm	50	60	70	80	90	100	120
工作转速/(r/min)	2870	2870	2950	2970	2950	2950	2950
启动方式	直接启动			延时启动			

④ t_h、b 参数值的修正。磁工作间隙 $t_g \geqslant 8mm$ 时，t_h、b 参数可按上述提出的修正式在计算中进行修正处理计算。但 t_h、b 值的修正有一定的范围，t_h 值修正增大到 14mm 时，一般不再做修正处理，当在此值时，由于 t_h 值继续修正增大对工作气隙磁密的变化影响不大，从而失去修正意义；b 值修正增大到 50mm 时，一般不再做修正处理。若此值时对 b 值继续修正增大则会影响到永磁体长、宽、高几何尺寸比系数，同时导致气隙磁密受到影响。

⑤ θ 参数值修正。当磁力耦合传动的工作转速 $n \geqslant 2500r/min$，永磁体磁极工作间隙 $t_g \geqslant 8mm$ 时，θ 参数可根据表4-6中给出的经验数据进行修正计算。

(2) 讨论

①用较少的磁性材料，获得较高的磁隙场能，这是理想状态磁路设计的基本原则。因此，只有通过科学的分析、合理的配置才能实现最优化的磁路设计，最后获得较大的磁场传递力或传动扭矩。

②最大传递扭矩是指在平稳运动中传递的最大扭矩。实际上可能影响系统平稳运动的因素如机械因素、环境因素、操作因素等都有不确定的成分，磁场气隙磁密的均匀度也存在不确定的因素，同时公式的计算结果属理论值，与实际存在一定的误差，所有这一切误差综合起来应不大于5%。因此，经修正后的计算值准确率在95%以上。

4.6　两种典型的磁-机械传动方式的实例

4.6.1　电动机与磁力耦合传动装置组合的直线运动传动系统

电动机与磁力耦合直线运动系统是磁力耦合传动装置直线运动的基本形式及其具体应用的一个特例。它的基本运动形式是电动机与磁力耦合传动器装置所组成的曲柄–滑块装置的运动系统，做往复直线运动，系统模型如图4-13所示。

本系统中，电动机为动力源，输入曲柄2做旋转运动，连杆3与主动磁组件5相连，从动磁组件6与主动磁组件5在连杆的操纵下通过磁力耦合场的作用做往复直线运动。

在传动系统中，由于间隙、摩擦、变形等非线性因素的影响，装置的动力学行为具有突出的非线性性质。本质上说，所有的物理系统都是非线性系统，用线性理论处理，只是一种近似，仅以线性系统原理的装置动力学理论与方法就难以对实际传动系统中的非线性动力学现象做出准确的描述、阐释和预测。

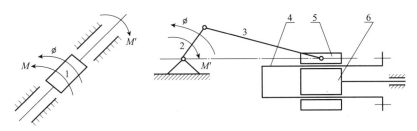

图4-13　电动机与磁力耦合直线运动系统简图

1—电动机转子；2—曲柄；3—连杆；4—隔离套；5—主动磁组件；6—从动磁组件

作为驱动单元的电动机本身就是一个复杂的动力系统，电动机的输入接口是供电系统，输出接口则是非线性的变速运动，电动机输出运动的变化会影响装置动态性能，而装置的运动参数改变也会影响电动机自身的运行状态，这种交互影响使电动机与其拖动的装置之间产生耦合振动问题。由于电动机转速是非匀速的，它的动力性能的变化也会直接导致系统运行的不稳定。同时，由于电动机的电磁参数与机械系统的动力参数构成参数耦合，从而影响整个系统的动力学性能，降低系统稳定性，产生参数激励的二级振动。电动机和磁力耦合直线运动系统从本质上讲与传统的机电耦合系统有所不同。传统的机电耦合系统中的传动部件由弹性装置连接，难以避免振动等非线性因素对系统动态性能的影响，而电动机与磁力耦合直线运动系统中的传动部件即磁力耦合传动装置的主、从动磁组件，它们无接触、完全分离，能非常有效地缓解甚至避免振动等不利因素在系统中传递所造成的严重影响。一般通过两种方式对该系统做完全动力学分析：依赖磁场能量函数、振动方程，从电磁场和永磁场的实际状况入手分析机器耦合关系，应用三相交流电动机的正常运转工况为背景；从电动机气隙电磁场的普遍情形出发，对电动机与磁力耦合传动装置传送直线运动装置的运动状态进行分析。

电动机与磁力耦合直线运动系统中的主、从动磁组件完全分离，运动装置可等效为曲柄–滑块装置，并且可将主动磁组件视为滑块。装置的运动状态分析简图如图4-14所示。

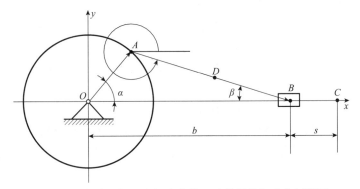

图4-14　电动机与磁力耦合直线运动装置的运动分析简图

图中，曲柄和连杆的长度分别为 l_1、l_2，其与 x 轴正方向的夹角分别为 α、β（取逆时针方向为正）。连杆的质心为 D，点 A 到 D 的距离为 l_3。为了便于研究问题，在此假设连杆的横截面积和惯性矩都是均匀的，磁力耦合传动装置的主动磁组件沿轨道做无摩擦运动，其质心与 B 点重合。将本系统装置置于直角坐标系 xOy 中，曲柄的固定铰链与坐标原点 O 重合，建立装置的封闭向量方程为：

$$l_1 + l_2 = b \tag{4-38}$$

该向量方程在 x、y 轴上的投影分量为：

$$\begin{cases} l_1\cos\alpha + l_2\cos\beta = b \\ l_1\sin\alpha + l_2\sin\beta = 0 \end{cases}$$

当滑块由 $\alpha = 0°$ 的位置运动到图 4-14 所示位置时，根据曲柄 – 滑块装置的几何关系得到主动磁组件与曲柄转角的关系为：

$$s = (l_1 + l_2) - (l_1\cos\alpha + l_2\cos\beta) \tag{4-39}$$

这就是滑块的位移方程。

由正弦定理可得：

$$\sin\beta = \frac{l_1}{l_2}\sin\alpha$$

引入连杆系数 ζ，令 $\zeta = \dfrac{l_1}{l_2}$，于是有：

$$\cos\beta = \sqrt{1 - \zeta^2\sin^2\alpha} \tag{4-40}$$

将式（4-40）代入式（4-39）并化简得：

$$s = l_1\left[1 - \cos\alpha + \frac{1}{\zeta}\left(1 - \sqrt{1 - \zeta^2\sin^2\alpha}\right)\right] \tag{4-41}$$

将上式对时间进行一次和二次求导，便可得主动磁组件的速度和加速度的表达式：

$$v_B = \dot\alpha l_1\left(\sin\alpha + \frac{\zeta\sin2\alpha}{2\sqrt{1 - \zeta^2\sin^2\alpha}}\right) \tag{4-42}$$

$$a = \ddot\alpha l_1\left(\sin\alpha + \frac{\zeta\sin2\alpha}{2\sqrt{1 - \zeta^2\sin^2\alpha}}\right) + \dot\alpha^2 l_1\left(\cos\alpha + \frac{\zeta\cos2\alpha}{\sqrt{1 - \zeta^2\sin^2\alpha}} + \frac{\zeta^3\sin^2 2\alpha}{4\ (1 - \zeta^2\sin^2\alpha)^{\frac{1}{2}}}\right) \tag{4-43}$$

式（4-41）～式（4-43）中，s、v_B、a 分别表示滑块（主动磁组件）行程、速度和加速度，其中行程从右边 C 算起。由式（4-42）、式（4-43）可以看出，当按照假设曲柄是恒转速输入进行分析时，主动磁组件的速度变化规律仅与曲柄转角 α 有关，其表达式是曲柄位置的函数，主动磁组件的加速度只存在第二分量，并且也仅是曲柄位置的函数。显然，利用恒转速的假设不能真实反映出曲柄转速的波动对主动磁组件真实运动特性的影响。

在对电动机与磁力耦合直线运动系统的动力学研究中，为使系统等效装置的运动与系统中该装置的运动相一致，需将作用于装置上的全部外力和所有质量以及转动惯量折算到等效构件上。以曲柄作为等效构件，根据功能原理把本装置等效地向曲柄进行转换。

已知等效转动惯量可用下式来表示：

$$J = \sum_{i=1}^{n}\left[m_i\left(\frac{v}{\omega}\right)^2 + J_i\left(\frac{\omega_i}{\omega}\right)^2\right] \tag{4-44}$$

经转换运算，可获得等效转换后的曲柄滑块装置的动能为：

$$U = \frac{1}{2}J_e\dot\alpha^2 \tag{4-45}$$

电动机与磁力耦合直线运动系统的动能主要是电动机转子的转动与振动动能以及曲柄 – 滑块装置的动能。一般情况是：在高速轻载型的机械中，为便于问题的研究而将重力忽略，因此，将该系统装置视为刚性装置时，系统的势能主要为气隙中的电磁势能和电动机转子系统的弯曲势能（即弹性势能）。由于电动机中的电磁损耗所占总能量损耗的比例很低，因而可忽略不计，则系统的能量耗散主要是机械耗散。

系统的 Lagrange 函数为：

$$L = U - E + W$$

$$= \frac{1}{2}m\ (\dot{x} - r\dot{\varphi}\sin\varphi)^2 + \frac{1}{2}m\ (\dot{y} + \dot{\varphi}\cos\varphi)^2 + \frac{1}{2}J\dot{\varphi}^2 - \left(\frac{1}{2}kx^2 + \frac{1}{2}ky^2\right) + W$$

$$(4-46)$$

式中，前面两项是转子横向振动动能；第三项是转子和曲柄滑块装置转动动能之和，其中，m 为电动机转子的质量；$J = J_e + J_z$；第四项是转子的弯曲势能，k 为转子弯曲弹性系数。

系统振动的机械耗散函数为：

$$V = \frac{1}{2}\mu\ (\dot{x}^2 + \dot{y}^2)\ + H\ (\dot{\varphi})\ \dot{\varphi}$$

$$(4-47)$$

Lagrange – Maxwell 方程的统一表达式为：

$$\frac{\mathrm{d}}{\mathrm{d}t}\left(\frac{\partial L}{\partial \dot{q_i}}\right) - \frac{\partial L}{\partial q_i} + \frac{\partial V}{\partial \dot{q_i}} = Q_i$$

将式（4–46）、式（4–47）代入 Lagrange – Maxwell 方程得到系统的动态方程：

$$\begin{cases} m\ddot{x} + \mu\dot{x} + kx + f_1\ (x,\ y,\ t) = mr\dot{\varphi}^2\cos\varphi + mr\ddot{\varphi}\sin\varphi \\ m\ddot{y} + \mu\dot{y} + ky + f_2\ (x,\ y,\ t) = mr\dot{\varphi}^2\sin\varphi - mr\ddot{\varphi}\cos\varphi \\ J\ddot{\varphi} + K\ (\dot{\varphi})\ + f_3\ (x,\ y,\ t) = mr\ (\ddot{x}\sin\varphi - \ddot{y}\cos\varphi) \end{cases}$$

$$(4-48)$$

上式中，$f_1\ (x,\ y,\ t)$、$f_2\ (x,\ y,\ t)$、$f_3\ (x,\ y,\ t)$ 都是系统动态方程中的非线性项。由式（4–48）可以看出，所建立的电动机 – 曲柄滑块装置的系统动态模型是一个时变系数的非线性微分方程。电动机的电磁参数与曲柄 – 滑块装置的结构参数交互影响，构成复杂的耦合关系。当装置的运动参数发生变化时，电动机的转速、输出扭矩等都将发生相应的变化，而电动机的此类参数的改变反过来又会影响装置的动态性能。

分别求得 $f_1\ (x,\ y,\ t)$、$f_2\ (x,\ y,\ t)$、$f_3\ (x,\ y,\ t)$ 及 $K\ (\dot{\varphi})$ 值，可以得到 k_1、k_2、k_3、L_1、L_2、L_3，即：

$$\begin{cases} k_1 = \frac{\pi Rl\Lambda_0}{2\sigma}\ (F_1^2 + F_2^2 + 2F_1F_2\cos\phi) \\ k_2 = \frac{\pi Rl\Lambda_0}{2\sigma}\ (F_1^2 + F_2^2\cos2\phi + 2F_1F_2\cos\phi) \\ k_3 = \frac{\pi Rl\Lambda_0}{2\sigma}\ (F_2^2\sin2\phi + 2F_1F_2\sin\phi) \\ L_1 = \pi Rl\Lambda_0 F_1F_2\sin\phi \\ L_2 = \pi Rl\Lambda_0\ (F_1F_2\cos\phi + F_2^2\cos2\phi) \\ L_3 = \pi Rl\Lambda_0\ (F_1F_2\sin\phi + F_2^2\sin2\phi) \end{cases}$$

$$(4-49)$$

这些参数由电动机的电磁特性所决定。

式（4–48）和式（4–49）中，x、y 分别为电动机转子的几何中心；φ 为曲柄转速；R 为电动机定子内圆半径；L 为转子的有效长度；Λ_0 为电动机均匀气隙磁导；ϕ 为转子电流滞后定子电流的相位角；F_1、F_2 分别为定子和转子三相合成磁势的幅值。

在对电动机与磁力耦合直线运动系统的动力学研究中，将其置入曲柄－滑块装置，并将磁力耦合传动装置的主动磁组件视为滑块，对系统做了完全动力分析，还建立了系统机电耦合动态方程。实质上，磁力耦合传动装置的主、从动磁组件在运动系统中做同步直线运动，而且主、从动磁组件无接触、完全分离，从而有效地削弱、阻断、甚至消除输入特性中非线性因素对系统动态性能的影响，使得从动磁组件带动负载所表现出的输出特性大为改善，特别是系统处于低速轻载运行时，输出特性几乎趋于非常平稳的状态。

4.6.2　齿轮传动与磁力耦合传动装置组合的旋转运动传动系统

齿轮系统中包括了许多非线性因素，如齿侧间隙、滚动轴承和滑动轴承的间隙等，还有轮齿的啮合刚度的时变性引起的参数振动问题从根本上也可以归于非线性。由于齿侧间隙反映在齿轮动力学方程中是强非线性项，其动态响应表现了典型的非线性系统的相应特性。

这里仅对磁力耦合传动装置应用于齿轮传动系统的运动状态进行动力学分析。在齿轮传动与磁力耦合传动组合系统中，主动磁组件与齿轮啮合，从动磁组件与负载相连接，主、从动磁组件无接触、彼此完全分离，而且可以处于完全不同的两个传动系统中，使从动磁组件在密封系统中实现力和力矩的传递。这种完全分离的传动模式应用于齿轮传动系统中时，也如同前面所研究的电动机与磁力耦合直线运动系统一样，将会大幅削弱、阻断或消除输入特性中非线性因素的传递，从而明显地改善系统的输出特性。

（1）齿轮传动与磁力耦合传动组合系统的动力学分析

目前，国外已对直齿轮传动间隙非线性振动的相关研究，其建模方法基本相同，在刚性支撑和忽略输入输出惯量的假设下，将一对齿轮的振动较为精确地简化为单自由度振动模型，而这些模型未能包含时变啮合刚度、传动误差以及齿轮副间隙非线性函数。齿轮间隙非线性是强非线性，Kahraman、Comparin、Blankship 等人将数值积分法广泛应用于单自由度间隙非线性的稳态基频谐波响应，从而获得了比较好的频域结果。下面就几种模型分别进行论述。

①齿轮传动系统的间隙非线性模型　最早对齿轮传动系统的研究是将一对啮合齿轮简化成一个单一自由度系统模型进行动态研究和动力学分析。后来，有不少人在研究齿轮副时变啮合综合刚度、时变啮合综合误差等因素对齿轮副动态性能的影响时，仍采用单自由度系统模型进行分析。这里采用集中质量法建立齿轮传动与磁力耦合传动系统的动力学模型，将包含主动磁组件在内的齿轮传动系统看成由只有弹性而无惯性的弹簧和只有惯性没有弹性的质量块组成。为建立系统的间隙非线性模型，提出以下假设：

a. 系统的传动轴和轴承的刚度足够大，这样齿轮的横向振动相对于扭转振动很小，可以忽略，从而认为两齿轮的中心是固定的，因此，其运动状态也就只是扭转运动而没有横向的运动。

b. 将系统中轴承产生的摩擦忽略。

c. 为便于系统分析，将系统中的齿轮均设定为直齿圆柱齿轮，齿轮间的啮合力始终作用在啮合线方向上，两齿轮简化为由阻尼和弹簧相连接的圆柱体，阻尼系数为两齿轮啮合时的啮合阻尼，弹簧的刚度系数为啮合齿轮的啮合刚度。

根据牛顿定理可以得出包含主动磁组件的系统的动力学模型，如图 4-15 所示。

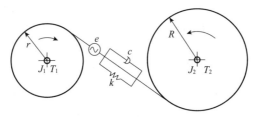

图 4-15 单对齿轮传动系统非线性动力学模型

图 4-15 中，r、R 分别为主、被动齿轮的基圆半径；e 为齿轮啮合的综合误差；C 为齿轮副啮合综合阻尼；k 为齿轮副啮合综合刚度；J_1、J_2 分别为主、被动齿轮的转动惯量，则关于主、被动齿轮的扭矩 T_1、T_2 可表示为：

$$J_1\ddot{\alpha} + C(r\dot{\alpha} - R\dot{\beta} - e)r + kf(r\alpha - R\beta - e)r = T_1$$
$$J_1\ddot{\beta} + C(r\dot{\alpha} - R\dot{\beta} - e)R + kf(r\alpha - R\beta - e)R = -T_2 \tag{4-50}$$

α、β 分别为主、被动齿轮转角；f 表示齿轮副具有齿侧间隙时轮齿啮合力对应的非线性函数。本方程式具有以下特点：

a. 方程反映的啮合作用力和啮合阻尼力的相对位移都是移动位移的量纲。为了便于分析，需将角位移形式的广义坐标转换为线位移形式的广义坐标。

b. 由于啮合刚度是时间的函数，方程不再是一般的常系数微分方程，而是变参数微分方程。啮合刚度的时变性，从力学上对应了齿轮振动的内部固有激励，在方程中相应地表现出参数振动的性质。

c. 由于齿侧间隙的出现，方程中弹性恢复力是强非线性的。不能直接采用线性振动的方法来处理系统运动微分方程，而且，齿轮系统的动态特性也必然呈现出复杂的非线性动力学特征。

假设齿轮副的齿侧间隙为 $2b$，这里的齿侧间隙是指在啮合线上度量的侧隙，则非线性函数 f 的表达式为：

$$f(x) = \begin{cases} x - b & x > b \\ 0 & -b \leq x \leq b \\ x + b & x < -b \end{cases} \tag{4-51}$$

间隙非线性函数如图 4-16 所示。

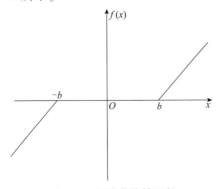

图 4-16 间隙非线性函数

令 $x_1 = r\alpha$，$x_2 = R\beta$，整理后并将式（4-50）中两式分别除以 r、R，可得：

$$m_1\ddot{x}_1 + C\ (\dot{x}_1 - \dot{x}_2 - \dot{e}) + k\ (x_1 - x_2 - e) = F_1$$
$$m_2\ddot{x}_2 + C\ (\dot{x}_1 - \dot{x}_2 - \dot{e}) + k\ (x_1 - x_2 - e) = -F_2 \tag{4-52}$$

x_1、x_2 分别为两轮在啮合线上的相对位移，m_1、m_2 为当量质量，F 为作用于齿轮上的啮合力。$F_1 = \dfrac{T_1}{r}$，$F_2 = \dfrac{T_2}{R}$。x_1、x_2 在运动过程中不断增大，为得到轮齿之间间隙变化的动态响应，需消除刚体位移。假定在传动过程中，当被动轮的理论位置提前于实际位置时，传动误差为正，落后于实际位置时为负。设传动误差为 x，则

$$x = x_1 - x_2 - e$$

由此代换式（4-52）可得：

$$m\ddot{x} + C\dot{x} + kx = F$$

式中，$m = \dfrac{m_1 m_2}{m_1 + m_2}$ 为齿轮副的等效质量。

$$F = \frac{m}{m_1}F_1 + \frac{m}{m_2}F_2 - m\ddot{e} \tag{4-53}$$

式（4-53）中，前两项为外部激励，即由输入输出扭矩引起对系统的激励；后一项 $m\ddot{e}$ 为内部激励，由齿轮本身在制造安装过程中所产生的误差引起的对系统的激励。通常情况下，内部激励和外部激励都是时间的周期函数。

齿轮的刚度随时间变化，表示为 Fourier 级函数为：

$$k(t) = K + \sum_{i=1}^{\infty} \left[A_n\cos(n\omega t) + B_n\sin(n\omega t) \right] = K + \sum_{i=1}^{\infty} k_i\cos(\omega t + \phi_i)$$

式中，K 为平均啮合刚度，$\omega = \dfrac{2\pi z_1 n_1}{60} = \dfrac{2\pi z_2 n_2}{60}$ 为啮合频率。n_i、z_i（$i = 1$，2）分别为相互啮合齿轮的转速和轮齿数。

考虑到啮合刚度是周期函数，制造误差也是周期函数，而 Fourier 函数可方便地描述周期函数，将这些结合，即可快速而方便地求解齿轮传动系统的动态问题。

以上这种单自由度模型是简单的简化模型，当考察时变啮合刚度和误差对齿轮副动态啮合的影响时有一定的实用意义。但这种模型仅仅描述一对啮合齿轮在啮合线上的振动情况，忽略了其他因素的影响，具有很大的局限性。而实际的齿轮传动系统是十分复杂的，影响系统状态的因素很多，只有采用多自由度的模型才能更加准确地描述系统的动力学特性。

②不考虑齿面摩擦时的分析模型　仍以直齿圆柱齿轮副为研究对象，在不考虑齿面摩擦时，其啮合耦合型动力学模型如图 4-17 所示。模型描述的是一个二维平面振动系统，齿轮的动态啮合力沿啮合线方向作用，具有 4 个自由度，分别为主、被动齿轮绕旋转中心的转动自由度和沿 y 方向的平移自由度，设这 4 个自由度的振动位移分别为 α、β、y_1、y_2，由此可得系统的广义位移列阵为：

$$\{\delta\} = \{y_1 y_2 \alpha \beta\}^{\mathrm{T}}$$

图 4-17 所示的模型中，若 A、B 两点沿 y 方向的位移分别为 s_1、s_2，则其与系统振动位移间存在如下关系：

$$s_1 = y_1 + r\alpha \qquad s_2 = y_2 + R\beta$$

上式中，r、R 分别是主、被动齿轮的基圆半径。由此可将啮合齿轮间的弹性啮合力 F_k

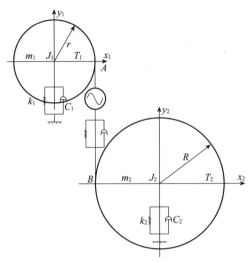

图 4-17 不考虑摩擦时的齿轮系统模型

和黏性啮合力 F_C 表示为：

$$F_k = k(s_1 - s_2 - e) = k(y_1 - y_2 + r\alpha + R\beta - e)$$

$$F_C = C(\dot{s}_1 - \dot{s}_2 - \dot{e}) = C(\dot{y}_1 - \dot{y}_2 + r\dot{\alpha} + R\dot{\beta} - \dot{e})$$

式中 k，C——齿轮副啮合综合刚度和综合阻尼；

　　　　e——齿轮副啮合的综合误差。

因此，作用在主、被动齿轮上的齿轮动态啮合力 F_1、F_2 分别为：

$$F_1 = F_k + F_C \qquad F_2 = -F_1 = -(F_k + F_C)$$

综合前面各式可得，转动自由度和平移自由度分别耦合在弹性啮合力方程和黏性耦合力方程中，称为具有弹性耦合和黏性耦合，这种耦合使得齿轮的扭转振动与平移振动相互影响，可称为啮合型弯-扭耦合。此外，一般情况下，由于阻尼力的影响比较小，为便于分析问题而将啮合耦合振动中的黏性耦合忽略不考虑。这样，即可推导出系统的分析模型为：

$$\begin{cases} m_1\ddot{y}_1 + C_1\dot{y}_1 + k_1y_1 = -F_1 \\ J_1\ddot{\alpha} = -F_1r - T_1 \\ m_2\ddot{y}_2 + C_2\dot{y}_2 + k_2y_2 = -F_2 = F_1 \\ J_2\ddot{\beta} = -F_2R - T_2 = F_1R - T_1 \end{cases} \qquad (4-54)$$

将以上各式综合得：

$$\begin{cases} m_1\ddot{y}_1 + C_1\dot{y}_1 + k_1y_1 = -C(\dot{y}_1 + r\dot{\alpha} - \dot{y}_2 + R\dot{\beta} - \dot{e}) - k(y_1 + r\alpha - y_2 + R\beta - e) \\ J_1\ddot{\alpha} = -[C(\dot{y}_1 + r\dot{\alpha} - \dot{y}_2 + R\dot{\beta} - \dot{e}) + k(y_1 + r\alpha - y_2 + R\beta - r)]\ r - T_1 \\ m_2\ddot{y}_2 + C_2\dot{y}_2 + k_2y_2 = C(\dot{y}_1 + r\dot{\alpha} - \dot{y}_2 + R\dot{\beta} - \dot{e}) + (y_1 - r\alpha - y_2 + r\beta - e) \\ J_2\ddot{\beta} = [C(\dot{y}_1 + r\dot{\alpha} - \dot{y}_2 + R\dot{\beta} - \dot{e}) + k(y_1 + r\alpha - y_2 + R\beta - e)]\ R - T_2 \end{cases}$$

$$(4-55)$$

式中，C_1、C_2、k_1、k_2 分别表示主、被动齿轮平移振动阻尼系数和刚度系数。

③考虑齿面摩擦时的分析模型　考虑齿面摩擦的影响时，还必须考虑齿轮在垂直于啮合线方向的平移自由度，其动力学模型如图 4-18 所示。

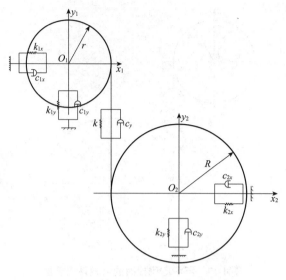

图 4-18 考虑摩擦时的齿轮系统模型

由模型反映出该系统为 6 个自由度的二维平面振动系统，这 6 个自由度包括 4 个平移自由度和 2 个转动自由度，系统的广义位移列阵可表示为：

$$\{\delta\} = \{y_1 x_1 \alpha y_2 x_2 \beta\}$$

同不考虑齿面摩擦时的情况一样，齿轮的动态啮合力可表示为：

$$F_1 = k\ (y_1 + r\alpha - y_2 + R\beta - e) + C\ (\dot{y}_1 + r\dot{\alpha} - \dot{y}_2 + R\dot{\beta} - \dot{e})$$

因此，齿面间的摩擦力可近似表示为：

$$F_f = \pm fF_1$$

上式是对齿面摩擦力的近似表达式，f 为等效摩擦系数，当 F_f 沿 x 正方向时取 " + "，反方向则取 " - "。

由此，可从动力学模型分析得出系统的动力学方程组为：

$$\begin{cases} m_1\ddot{x}_1 + C_{1x}\dot{x}_1 + k_{1x}x_1 = F_f \\ m_1\ddot{y}_1 + C_{1y}\dot{y}_1 + k_{1y}y_1 = -F_1 \\ J_1\alpha = -F_1 r - T_1 + F_f\ (r\tan\gamma - d) \\ m_2\ddot{x}_2 + C_{2x}\dot{x}_2 + k_{2x}x_2 = -F_f \\ m_2\ddot{y}_2 + C_{2y}\dot{y}_2 + k_{2y}y_2 = F_1 \\ J_2\beta = -F_1 R - T_2 + F_f\ (R\tan\gamma + d) \end{cases} \qquad (4-56)$$

式中　γ——啮合角；

　　　d——啮合点至节点间的距离。

（2）齿轮传动与磁力耦合传动组合系统的轮齿时变刚度及其计算

齿轮传动系统作为一种弹性的机械系统，在动态激励作用下产生动态响应。

齿轮啮合刚度和轮齿弹性变形紧密相关，周期变化的弹性变形对应着周期变化的齿轮啮合刚度，刚度激励是齿轮系统潜在固有的特征。齿轮刚度的周期性变化，反映在系统动力学模型中则是弹性力项的时变参数，因此，刚度激励本质上是一种参数激励，是产生激振力，引起齿轮在啮合过程中振动的主要因素，对齿轮传动的动态性能有很大的影响。

一对齿轮传动，如果齿轮 2 固定不动，对轮 1 施以扭矩，由于轮齿变形，齿轮 1 将转动一个微小的角度。设此角度在基圆上对应的弧长为 l，而单位齿宽上的法向力为 F_n，则轮齿的刚度定义为：

$$k = \frac{F_n}{l}$$

这是对轮齿刚度的一个概念性的定义。当计算轮齿刚度的目的不同时，可有各种不同的定义方法。其中，例如在日本机械学会（JSME）采用的计算公式中，轮齿的啮合刚度定义为：没有误差的直齿轮，其一对轮齿在分度圆上均匀接触时，每单位齿宽的齿面法向力与每个轮齿齿面的法向总变形量之比值。

计算齿轮系统轮齿变形的方法有多种，在此介绍石川法。这是轮齿变形计算常用的方法，它在求轮齿变形时，将轮齿变形简化为如图 4-19 所示的模型。

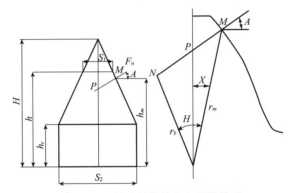

图 4-19　石川法计算轮齿变形的模型

依据 4 – 19 所示模型，轮齿各部分的变形量按下面的公式来计算：

①矩形部分的弯曲变形量：

$$\delta_1 = \frac{12F_n\cos^2\mu}{bEs_2^3}\left[h_m h_r (h_m - h_r) + \frac{h_m^3}{3}\right]$$

其中，μ 为载荷作用角，$\mu = \theta - \gamma$，$\theta = \arccos\left(\dfrac{r_b}{r_m}\right)$，$r_m = \sqrt{r_b^2 + NM^2}$

$$\gamma = \frac{1}{Z}\left(\frac{\pi}{2} + 2x\tan\alpha\right) + \mathrm{inv}\,\alpha - \mathrm{inv}\,\theta$$

上式中，b 为齿宽；E 为齿轮材料的弹性模量；α 为齿轮压力角；F_n 为作用在轮齿上的法向力。其余参数所表示的具体含义如图 4-19 模型中所示，下面计算公式中参数的含义均一致。

②梯形部分的弯曲变形量：

$$\delta_2 = \frac{6F_n\cos^2\mu}{bEs_2^3}\left[\frac{H - h_m}{H - h_r}\left(4 - \frac{H - h_m}{H - h_r}\right) - 2\ln\frac{H - h_m}{H - h_r} - 3\right](H - h_r)^3$$

式中，$H = \dfrac{hs_2 - h_r s_1}{s_2 - s_1}$。

③剪切变形量：

$$\delta_3 = \frac{2(1 + \lambda)\,F_n\cos^2\mu}{bEs_2}\left[h_r + (H - h_r)\,\ln\frac{H - h_r}{H - h_m}\right]$$

式中，λ 为泊松比。

④由于基础部分倾斜而产生的变形量：

$$\delta_4 = \frac{24F_n h_m \cos^2 \mu}{\pi b E s_2^2}$$

⑤齿面接触变形量：

$$\delta_5 = \frac{4F_n(1-\lambda^2)}{\pi b E}$$

以上各式中的有关参数由几何关系，可求得：

$$h = \sqrt{r_a^2 - \left(\frac{s_1}{2}\right)^2} - \sqrt{r_f^2 - \left(\frac{s_2}{2}\right)^2}$$

$$h_m = r_m \cos(\beta - \mu) - \sqrt{r_f^2 - \left(\frac{s_2}{2}\right)^2}$$

式中，β 为啮合角；r_a、r_f 分别为齿顶圆和齿根圆半径。

当 $r_b \leq r_e$，即 $Z \geq \dfrac{2(1-x)}{1-\cos\alpha}$

$$s_2 = 2r_b \sin\left(\frac{\pi + 4x\tan\alpha}{2Z} + \mathrm{inv}\alpha - \mathrm{inv}\eta\right)$$

$$\eta = \arccos\left(\frac{r_b}{r_e}\right)$$

$$h = \sqrt{r_e^2 - \left(\frac{s_2}{2}\right)^2} - \sqrt{r_f^2 - \left(\frac{s_2}{2}\right)^2}$$

式中，r_e 为有效齿根圆半径。

当 $r_b \geq r_e$，即 $Z \leq \dfrac{2(1-x)}{1-\cos\alpha}$

$$s_2 = 2r_b \sin\left(\frac{\pi + 4x\tan\alpha}{2Z} - \mathrm{inv}\alpha\right)$$

$$h = \sqrt{r_b^2 - \left(\frac{s_2}{2}\right)^2} - \sqrt{r_f^2 - \left(\frac{s_2}{2}\right)^2}$$

一对轮齿啮合时的总变形量为：

$$\delta = \sum_{i=1}^{2} (\delta_{1i} + \delta_{2i} + \delta_{3i} + \delta_{4i}) + \delta_5$$

则得，齿轮在啮合点的刚度为：

$$k = \frac{F_n}{\delta}$$

第5章 磁力耦合传动装置的特性实验与分析

磁力耦合传动装置的特性包括静态特性与动态特性两个方面，此外，由于金属隔离套内产生的涡流及磁力耦合传动装置在运转过程中受到的振动对其工作特性也有较大的影响，因此，本章也将这两部分内容一并加以叙述。

5.1 磁力耦合传动装置的静态特性实验与分析

5.1.1 磁力耦合传动装置静态特性实验设备与仪器

静态特性实验采用了图5-1及图5-2所示的装置与仪器。

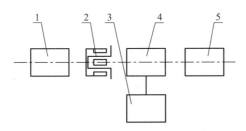

图5-1 静态特性实验装置示意图

1—分度仪；2—磁力耦合传动装置；3—二次仪表；4—扭矩测试仪；5—轴定位箱

图5-2 静态特性实验设备及仪器

静态特性实验装置中所包括的设备与仪器有如下几种：

①扭矩转速传感器1台，JB2C型。转速范围 $0 \sim 4000 \text{r/min}$；补偿输出相位差 $163°$；绝缘电阻 $500 \text{M}\Omega$；扭矩转速输出信号电压：输出 I 1.0V，输出 II 1.2V。

②扭矩测试仪1台，JW－1A型。正确与传感器连接使用系统误差为 $\pm 0.5\%$；转速测量误差为 ± 0.1。

③分度仪 1 台，FW125，中心高 125mm。

④实验用滑动导轨平台一件（灰铁铸造）。

在该测试装置上，测量扭矩与转角的同时，还可以测量具有相同外形尺寸和磁路尺寸而磁极数不同（只改变磁极弧长）的磁力耦合传动装置的扭矩和转角。给出测量结果，并对测量结果进行整理与数据分析。为了确定材料对磁力耦合传动装置静态特性的影响，对上述不同磁极数的磁力耦合传动装置进行不同温度、老化退磁后的最大扭矩值的静态特性测量并对测量结果进行整理与数据分析。

5.1.2　扭矩和转角的静态特性实验

（1）静态特性实验过程与测试结果

利用图 5-2 所给出的设备与仪器，采用分度仪主轴与内磁转子连接，扭矩传感器轴的一端与外磁转子连接，另一端与轴定位箱连接并固定，使扭矩仪轴不能做旋转运动，从分度仪转轮采用人力匀速地输入扭矩，这时即可从扭矩仪中读出扭矩值，同时从分度仪上读出相应的转角值。

测试是在具有相同外形尺寸和磁路尺寸，对其磁极数分别为 4、6、8、10、12 的磁力耦合传动装置上进行的，其结果如表 5-1 所示。

表 5-1　扭矩与位移角的静态特性实验结果

极数 m	技术参数	对 应 数 值					
4	扭矩/N·m	0.82	1.81	2.48	2.95	3.60	4.10
	位移角/(°)	5	10	20	25	35	45
6	扭矩/N·m	1.20	1.91	2.86	3.80	4.24	4.60
	位移角/(°)	5	10	15	20	25	30
8	扭矩/N·m		1.76	3.12	4.10	4.68	5.00
	位移角/(°)		5	10	15	20	22.5
10	扭矩/N·m		1.82	3.28	4.24	4.72	4.91
	位移角/(°)		5	10	15	17	18
12	扭矩/N·m		1.91	3.40	4.28	4.60	4.76
	位移角/(°)		5	10	12	14	15

（2）扭矩和转角静态特性实验数据处理与分析

为了分析磁力耦合传动装置扭矩和转角的静态特性实验，通过 Matlab 对实验结果所测得的数据进行二次、三次及线性曲线拟合，4 极磁力耦合传动装置扭矩与转角数据拟合曲线如图 5-3 所示；6 极磁力耦合传动装置扭矩与转角数据拟合曲线如图 5-4 所示；8 极磁力耦合传动装置扭矩与转角数据拟合曲线如图 5-5 所示；10 极磁力耦合传动装置扭矩与转角数据拟合曲线如图 5-6 所示；12 极磁力耦合传动装置扭矩与转角数据拟合曲线如图 5-7 所示；同时绘制了如图 5-8 所示的实验数据的极数、扭矩、角位移三维曲面图；如图 5-9 所示的极数、扭矩、角位移三维云点图以及图 5-10 所示的极数、扭矩、角位移三维网线图。经过以上处理，同时也得出实验数据的二次、三次拟合公式，利用拟合公式可以进一步分析测试量之间的相互变化关系。

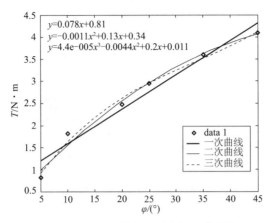

图 5-3 4 极扭矩和转角实验数据拟合曲线图

linear——一次曲线；quadratic——二次曲线；cubic——三次曲线

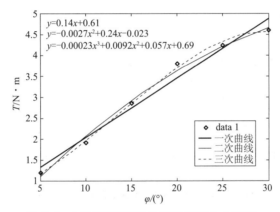

图 5-4 6 极扭矩和转角实验数据拟合曲线图

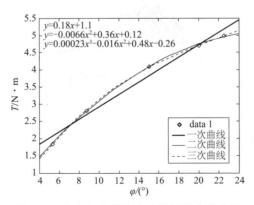

图 5-5 8 极扭矩和转角实验数据拟合曲线图

从实验数据的不同拟合曲线中可以清楚地看出，当 $\phi \leqslant \pi/m$ 时，随相对角位移 ϕ 的增大，扭矩 T 增大。虽然二次、三次拟合曲线都可以对实验数据进行回归处理，但通过理论分析，三次拟合曲线能更好地反映扭矩 T 与相对角位移 ϕ 的关系。

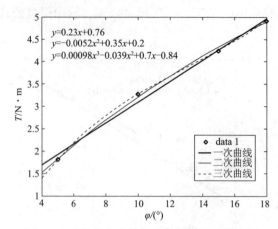

图 5-6　10 极扭矩和转角实验数据拟合曲线图

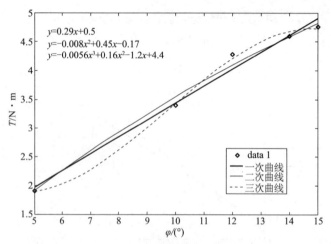

图 5-7　12 极扭矩和转角实验数据拟合曲线图

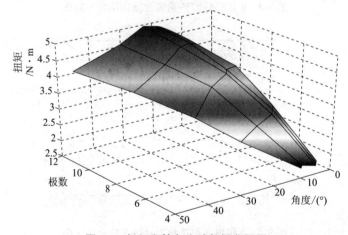

图 5-8　扭矩和转角实验数据曲面图

从线性拟合曲线可以清楚地看出，当 $\phi \leqslant \pi/m$ 时，随相对角位移 ϕ 的增大，扭矩 T 也增大，线性拟合曲线的斜率在一定程度上反映了磁力耦合传动装置静态输出刚度 K 的平均

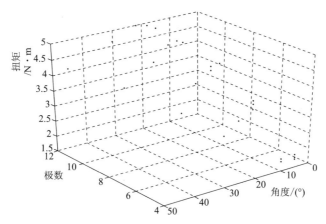

图5-9　扭矩和转角实验数据云点图

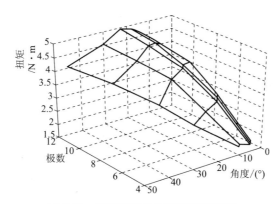

图5-10　扭矩和转角实验数据网线图

变化规律:

$$K = \frac{\mathrm{d}T}{\mathrm{d}\phi} \tag{5-1}$$

它随极数的变化数值如表5-2所示。

表5-2　磁力耦合传动装置静态输出刚度与极数关系表

极数 m	4	6	8	10	12
静态输出刚度 K	0.078	0.14	0.18	0.23	0.29

表5-2的数值表明,在不超过最大扭矩 $T_{\max}$ 的情况下,随极数 m 的增加,磁力耦合传动装置静态输出刚度 K 也增大,这种关系的二次拟合曲线见图5-11。

通过对三次拟合公式进行求导,可以进一步分析磁力耦合传动装置静态输出刚度 K 在不同耦合点的变化规律。

从三维曲面图、云点图及网线图(图5-8～图5-10)中可以看出,在一定的相对角位移的情况下,随磁极数 m 的变化,扭矩 T 的变化过程中有最大值。为了进一步分析它们之间的关系,利用4、6、8、10、12极的三次拟合公式,在不大于15°的范围内分别选值进行计算,其结果见表5-3。

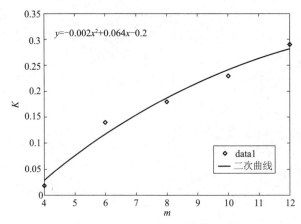

图 5-11   磁力耦合传动装置静态输出刚度与极数关系图

表 5-3   当 $\phi \leqslant 15°$ 时，扭矩与极数的关系表   N·m

角位移	极　数				
	4	6	8	10	12
5°	0.91	1.18	2.29	1.81	1.70
7.5°	1.28	1.54	3.06	2.63	2.04
10°	1.62	1.95	3.69	3.24	2.80
12.5°	1.91	2.39	4.21	3.73	3.46
15°	2.17	2.84	4.64	4.19	3.50

对表 5-3 中的数据进行了二次及三次拟合，其结果分别见图 5-12、图 5-13、图 5-14、图 5-15 及图 5-16。

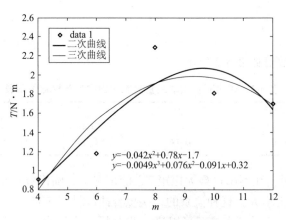

图 5-12   5°时极数 m 与扭矩 T 的曲线图

图 5-12～图 5-16 中计算值点与拟合曲线离散度比较大，这是由于极数 m 本身为离散值，且只采集了磁极数为偶数的点，但从中也可以分析出扭矩 T 随磁极数 m 的变化趋势，从而为优化设计提供依据。从图中反映出，扭矩 T 随极数 m 变化时存在最大值，而且随角度的增大，这个最大值向磁极数目大的方向移动，但并不是极数越多，扭矩越大。在实验分析中认为 8 极为最佳优化组合。

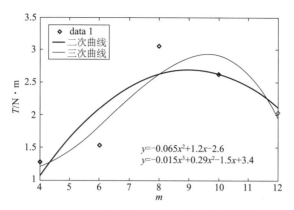

图 5-13   7.5°时极数 m 与扭矩 T 的曲线图

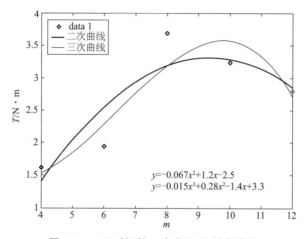

图 5-14   10°时极数 m 与扭矩 T 的曲线图

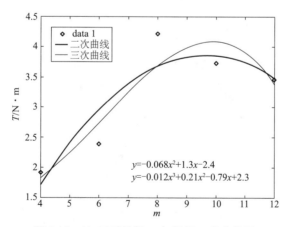

图 5-15   12.5°时极数 m 与扭矩 T 的曲线图

5.1.3   8 极磁力耦合传动装置全周期特性实验

  磁力耦合传动装置的扭矩为负值时暂无工程应用的意义。为了更好地验证理论结果，对理论分析的实物模型进行了全周期的转角与扭矩的实验。采用的实验方法及设备同图 5-1

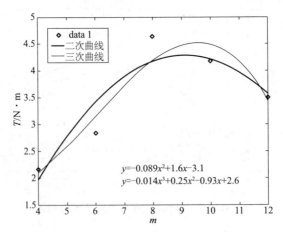

图5-16 15°时极数 *m* 与扭矩 *T* 的曲线图

和图5-2。具体过程是从分度仪输入转角值,从扭矩仪读出相应的扭矩值。测试结果及分析见表5-4及图5-17。

表5-4 8极磁力耦合传动装置全周期实验测量值

转角/(°)	3	8	15	22	28	33	38	44	50
扭矩/N·m	0.99	2.55	4.26	4.99	4.59	3.62	2.26	0.17	−1.63
转角/(°)	56	62	67	73	77	81	84	89	
扭矩/N·m	−3.37	−4.58	−4.99	−4.58	−3.85	−2.84	−1.95	−0.33	

表5-4给出了实验中获得的扭矩和转角之间的数值,该数值选取的是多次测试的平均值。图5-17给出了2D、3D有限元分析计算值与实验值进行比较的结果。从图中发现,2D模型与实验值有一定的误差,而3D模型与实验值非常吻合。这说明,利用有限元分析方法对磁力耦合传动装置进行计算机优化模拟与设计是完全可行的。而且3D数值与实验值基本相同。

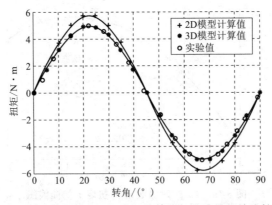

图5-17 扭矩的有限元分析计算值与实验结果的比较

5.1.4 静态退磁实验

为研究磁性材料的变化对磁力耦合传动装置应用性能的影响以及磁极数与材料之间的

关系，选择使用了 5 个不同磁极数的磁力耦合传动装置（均采用 SmCo 类稀土永磁材料）进行不同温度下的退磁实验，以确定材料变化和极数变化对磁力耦合传动装置静态特性的影响。

（1）退磁静态特性实验的测量方法

静态特性退磁实验的测量方法与扭矩和转角测试装置相同。测量时采用分度仪的主轴与内磁转子连接；扭矩传感器轴的一端与外磁转子相连，另一端与轴定位箱连接固定，使扭矩仪轴不能做旋转运动。从分度仪转轮用人力匀速输入扭矩，直至达到最大扭矩，从扭矩仪读出扭矩值。

测试扭矩的设备同扭矩与转角测试设备，不同温度的退磁实验在 DF204 型电热干燥箱内进行。

（2）退磁静态特性实验测试过程与结果

在完成静态特性实验后，对具有相同外形尺寸和磁路尺寸而磁极数为 4、6、8、10、12 的磁力耦合传动装置，在干燥箱内分别进行 150℃、180℃、200℃、230℃、250℃ 的 6h 退磁实验后，把磁力耦合传动装置安装在实验平台上，通过分度仪的转轮匀速输入扭矩直至达到最大值，从扭矩仪读出扭矩值。

退磁实验后静态扭矩特性实验测试结果如表 5-5 所示。

表 5-5 退磁后静态扭矩特性实验的测量结果

极数 m	类 别	对 应 数 值				
4	退磁温度/℃	150	180	200	230	250
	最大扭矩/N·m	4.0	3.88	3.76	3.47	3.20
6	退磁温度/℃	150	180	200	230	250
	最大扭矩/N·m	4.5	4.23	4.10	3.79	3.40
8	退磁温度/℃	150	180	200	230	250
	最大扭矩/N·m	4.95	4.76	4.61	4.38	4.01
10	退磁温度/℃	150	180	200	230	250
	最大扭矩/N·m	4.81	4.66	4.52	4.19	3.79
12	退磁温度/℃	150	180	200	230	250
	最大扭矩/N·m	4.70	4.56	4.42	4.10	3.76

（3）退磁静态特性实验数据处理与分析

为了分析磁力耦合传动装置在不同退磁温度下的静态特性实验，通过 Matlab 对实验结果所测得的数据进行了二次及线性曲线拟合，图 5-18 ~ 图 5-22 分别给出了 4 极、6 极、8 极、10 极和 12 极的扭矩数据的拟合曲线。同时还绘制了如图 5-23 所示的实验数据的极数、退磁温度、最大扭矩三维曲面图；如图 5-24 所示的极数、退磁温度、最大扭矩三维云点图以及图 5-25 所示的极数、退磁温度、最大扭矩三维网线图。经过以上的处理，同时也得出实验数据的二次线性拟合公式，利用拟合公式可以进一步分析测试量之间的相互变化关系。

由于磁性材料在不同温度下的老化程度不同，随老化温度的升高，磁性材料的性能恶化，导致磁力耦合传动装置的最大扭矩减小，这从实验结果的拟合曲线在图 5-18～图 5-22 中可以清楚地看出。线性拟合公式的系数反映了这种变化的平均速率，这种平均速率受极数变化影响的情况见表 5-6。同时也可以通过对二次拟合公式求导来分析出不同温度下最大扭矩的变化速率。

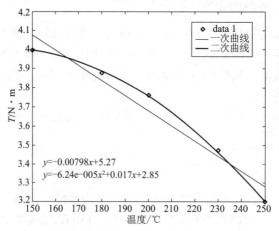

图 5-18　4 极时退磁温度与最大扭矩 T 的曲线图

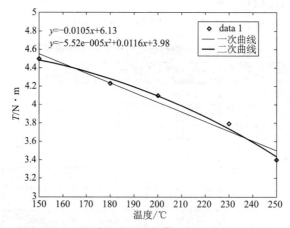

图 5-19　6 极时退磁温度与最大扭矩 T 的曲线图

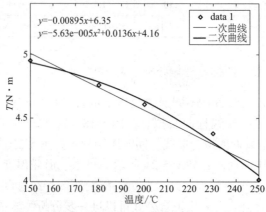

图 5-20　8 极时退磁温度与最大扭矩 T 的曲线图

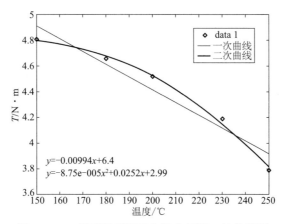

图 5-21 10 极时退磁温度与最大扭矩 T 的曲线图

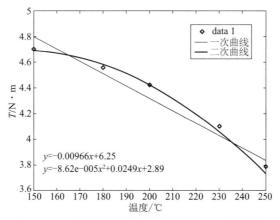

图 5-22 12 极时退磁温度与最大扭矩 T 的曲线图

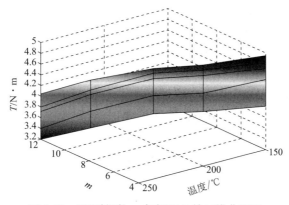

图 5-23 15° 时极数 m 与扭矩 T 的三维曲面图

表 5-6 最大扭矩变化率与极数的关系

极数 m	4	6	8	10	12
最大扭矩变化速率	-0.00798	-0.0105	-0.0095	-0.00994	-0.00966

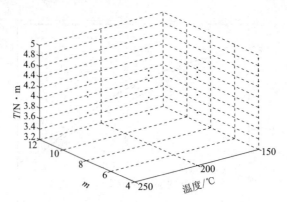

图 5-24　15°时极数 m 与扭矩 T 的三维云点图

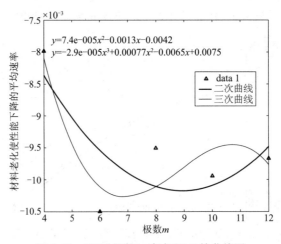

图 5-25　15°时极数 m 与扭矩 T 的曲线图

从图 5-24 可以看出，材料性能下降引起磁力耦合传动装置最大扭矩下降的平均速率随磁极数变化存在最小值。三维曲面图及云点图也清楚地表明了这种趋势。

4 极磁力耦合传动装置静态实验数据二次拟合公式：

$$y = -0.0000624x^2 + 0.017x + 2.85$$

求导后：

$$y' = -0.0001248x + 0.017$$

6 极磁力耦合传动装置静态实验数据二次拟合公式：

$$y = -0.0000552x^2 + 0.0116x + 3.96$$

求导后：

$$y' = -0.0001104x + 0.0116$$

8 极磁力耦合传动装置静态实验数据二次拟合公式：

$$y = -0.0000563x^2 + 0.0136x + 4.16$$

求导后：

$$y' = -0.0001126x + 0.0136$$

10 极磁力耦合传动装置静态实验数据二次拟合公式：

$$y = -0.0000875x^2 + 0.0252x + 2.99$$

求导后：

$$y' = -0.000175x + 0.0252$$

12 极磁力耦合传动装置静态实验数据二次拟合公式：

$$y = -0.0000862x^2 + 0.0249x + 2.89$$

求导后：

$$y' = -0.0001724x + 0.0249$$

可以看出求导后的结果与用线性拟合分析的结果是一致的。

以上实验说明了磁力耦合传动装置 SmCo 材料性能、磁极数及温度之间的相互关系，即 SmCo 材料随时间或温度老化的速率随磁极数变化的过程中存在最小值。

5.1.5　静态特性实验的结论

静态特性实验研究表明：

①通过对实验结果所测得的数据进行二次、三次及线性曲线拟合并对拟合结果分析后得知，扭矩在不超过最大扭矩的情况下，随着磁极数 m 的增加，磁力耦合传动装置的静态输出刚度 K 也将增大。

②通过对实验结果所测得的数据三次拟合的结果进行计算及分析后得出，扭矩 T 随磁极数 m 变化时存在最大值，而且随角度的增大，这个最大值向磁极数大的方向移动。

③通过对磁力耦合传动装置进行不同温度的老化退磁实验的分析，材料性能下降引起磁力耦合传动装置最大扭矩下降的平均速率随磁极数变化有最小值，材料随时间或温度老化的速率随磁极数变化的过程中存在最小值。

5.2　磁力耦合传动装置的动态特性实验与分析

5.2.1　动态特性实验装置及实验设备与仪器

磁力耦合传动装置的动态特性实验是在负载、启动状态下进行的。通过转速及转角测量装置对实物模型进行两个方面的测量：一是对转速及转角位移的测量；二是对相同外形尺寸和磁路尺寸而磁极数不同（只改变磁极弧长）的转速与转角的测量。此外，为了确定磁力耦合传动装置在动态传递时的效率，还进行了不同磁极数在相同转数下的振动幅值的测量。

动态特性实验装置示意图如图 5-26 所示，调整电动机 1，使转速扭矩传感器读数达到测定转速，带动磁力耦合传动装置以同样速度旋转，然后调整负载发电机 10 的载荷，使发电机与磁力耦合传动装置相连接的另一台转速扭矩功率传感器 8 读数达到一定的扭矩值，这时测出对应的相对角位移，以此测出各个不同点所需的数据。

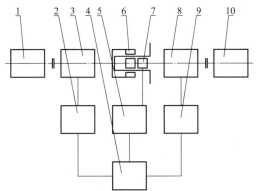

图 5-26　磁力耦合传动装置动态特性实验装置示意图
1—电动机；2，5，9—二次仪表；3，8—转速扭矩功率传感器；4—计算机；
6—磁力耦合传动装置；7—光电式角度检测器；10—负载发电机

动态特性实验所用实验平台如图 5-27 所示，主要由以下设备及仪器构成：

①可控硅调速电源控制柜 1 台，调速范围 0 ~ 3000r/min；

②扭矩转速功率传感器 2 台，JC2B 型；

③数字式转速扭矩功率仪 2 台，DM6234P + 型；

④智能数字显示仪 1 台，HC – 100AB2XIRV24 – 4 – 20；

⑤负载发电机 1 台，FD300 型，300W；

⑥角位移传感器 1 件，FB900C；

⑦智能手持测振仪 1 件，UM – 93。

图 5-27　动态特性实验设备仪器

5.2.2　扭矩和转角的动态特性实验

（1）实验过程与测试结果

对具有相同外形尺寸和磁路尺寸而磁极数分别为 4、6、8、10、12 的磁力耦合传动装置，通过调整转速使传动电动机与磁力耦合传动装置的转速分别达到测定值 600r/min、800r/min、1000 r/min、1500 r/min、3000r/min，同时调整负载发电机的负载使扭矩达到同一数值 0.5N·m，从智能数字显示仪上读出相应的角位移数值。其测试结果见表 5-7。

表 5-7　转速与转角动态特性实验的测试结果

极数	类别	转速及对应角位移数值				
4	转速/(r/min)	600	800	1000	1500	3000
	位移角/(°)	5.3	7.1	9.2	18.2	27.3
6	转速/(r/min)	600	800	1000	1500	3000
	位移角/(°)	3.4	4.5	5.6	11.1	17.1
8	转速/(r/min)	600	800	1000	1500	3000
	位移角/(°)	2.8	3.9	4.6	9.3	14.1
10	转速/(r/min)	600	800	1000	1500	3000
	位移角/(°)	2.6	3.4	4.3	8.7	13.5
12	转速/(r/min)	600	800	1000	1500	3000
	位移角/(°)	2.9	3.8	4.6	9.3	14.1

（2）转速与转角动态特性实验数据处理与分析

为了分析磁力耦合传动装置的动态特性实验，通过 Matlab 对实验结果所测得的数据进行了二次、线性曲线拟合，4 极磁力耦合传动装置转速与相对角位移数据拟合曲线如图 5-28 所示；6 极磁力耦合传动装置转速与相对角位移数据拟合曲线如图 5-29 所示；8 极磁力耦合传动装置转速与相对角位移数据拟合曲线如图 5-30 所示；10 极磁力耦合传动装置转速与相对角位移数据拟合曲线如图 5-31 所示；12 极磁力耦合传动装置转速与相对角位移数据拟合曲线如图 5-32 所示；同时绘制了如图 5-33 所示的实验数据的极数、转速、相对角位移三维曲面图；如图 5-34 所示的极数、转速、相对角位移三维云点图以及图 5-35 所示的极数、转速、相对角位移三维网线图。经过以上的处理，同时也得出实验数据的线性拟合、二次拟合曲线公式，清晰明确地反映了数据之间的数量变化关系，以便对动态特性实验结果进行分析。

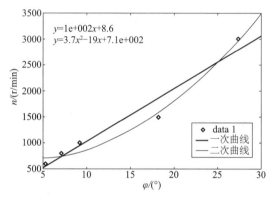

图 5-28　4 极动态特性实验数据拟合曲线图

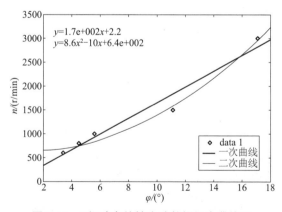

图 5-29　6 极动态特性实验数据拟合曲线图

在动态特性实验数据处理的过程中，三次拟合时，数据的离散度大，拟合后不能满足要求，而在实验时，速度变化对应的是功率变化，经理论分析可知，功率与相对角位移是二次关系，故二次拟合曲线能正确地反映实验所测的数量之间的关系，所以采用线性拟合、二次拟合进行数据分析比较确切。

从实验数据的线性拟合曲线可以清楚地看出，当 $\phi \leq \pi/m$ 时，随转速 n 的增大，相对角位移 ϕ 也增大。这反映了磁力耦合传动装置动态输出特性，因为本实验是恒扭矩实验，转速增加,即功率增加,因而实验数据的线性拟合曲线表征了磁力耦合装置的动态输出特性。

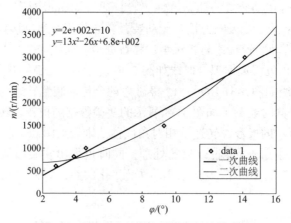

图 5-30 8 极动态特性实验数据拟合曲线图

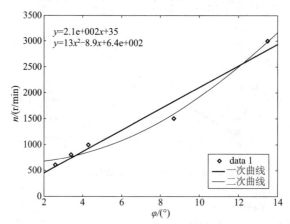

图 5-31 10 极动态特性实验数据拟合曲线图

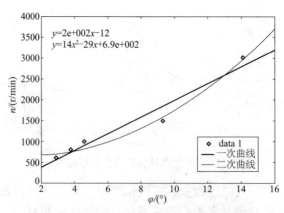

图 5-32 12 极动态特性实验数据拟合曲线图

从线性拟合曲线可以清楚地看出,当 $\phi \leqslant \pi/m$ 时,随相对角位移 ϕ 的增大,转速 n 也增大,即功率增大,线性拟合曲线的斜率在一定程度上反映了磁力耦合传动装置动态输出刚度 K 的平均变化规律:

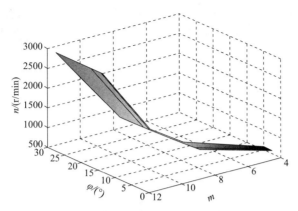

图 5-33　动态特性实验数据三维曲面图

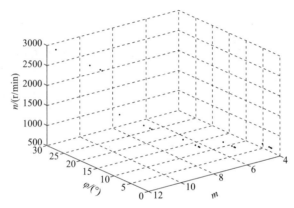

图 5-34　动态特性实验数据三维云点图

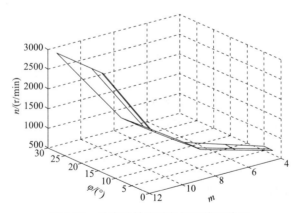

图 5-35　动态特性实验数据三维网线图

$$K = \frac{\mathrm{d}P}{\mathrm{d}\phi} \qquad\qquad (5-2)$$

它随极数的变化数值如表 5-8 所示。

表 5-8　磁力耦合传动装置动态输出刚度与极数关系表

极数 m	4	6	8	10	12
动态输出刚度 K	1×10^2	1.7×10^2	2×10^2	2.1×10^2	2×10^2

表 5-8 中所列的数值表明，在不超过最大扭矩 T_{max} 的情况下，随着磁极数 m 的增加，磁力耦合传动装置动态输出刚度 K 存在最大值，这种关系的二次拟合曲线见图 5-36。

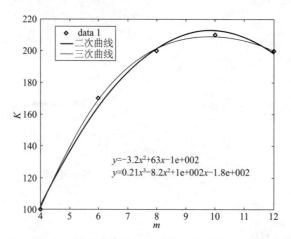

图 5-36　磁力耦合传动装置动态输出刚度与极数关系图

同样，也可以通过对磁力耦合传动装置动态实验数据的二次拟合公式进行求导进一步分析在不同耦合点的动态输出刚度 K，对磁力耦合传动装置动态实验数据的二次拟合公式求导结果如下：

4 极磁力耦合传动装置动态实验数据二次拟合公式：

$$y = 3.7x^2 - 19x + 710$$

求导后：

$$y' = 7.4x - 19$$

6 极磁力耦合传动装置动态实验数据二次拟合公式：

$$y = 8.6x^2 - 10x + 640$$

求导后：

$$y' = 17.2x - 10$$

8 极磁力耦合传动装置动态实验数据二次拟合公式：

$$y = 13x^2 - 26x + 680$$

求导后：

$$y' = 26x - 26$$

10 极磁力耦合传动装置动态实验数据二次拟合公式：

$$y = 13x^2 - 8.9x + 640$$

求导后：

$$y' = 26x - 8.9$$

12 极磁力耦合传动装置动态实验数据二次拟合公式：

$$y = 14x^2 - 29x + 690$$

求导后：

$$y' = 28x - 29$$

可以看出求导后的结果与用线性拟合分析的结果是一样的。

三维曲面、云点及网线图（图 5-33～图 5-35）中可以看出，在一定的相对角位移的情况下，随着极数 m 的增加，转速 n 也随着增加。为了进一步分析它们之间的关系，利用 4、6、8、10、12 极的二次拟合公式，在不大于 12.5° 的范围内等分选值进行计算，其结果见表 5-9。

表5-9 二次拟合公式数值计算表 r/min

角位移	极 数				
	4	6	8	10	12
2.5°	685.6	689.8	696.3	699.0	705.0
5°	707.5	805.0	875.0	920.5	895.0
7.5°	775.6	1048.8	1216.3	1304.5	1260.0
10°	890.0	1400.0	1720.0	1851.0	1800.0
12.5°	1050.6	1858.8	2386.3	2560.0	2515.0

对表5-9中的数据进行了二次及三次拟合，其结果分别见图5-37~图5-41。

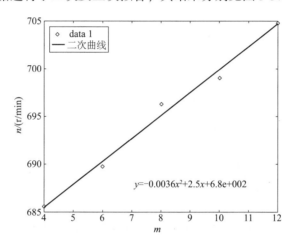

图5-37 转角为2.5°磁力耦合传动装置动态输出转速与极数关系图

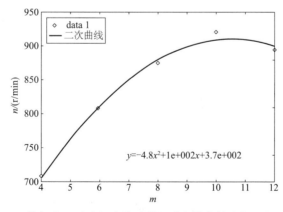

图5-38 转角为5°磁力耦合传动装置动态输出转速与极数关系图

图5-38~图5-41都反映出功率 P 随极数 m 变化时存在最大值，而且随着角度的变化，这个最大值的量值随极数的变化也存在最大值。图5-36因角度小（转角为2.5°），达到最大值的极数超过了12。

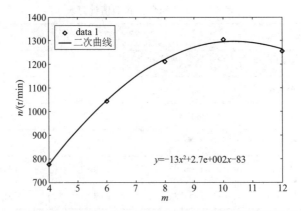

图 5-39 转角为 **7.5°** 磁力耦合传动装置动态输出转速与极数关系图

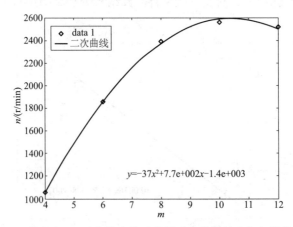

图 5-40 转角为 **10°** 磁力耦合传动装置动态输出转速与极数关系图

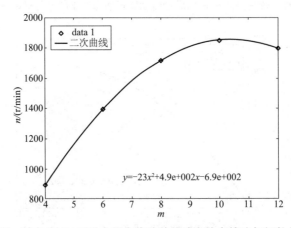

图 5-41 转角为 **12.5°** 磁力耦合传动装置动态输出转速与极数关系图

5.2.3 动态特性实验研究的结论

①通过对恒扭矩实验结果所测得的数据进行线性拟合和二次拟合，对线性拟合的结果和二次拟合结果进行数理分析，得出了在不超过最大扭矩 T_{max} 的情况下，随着极数 m 的增

加，磁力耦合传动装置动态输出刚度 K 存在最大值的结论。

②通过对恒扭矩实验结果所测得数据的二次拟合的结果进行计算及分析后得出了转速 n 即功率 P 随极数 m 变化时存在最大值，而且随角度的变化，这个最大值的量值随着极数的变化也存在最大值的结论。

5.3 涡流损失实验与分析

5.3.1 涡流损失实验测试结果

具有相同外形尺寸和磁路尺寸而磁极数分别为 4、6、8、10、12 的磁力耦合传动装置，采用 1Cr18Ni9Ti 材质的隔离套，通过调整调速控制器使传动电动机转速分别达到测定值 600r/min、800r/min、1000r/min、1500r/min、3000r/min，同时调整负载发电机的负载使扭矩达到同一数值 4.5N·m，从电动机端的转速扭矩仪上读出相应的输入功率数值，并从发电机端的转速扭矩仪上读出相应磁力耦合传动装置的输出功率数值。其测试数据见表 5-10。

表 5-10 功率损失测试数据表

极数	转速 $n/(r/min)$	600	800	1000	1500	3000
4	输入功率/kW	0.2855	0.3819	0.4805	0.7308	1.5335
	输出功率/kW	0.2831	0.3771	0.4715	0.7068	1.4135
	差值 W/kW	0.0024	0.0048	0.0090	0.0240	0.1200
6	输入功率/kW	0.2855	0.3823	0.4809	0.7340	1.5490
	输出功率/kW	0.2828	0.3769	0.4710	0.7070	1.4140
	差值 W/kW	0.0027	0.0054	0.0099	0.0270	0.1350
8	输入功率/kW	0.2857	0.3833	0.4822	0.7363	1.5608
	输出功率/kW	0.2827	0.3774	0.4712	0.7068	1.4138
	差值 W/kW	0.0030	0.0059	0.0110	0.0295	0.1470
10	输入功率/kW	0.2858	0.3831	0.4815	0.7351	1.5567
	输出功率/kW	0.2829	0.3771	0.4715	0.7065	1.4137
	差值 W/kW	0.0029	0.0060	0.0100	0.0286	0.1430
12	输入功率/kW	0.2854	0.3827	0.4799	0.7350	1.5490
	输出功率/kW	0.2826	0.3770	0.4709	0.7070	1.4140
	差值 W/kW	0.0028	0.0057	0.0090	0.0280	0.1350

以上测试数据中忽略磁力耦合传动装置圆盘摩擦等机械损失，其差值反映了磁力耦合传动装置在功率传递过程中的涡流损失。

5.3.2 涡流损失特性实验数据处理

为了分析磁力耦合传动装置的涡流损失实验，通过 Matlab 对实验结果所测得的数据进行了二次、线性曲线拟合，4 极磁力耦合传动装置转速与涡流损失数据拟合曲线如图 5-42 所示；6 极磁力耦合传动装置转速与涡流损失数据拟合曲线如图 5-43 所示；8 极磁力耦合传动装置转速与涡流损失数据拟合曲线如图 5-44 所示；10 极磁力耦合传动装置转速与涡流损失数据拟合曲线如图 5-45 所示；12 极磁力耦合传动装置转速与涡流损失数据拟合曲线如图 5-46 所示；同时绘制了如图 5-47 所示的实验数据的极数、转速、涡流损失三维曲面图；如图 5-48 所示的极数、转速、涡流损失三维云点图以及图 5-49 所示的极数、转速、涡流损失三维网线图。经过以上的处理，同时也得出实验数据的线性、二次拟合曲线公式，清晰明确地反映出了数据之间的数量变化关系，以便对动态特性实验结果进行分析。

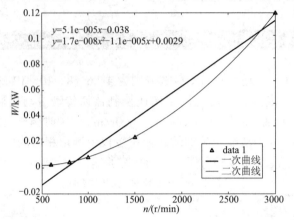

图 5-42　4 极时转速与涡流损失拟合曲线图

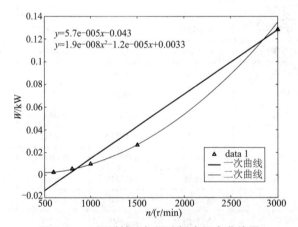

图 5-43　6 极时转速与涡流损失拟合曲线图

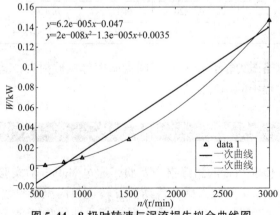

图 5-44　8 极时转速与涡流损失拟合曲线图

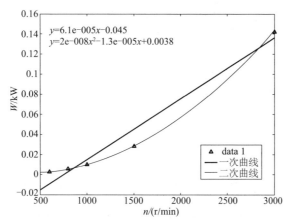

图 5-45　10 极时转速与涡流损失拟合曲线图

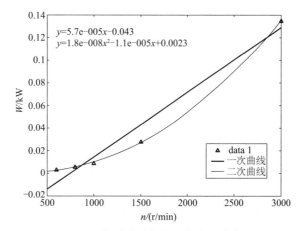

图 5-46　12 极时转速与涡流损失拟合曲线图

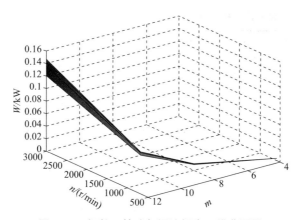

图 5-47　极数、转速与涡流损失三维曲面图

从实验数据的二次拟合、线性拟合曲线可以清楚地看出,随转速 n 的增大,涡流损失也增大。因为测试实验是恒扭矩实验,转速增加,即功率增加,功率损耗绝对值也增加,其相对损耗百分效率值也是增加的,说明传递效率受转速影响,转速的增加,使磁力耦合传动装置的传递效率下降。

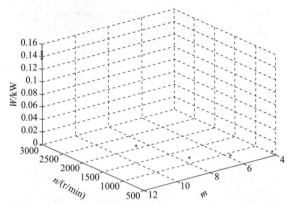

图 5-48　极数、转速与涡流损失三维云点图

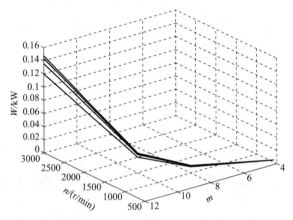

图 5-49　极数、转速与涡流损失三维网线图

涡流损失随极数的变化平均速率如表 5-11 所示。

表 5-11　磁力耦合传动装置涡流损失与极数关系表

极数 m	4	6	8	10	12
涡流损失平均速率	5.1×10^{-5}	5.7×10^{-5}	6.2×10^{-5}	6.1×10^{-5}	5.7×10^{-5}

对表 5-11 的数据进行二次拟合的曲线图见图 5-50，从图中二次、三次拟合曲线可以看出，随着极数的变化，涡流损失存在最大值，所以对转速的优化控制可以减小涡流损失的影响。

从实验数据的三维曲面、云点、网线图可以看出，随转速 n 的增大，涡流损失也增大，随极数变化均存在最大值。为了进一步分析最大值随转速的变化情况，对转速分别为 600r/min、800r/min、1000r/min、1500r/min、3000r/min 的涡流损失与极数进行的二次拟合曲线如图 5-51 ~ 图 5-55 所示。

从涡流损失与极数进行的二次拟合曲线图中可以看出，随转速变化，涡流损失与极数变化的最大值具有向 8 极方向转移的趋势。这是因为 8 极的额定扭矩最大，则涡流损失最大。

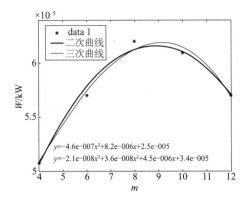

图 5-50 极数与涡流损失拟合曲线图

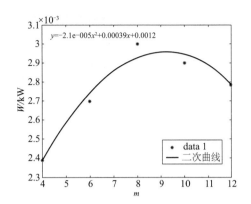

图 5-51 600r/min 时极数与涡流损失拟合曲线图

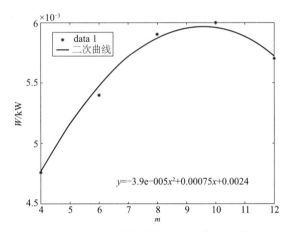

图 5-52 800r/min 时极数与涡流损失拟合曲线图

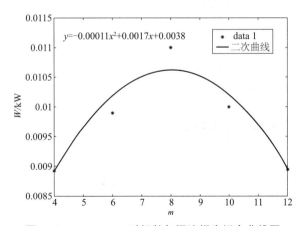

图 5-53 1000r/min 时极数与涡流损失拟合曲线图

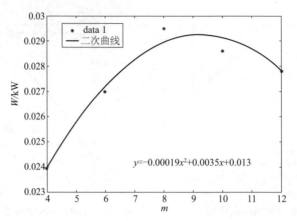

图 5-54 1500r/min 时极数与涡流损失拟合曲线图

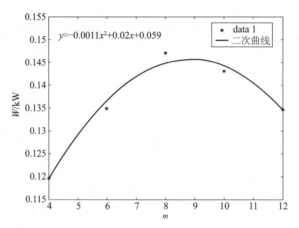

图 5-55 3000r/min 时极数与涡流损失拟合曲线图

5.3.3 涡流损失实验的结论

通过对涡流损失实验结果的分析得出，随转速 n 的增大，涡流损失也增大，其随极数变化存在最大值，而且可以得到结论，即随着转速变化，涡流损失与极数变化的最大值具有向极数小的方向转移的趋势。

5.4 振动测试实验与分析

5.4.1 振动测试实验及结果

将测试系统的转速调节到 3000r/min，采用手持智能测试仪在传动装置主动端的支承处，水平和垂直测试其振动速度值；在磁力耦合传动装置从动端的支承处，水平和垂直测试其振动速度值，其测试结果见表 5-12。

表 5-12　振动测试实验结果

极数		4	6	8	10	12
垂直方向	传动端振动速度 v_{xa}/(mm/s)	0.175	0.151	0.118	0.120	0.117
	从动端振动速度 v_{xp}/(mm/s)	0.030	0.025	0.019	0.020	0.018
水平方向	传动端振动速度 v_{ya}/(mm/s)	0.058	0.051	0.039	0.041	0.038
	从动端振动速度 v_{yp}/(mm/s)	0.026	0.020	0.015	0.016	0.015

5.4.2　振动测试实验数据处理与分析

通过 Matlab 对表 5-12 中的数据进行二次、三次拟合，拟合的结果如图 5-56～图 5-59 所示。

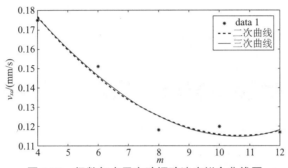

图 5-56　极数与水平主动振动速度拟合曲线图

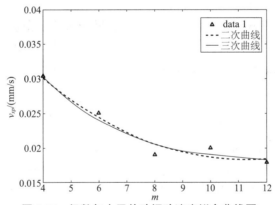

图 5-57　极数与水平从动振动速度拟合曲线图

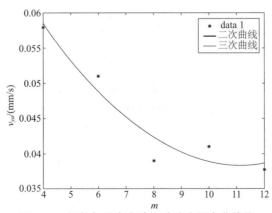

图 5-58　极数与垂直主动振动速度拟合曲线图

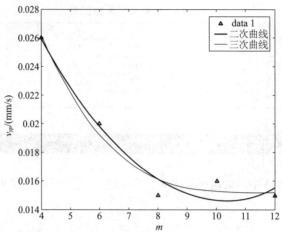

图 5-59　极数与垂直从动振动速度拟合曲线图

5.4.3　振动测试实验的结论

通过对图 5-56 ~ 图 5-59 中的二次、三次拟合曲线分析可以看出，随着磁极数的增大，振动速度逐渐减小，传动端的振动速度，随磁极数的变化存在最小值，而从动端的振动速度持续下降。从动端的振动小于主动端，说明磁力耦合传动装置具有明显的对振动的衰减作用。

按我国采用速度的有效值来衡量机器的振动，所测得的数据值远小于国家推荐的机械设备的振动标准中的 I 类 A 级，分级范围为 0.11，振动烈度 0.071 ~ 0.112mm/s 的规定。说明由于磁力耦合传动装置具有无接触柔性传动的特点，在动态传递特性过程中，具有振动小且对振动的传递衰减的作用。

参 考 文 献

[1] 赵克中编著. 磁力驱动技术与设备. 北京：化学工业出版社，2004.

[2] Li Guokun, Li Xingning, Zhao Kezhong. Research on rare earth – cobalt magnetic driving technology and its characteristic proceeding of the seventh international work – shop magnctic and their applications. Beijing China：1983：193.

[3] 郭洪锋，等. 机械科学与技术，1998，27（2）：2.

[4] 李国坤，李希宁，赵克中，等. 真空与低温，1982，（1）2：1 – 6.

[5] M. H. Nagrial. Design optimization of magnetic couplings using high energy magnets, Elec. Machines Power Syst, 1993, 21：115.

[6] P. Elies, Glemarquand. Analytical optimization of a permanent – magnetic coaxial sychronous coupling, IEEE Trans. Magn, 1998, 34（4）：2267.

[7] D. R. Huang, G. J. Chiou. Effect of magnction profiles on the torque of magnetic couping, J. Appl. phys, 1994, 31：6862.

[8] Huang, Simulation Study of the magnctic Couping between radial magnetic gears, IEEE Trans. Magn, 1997, 33（2）：2203.

[9] 王玉良. 石油化工设备技术，1998，19（1）.

[10] G. A koun, J. P. Yonnet. 3 – D analystic caculation of the forces exerted between two cuboidal magnets. IEEE Trans. Magn, 1984, 20：1962.

[11] Caio Ferreira, Jayant Vaidya, Torque analysis of permant magnetic coupling using 2D and 3D finite elements methods, IEEE Trans. Magn, 1989, 2（4）：3080.

［12］　G. Alello, S. Affonielti. Finite element analysis of unbounded non – linear transient magnetic fields. IEEE Trans. Magn, 1997, 33（2）: 1254.

［13］　M. V. K. chari. Corporate Research. General Electric ampany, Frnite element anakysis of magneto – mechanical devices, Proceeding of the Sevcnth international workshop on roare earth – cobalt permanent and their applications, Virginia, 1981: 237.

［14］　美国 Sterling Fluid Systems 公司的磁力泵降低单级化工离心泵的运行成本．［英］∥ World pumps. 1997（373）: 20.

［15］　赵克中编著．磁力耦合传动装置的理论与设计．北京：化学工业出版社，2009.

［16］　王志文，等．化工容器设计．北京：化学工业出版社，1999.

［17］　赵宗臣．流体机械，1995，23（10）: 43 – 45.

［18］　施卫东．机械科学与技术，1998（27）: 11.

［19］　Guy Lemarquand. Optimal design of cylindrical air – gap synchronous permant magnet coupings IEEE Trans. Magn, 1999, 35（2）: 1037.

［20］　E. P. Rurlani. Formulas for the force and torque of axial couplings, IEEE Trans. Magn, 1993, 29: 2295.

［21］　机械工程手册．电机工程手册编委会．机械工程手册：第十四卷第 78 篇 37～116. 北京：机械工业出版社，1984.

［22］　石来德，等．机械参数电测技术．上海：上海科学技术出版社，1980: 69 – 75.

［23］　C. S 德赛，J. F. 阿贝尔．有限元素法引论．江伯南，尹泽勇译．北京：科学出版社，1978.

［24］　黄席椿．电磁能与电磁力．北京：人民教育出版社，1987.

［25］　简柏敦．导电与导磁物质中的电磁场．北京：人民教育出版社，1983.

［26］　郭贻诚．铁磁学．北京：高等教育出版社，1964.

［27］　赵克中．磁耦合双向传动控制器的研究．沈阳：东北大学，2006.

［28］　章名陶．电机的电磁场．北京：机械工业出版社，1998.

［29］　Magnetic – drive plastic pump conpuers new Fields in the chemical industry. World pumps∕February, 1991, 2: 44 – 47.

［30］　张策．弹性连杆装置的分析与设计．北京：机械工业出版社，1997.

［31］　刘建琴，张策．电机 – 弹性连杆装置系统的动力分析．天津大学学报，1999，32（3）: 265 – 269.

［32］　余跃庆，李哲．现代机械动力学．北京：北京工业大学出版社，1998.

第**3**篇

磁力耦合传动的理论分析与计算

第6章 耦合运动磁场的力学分析

6.1 耦合运动磁场的动力学分析

6.1.1 磁力耦合运动磁场的组合模型

耦合运动磁场的模型是基于磁路结构的对称性、周期性以及不同用途和功能而组合的。其基本形式可归纳为如下三种。

①耦合运动磁场进行轴向往复运动的组合模型，如图6-1所示。

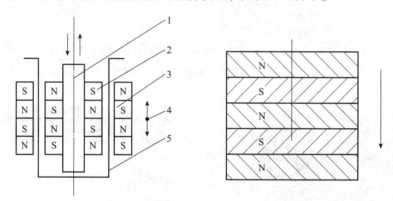

图6-1 轴向组合模型

1—轴；2—内磁转子；3—外磁转子；4—上、下移动结构；5—隔离套

②耦合运动磁场进行径向旋转运动的组合模型，如图6-2所示。

③耦合运动磁场进行轴向与径向组合的复合式运动的模型，如图6-3所示。

6.1.2 耦合运动磁场的数理分析

依据组合运动磁场的各种组合模型，对其进行动力学分析，定量地计算出气隙中的磁通密度从而确定磁场的吸引力是非常重要的。鉴于缺少绝磁物质，在组合磁场中的磁力线呈现出可遍及整个磁场的特殊性，要定量且准确地计算出气隙中的磁通密度是相当困难的。因此，通过理想磁路的计算方法，同时，考虑实际磁路中的漏磁现象而引入漏磁系数，然后就可以确定磁路中的磁吸引力，这是一种比较可靠的计算方法。

（1）理想磁路的数学分析

我们把没有磁阻、没有漏磁、没有工作点的分散永磁体发出的磁通量全部导入气隙中的磁路设定为理想磁路，于是可得：

$$B_m A_m = B_g A_g \tag{6-1}$$

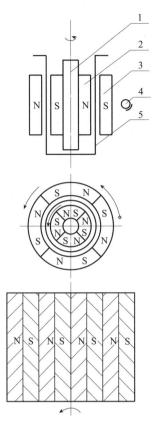

图6-2 径向组合模型

1—轴；2—内磁转子；3—外磁转子；4—旋转机构；5—隔离套

则

$$B_g = \frac{B_m A_m}{A_g} \qquad (6-2)$$

式中 B_m——永磁体的工作点处的磁感应强度；

A_m——永磁体的极面积；

B_g——气隙中的磁密（磁通密度）；

A_g——气隙面积。

依理想磁路的条件又可写出：

$$H_m L_m = H_g L_g \qquad (6-3)$$

$$H_g = \frac{H_m L_m}{L_g} \qquad (6-4)$$

式中 H_m——永磁体在工作点 B_m 处所对应的 H 值；

L_m——永磁体在充磁方向上的长度；

H_g——气隙中的磁场强度；

L_g——气隙长度。

如在空气中则 $B_m = H_g$，若将式（6-2）与式（6-4）相乘则得

$$B_g H_g = \frac{B_m H_m A_m L_m}{A_g L_g} \text{或} B_g^2 = \frac{B_m H_m V_m}{V_g} \qquad (6-5)$$

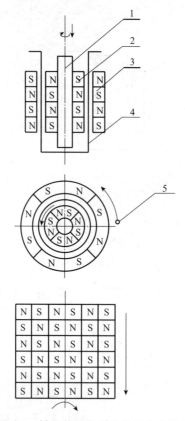

图6-3 轴向与径向组合的复合式模型

1—轴；2—内磁转子；3—外磁转子；4—隔离套；5—旋转机构

式中 V_m——永磁体体积；

V_g——气隙体积。

由于式（6-5）左端表示气隙的磁能密度，右端的分子表示永磁体的磁能，若将 V_g 移到等式左端，则该式即表示气隙中的磁通与永磁体的磁能相等。

将式（6-1）与式（6-3）联立，则有

$$\frac{B_m}{H_m}=\frac{B_g A_g L_m}{H_g L_g A_m}$$

（6-6）

其中，$\frac{B_m}{H_m}=\tan\theta$ 是永磁体负载 OP 的斜率，P 点是负载线与退磁曲线的交点，称为永磁体的工作点，如图6-4所示。

由于实际磁路中总存在漏磁和内阻，故需相应地引入漏磁系数 K_f 和磁阻系数 K_r。K_f 定义为总磁通 ϕ_t 与工作气隙磁通 ϕ_g 之比，即

$$K_f=\frac{\phi_t}{\phi_g}$$

磁阻系数 K_r 定义为总磁阻 R_t 与工作气隙磁阻 R_g 之比，即

$$K_r=\frac{R_t}{R_g}$$

将 K_f 引入式（6-1），K_f 引入式（6-3），有：

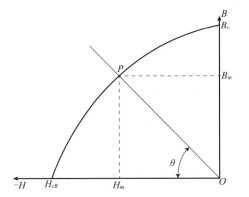

图6-4 永磁体的退磁曲线、负载线和工作点

$$B_m A_m = K_f B_g A_g \qquad (6-7)$$

$$H_m L_m = K_r H_g L_g \qquad (6-8)$$

$$\frac{B_m}{H_m} = \frac{K_f A_g L_m}{K_r L_g A_m} \qquad (6-9)$$

从式（6-9）可求出$\frac{B_m}{H_m}$的比值，作为负载线与退磁曲线相交，求出B_m和H_m，代入式（6-7）求出B_g，代入式（6-8）求出H_g。

K_f与K_r在理想磁路中均等于1，但实际磁路中，K_f与K_r是永远要小于1的。

（2）实际磁路的数学分析

对实际应用的磁路，计算它的磁通密度方法是较多的，如磁导法、差分法、有限元法等。由于磁导法简单、有效且很实用，这里仅以此法为例，做一介绍。

对于式（6-7）与式（6-8）以及$\tan\theta = \frac{B_m}{H_m} = \frac{K_f A_g L_m}{K_r L_g A_m}$而言，在不同的磁路中，$K_f$可在1～20甚至更大的区域中变化，而$K_r$的变化范围却很小，可在1.05～1.55之间取值，故在磁导法的计算中，常取中间值$K_r \approx 1.30$。磁导法中的重点是求K_r，但是必须求出各部分的磁导P_i（包括P_g），其计算式为

$$\frac{B_m}{H_m} = \frac{L_m}{A_m} \sum P_i \qquad (6-10)$$

$$K_f = \sum \frac{P_i}{P_g} \qquad (6-11)$$

或

$$K_f = K_r \sum \frac{P_i}{P_g} \qquad (6-12)$$

然后，在退磁曲线上作$\tan\theta = \frac{B_m}{H_m}$的负载线，具体定出$B_m$和$H_m$，于是就可以利用式（6-7）与式（6-8）求出$B_g$和$H_g$，可见，用磁导法计算气隙的磁密，就是计算磁路中各部的磁导。磁导不但是磁阻的倒数，而且其大小与磁路中的截面积成正比，与长度成反比，其关系式为：

$$P = \frac{MA}{L} \qquad (6-13)$$

式中　P——磁导，H；

　　　A——磁路截面积，cm^2；

　　　L——磁路长度，cm；

　　　M——磁导率，H/cm。

分析磁导可采用下述三种方法：

①基本公式法，$P = \dfrac{\phi}{E}$，其中 ϕ 为磁通，E 为磁势。

②将上式化为磁通路径的体积与长度平方之比，即

$$P_i = \frac{\phi_i}{F_i} = \frac{B_i A_i}{H_i L_i} = \frac{A_i}{L_i} = \sum_j \frac{A_{ij}}{L_{ij}} = \sum_j \frac{A_{ij} L_{ij}}{L_{ij}} = \sum_j \frac{V_{ij}}{L_{ij}^2}$$

亦即
$$P_i = \sum \frac{V_{ij}}{L_{ij}^2} \tag{6-14}$$

③根据等效磁荷原理估算永磁体的磁导：

$$P = \sqrt{\pi S} \tag{6-15}$$

$$\frac{B_m}{H_m} = \frac{L_e}{A_m} = \sqrt{\pi S} \tag{6-16}$$

式中　S——孤立永磁体表面的 1/2；

　　　L——孤立永磁体的有效长度；

　　　A_m——孤立永磁体与磁化方向垂直的截面积。

（3）组合磁场的动力学分析

从理论力学可知，一个体系在某一方向上的力应等于在该方向上的能量梯度，即

$$F_i = \frac{\partial W}{\partial q_i} \tag{6-17}$$

式中　W——一个体系的能量；

　　　q_i——在 i 方向上的坐标；

　　　F_i——i 方向上的力。

这就是计算磁力的基本方法，其中，磁力包括吸引力和排斥力两个方面。

①吸引力

a. 吸引力的最简单模型。如图 6-5 所示，当一块永磁体吸引一块铁，其间隙为 L_g，永磁体的面积为 A_g，气隙磁通密度为 B_g，而且 L_g 很小时，则 B_g 在间隙中各点可认为是均匀的。因此，气隙中能量的简单表达式则为：

$$W = \frac{B_g^2 A_g L_g}{2\mu_0} \tag{6-18}$$

或
$$W = \frac{B_g^2 A_g L_g}{8\pi} \tag{6-19}$$

由式（6-18）得吸引力：

$$F = \frac{B_g^2 A_g}{2\mu_0} \tag{6-20}$$

式中　F——吸引力，N；

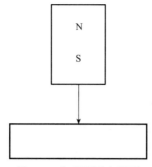

图6-5 永磁吸引力模型

B_g——气隙磁通密度，Wb/m^2；

A_g——永磁体的面积，m^2；

μ_0——真空绝对磁导率，$4\pi \times 10^{-7} H/m$。

由式（6-19）得吸引力：

$$F = \frac{B_g^2 A_g}{8\pi} \tag{6-21}$$

式中　F——吸引力，kgf；

　　　B_g——气隙磁通密度，Gs；

　　　A_g——永磁体的面积，cm^2。

为了计算方便，可将上述公式化为：

$$F = \left(\frac{B_g}{4965}\right)^2 A_g \tag{6-22}$$

式中　F——吸引力，kgf；

　　　B_g——气隙磁通密度，Gs；

　　　A_g——永磁体的面积，cm^2。

如果气隙较大，B_g 不均匀，能量表达式应为：

$$W = \frac{1}{2} \iiint \frac{B_g^2}{\mu_0} dV \tag{6-23}$$

式中，dV 为气隙体积元，积分在全部气隙中进行。如果气隙中有 $\mu_r \neq 1$ 的介质，则上式中的 μ_0 应变为 μ_r。由计算机求解出 W 后，再由式（6-17）求出磁力。

也可以不先求 W，而直接求磁吸引力：

$$F = \iint_S P dS \tag{6-24}$$

式中　F——作用于磁性体上的磁吸引力；

　　　S——包围该物体的任意表面；

　　　P——作用于该表面上的应力。

$$P = \frac{1}{\mu_0} (n \cdot B) B - \frac{1}{2\mu_0} B^2 n \tag{6-25}$$

式中　n——沿积分表面 S 法线方向上的单位矢量；

　　　B——磁感应强度矢量。

b. 磁耦合力的微分模型。磁耦合力 f 为：

$$f = -\left[\frac{\mathrm{d}W_m}{\mathrm{d}g}\right]_{\phi = 常数} \tag{6-26}$$

式中　$\dfrac{\mathrm{d}W_m}{\mathrm{d}g}$——磁场能量 W_m 随坐标 g 的变化率；

　　　ϕ——与磁路交链的总磁通。

在一个非均匀场中，磁场的能量可表示为：

$$W_m = \frac{1}{2}E^2 G \text{ 或 } W_m = \frac{1}{2}E\phi \tag{6-27}$$

式中　E——工作磁隙中的磁势；

　　　G——磁导。

在理想状态的磁力耦合系统中，正常使用的磁力耦合系统，其磁势可近似地看作不变，磁力耦合力 f 的大小可写成：

$$f = -\frac{1}{2}E^2\frac{\mathrm{d}G}{\mathrm{d}g} \tag{6-28}$$

从式中可以看出，在相同的磁势 E 条件下，磁导 G 随坐标 g 的变化率$\dfrac{\mathrm{d}G}{\mathrm{d}g}$愈大，则磁耦合力 f 也愈大，因此，要获得足够大的磁传动力，就应当在工作磁隙中建立足够的磁势 E，同时还应使磁导 G 在力的传递方向随坐标 g 的变化率足够大。

c. 耦合力的数学分析。磁场是物质存在的一种形态，具有能量和动量。在传递力或扭矩的过程中，场的分布发生变化或者说磁场旋度 $\mathrm{rot}H$ 不为零，则随时在磁场中任一处所存在的单位体积力f_g 可表示为

$$f_g = \frac{1}{4\pi}\mathrm{rot}H \times B = \frac{1}{4\pi\mu}(\mathrm{rot}B) \times B \tag{6-29}$$

根据矢量运算可知：

$$\mathrm{grad}(A \cdot B) = A\,\mathrm{grad}B + B\,\mathrm{grad}A + A \times \mathrm{rot}B + B \times \mathrm{rot}A \tag{6-30}$$

因此

$$\frac{1}{4\pi\mu}(\mathrm{rot}B) \times B = \frac{1}{4\pi\mu}B\,\mathrm{grad}B - \frac{1}{8\pi\mu}(B \cdot B) \tag{6-31}$$

由于　　　　　　　　　$B(\mathrm{grad}B) = \mathrm{div}(BB) - B\,\mathrm{div}B$

而且　　　　　　　　　　　　$\mathrm{div}B = 0$

因此　　　　　　　　　　$B(\mathrm{grad}B) = \mathrm{div}(BB)$

把上列各式综合处理可得：

$$f_g = -\frac{1}{8\pi\mu}\mathrm{grad}B^2 + \frac{1}{4\pi\mu}\mathrm{div}(BB) \tag{6-32}$$

整个磁场区内体积力的计算，是将 f_g 进行体积积分所得：

$$f_{gV} = \iiint\limits_V f_g\mathrm{d}V = -\frac{1}{8\pi\mu}\iiint\limits_V \mathrm{grad}B^2\mathrm{d}V + \frac{1}{4\pi\mu}\iiint\limits_V \mathrm{div}(BB)\mathrm{d}V \tag{6-33}$$

矢量分析公式：

$$\iiint\limits_V \mathrm{grad}f\mathrm{d}V = \iint\limits_S f\mathrm{d}S$$

$$\iiint_V \mathrm{div}A = \iint_S A\mathrm{d}S$$

整理式（6-33）为：

$$f_{gV} = -\frac{1}{8\pi\mu}\iint_S B^2\mathrm{d}S + \frac{1}{4\pi\mu}\iint_S BB\mathrm{d}S$$

$$= -\frac{1}{8\pi\mu}\iint_S B^2\mathrm{d}S + \frac{1}{4\pi\mu}\iint B^2\cos\theta B_o\mathrm{d}S \qquad (6-34)$$

式中　$\cos\theta$——矢量 B 与面积元 $\mathrm{d}S$ 法线方向间夹角的余弦；

　　　B_o——B 的单位矢量。

式（6-34）积分项中，第一项表示与面积元法线方向相反的表面力，因此，积分是沿着整个磁场的边界进行的；第二项表示 $B^2\cos\theta$ 沿边界的面积分，因此，在矢量 B 与面积 $\mathrm{d}S$ 法线的夹角为90°时，其值为零，由此，第二项沿磁场侧面积的积分为零。对式（6-34）第一项采用 MKSA 制改写为：

$$F_S = \left(\frac{1}{5000}\right)^2\iint_S B\mathrm{d}S \qquad (6-35)$$

根据磁路设计和计算的实际对式（6-35）简化改写为：

$$F_y = \frac{1}{1+\alpha\delta}\left(\frac{B}{5000}\right)^2 S_c \qquad (6-36)$$

式（6-36）表示某一单元（或单级磁极）磁体的磁吸引力计算式，在磁力耦合传动技术的设计和组合排列中，其磁路是由多级磁极耦合组成的，因此，式（6-36）应改写为：

$$F_x = \frac{m}{1+\alpha t_g}\left(\frac{B}{5000}\right)^2 S_c \quad (\mathrm{kgf}) \qquad (6-37)$$

式中　m——磁极极数；

　　　α——磁体损失系数（或漏磁因数），计算较为复杂。根据设计经验和试验计算假定，在常用磁传动的设计中取值0.3~0.5；

　　　t_g——磁隙高度，cm；

　　　B——磁体的工作点，通过计算磁导值，在 $B-H$ 图上用图解法求得，Gs；

　　　S_c——磁极作用方向上的磁极面积，cm^2。

②排斥力　从库仑定律可知，排斥力在数值上与吸引力相等：

$$F = \frac{\mu_0}{4\pi}\times\frac{Q_{m1}Q_{m2}}{r^2} \qquad (6-38)$$

式中，若磁极强度 Q_{m1}、Q_{m2} 都是正值，或者都是负值，则力为正值，为排斥力，为负时为吸引力。而只要 Q_{m1}、Q_{m2} 的数值保持不变，则在同样的距离 r 下，磁极的排斥力在数值上等于吸引力。这样，关于排斥力的计算可以转化为吸引力的计算，前提就是永磁体磁极强度不变。对于线性退磁曲线的铁氧体和稀土钴永磁体，这个前提基本满足，而对于 Al-NiCo 等矫顽力低的永磁体，这个前提不满足。即使对于矫顽力很高的 RCo_5，吸引力也稍大于排斥力。这是由于在排斥条件下，有一小部分磁矩偏离原来的方向，使磁极强度有所减小。两个永磁体的退磁曲线与纵坐标的交角越接近45°，则其磁化强度 M 在退磁场中的变化越微小，这时，就可以有效地利用排斥力等于吸引力的关系式，将排斥力转化为吸引力进行计算了。

6.1.3 耦合运动磁场的力学特性

(1) 耦合运动磁场磁路结构配置时应考虑的问题

①保证工作气隙中按设计要求所给出的磁力或磁扭矩,提供一个最佳的磁场强度;
②耦合运动磁场的稳定性好,磁路体积小;
③选定良好的材质和足够的机械强度。

进行磁路结构方式的最佳配置,选择最理想的磁路形貌,通过永磁体之间的规律性排列组成一个磁通量近于密闭的磁路,营造出磁路中能够满足设计要求的耦合磁场是磁力耦合传动装置设计中一个极为重要的环节。

在考虑上述要求后,在配置磁路时应根据耦合磁场的运动形式、结构的运行方式、机械运动与磁力耦合传动的相互配合关系等多方面因素确定磁路结构的配置方式。此外,在磁路配置的过程中,充分考虑永磁体的厚度、工作气隙、磁极数目和永磁体的轴向排列方式等问题也是十分必要的,因为永磁体选取后其磁性能即为定值,但永磁体耦合面上的剩余磁感应强度的大小与永磁体的厚度有关,瓦形永磁体的形状一经给定后,磁力耦合面气隙中的磁感应强度就有一个相对应的值。通常把永磁体的厚度与耦合面弧长之比称为永磁体几何形状系数,以 η 表示。实验表明:在气隙恒定的情况下,当 $\eta < 0.4$ 时,磁感应强度 B_r 随 η 增加而快速增大;在 $\eta > 0.6$ 以后的区域中,虽然 η 值增加 B_r 值也随之增加,但是比较缓慢。

通常把永磁体排列成圆筒形,并且把圆筒形轴向长度 L 与磁体径向截面直径 D 之比值 $\frac{L}{D}$ 称为永磁体的长径比,除一些特殊设计要求外,长径比的取值范围一般在 $0.2 \sim 1.7$ 之间。

磁极系数 K_j 与磁作用平均直径成正比,与磁极数目和工作气隙 t_g 成反比。在磁路结构设计中,确定相关参量是一个非常重要的问题。根据经验,在工作气隙 t_g 值大时 K_j 选大值,t_g 值小时 K_j 选小值。

此外,在引入了磁极系数 K_j 后,在磁路设计中对其他一些参考值也应给予足够的注意。

(2) 耦合运动磁场永磁体排列结构的配置方式

①永磁体排列的几种方式 有关磁路结构的配置问题,最初在二、三代永磁材料问世之前,所采用的磁路配置方式比较简单,是单行间隙排列的磁路配置形式。这种磁路配置方式缺点较多,很难适应工业生产的要求,很快就被淘汰了。

随着新一代永磁材料研制成功,磁极间的磁化强度的相互干扰已大为减小,因而出现了单行紧密排列的磁路配置方式。这种方式是磁极间的交替排列,容易产生磁力线,在同一转子上形成回路而造成磁通浪费,继而又出现了单行聚磁排列的磁路配置方式,如果磁力耦合传动装置在轴向长度允许的条件下,还可采用多行聚磁排列的磁路配置方式。后两种形式不但可以进一步提高磁力耦合传动装置的扭矩,而且也有利于磁力耦合传动装置直径的减小,从而可减少能量的耗损。

　　为了避免相邻异性磁极间的磁通形成回路而产生磁通损耗，又出现了渐变式磁路配置。这种磁路可以使内、外转子间磁场强度大幅提高，更有利于磁力耦合传动性能的发挥。

　　②永磁体排列方式的选择　为了减少因磁路边缘效应造成部分磁通损耗，也可以在磁路两端部分别配置一个较薄的磁极来实现磁路补偿。

　　磁力耦合传动装置中磁极数目的多少与转子径向尺寸的大小和单个磁极尺寸等因素密切相关。一般来说，磁极数目多或少都会影响磁极耦合场强及磁扭矩高低，磁扭矩通常有一个最佳值，这是磁路设计中参数选择的一个重要议题。如前所述，磁极既可排成单排，也可排成数排，但是随着磁极排数的增加，其扭矩并非呈线性增加。经验表明：磁极按偶数排列配置，除大磁间隙、大功率、高转速等特殊情况外，其选择磁极配置数目通常在 8 ~ 30 之间较为适宜，因为在这一范围内传递的扭矩较大。此外，增大磁转子的径向尺寸，加大旋转半径或增加内、外磁体相互作用的总面积，在一定程度上可提高磁力耦合传动装置的传递扭矩。缩小工作气隙尺寸也有利于传递扭矩的提高，但是过小的气隙必将会受到使用条件的制约或给加工制造和安装带来困难。根据经验，选定工作气隙值时可按以下两种情况考虑：

　　a. 作为动力传递的磁力耦合传动机构时，其单边有效工作气隙选值范围一般在 0.75 ~ 2.5mm 之间；

　　b. 作为动力密封传递的磁力耦合传动密封装置时，其单边有效工作气隙选值范围一般在 1.5 ~ 7.5mm。

　　(3) 磁路排列形式的对比分析及最佳磁路形貌选择

　　根据永磁体排列形式的不同，磁路的形式可分别排列成间隙分散式和无隙组合拉推式两种。前者两个永磁体之间按一定间隔距离进行排列即为分散型，而后者两个永磁体之间无间隙地靠紧排列即为紧密型。图6-6(a) 与图6-7(a) 分别给出了直线型磁力耦合传动装置的两种不同排列形式。

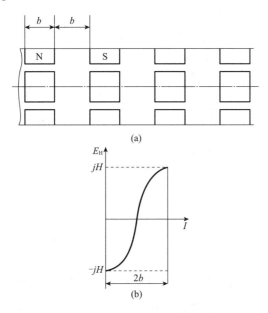

图 6-6　间隙分散式磁路的排列与静磁能曲线

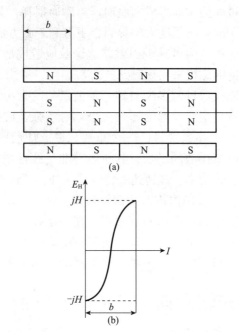

图 6-7　无隙组合拉推式磁路的排列与静磁能曲线

从图中可以看出：相同体积下的磁力耦合传动装置，组合拉推式排列与间隙分散式排列相比较，组合拉推式排列的永磁体多于间隙分散式排列的永磁体。相较之下，组合推拉式所传递的力或扭矩较大，或者说，磁组合的外形体积就会减小。

图 6-6（b）与图 6-7（b）分别为间隙分散式与无隙组合拉推式磁力耦合传动装置的能量曲线。结合上述图中的曲线可以看出，图 6-6（a）所示磁路中，当位移增量 $d_g = 2b$ 时，静磁能从 $-jH$ 增大到 jH，而图 6-7（a）所示的磁路中，当位移增量 $d_g = b$ 时，静磁能即可从 $-jH$ 增大到 jH。可见，无隙组合拉推式磁路所传递的扭矩明显大于间隙分散式磁路传递的扭矩。这一结论在圆筒形磁力耦合传动装置中也是适用的。

图 6-8 是旋转圆盘式两种不同磁路形式的对比图示意图。

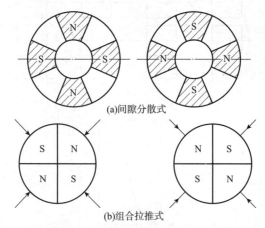

图 6-8　旋转圆盘式磁力耦合传动机构两种不同磁路的对比

图 6-8（a）为间隙分散式磁路的轴向排列形式，图 6-8（b）为组合拉推式磁路的轴向排列形式。从两者的对比简图中可以看出，当二者的体积相同时，组合拉推式的磁扭矩一定

大于间隙分散式的磁扭矩,这是由在相同体积下永磁体的面积增大而引起的。

图6-9是紧密型组合拉推式磁路传递扭矩的原理图。从图中可看出,当从动磁组件的磁极S位于主动磁组件N、S两个极的中间位置时,扭矩最大。根据同性相斥、异性相吸的原理,相邻两磁极对于从动磁极的作用力在旋转方向上是叠加的,这有助于获得高传动扭矩。同时,还可以看到,轴向作用力通过磁场力的作用可以减轻甚至抵消,这对提高支撑轴承的寿命是很有利的。此外,在这种磁路的磁力耦合传动装置中,由于在两磁极间有非磁性的金属隔离套,并且由于靠得很近的两磁极产生的轴向磁场可以互相抵消,可以有效地控制或减小在隔离套壁内的涡流损失,也可以有效地控制或减少因涡流引起的隔离套发热。所以,这种组合式磁路的磁力耦合传动装置具有较好的磁场透过器壁传递能量的效果,不仅是力或扭矩的传递器件,还可以在磁力耦合传动装置以外的密封结构装置中适用。

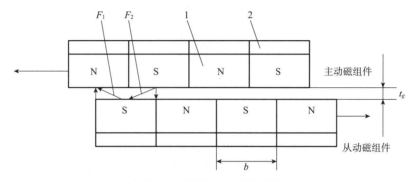

图6-9 紧密型组合拉推式磁路传递扭矩原理图

1—永磁体;2—软磁材料;F_1—拉力;F_2—推力;t_g—工作间隙;b—永磁体宽度

6.2 耦合运动磁场的运动学分析

6.2.1 耦合运动磁场的运动模型

同轴圆筒型耦合磁场模型如图6-10(a)所示。此时耦合磁场处于静止状态,外磁体的N极(S极)与内磁体的S极(N极)相互吸引并成一直线,这时扭矩为零;当外磁体在原动力作用下做旋转运动时,刚开始时内磁体由于摩擦力及被传动件阻力的作用处于静止状态,这时外磁体相对内磁体开始偏移一定的角度,由于角度的存在,外磁体的N极(S极)对内磁体的S极(N极)有一个拉动作用,同时外磁体的N极(S极)对内磁体的前一个N极(S极)又有一个推动作用,使内磁体有一个跟着旋转的趋势,当外磁体的N极(S极)刚好位于内磁体的两个极S极(N极)之间时,产生的推拉力达到最大,从而带动内磁体旋转。其耦合磁场运动状况的模型如图6-10(b)所示,在传动过程中,隔离套将外磁体和内磁体隔开,磁力线穿过隔离套将外磁体的动力和运动传给内磁体,从而实现了无接触、全密封的传递。

对于另外一种典型耦合运动磁场的基本模型——同轴圆盘型,其实质同上。为便于说明问题,将磁极展成直线排列,如图6-11所示。

假设每个磁体端面上装有 m 个(偶数)磁块,磁极呈正反交替排列。静止时,磁极自动对准,异性相吸,磁极间夹角 $\phi = 0°$,此时无传动扭矩;而在启动过程中,随着 ϕ 角增

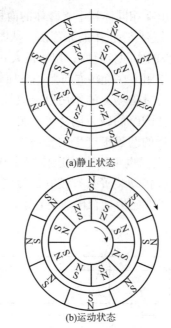

(a)静止状态

(b)运动状态

图 6-10　同轴圆筒型耦合磁场模型

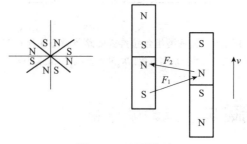

图 6-11　平面模型

大，传动扭矩将增大，当主、从动磁体相位角 $\phi = \pi/m$ 时，一个磁体的每个磁极正好处于另外一个磁体的两个磁极的中间位置，此时传动扭矩最大。一般运动过程中 $0 < \phi < \pi/m$ 传动的圆周力 $F = F_1 + F_2$，传动扭矩 $T = \sum_{i=1}^{n} FR$。这里，F_1 为主动磁体对从动磁体单对磁极的吸引力；F_2 为主动磁体对从动磁体单对磁极的排斥力；R 为磁环的平均半径。

　　耦合运动磁场的组合模型有多种，但传动原理不外乎吸引力和排斥力的同时作用，其传递运动成败的关键因素之一是传动扭矩计算的准确性。扭矩的大小取决于磁性材料的磁性能、几何尺寸、磁极个数、排数、气隙、传动半径等诸多因素。具体设计中应考虑用较少的永磁材料来传递较大的扭矩，这无疑只能通过优化设计的方法来解决。

6.2.2　耦合运动磁场的运动特性分析

（1）耦合运动磁场运动状态及磁场作用力

　　在耦合磁场的运动中，主、从动磁组件的运动状态如图 6-12 所示。图中所给出的是一个四极对称耦合磁组件。图中（a）处于静磁能状态，磁场不做功，能量处于最低态；在图

（b）中，主动磁组件在外力 F 的作用下做平移运动，从动磁组件拖动载荷 Q 与主动磁组件做相对同步运动，但主、从动磁组件产生了位移差 ΔL；同理，在图（c）中由于外力 F_1（$F_1 > F$）的作用，使得主、从动磁组件产生了位移差 ΔL_1，在图（d）中，由于 F_2（$F_2 > F$）的作用，主、从动磁组件产生了位移差 ΔL_2。当 $\Delta L_2 = \dfrac{b}{2}$ 时，F_2 为最大拖动力，磁力耦合传动装置处于临界状态，此时是最大磁场脱开力，b 为一磁极作用方向上的宽度。

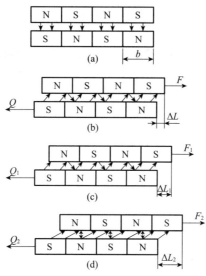

图6-12　耦合磁场运动状态示意图

（2）位移差与滞后角

根据图6-13分析，在做直线运动的一对磁组件中，当主、从动磁组件做功时，主、从动磁组件产生位移差 ΔL，当位移差 $\Delta L = \dfrac{b}{2}$ 时，两磁组件做相对滑脱运动。在旋转运动中，主、从动磁组件做功，同样会产生转角差（称滞后角）$\Delta\phi$，当滞后角 $\Delta\phi = \dfrac{t_o}{2}$ 时（t_o 为一磁极作用方向上的弧长，$t_o = \dfrac{2\pi}{n} R_2$），做旋转运动的内、外磁组件做相对滑脱运动，此时是最大脱开扭矩，即临界扭矩。

在磁路的设计中，位移差与滞后角是耦合磁场运动的重要特性参数。在磁力耦合传动系统的工作过程中，位移差 ΔL 或滞后角 $\Delta\phi$ 均随负载 Q 的增大或减小而相应增大或减小，但无论位移差 ΔL 或滞后角 $\Delta\phi$ 增大或减小，在磁力耦合传动机构的设计中均有一个规定的范围值。这个范围值是由两个参数确定的，即系统启动过程的力或扭矩和额定运转过程的力或扭矩。具体确定方法是：

①确定安全系数及额定载荷启动力和扭矩。磁力耦合传动系统的启动运转过程如图6-13所示。从图中可看出：OA 段为启动过程，A 点为最大启动力或扭矩点；AB 段为缓冲过程，由最大启动值过渡到额定运行过程，B 点为额定运行时的额定力或扭矩；BB_o 段为额定运行过程。在 A 点时：$\Delta L < \dfrac{b}{2}$；$\Delta\phi < \dfrac{t_o}{2}$。

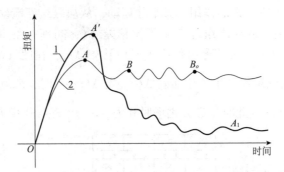

图6-13 磁力耦合传动系统的启动运转过程曲线
1—超载启动过程曲线；2—额定载荷启动过程

当超载启动时，由图中看出，OA'为启动过程，A'点为滑脱力和扭矩点，从此点开始，主、从动磁组件做相对滑脱运动；$A'A_1$为振动运动过程，由于主动磁组件随着动力机做匀速运动，而从动磁组件滑脱后并没有完全停止运动，而是继续做相对滑脱运动。主、从动磁组件的磁场从耦合态变为相对运动的交变状态，由于交变磁场产生吸引力和排斥力的交变运动过程，系统发生强烈振动。在A'点时：$\Delta L = \dfrac{b}{2}$；$\Delta\phi = \dfrac{t_o}{2}$。因此，若要系统安全启动运行，在结构设计的过程中要考虑到安全系数，把ΔL与$\Delta\phi$写成下式：

$$\Delta L = f_1 \frac{b}{2} \tag{6-39}$$

$$\Delta\phi = f_2 \frac{t_o}{2} \tag{6-40}$$

根据图示分析：f_1或f_2应为额定载荷启动力或扭矩T_A与超载启动力或扭矩（或称最大滑脱力或扭矩）$T_{A'}$之比值，即：

$$f_1 \text{ 或 } f_2 = \frac{T_A}{T_{A'}} \tag{6-41}$$

f_1或f_2为启动安全系数，可视为常数，通常f_1或f_2为0.88。

分析上式和图6-13可以看出，额定载荷启动力或扭矩T_A值是磁力耦合传动机构在设计时的一个非常重要的参数，确定T_A值后，其他参数就比较容易解决。T_A值与系统的启动时间、惯性矩、载荷的大小等诸多因素有关。综合分析这些因素，根据图6-13曲线，可确定T_A值为：

$$f_3 = \frac{T_B}{T_A}$$

即

$$T_A = \frac{T_B}{f_3} \tag{6-42}$$

式中，f_3为启动力或扭矩与额定力或扭矩之比值，通常称为启动系数。f_3值根据不同运动系统中的惯性矩等因素是可变的，而且变化范围较大。

例如，一台0.5kW的制冷压缩机，f_3值为0.32；一台0.5kW的塑料泵直联启动时，其f_3值为0.28，但是若将此泵加入延时启动器，使启动时间由0.7s延长到1.2s时，则f_3即由0.28增加到0.61，可见f_3值变化较大，采取措施也可控制，可视具体情况在具体设计中解决。大量实验表明，f_3值的变化范围确定可在0.26~0.88范围内选取。

②额定力或扭矩 T_B 值与滑脱力或扭矩 $T_{A'}$ 值的关系。根据上述推论：从式（6-42）和 $T_A = f$（或 f_2）$T_{A'}$ 中即可得出：

$$T_B = f_1 f_3 T_{A'} \tag{6-43}$$

该式即为 T_B 值与 $T_{A'}$ 值的关系式。

（3）运转特性

磁力耦合传动装置作为原动机与工作机之间的动力传递装置，在使用中必然有启动、反转、制动等启动的过渡过程及稳定的运转状态，其运转特性如图6-14所示。

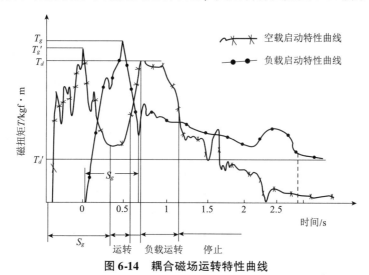

图6-14 耦合磁场运转特性曲线

T_g—负载最大启动扭矩；T_d—负载扭矩；
T_g'—空载最大启动扭矩；T_d'—空载扭矩；S_g—启动时间

图中表明，由磁力耦合传动装置连接的传动系统和通常的机械传动系统一样，都是一个惯性系统，它的启动特性与一般的机械传动部件有相似之处，即启动扭矩高于稳定运转时的工作扭矩。依运动学原理，启动方程应满足：

$$T_a = T - T_d = J\frac{\mathrm{d}W}{\mathrm{d}t} = \frac{(GD)^2}{375} \times \frac{\mathrm{d}n}{\mathrm{d}t} > 0 \tag{6-44}$$

式中　T_a——惯性扭矩或称为动态扭矩；

　　　T——输入扭矩；

　　　T_d——稳定工作扭矩；

　　　n——额定转速；

　GD——运动系统在磁力耦合传动从动轴上反映的飞轮惯量。

当磁力耦合传动装置被用于传递扭矩时应考虑以下几点：

①带负载直接启动的情况。在电动机有关性能参数允许的范围内进行降压启动以延长启动时间，可降低启动扭矩，节省磁性材料，降低成本。

试验测试与研究表明，对于不同惯性系统，适当延长启动时间，可使磁力耦合传动装置带负载直接启动的能力成倍增加。

②空载启动情况。空载启动时，GD 减小，易启动。

③减振特性。图6-15所示为两种传动方式的横向振动试验曲线。显然，由于磁力耦合

传动装置接触的柔性传动，在传动过程中振动很小。

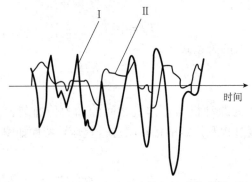

图6-15　两种不同传动方式横向振动的曲线对比

Ⅰ—采用弹性柱销联轴器连接的泵体振动曲线（电动机功率：7.5kW，轴的同轴度误差小于0.3mm）；

Ⅱ—采用磁力耦合传动装置连接的泵体振动曲线（电动机功率：13kW，轴的同轴度误差小于2mm）

④滑脱特性。磁力耦合传动装置的从动磁组件在过载或卡住时，主、从动磁组件会产生滑脱，处在交变磁场的作用下，将产生涡流损耗、磁滞损耗和剩余损耗，这些损耗的大部分转变为热能引起磁体温度上升，从而严重影响永磁材料的性能。

⑤径向与轴向磁吸引力对运转特性的影响。同轴圆筒型磁力耦合传动装置的磁路结构由于它的对称性和运转时的磁特性可将磁吸引力降低到很小，对其运转特性影响不大。但是对圆盘型磁力耦合传动装置来说，主、从动磁组件磁路间的吸引力引起轴向力，这在传递较小扭矩时因轴向力较小而易于克服，影响不大，但是当传递扭矩较大时，因轴向力过大，则难以克服。一般来说，磁力耦合传动装置用于传递扭矩时，在无特殊要求的情况下则选用同轴圆筒型更为可靠。

6.2.3　耦合运动磁场磁扭矩数理分析

（1）圆盘型耦合运动磁场磁扭矩的数学分析

图6-16所示为圆盘型耦合运动磁场模型，图6-17描述了耦合运动磁场永磁体的工作点变化。

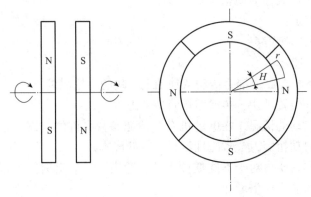

图6-16　圆盘型耦合运动磁场模型

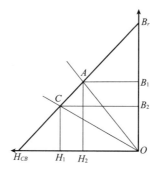

图 6-17　耦合运动磁场永磁体的工作点变化

如图 6-17 所示，静止时，永磁体的工作点在 A 点，这是低能态。当耦合磁场运动时，主、从动永磁体有一角度差（或叫相位差）θ，永磁体的工作点在 C 点，这是高能态。令这部分能量差为 W，同时令 OAC 的面积为 S，则

$$W = \left(\frac{S}{8\pi}\right) V_m = \frac{1}{2} B_r (H_2 - H_1) \ V_m \frac{1}{8\pi} \tag{6-45}$$

式中，V_m 为全部永磁体的体积，$V_m = 2A_m L_m$。在 A 点有

$$\left. \begin{array}{l} B_1 A_m = K_{f1} B_{g1} A_g \\ H_1 L_m = K_{r1} H_{g1} L_g \end{array} \right\} \tag{6-46}$$

在 C 点有：

$$\left. \begin{array}{l} B_2 A_m = K_{f2} B_{g2} A_g \\ H_2 L_m = K_{r2} H_{g2} \sqrt{L_g^2 + (r\theta)^2} \end{array} \right\} \tag{6-47}$$

式中　B_1，B_2——永磁体工作点的 B 值；

$\qquad$ H_1，H_2——永磁体工作点的 H 值；

$\qquad$ A_m——永磁体的平均截面积；

$\qquad$ L_m——永磁体的平均长度；

$\qquad$ B_g——气隙磁密；

$\qquad$ H_g——气隙磁场强度；

$\qquad$ A_g——气隙平均截面积；

$\qquad$ L_g——气隙长度；

$\qquad$ K_f——漏磁系数；

$\qquad$ K_r——磁阻系数。

假定 $A_g = A_m$（即忽略漏磁）、$B_{g1} = H_{g1}$ 和 $B_{g2} = H_{g2}$（在空气和真空中成立，在 Al、Cu、无磁不锈钢中也基本成立），得到：

$$\left. \begin{array}{l} B_1 = \dfrac{K_{f1}}{K_{r1}} \times \dfrac{H_1 L_m}{L_g} \\[3mm] B_2 = \dfrac{K_{f2}}{K_{r2}} \times \dfrac{H_2 L_m}{\sqrt{L_g^2 + (r\theta)^2}} \end{array} \right\} \tag{6-48}$$

利用 $B_r - H = B$ 的关系式，求出

$$H_1 = \frac{B_r}{1 + (K_{f1}/K_{r1})(L_m/L_g)} \left.\begin{array}{c}\\ \\ \\ \\ \\ \end{array}\right\} \tag{6-49}$$
$$H_2 = \frac{B_r}{1 + (K_{f2}/K_{r2})(L_m/\sqrt{L_g^2 + (r\theta)^2})}$$

于是，得到能量表达式

$$W = \frac{1}{2} \times \frac{V_m}{8\pi} B_r^2 \left(\frac{1}{1 + \dfrac{K_{f2}}{K_{r2}} \times \dfrac{L_m}{\sqrt{L_g^2 + (r\theta)^2}}} - \frac{1}{1 + \dfrac{K_{f1}}{K_{r1}} \times \dfrac{L_m}{L_g}} \right) \tag{6-50}$$

进一步计算扭矩：

$$T = \frac{\partial W}{\partial \theta} = \frac{1}{2} \times \frac{V_m}{8\pi} B_r^2 \times \frac{K_{f2}}{K_{r2}} \times L_m \times \frac{[L_g^2 + (r\theta)^2]^{\frac{3}{2}} r(r\theta)}{\left[1 + \dfrac{K_{f2}}{K_{r2}} \times \dfrac{L_m}{\sqrt{L_g^2 + (r\theta)^2}}\right]^2} \tag{6-51}$$

令

$$\frac{L_g}{\sqrt{L_g^2 + (r\theta)^2}} = \cos\varphi$$

$$\frac{r\theta}{\sqrt{L_g^2 + (r\theta)^2}} = \sin\varphi$$

代入式 (6-51) 得

$$T = \frac{1}{2} \times \frac{V_m}{8\pi} B_r^2 \times \frac{K_{f2}}{K_{r2}} \times \frac{rL_m}{L_g^2} \left(\frac{\sin\varphi\cos^2\varphi}{1 + \dfrac{K_{f2}}{K_{r2}} \times \dfrac{L_m\cos\varphi}{L_g}} \right) \tag{6-52}$$

当 $K_{f2}/K_{r2} = 1$ 时，欲得到最大的扭矩 T_{max}，由式 (6-51) 确定的条件是

$$\varphi = 50.4°, \quad L_m/L_g = 3$$

将这两个值代入式 (6-52)，得

$$T_{max} = 1.32 \times 10^{-2} \times B_r^2 A_m r$$

式中　B_r——永磁体的剩磁，GS；

　　　A_m——永磁体的面积，cm^2；

　　　r——永磁体的平均半径，cm。

需要说明两点：

①当 K_{f2}/K_{r2} 和 L_m/L_g 的值变化时，φ 的最佳值也要变化；

②在 L_g 较大的场合，$K_{f2}/K_{r2} = 1$ 和 $L_m/L_g = 3$ 这两个条件不能实现，这时得到的扭矩 T 明显地小于 T_{max}。T_{max} 是理想设计的最大值，在 L_g 较小时，能接近 T_{max}。

（2）同轴圆筒型耦合运动磁场磁扭矩的数学分析

①静磁能理论求解法。其基本公式为：

$$T = \left(\frac{1}{5000}\right)^2 KMH_m St_h R_c \sin\frac{m}{2}\phi \tag{6-53}$$

②气隙数值求导法。计算公式如下：

$$T = F_x R_c \quad (\text{N} \cdot \text{m}) \tag{6-54}$$

式中　R_c——磁场作用的力臂，对旋转件来说为磁场转动作用的平均半径，m；

F_x——磁场作用力（或磁场吸引力），N。

$$F_x = 3.92 \times 10^{-7} \frac{m}{1 + \alpha t_g} B^2 S_c \qquad (6-55)$$

式中　m——磁极极数；

　　　t_g——磁隙宽度，cm；

　　　α——磁体损失系数（或漏磁因数），计算较为复杂，根据设计经验和试验计算假定，在常用磁传动装置的设计中选 $0.3 \sim 0.5$；

　　　B——磁体工作点的对应值，通过计算磁导值，在 $B-H$ 图上计算出负载斜率，然后用图解法求得，Gs；

　　　S_c——磁极作用方向上的磁极面积，cm^2。

③经验公式求解法。这种结构有内、外两个磁环，每个磁环都是由 m 个 N、S 极交替排列的瓦形永磁体组成。其气隙中心的磁场强度，可按内、外相对应的两块永磁体产生的磁场强度的叠加进行计算，其值分别为：

$$H_i = \frac{B_r}{\pi}\left[\arctan \frac{L_{s2}L_b}{t_g \sqrt{t_g^2 + L_b^2 + L_{s2}^2}} - \arctan \frac{L_{s1}L_b}{(4t_{im} + t_g)\sqrt{(4t_{im} + t_g)^2 + L_b^2 + L_{s1}^2}} \right] \qquad (6-56)$$

$$H_o = \frac{B_r}{\pi}\left[\arctan \frac{L_{s3}L_b}{t_g \sqrt{t_g^2 + L_b^2 + L_{s3}^2}} - \arctan \frac{L_{s4}L_b}{(4t_{om} + t_g)\sqrt{(4t_{om} + t_g)^2 + L_b^2 + L_{s4}^2}} \right] \qquad (6-57)$$

$$H_g = H_i + H_o \qquad (6-58)$$

式中　H_i——内磁环上永磁体产生的磁场强度，Oe；

　　　H_o——外磁环上永磁体产生的磁场强度，Oe；

　　　H_g——工作气隙中的磁场强度，Oe；

　　　B_r——永磁体剩余磁感应强度，Gs；

　　　t_g——工作气隙宽度，cm；

　　　L_b——永磁体轴向长度，cm；

　　　L_{s1}——内永磁体内弧长，cm；

　　　L_{s2}——内永磁体外弧长，cm；

　　　L_{s3}——外永磁体内弧长，cm；

　　　L_{s4}——外永磁体外弧长，cm；

　　　t_{im}——内永磁体厚度，cm；

　　　t_{om}——外永磁体厚度，cm。

当外磁转子被电动机带动旋转后，由于内磁转子存在着负载惯性和负载阻力作用，只有在外磁转子相对内磁转子旋转一个位移转角差 θ 后，内磁转子才开始与外磁转子同步转动。

当转角 θ 旋转到 $\theta/2$ 时，由于内磁转子上的永磁体受到邻近两块外磁转子上永磁体的吸力 F_1 和斥力（推力）F_2 的联合作用而产生一个最大的扭矩，该最大扭矩与磁场之间的关系可按下式计算：

$$T_{max} = \left(\frac{1}{4965}\right)^2 \times \frac{B_r}{4\pi} H_g S_m R \qquad (6-59)$$

式中　B_r——永磁体剩余磁感应强度，Gs；

H_g——工作气隙中的磁场强度，Gs；

S_m——内外永磁体磁极相互作用的总面积，cm^2；

R——内外永磁体平均作用半径，cm。

6.3　影响耦合磁场运动特性的因素

影响因素在第 2 篇"磁力耦合传动装置的设计与实验"第 3 章"磁力耦合传动器的设计与计算"3.9 节"影响磁路性能的因素"中已详细介绍，主要包括有效磁场强度 H、磁路结构、工作气隙及磁极数、永磁材料、转子轮毂与轴材料几方面因素，此处不再赘述。

第 7 章　耦合磁场的有限元分析与理论计算

7.1　耦合磁场的有限元分析与建模

7.1.1　有限元分析的理论基础

恒定磁场边值问题的求解，可归结为在给定边界条件下，对拉普拉斯方程和泊松方程的求解。求解边值问题的方法，可以分为解析法和数值法两大类。对于简单的情况，可得到方程的解析解。但在许多实际问题中往往由于边界条件过于复杂而无法求得解析解，在这些情况下，一般借助于数值解法对磁场进行分析计算。

有限元法是目前工程技术领域中实用性最强、应用最为广泛的数值模拟方法。它的基本思想是将问题的求解域划分为一系列单元，单元之间仅靠节点连接。单元内部点的待求物理量可由单元节点物理量通过选定的函数关系插值求得。由于单元形状简单，易于由平衡关系或能量关系建立节点物理量之间的方程式，然后将各个单元方程"装配"在一起而形成总体代数方程组，加入边界条件即可对方程求解。

"有限元法"这一名称是 1960 年美国人 Clough R. W 在一篇名为"平面应力分析的有限元法"论文中首先使用的。几十年来，有限元法的应用已由弹性力学平面问题扩展到空间问题、板壳问题，由静力平衡问题扩展到稳定问题、动力问题和波动问题，分析对象从弹性材料扩展到塑性、黏弹性、黏塑性和复合材料等，从固体力学扩展到流体力学、传热学、电磁学等领域。

近年来，随着计算机的飞速发展和广泛应用，各种行之有效的数值计算方法得到了巨大的发展，而有限元素法则是计算机诞生以后，在计算数学和计算工程科学领域里诞生的最有效的计算方法。

国际上大型的有限元分析程序主要有 ANSYS、NASTRAN、AS2KA、ADINA、SAP 等。以 ANSYS 为代表的有限元分析软件具有以下优点：减少设计成本，缩短设计和分析的循环周期，增加产品和工程的可靠性；采用优化设计，降低材料的消耗和成本；在产品制造或工程施工前预先发现潜在的问题；可以进行模拟实验分析；进行机械事故分析，查找事故原因。

由于计算机技术的迅速发展，有限元方法在工程中得到了广泛的应用。随着有限元理论基础的日益完善，出现了很多通用和专用的有限元计算软件。ANSYS 软件就是一款大型通用有限元软件，由于 ANSYS 软件具有建模简单、快速、方便的特点，因而成为大型通用有限元程序的代表。从其构成及功能中可以看到，ANSYS 软件是目前工程应用分析的有效工具，利用它可以求解不同情况下的磁场问题。

磁场的求解是磁学计算中最常见也是较困难的问题之一，因为磁场是远程场，空间每一点的磁场与磁性体的每一个单元都相关，这就使得计算变得相当复杂，尤其是在形状比较复杂时更是如此。利用该软件提高了计算速度，并且可以计算很多解析方法难以解决的问题，计算精度也比较高。采用 ANSYS 软件可对求解磁场进行分析建模、模型分析讨论以及对场值进行求解计算。

7.1.1.1 用有限元法分析磁场的基本方法

有限单元法是随着电子计算机的发展迅速发展起来的一种现代计算方法。它是 20 世纪 50 年代首先在连续体力学领域——飞机结构静、动态特性分析中应用的一种有效的数值分析方法，随后很快就广泛地应用于求解热传导、电磁场、流体力学等连续性问题。

有限元法是以变分原理为基础的数值计算方法，其定解问题为：

$$\begin{cases} \nabla^2 A = 0 \\ A \mid \Gamma = 常数 \end{cases} \quad (在区域 D 内)$$

应用变分原理，把求解的磁场问题转化为相应的变分问题，利用对区域的剖分、插值，离散化变分问题为普通多元函数的极值问题，进而得到一组多元的代数方程组，求解代数方程组就可以得到所求边值问题的数值解。其步骤如下：

①给出与待求边值问题相应的泛函及其变分问题。

②剖分场域 D，即把连续介质中具有无限未知量问题通过有限单元的离散工作简化成为有限个未知量的问题，或者说，把连续介质中的无限个自由度的问题离散化成有限个自由度的问题，并选取与场变量模型相应的插值函数。

③将变分问题离散化为一种多元函数的极值问题，得到如下一组代数方程：

$$\sum_{j=1}^{N} K_{ij} A_i = 0 (i = 1, 2, \cdots, N) \tag{7-1}$$

式中 K_{ij}——系数；

A_i——离散点函数值。

④选择适当的代数解法求解有限元方程组（见前式），即可得到待求边值问题的数值解 $A_i (i = 1, 2, \cdots, N)$。

（1）物体离散化

图 7-1 将磁场结构离散为由各种单元组成的计算模型。这一步为单元划分。所以，有限元法中分析的结构已不是原有的物体或结构物，而是同样材料的由众多单元以一定方式连接成的离散物体。这样，用有限元分析计算所获得的结果只是近似的。如果划分单元数无穷多而且合理，所获得的结果就与实际情况相符合。

图 7-2 给出了有限元模型的网格分布与磁感应强度分布。在图中，采用八节点四边形单元把永磁体划分成网格。这些网格称为单元。网格间相互连接的交点称为节点。网格与网格的交界线称为边界。显然，固定的节点数是有限的，单元数目也是有限的，所以称为"有限单元"。

一般，要使式（7-1）当 $N \rightarrow \infty$ 时收敛于真解，其函数 A_i 应具备如下两个条件：

①应具备完备性。即用这个函数中的有限项或无限项之和能使近似的 $\overline{A}$ 以任何精度接近于真值 A。

②具有一致性或适合性。即将式（7-1）代入泛函表达式中时，应使泛函存在。也就

是说，给定的泛函对应的被积函数应该、必须、乃至只能是 N 次可导的，这就是一致性条件。而工程电磁场的解实际上就是求得广义解或弱解。

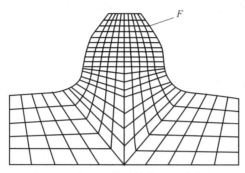

图7-1　有限元模型的单元组成方法

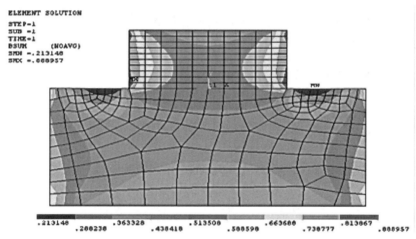

图7-2　有限元模型的网格分布与磁感应强度分布

用有限元法计算变分问题时，式（7－1）还应具备一个附加条件，即函数在单元边界处连续，这个条件通常称为相容条件。

（2）单元特性分析

①选择位移模式。通常在有限元法中，将位移表示为坐标变量的简单函数。这种函数称为位移模式或位移函数（也称为基函数），如 $y = \sum\limits_{ij}^{n} \alpha_t \varphi_t$ ，其中 α_t 是待定系数， φ_t 是与坐标有关的某种函数，即位移函数（基函数）。

②分析单元的力学性质。由于待求函数在节点处的连续性，可以在单元分析中应用连续介质弹性力学中的几何方程和物理方程来建立力和位移的方程，找出单元节点力和节点位移的关系，然后代入泛函表达式并求导，得到单元导数式，通常称为单元特征式，单元特征式一般是一线性方程组。方程组系数为单元系数矩阵，常被称为"单元刚度矩阵"，简称为"单刚矩阵"，这是有限元法最基本步骤之一。

③计算等效节点力。物体离散化后，力是从单元的公共边界传递到另一个单元中去的。因而，这种作用在单元边界上的表面力、体积力或集中力都需要等效地移到节点上去，也就是用等效的节点力来替代所有作用在单元上的力。

（3）单元组集

利用结构力的平衡条件和边界条件把各个单元按原来的结构重新连接起来，其有限元方程可写成：

$$[K_{ij}][q_i] = [f_i]$$
$$Kq = f \tag{7-2}$$

这就是单元组集方程（有限元方程）。式中，K 是整体结构的刚度矩阵，即 $K = [K_{ij}]$；q 是节点位移列阵，$q = [q_i]$；f 是载荷列阵，$f = [f_i]$。

（4）求解未知节点位移

解有限元方程式（7-2）得出位移。这里，可以根据方程组的具体特点来选择合适的计算方法。

通过上述分析可以看出，有限单元法的基本思路是"一分一合"，分是为了进行单元分析，合是为了对整体结构进行综合分析。

7.1.1.2 磁场的有限元法计算

以典型的三角形单元为例说明磁场问题求解的思路。

（1）单元分析

将求解域 Ω 离散成 E 个三角形单元，单元的三个顶点为 i、j、m。选取单元位移函数

$$u(x, y) = a_1 + a_2 x + a_3 y \tag{7-3}$$

由此可得单元内位移函数的表达式：

$$u = \sum_k N_k u_k (k = i, j, m)$$

在求解式中，总的能量泛函为单个单元能量泛函之和

$$\Pi(u) = \sum_{e=1}^{E} \Pi^e(u) \tag{7-4}$$

式中

$$\Pi^e(u) = \Pi^{e'}(u) + \Pi^{e''}(u)$$

而

$$\Pi^{e'}(u) = \iint_A \left\{ \frac{\beta}{2} \left[\left(\frac{\partial u}{\partial x} \right)^2 + \left(\frac{\partial u}{\partial y} \right)^2 \right] - fu \right\} \mathrm{d}x\mathrm{d}y$$

$$\Pi^{e''}(u) = \int_{\Gamma_2} qu\mathrm{d}l + \int_{\frac{\Gamma'}{\Gamma_2}} qu\mathrm{d}l$$

式中，$\dfrac{\Gamma'}{\Gamma_2}$ 属于单元边界 Γ'，但不属于 Γ_2 的边界。

其中，面积分式和线积分式应分别进行离散化处理。将线性插值函数式代入 $\Pi^{e'}(u)$ 的表达式中，有

$$\Pi^{e'}(u) = \int_A \left\{ \frac{\beta}{2} \left[\left(\sum_k \frac{\partial N_k}{\partial x} u_k \right)^2 + \left(\sum_k \frac{\partial N_k}{\partial y} u_k \right)^2 \right] - f \sum_k N_k u_k \right\} \mathrm{d}x\mathrm{d}y \tag{7-5}$$

上式就是经过离散化后单元 e 的能量函数表达式，将该式对单元中每一顶点的位函数 U_l（$l = i, j, m$）求一阶偏导数，得

$$\frac{\partial \Pi^{e'}}{\partial u_l} = \iint\limits_A \left[\beta \left(\sum_k \frac{\partial N_k}{\partial y} u_k \right) \frac{\partial N_l}{\partial x} + \sum_k \left(\frac{\partial N_k}{\partial x} u_k \right) \frac{\partial N_l}{\partial y} - f N_l \right] \mathrm{d}x \mathrm{d}y$$

令

$$k_{kl} = \iint\limits_A \beta \left(\frac{\partial N_l}{\partial x} \times \frac{\partial N_k}{\partial x} + \frac{\partial N_l}{\partial y} \times \frac{\partial N_k}{\partial y} \right) \mathrm{d}x \mathrm{d}y$$

$$R_l = \iint\limits_A f N_l \mathrm{d}x \mathrm{d}y$$

则前式可写成

$$\frac{\partial \Pi^{e'}}{\partial u_l} = \sum_k k_{lk} u_k - R_l (l = i,j,m; k = i,j,m)$$

也可用矩阵表示

$$\begin{pmatrix} \dfrac{\partial \Pi^{e'}}{\partial u_i} \\ \dfrac{\partial \Pi^{e'}}{\partial u_j} \\ \dfrac{\partial \Pi^{e'}}{\partial u_m} \end{pmatrix} = \begin{pmatrix} K_{ii} K_{ij} K_{im} \\ K_{ji} K_{jj} K_{jm} \\ K_{mi} K_{mj} K_{mm} \end{pmatrix} \begin{pmatrix} u_i \\ u_j \\ u_m \end{pmatrix} - \begin{pmatrix} R_i \\ R_j \\ R_m \end{pmatrix}$$

$$\frac{\partial \Pi^{e'}}{\partial u_l} = \sum_k \boldsymbol{K}^e \boldsymbol{u}^e - \boldsymbol{R}^e$$

式中，$\boldsymbol{u}^e$ 和 $\boldsymbol{R}^e$ 为列向量，$\boldsymbol{K}^e$ 为三阶方阵，各向量与矩阵右上角的标号 e 代表单元 e。系数矩阵 $\boldsymbol{K}^e$ 和 $\boldsymbol{R}^e$ 列向量的各元素经推导可表达为：

$$k_{lk} = \frac{\beta}{4A} (b_l b_k + c_l c_k) \quad (l=i,\ j,\ m;\ k=i,\ j,\ m)$$

$$R_f = \frac{fA}{3} \quad (f=i,\ j,\ m)$$

式中，β 为单元 e 的常数；A 为三角形单元的面积；b_l、c_l 是与三角形单元节点有关的数值。

（2）整体分析

整个求解域的能量函数由每个单元的能量函数叠加而成，即：

$$\frac{\partial \Pi}{\partial u} = \sum_{e=1}^E \frac{\partial \Pi^{e'}}{\partial u} \tag{7-6}$$

令上式为零，并代入前式，就可得到当能量函数达到极值时，位函数必须满足的矩阵方程

$$\sum_{l=1}^E K'u' - \sum_{l=1}^E R' = 0$$

即

$$K' = [K] = \begin{vmatrix} K_{ii} K_{ij} K_{im} \\ K_{ji} K_{jj} K_{jm} \\ K_{mi} K_{mj} K_{mm} \end{vmatrix}$$

$$u' = [u] = \begin{vmatrix} u_i \\ u_j \\ u_m \end{vmatrix}$$

$$R' = [R] = \begin{vmatrix} R_i \\ R_j \\ R_m \end{vmatrix}$$

上式可简写为

$$Ku = \boldsymbol{R}$$

它表示一个线性代数方程组，其中 $\boldsymbol{K}$ 为系数矩阵；u 为待求的位函数列向；$\boldsymbol{R}$ 为右端已知列向量。最后，引入加强边界条件 $\varGamma_1 : u = u_0$，求解。

考虑到实际工程应用，在此只讨论 Laplace 方程的有限单元法求解。

Laplace 方程为：

$$\frac{\partial^2 \phi}{\partial x^2} + \frac{\partial^2 \phi}{\partial y^2} + \frac{\partial^2 \phi}{\partial z^2} = 0 \tag{7-7}$$

设其边界条件为：

$$\phi|_\Sigma = 0 \tag{7-8}$$

求解方程式（7-7）、式（7-8）可以转换成等价的变分问题求解。对应于式（7-7）、式（7-8）的泛函为：

$$J(\phi) = \frac{1}{2} \int_D \left[\left(\frac{\partial \phi}{\partial x} \right)^2 + \left(\frac{\partial \phi}{\partial y} \right)^2 + \left(\frac{\partial \phi}{\partial z} \right)^2 \right] \mathrm{d}D \tag{7-9}$$

把所假定的单元场变量模型写成用内插函数（基函数）和单元节点场变量值表示的形式，然后代入式（7-9），再进行如下运算：

$$\sum_1 \frac{\partial J^c}{\partial \phi_1} = 0$$

$$\sum_2 \frac{\partial J^c}{\partial \phi_2} = 0$$

$$\vdots$$

$$\sum_n \frac{\partial J^c}{\partial \phi_n} = 0 \tag{7-10}$$

求解方程式（7-10）就可得到场域内各节点处的值 ϕ_1、ϕ_2、$\cdots$、ϕ_n，通过这些值就可以计算出任一点的函数值。

三维场域离散化时，剖分的单元通常采用四面体、五面体、六面体等各种形式，究竟采用哪一种单元，其几何形状、节点个数与节点的配置情况取决于插值函数的选取。与平面场分析时一样，在选取插值函数时应满足完备性和一致性的条件。

凡是应用二次或二次以上的插值函数均称为高精度插值。在需要提高精度时，像平面场情况一样可以采用精细剖分的单元，或者采用高次插值函数，前者将令方程规模十分庞大，后者则可以用较少的单元而获得必要的计算精度；当然，后者的单元系数矩阵的计算会变得比较复杂，形成系数矩阵要花费较多的计算时间，但从以往各个方面的反映和经验来看，在确保同样精度的前提下，采用高精度插值函数可以节省总的计算时间。

二维平面场中最简单的单元是三角形，在三维场中与之相当的便是四面体，而且其他形状的单元，实际上都可以视为四面体的组合，故四面体常被称为通用单元。采用四面体单元式，其系数矩阵比较简单，并有利于适应形状复杂的场域，但它与三角形单元一样，必须剖分得足够精细，否则精度就比较差。同时，对四面体的空间剖分，其节点编排等情况难以适合人们的直观想象，因此，在实际计算过程中常常采用由四面体组成的复合单元，在这方面，六面体就显示出其具有的较大的优越性，它形状比较规则，但难以适应形状复杂的场域。因此，在场域的几何性质较复杂时，常采用多种复合单元（如四面体、五面体或六面体）组成场域剖分。

下面以四面体单元为例讨论，将单元的局部坐标的原点选在四面体的体形心处，四面体单元的节点为 i、j、l、m，单元场变量模型——任一点的位函数可选用如下的线性插值函数（图 7-3）。

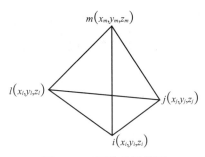

图 7-3　四面体单元模型

$$\phi = a_1 + a_2 x + a_3 y + a_4 z$$

将四个节点的坐标和相应的待位函数值 ϕ_i、ϕ_j、ϕ_l 和 ϕ_m 代入则得

$$\begin{cases} \phi_i = a_1 + a_2 x_i + a_3 y_i + a_4 z_i \\ \phi_j = a_1 + a_2 x_j + a_3 y_j + a_4 z_j \\ \phi_l = a_1 + a_2 x_l + a_3 y_l + a_4 z_l \\ \phi_m = a_1 + a_2 x_m + a_3 y_m + a_4 z_m \end{cases}$$

联立求解上述方程组，四个待定系数分别为

$$a_1 = \frac{1}{6V}\left(a_i\phi_i + a_j\phi_j + a_l\phi_l + a_m\phi_m\right)$$

$$a_2 = \frac{1}{6V}\left(b_i\phi_i + b_j\phi_j + b_l\phi_l + b_m\phi_m\right)$$

$$a_3 = \frac{1}{6V}\left(c_i\phi_i + c_j\phi_j + c_l\phi_l + c_m\phi_m\right)$$

$$a_4 = \frac{1}{6V}\left(d_i\phi_i + d_j\phi_j + d_l\phi_l + d_m\phi_m\right)$$

式中，$V = \dfrac{1}{6}\begin{vmatrix} 1 & x_i & y_i & z_i \\ 1 & x_j & y_j & z_j \\ 1 & x_l & y_l & z_l \\ 1 & x_m & y_m & z_m \end{vmatrix}$ 为四面体单元之体积

$$a_i = \begin{vmatrix} x_j & y_j & z_j \\ x_l & y_l & z_l \\ x_m & y_m & z_m \end{vmatrix} \qquad b_i = -\begin{vmatrix} 1 & y_j & z_j \\ 1 & y_l & z_l \\ 1 & y_m & z_m \end{vmatrix}$$

$$c_i = \begin{vmatrix} 1 & x_j & z_j \\ 1 & x_l & z_l \\ 1 & x_m & z_m \end{vmatrix} \qquad d_i = - \begin{vmatrix} 1 & x_j & z_j \\ 1 & x_l & z_l \\ 1 & x_m & z_m \end{vmatrix}$$

其他的可按 i、j、l、m 的次序循环变换求得。

为了使四面体单元的体积计算恒为正值，单元节点的编码必须遵循一定的规律，图 7-3 中，节点 m 与节点 i、j、l 应成右旋关系，即节点 i、j、l 按逆时针顺序编码时，节点 m 正好处于右旋正向。

于是

$$\phi = \frac{1}{6V}[(a_i + b_i x + c_i y + d_i z)\phi_i + (a_j + b_j x + c_j y + d_j z)\phi_j + (a_l + b_l x + c_l y + d_l z)\phi_l + (a_m + b_m x + c_m y + d_m z)\phi_m]$$

如令形状函数为

$$N_i = \frac{1}{6V}(a_i + b_i x + c_i y + d_i z)$$

$$N_j = \frac{1}{6V}(a_j + b_j x + c_j y + d_j z)$$

$$N_l = \frac{1}{6V}(a_l + b_l x + c_l y + d_l z)$$

$$N_m = \frac{1}{6V}(a_m + b_m x + c_m y + d_m z)$$

(7−11)

则可得四面体单元内任意点位函数值 $\phi(x, y, z)$ 与该单元各节点点位函数值之间的关系为

$$\phi(x, y, z) = N_i\phi_i + N_j\phi_j + N_l\phi_l + N_m\phi_m$$
$$= \sum_{p=1}^{4} N_p\phi_p \ (p=1、2、3、4，表示 i、j、l、m)$$

若用矩阵表示式，可写成

$$\phi = [N_i, N_j, N_l, N_m]\begin{bmatrix} \phi_i \\ \phi_j \\ \phi_l \\ \phi_m \end{bmatrix}$$

(7−12)

或 $$\phi = [N]^e [\phi]^e$$

在上述离散化并构造出相应插值函数的基础上，即可进行单元与总体的泛函表述的离散化分析，最终获得待求的三维场的有限元方程。

将整个场域 D 离散成 m 个单元、n 个节点，其泛函 $I(\phi)$ 可表示为各个单元 e 的泛函 $I^e(\phi)$ 的总和，即

$$I(\phi) = \sum_{e=1}^{m} I^e(\phi)$$

由此，等价变分问题便被离散化为一个多元二次函数的极值问题

$$\frac{\partial I}{\partial \phi_i} = \sum_{e=1}^{m} \frac{\partial I^e(\phi)}{\partial \phi_i} = 0 \qquad (i=1, 2, \cdots, n)$$

得到一代数方程组——有限元方程。

我们将式（7-11）、式（7-12）代入泛函表达式，并分别对 ϕ_i、ϕ_j、ϕ_l 和 ϕ_m 求偏导数，则得

$$\frac{\partial I^e}{\partial \phi_i} = \frac{\varepsilon}{36V} \big[(b_i^2 + c_i^2 + d_i^2), \ (b_i b_j + c_i c_j + d_i d_j),$$

$$(b_i b_l + c_i c_l + d_i d_l), \ (b_i b_m + c_i c_m + d_i d_m) \big] \begin{bmatrix} \phi_i \\ \phi_j \\ \phi_l \\ \phi_m \end{bmatrix}$$

$$\frac{\partial I^e}{\partial \phi_j} = \frac{\varepsilon}{36V} \big[(b_i b_j + c_i c_j + d_i d_j), \ (b_j^2 + c_j^2 + d_j^2),$$

$$(b_i b_l + c_i c_l + d_i d_l), \ (b_i b_m + c_i c_m + d_i d_m) \big] \begin{bmatrix} \phi_i \\ \phi_j \\ \phi_l \\ \phi_m \end{bmatrix}$$

$$\frac{\partial I^e}{\partial \phi_l} = \frac{\varepsilon}{36V} \big[(b_i^2 + c_i^2 + d_i^2), \ (b_i b_j + c_i c_j + d_i d_j),$$

$$(b_j^2 + c_j^2 + d_j^2), \ (b_i b_m + c_i c_m + d_l d_m) \big] \begin{bmatrix} \phi_i \\ \phi_j \\ \phi_l \\ \phi_m \end{bmatrix}$$

$$\frac{\partial I^e}{\partial \phi_m} = \frac{\varepsilon}{36V} \big[(b_i b_m + c_i c_m + d_i d_m), \ (b_j b_m + c_j c_m + d_j d_m),$$

$$(b_l b_m + c_l c_m + d_l d_m), \ (b_m^2 + c_m^2 + d_m^2) \big] \begin{bmatrix} \phi_i \\ \phi_j \\ \phi_l \\ \phi_m \end{bmatrix}$$

将上面四个表达式写成统一的形式

$$\begin{Bmatrix} \phi_i \\ \phi_j \\ \phi_l \\ \phi_m \end{Bmatrix} = \frac{1}{\varepsilon} \begin{Bmatrix} \iiint\limits_V \rho N_i \mathrm{d}x\mathrm{d}y\mathrm{d}z \\ \iiint\limits_V \rho N_j \mathrm{d}x\mathrm{d}y\mathrm{d}z \\ \iiint\limits_V \rho N_l \mathrm{d}x\mathrm{d}y\mathrm{d}z \\ \iiint\limits_V \rho N_m \mathrm{d}x\mathrm{d}y\mathrm{d}z \end{Bmatrix}$$

即可简写成：

$$\left\{ \frac{\partial I^e}{\partial \phi^e} \right\} = [\boldsymbol{K}]^e \{\phi\}^e - \{T\}^e \tag{7-13}$$

其中单元系数矩阵 $[\boldsymbol{K}]^e$ 是一对称矩阵，我们只列出其下三角元素。所有各元素值可

以对应分别写出如下：

$$K_{11} = b_i^2 + c_i^2 + d_i^2 \qquad K_{22} = b_j^2 + c_j^2 + d_j^2$$

$$K_{33} = b_l^2 + c_l^2 + d_l^2 \qquad K_{44} = b_m^2 + c_m^2 + d_m^2$$

$$K_{12} = K_{21} = b_j b_i + c_j c_i + d_j d_i$$

$$K_{13} = K_{31} = b_l b_i + c_l c_i + d_l d_i$$

$$K_{14} = K_{41} = b_m b_i + c_m c_i + d_m d_i$$

$$K_{23} = K_{32} = b_l b_j + c_l c_j + d_l d_j$$

$$K_{24} = K_{42} = b_m b_j + c_m c_j + d_m d_j$$

$$K_{34} = K_{43} = b_m b_l + c_m c_l + d_m d_l$$

这就是四面体单元的单元特征式。利用单元特征式，就可根据一般的集合法则组合而得到整个场的方程式

$$[K]\{\phi\} = \{T\} \tag{7-14}$$

$$[K] = \sum_l^m [K]^e$$

$$\{\phi\} = [\phi_1, \ \phi_2, \ \cdots, \ \phi_n]^T$$

$$\{T\} = \sum_l^m \{T\}^e$$

对于剖分成 m 个元素、n 个节点的场域来说，矩阵 $[K]^e$、$[\phi]^e$ 经扩展为 $[\overline{K}]^e$、$[\overline{\phi}]^e$，即添置必要的零元素，其总系数矩阵

$$[K] = \sum_{e=1}^m [\overline{K}]^e$$

$$[\phi]_{e=1}^m = [\phi]_e \ (n\text{个节点}) = [\phi_1, \ \phi_2, \ \cdots, \ \phi_n]^T$$

由此得到对应的 Laplace 方程边值问题的有限元方程

$$[K][\phi] = 0 \tag{7-15}$$

7.1.1.3 ANSYS 软件

ANSYS 公司由 John Swanson 博士创立于 1970 年，公司总部位于美国宾夕法尼亚州的匹兹堡，ANSYS 有限元程序是该公司主要产品。ANSYS 软件是集结构、热流体、电磁、声学于一体的大型通用有限元分析软件，可广泛地应用于核工业、铁道、石油化工、航空航天、机械制造、能源、汽车交通、国防军工、电子、土木工程、造船、生物医学、轻工、地矿、水利、日用家电等一般工业及科学研究。尽管 ANSYS 程序功能强大，应用范围很广，但其友好的图形用户界面（GUI）及优秀的程序构架使其易学易用。该程序使用了基于 Motif 标准的 GUI，可方便地访问 ANSYS 的多种控制功能和选项。通过 GUI 可以方便地交互访问程序和各种功能、命令、用户手册和参考资料。同时，该软件提供了完整的在线说明和状态途径的超文本帮助系统，以协助有经验的用户进行高级应用。ANSYS 共有 7 个菜单窗口，具体包括：

①主菜单。该菜单由 ANSYS 最主要的功能组成，为弹出式菜单结构，其组成基于程序的操作顺序。

②实用菜单。该菜单包括了 ANSYS 的实用功能，为下拉式菜单结构，可直接完成一个程序功能或引出一个对话框。

③输入窗口。该窗口提供了键入 ANSYS 命令的输入区域，同时，还可显示程序的提示信息和浏览先前输入的命令。

④图形窗口。该窗口用于显示诸如模型、分析结果等图形。

⑤输出窗口。该窗口用于显示 ANSYS 程序对已输入的命令和功能的响应信息。

⑥工具栏。该窗口允许用户将常用的命令或自己编写的过程置于其中。

⑦对话框。对话框是为了完成操作或设定参数而进行选取的窗口。

ANSYS 软件的主要功能包括建立模型、结构分析、非线性分析、电磁分析、计算流体力学分析、接触分析、压电分析、结构优化。

ANSYS 具有强大的建模功能，提供了 160 多种单元，并且提供了自适应网格划分功能，程序可自动分析网格划分所带来的误差，根据误差自动细划网格进行磁场分析，包括静态磁场、耦合磁场、磁场结构等的分析。

结构分析包括静力学分析、模态分析、谐波分析、瞬态分析、响应谱分析、随机振动分析和屈曲分析。

非线性分析包括结构非线性、材料非线性、几何非线性分析和单元非线性分析。

热分析包括稳态热分析、瞬态热分析、相变分析和热结构耦合分析。

电磁场分析包括静态电磁场、低频时变电磁场、高频时变电磁场。

电场分析包括电流传导、静电分析和电路分析。

流体流动分析包括计算流体力学分析（层流、湍流和热流体）和声学分析。

耦合场分析适合热应力、磁热、磁机构、流体流动热、流体流动结构、热电、电路耦合电磁场、电磁及压电耦合分析。

ANSYS 软件还具有将部分单元等效为一个独立单元的子结构功能，将模型中的某一部分与其余部分分开重新细划网格的子模型功能，参数设计语言（APDL）可以进行结构的优化。

7.1.1.4　用 ANSYS 对磁场进行分析

目前用 ANSYS 分析磁场还较少。

ANSYS 可用来分析电磁领域多方面的问题，如电感、电容、磁通密度、涡流、电场分布、磁力线、力、运动效应、电路和能量损耗等。可用来有效地分析诸如电力发电机、变压器、螺线管起动器、电动机、磁成像系统、图像显示设备、传感器、回旋加速器、磁悬浮装置、波导、谐振腔、电解槽等各类设备的有关问题。软件提供了丰富的线性和非线性材料的表达式，包括各向同性或各向异性的磁导率、介电常数、材料的 $\beta - H$ 曲线和永磁体的退磁曲线。后处理功能允许用户显示磁力线、磁通密度并进行力、扭矩、端电压和其他参数的计算，电场方面可以进行电流传导、静电分析和电路分析，可以求解的典型物理量有电流密度、电场强度、电势分布、电通量密度，传导电流产生的焦耳热、储能、电容、电流及电势降等。该软件的另一主要优点是耦合场分析功能——磁场分析的耦合载荷可被自动耦合到结构、流体及热单元上，在对电路耦合器件的电磁场分析时，电路可被直接耦合到导体或电源，同时也可计及运动的影响。

本书主要用 ANSYS 分析磁场领域的问题，如磁通密度、磁场分布、磁力线、力、磁运动效应、磁场能量谱图等，并对力、扭矩及其他参数进行数学分析与计算。

采用 ANSYS 分析磁场问题时，着重考虑三个方面：

①维数——2D、3D。在满足精度要求和条件下，尽可能按 2D 场处理，否则 3D 场的计算"代价"急剧上升。

②场的类型——静态、时谐、瞬态。若场仅由恒定源产生，则看作为静态场。若场是正弦交流且频率较低时，准静态场可用时谐场来处理，该场完全类似于电路中的"向量"法，分析的结果均用有效值、最大值或平均值来显示。"瞬态"场是指场量随时间的变化完全是任意的。

③有限元方法——基于节点法或基于单元边法。传统的有限元法均是基于节点法的，即每一节点均有若干个自由度，对这些节点的自由度列出有限元方程，然后求解，其直观性较好。对于 3D 磁场，在大多数情况下推荐使用基于单元边的方法，这将在理论上获得较高的精度。在基于单元边的方法中，电流源是整个网络的一部分，这样建模时比较困难，但对导体的形状没有限制，约束更少，计算焦耳热或洛仑兹力较方便。

本书采用 ANSYS 软件分析磁场，主要由五个步骤组成：

①创建物理环境；

②建立模型、划分网格、赋予特性；

③加边界条件和载荷；

④求解；

⑤后处理，查看计算结果。

可以查看磁力线、磁力或扭矩等，也可以查看列表显示、图形矢量显示或等值线等。

根据磁场问题的特点，分别选用二维（2D）分析或三维（3D）分析。

①2D 静态磁场分析，分析永磁体所产生的磁场，用矢势法；

②3D 静态磁场分析，分析永磁体所产生的磁场，用基于单元边的方法；

③3D 静态磁场分析，基于节点，用标势法。

7.1.2　实体建模

（1）基本条件

图 7-4 给出了所分析的磁力耦合双向传动控制装置的实体模型结构与尺寸。为了简化分析，只考虑模型中与磁性相关的材料，即基体层为碳钢，包封层为不锈钢（1Cr18Ni9Ti），永磁体材料为 SmCo。其余部分当作空气层处理（即设其相对磁导率为 1）。图 7-5 和图 7-6 分别给出了 SmCo 材料的退磁曲线和碳钢的磁化曲线。包封层的相对磁导率设为 1.0。

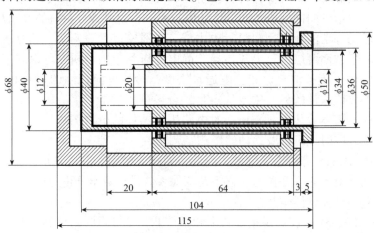

图 7-4　实体模型结构与尺寸

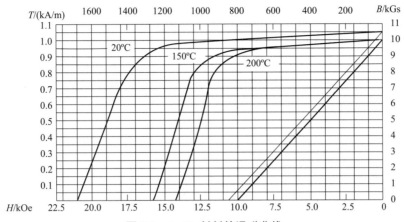

图 7-5　SmCo 材料的退磁曲线

实体建模主要采用自下向上的方法：首先建立关键点，再由这些关键点建立线、面和体来构成主体模型。主体模型完成之后，再通过组合运算操作来完成最终的形状。对于磁场的计算模型，不得不考虑空气介质的磁场分布。考虑到计算量及计算的精确度问题，模型中的空气层扩展到材料尺寸的 2～5 倍以外，并给定远程场边界条件。

考虑到对称性，在计算中分别采用了 2D 和 3D 模型。2D 模型由于忽略了边缘效应，其计算结果与实际结果相比偏大。这是磁路分析中一个普遍性问题。Stephenson 曾建议使用长径比（轴向长度和半径的比值）作为纠正系数的根据。尽管这样做对不同

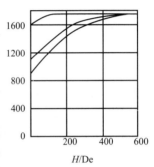

图 7-6　碳钢的磁化曲线

的气隙厚度仍然存在问题，但是至少可以纠正一部分 2D 分析的误差。纠正后的 2D 分析法可以用来寻找近似的优化几何形状，这种近似的优化几何形状可以作为使用 3D 分析的初始假设，这一过程可以节约很多时间。在实体模型中，使用 2D 模型来分析轴对称相关的量，用来研究比如转子的半径、空气层厚度、包封材料与隔离层材料性能及厚度对磁扭矩的影响，然后采用 3D 模型来研究边缘效应的影响。这样，既可以节约计算时间，又能够得到与实验值相符合的结果。

（2）2D 有限元模型

2D 有限元模型始终处于总体坐标系的 XY 平面，只计算模型在该平面内的磁感应强度 B 的分量，即 B_X、B_Y。模型的边界条件和结果只随 X 和 Y 坐标变化，而与 Z 轴无关。该模型事实上是将磁力耦合双向传动控制器当作无限长来处理。由于忽略了其边缘效应，故分析结果（如扭矩）比实际值偏大。但是，该模型在分析轴对称量如内、外转子的半径，空气层厚度，包封材料与基体层材料性能及厚度，内外转子的非共轴偏移等对磁扭矩的影响，有其特有的模型简单、计算量小的优点。对于上述轴对称参数的分析与优化设计，采用 2D 模型比 3D 模型更方便有效。

①2D 有限元模型的磁场计算　有限元模型的磁场计算是基于磁矢势的 Z 分量。
麦克斯韦方程组磁场分量的两个方程为：

$$\nabla \cdot B = 0 \tag{7-16}$$

$$\nabla \times B = \varepsilon_0 \mu_0 \frac{\partial E}{\partial t} + \mu_0 j_0 \qquad (7-17)$$

在模型中，如果引入磁矢势 A，它的旋度是磁感应强度 B，即

$$B = \nabla \times A$$

则上述的麦克斯韦方程组可化为：

$$\nabla \times \nabla \times A = \varepsilon_0 \mu_0 \frac{\partial E}{\partial t} + \mu_0 j_0 \qquad (7-18)$$

即

$$\nabla(\nabla \cdot A) - \nabla^2 A = \varepsilon_0 \mu_0 \frac{\partial E}{\partial t} + \mu_0 j_0$$

如果选择 A 使其满足 $\nabla \cdot A = 0$，则上式可化为

$$-\nabla^2 A = \varepsilon_0 \mu_0 \frac{\partial E}{\partial t} + \mu_0 j_0$$

在静磁场问题中，$\frac{\partial E}{\partial t} = 0$，所以事实上是求解泊松方程

$$\nabla^2 A + \mu_0 j_0 = 0$$

对于 2D 问题，由于只考虑 B 的 XY 平面内的分量，所以，磁矢势只有 Z 分量。这样，可用单一的 A_Z 分量来描述以上方程。即

$$\nabla^2 A_Z + \mu_0 j_{0Z} = 0$$

只要通过边界条件将该方程解出，磁感应强度 B 即可以通过上式获得

$$B = \frac{\partial A_Z}{\partial y} i_X - \frac{\partial A_Z}{\partial x} i_Y \qquad (7-19)$$

②2D 建模 图 7-7 给出了 2D 模型的结构。从里向外，其材料分别为：空气、基体层、永磁体、包封层、空气层、包封层、永磁体、基体层和空气，其半径分别为 8.5mm、11mm、16mm、17mm、20mm、21mm、26.5mm、28.2mm 和 100mm。其中，永磁体为 8 极结构。为了将永磁体的磁极进行区分，内、外转子的永磁体每个又分为 8 块。

图 7-7 2D 模型结构

图7-8 给出了其中的永磁体、基体与包封区的结构与尺寸。永磁体区材料为 SmCo，采用8极模型，其内转子的内、外半径分别为11mm和16mm，厚度为5mm。外转子的内、外半径分别为21mm和26.5mm，厚度为5.5mm。内转子的内侧和外转子的外侧为基体区，采用碳钢材料，其厚度分别为2.5mm和1.7mm。内转子的外侧和外转子的内侧加了一层不锈钢包封，其厚度为1mm。其余部分均设其磁导率为1.0，对空气、铝合金和钛合金等材料不加区分。为满足精度要求，最外的空气层半径为100mm，约为材料区的4倍，并且给其加载了无限边界条件。

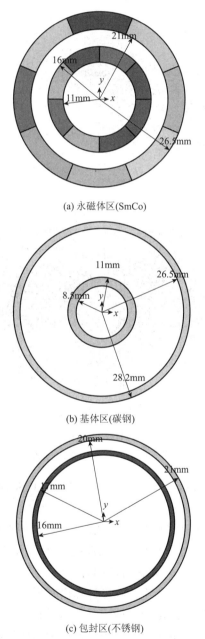

(a) 永磁体区(SmCo)

(b) 基体区(碳钢)

(c) 包封区(不锈钢)

图7-8 2D 模型中永磁体、基体与包封区结构与尺寸

　　建模采用 PLANE53 单元,单元结构为八节点四边形,有中间节点,模型为二阶。图 7-9 给出了模型的网格划分图。划分采用的不是均匀单元,即各单元的面积是不一样的,在材料区划分得较密,而外围的空气层则较稀疏,这样做可以减少计算量并且使材料区的场强分布与实际情况更加符合。

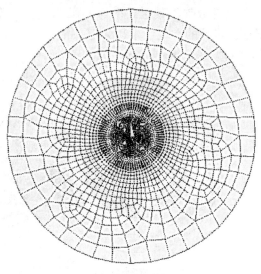

(a) 网格划分总体

(b) 材料区网格划分

图 7-9　2D 模型网格划分图

　　图 7-10 给出了模型中的节点分布图,可以看出,中间部分材料区节点分布很密,而外围则较稀疏。与网格图比较,出现了中间节点。

　　在模型中,力和扭矩的计算采用虚位移法。按照虚功原理,磁体上有一磁作用力 F,如果外力使磁体移动距离 ds,则这个外力必须反抗磁作用力 F 而做功 $dW = Fds$,其结果使静磁能增加 dE。静磁能的增加和外力做的功相等,即 $dE = Fds$。如果在模型中,令磁体改变一小的位置,计算出其静磁能的变化,则可计算出其磁作用力的大小。

　　而在程序中,是对力的计算区域加以标记(虚位移标记),通过每一节点的虚位移计算作用在每一节点上的磁作用力。事实上,磁相互作用力只作用在磁体表面(表面磁荷),所以,在该模型中只计算作用在永磁体表面节点上的磁相互作用力。内、外转子的磁相互作用力分别作用在内转子永磁体的外表面上和外转子永磁体的内表面上。或者说,该模型中

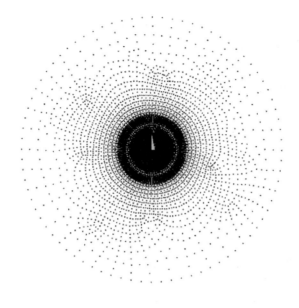

图 7-10 节点分布图

内、外转子的力臂分别为 16mm 和 21mm。这样，力和力臂都知道后，通过一周的积分就可以获得作用在内、外转子上的总扭矩。分布计算出来后，可通过其指令来获得扭矩的数值。对于 2D 模型，一周积分的结果获得的是单位长度的扭矩值，所以其单位为 N·m/m。对 3D 模型，在长度方向再进行积分，就可获得模型的总扭矩。

（3）3D 有限元模型

①有限元模型的磁场分量方程　为了研究终端效应对磁力耦合双向传动装置的磁扭矩的影响，需要 3D 完整建模才能描述其特性。在模型中，由于所考虑的区域中没有传导电流，而且积分路径内没有电流链环，可以用磁标势法求解磁边界值问题。对于麦克斯韦方程组的磁场分量方程：

$$\nabla \cdot B = 0$$
$$\nabla \times H = \varepsilon_0 \frac{\partial E}{\partial t} + j_0$$

满足条件：

$$\frac{\partial E}{\partial t} = 0 \text{ 和 } j_0 = 0$$

麦克斯韦方程组可以描述为：

$$\nabla \cdot B = 0$$
$$\nabla \times H = 0$$

因为梯度的旋度为零，引入磁标势 Φ_M

$$H = -\nabla \Phi_M$$

由 $\nabla \cdot B = 0$，有 $\nabla \cdot [\mu_0 (H + M)] = 0$

$$\nabla \cdot H = -\nabla \cdot M$$

令

$$\rho_m = - \nabla \cdot M$$

对照静电场散度方程，ρ_m 是等效磁荷，称 ρ_m 为磁荷体密度。这样

$$\nabla \cdot H = \rho_m$$

将磁标势 $\varPhi_M$ 代入得到：

$$\nabla^2 \varPhi_M = -\rho_m$$

只要按照给定的边界条件求解该方程，获得磁标势 $\varPhi_M$，则可得到空间的磁场分布 $H = - \nabla\varPhi_M$ 和磁通密度 $B = \mu H$。

②3D 建模　图 7-11 给出了 3D 模型的总体轮廓及尺寸。考虑到对称性，只计算模型的一半。

3D 模型截面的尺寸和结构与 2D 模型是一样的。事实上，在建模的时候，是将 2D 模型在轴向进行拉伸获得的。不过，考虑到计算量，外空气层半径只有 60mm，比 2D 模型时小一些。从对计算结果的影响来看，最外层空气处的磁场已经很小了（$<10^{-4}$T），对磁力耦合传动装置磁扭矩的影响完全可以忽略。总体坐标系设在端面圆心处，在 Z 轴方向，0 到 $h/2$ 包含了材料区，为满足对称性要求，在 $Z = h/2$ 处设其磁力线是平行于该平面的。从 0 到 -1mm 区间包含了一部分包封层，从 -1mm 处到 $-h/2$ 为延伸的空气区。在空气层的外表面加载了无限边界条件。

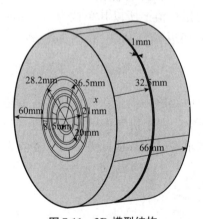

图 7-11　3D 模型结构

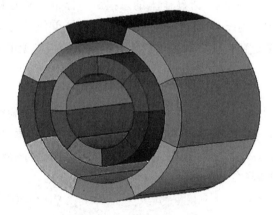

图 7-12　3D 模型中的永磁体

图 7-12 给出了 3D 模型中的永磁体排列形式，同 2D 模型一样，材料为 SmCo 合金永磁。由于采用一半模型进行计算，所以其高度为 32.5mm。

图 7-13 给出了 3D 模型中的包封与基体层。内转子的内侧和外转子的外侧为基体区，采用碳钢为其材料，内转子的外侧和外转子的内侧加了一层不锈钢包封，基体层与包封层的高度都为 32.5mm。

图 7-14 给出了 3D 模型中的空气层。模型中除上述构件外，其余部分当作空气来处理，外层的半径 60mm 处是以无穷远来处理的。

图 7-15 给出了 3D 模型网格划分图。总体模型划分采用 SOLID96 单元，其结构为八节点六面体单元，无中间节点。

　　图 7-16 给出了 3D 模型永磁体网格划分。每一块永磁体，按照规则的形状在长、宽、高三个方向上均分成 10 等份，所以每块永磁体都有 1000 个单元，永磁体部分共有 16000 个单元。

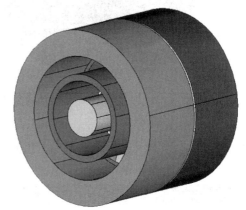

图 7-13　3D 模型中的包封与基体层　　　　　图 7-14　3D 模型中的空气层

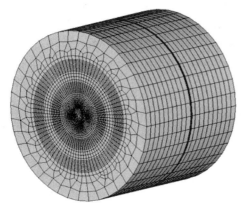

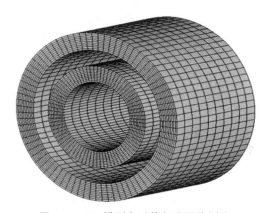

图 7-15　3D 模型网格划分图　　　　　图 7-16　3D 模型永磁体部分网格划分

　　图 7-17 给出了 3D 模型包封与基体层网格划分。内基体层和外基体层在厚度方向上分别分成 3 等份和 2 等份，周线和轴向上沿用永磁体延伸的结构，所以，周线上为 80 等份，轴向上为 10 等份，单元数分别为 2400 和 1600。包封层厚度较小，径向只取 1 等份，这样，内、外包封层的单元数都为 800。

　　图 7-18 给出了 3D 模型空气层网格划分。内空气区、两转子间的空气层及外围的空气区与材料区相邻的部分必须沿用其划分的结构，而外围空气层则可以划分得粗略一些，如图 7-17 所示。内空气区、两转子间的空气层及外围的空气层单元数分别为 10980、1600 和5380。所以，上层的总单元数为 39560。中间层与下部的空气层的划分，为了满足网格划分的原则，以及考虑到编程的方便，事实上是沿用了上层结构。也就是说，其单元数和上层是完全一样的，都为 39560。这样，整个模型的总单元数为 118680。

　　由于中间层高度只有 1mm，而划分了 10 等份，所以只显示为一条粗的黑线。中间层划分如此密的一个原因是为了使边缘效应的计算更加精确。

 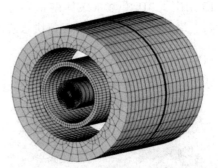

图 7-17　3D 模型包封与基体层网格划分　　图 7-18　3D 模型空气层网格划分

7.2　耦合磁场的力学 2D 分析与计算

7.2.1　2D 模型数理参量定义

在上节建立的 2D 有限元模型中，可以通过固定内转子、旋转外转子来改变内、外转子之间的转角，并通过分析软件获得相应转角下的磁场分布，然后通过虚位移法，计算其间磁场的相互作用力，最后通过对表面作用力的求和，获得转角与扭矩之间的关系；同时，从能量传递的角度，结合转角与扭矩的关系，获得功率与转角之间的关系。转角的定义如图 7-19 所示，当内、外转子的 N、S 极耦合对齐时的平衡位置为零度，逆时针方向为正向。

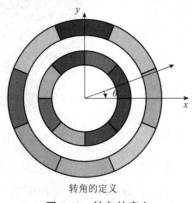

转角的定义

图 7-19　转角的定义

7.2.2　2D 磁场动力学分析

通过分析软件对不同转角下的磁矢势 A_z、磁感应强度 B 的矢量、磁感应强度 B 的绝对值、磁通密度以及不同转角和不同层面的磁感应强度进行分析研究，以确定其变化规律。

（1）不同转角下磁矢势 A_z 的分布

图 7-20 分别给出了不同转角下的磁矢势 A_z 的分布图。从中可以看出，在平衡位置时，内、外转子的磁矢势 A_z 的分布与角度的关系是一样的，或者说，磁矢势极大值的位置是在

同一角度处。随着外转子偏离平衡位置角度的增加，或者说，随着转角的增加，外转子磁矢势的极大值位置也逐渐发生偏转。其偏转的角度与转角是一致的。

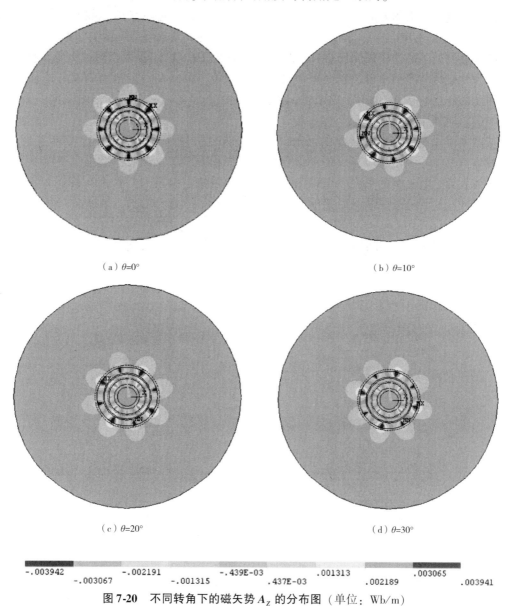

$（a）\theta=0°$　　　　　　　　　　　　　$（b）\theta=10°$

$（c）\theta=20°$　　　　　　　　　　　　　$（d）\theta=30°$

-.003942		-.002191		-.439E-03		.001313		.003065	
	-.003067		-.001315		.437E-03		.002189		.003941

图7-20　不同转角下的磁矢势 A_Z 的分布图（单位：Wb/m）

在磁矢势的空间分布计算出来后，按下式对磁矢势 A_Z 求偏导数可获得磁感应强度 B 的空间矢量分布。

$$B = \frac{\partial A_Z}{\partial y}i_x - \frac{\partial A_Z}{\partial x}i_y$$

（2）不同转角下磁感应强度 B 的矢量分析

图7-21 给出了不同转角下磁感应强度 B 的矢量分布图。从中可以看出，在 $\theta = 0°$ 时，磁极在表面上按 SNSNSNSN 的形式呈现 8 极分布。该分布与从理论上设想的形式是完全一样的。磁感应强度在永磁体附近大致在 0.2~0.5T。不过其中有一部分黄线和红线，表明该

处的场强较强，而出现黄线和红线的地方主要在两块永磁体交界处，这是由于在角点处没有做钝化处理的结果。理论计算也表明，若在区域中有尖角的存在，则在尖角处会出现很强的磁场，这就是尖角效应。不过，如果是纯粹由永磁体构成的结构，除非某些特殊的结构（如 magic ring 结构），空间场强一般不会比永磁体的剩余磁感应强度大。但是人们发现，某一部分交界处的磁感应强度比材料的剩余磁化强度（0.93T）要大。这主要是表面包覆的基体层为软磁性的碳钢材料，它有聚集磁力线的作用，可以在一定范围内起着增强空间磁感应强度的作用。在 $\theta = 0°$ 时，由于空间磁感应强度矢量的对称分布，沿着周向一周积分，其总的磁感应强度为零。

从图中可以看出，随着转角的增加，磁感应强度矢量沿着其中的一个方向发生偏移，由于发生偏移，导致磁感应强度矢量沿着周向一周积分，其总的磁感应强度不为零。由于在永磁体表面上有磁荷的存在，所以内、外转子的磁相互作用力是作用在其表面的。按照磁场强度的定义，磁场强度与磁相互作用力的关系为：

$$F = q_m H$$

其中，q_m 为磁荷。再根据磁感应强度与磁场强度的关系 $B = \mu \mu_0 H$，可得：

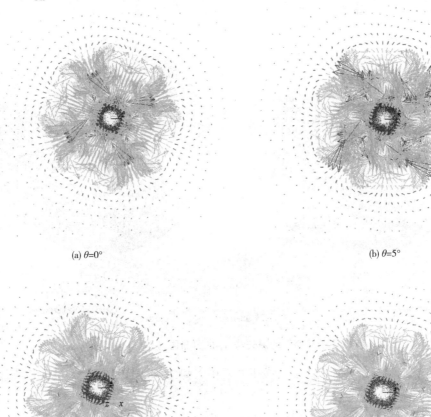

(a) $\theta=0°$　　　　　　　　　　　　　　(b) $\theta=5°$

(c) $\theta=10°$　　　　　　　　　　　　　(d) $\theta=15°$

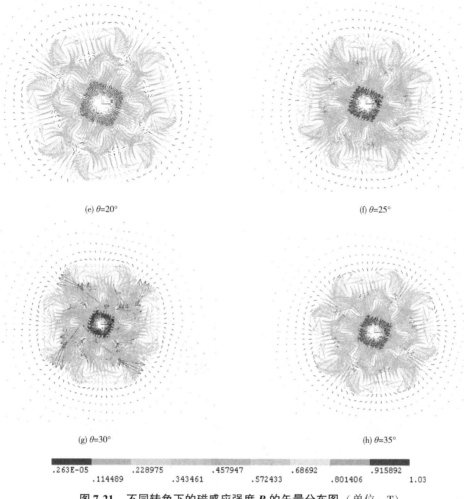

(e) $\theta=20°$ (f) $\theta=25°$

(g) $\theta=30°$ (h) $\theta=35°$

```
.263E-05      .228975       .457947       .68692        .915892
    .114489       .343461       .572433       .801406       1.03
```

图7-21 不同转角下的磁感应强度 B 的矢量分布图（单位：T）

$$F = \frac{q_m B}{\mu\mu_0} \tag{7-20}$$

而扭矩的定义为：

$$L = FR$$

若考虑柱坐标系，R 在径向，所以对扭矩有贡献的是周向上的力。或者说，磁感应强度的周向分量才对扭矩有贡献。随着转角的增加，从图中可看出，磁感应强度逐渐偏离径向，其周向分量越来越大，从而磁扭矩的数值也越来越大。而当转角大于25°后，磁感应强度的偏离则逐渐减小，从而磁扭矩的数值也逐渐减小。

图7-21所示为不同转角下的磁感应强度 B 的矢量分布图。

（3）不同转角下磁感应强度 B 的绝对值分析

图7-22分别给出了不同转角下磁感应强度 B 的绝对值分布图。

从 B 的绝对值分布图中可以看出，在两块永磁体的相接点，场强达到极大值。在 $\theta=0°$ 时，内、外转子磁感应强度极大值所处的角度是一样的，随着外转子的转动，空间的磁场分布也随着发生变化。空间磁场的变化导致了其所储存的静磁能的变化。外转子是由平衡位置（能量极小值处）开始转动，需外力做功才能使其转动。根据能量守恒原理，在准静态的情况下，外力做的功等于静磁能的增加。按照这一点，如果计算出不同转角下空间所储存的静磁能 E_d

$$E_d = -\int \mu_0 H M dV$$

将静磁能对转角 θ 求偏导，由公式

$$L = -\frac{\partial E_d}{\partial \theta}$$

也可求得不同转角下的扭矩值。不过，从数值计算的角度来看，按照该方法处理存在缺陷。这是由于静磁能 E_d 是对整个空间积分的结果，假设外转子转了一小角度 $\Delta\theta = \theta' - \theta$，则上式可写成：

$$L_\theta = -\frac{E_{d\theta'} - E_{d\theta}}{\theta' - \theta}$$

对整个空间的静磁能来说，$E_{d\theta'}$ 与 $E_{d\theta}$ 差别很小，所以，按照上式计算所获得的磁扭矩值误差较大。

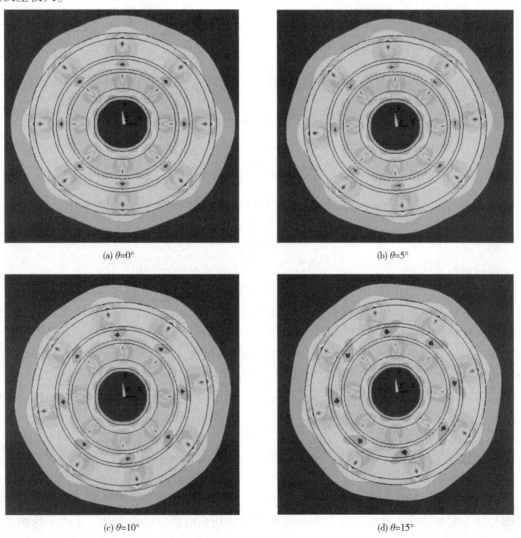

(a) $\theta=0°$ (b) $\theta=5°$

(c) $\theta=10°$ (d) $\theta=15°$

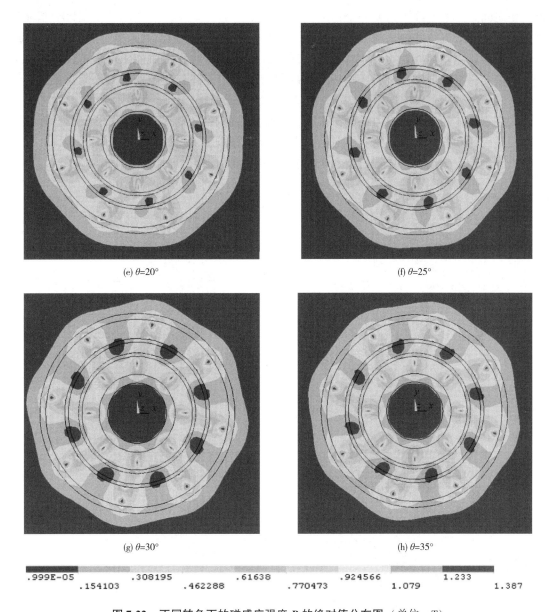

(e) θ=20°　　　　　　　　　　　　　　(f) θ=25°

(g) θ=30°　　　　　　　　　　　　　　(h) θ=35°

| .999E-05 | | .308195 | | .61638 | | .924566 | | 1.233 | |
| | .154103 | | .462288 | | .770473 | | 1.079 | | 1.387 |

图 7-22　不同转角下的磁感应强度 *B* 的绝对值分布图（单位：T）

　　从图中可以看出，最大磁感应强度可以达到 1.387T，该数值比永磁材料的剩余磁感应强度大，其原因在于基体层为软磁性的碳钢材料，它具有聚集空间磁力线的作用，从图中也可以看出，磁感应强度最大的地方都是出现在软磁性的碳钢材料内部的。

　　如果表面覆盖一层软磁性材料，这一效应更加明显。在图中出现红色数值的都在软磁性的基体层，在该处磁力线最为密集。

　　（4）不同转角下磁通密度分析

　　图 7-23 给出了不同转角下的磁通流线图。在该图中，磁通流线密的地方表示该处磁感应强度大，流线稀疏的地方表示该处磁感应强度弱。从图中可以看出：

　　①内转子内部空气和外转子外部的空气中流线较少，场强较弱，流线主要集中在内、

外转子之间。磁通流线图的另一个作用是研究有用磁通的多少，或者说可以用来分析永磁体的利用效能。流线图中从内转子穿到外转子的流线为有用磁通，而未穿过的为无效磁通。

②在两块磁体交界处的磁通属于无效磁通，从永磁体的利用效能角度考虑，可以在磁场之间填充一部分抗磁性材料，磁场之间的包封层使用一部分软磁性材料来聚集磁通，以减小永磁体的体积。

③在永磁体的交界处磁力线分布很密，而基体内部和外部空气层的磁力线分布则很少，这主要是因为基体为软磁性材料，具有聚集磁力线的作用。随着转角的增加，内、外转子的磁力线逐渐发生偏转，在转角达到45°时达到极大值。

(a) $\theta=0°$

(b) $\theta=5°$

(c) $\theta=10°$

(d) $\theta=15°$

(e) $\theta=20°$

(f) $\theta=25°$

(g) $\theta=30°$

(h) $\theta=35°$

(i) $\theta=40°$

(j) $\theta=45°$

图7-23 不同转角下的磁通流线图

由于磁力线事实上代表了磁作用力的方向，磁力线朝同一个方向偏转，表明磁作用力也朝同一方向偏转，从而对转子产生了扭矩的作用。

（5）不同转角和不同层面的磁感应强度分析

图7-24 和图7-25 分别给出了在不同转角下，内转子的外半径处（$R=16\text{mm}$）和两转子间的空气层中间（$R=18.5\text{mm}$）一周的磁感应强度分布。从中可以看出，随着转角的增加，内部磁场的峰值逐渐增大，所储存的静磁能逐渐增加，并且在转角达到45°时静磁能达到极大值。

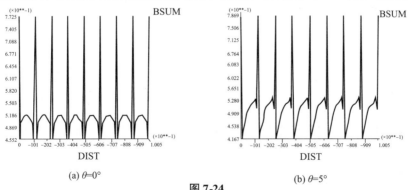

(a) $\theta=0°$

(b) $\theta=5°$

图7-24

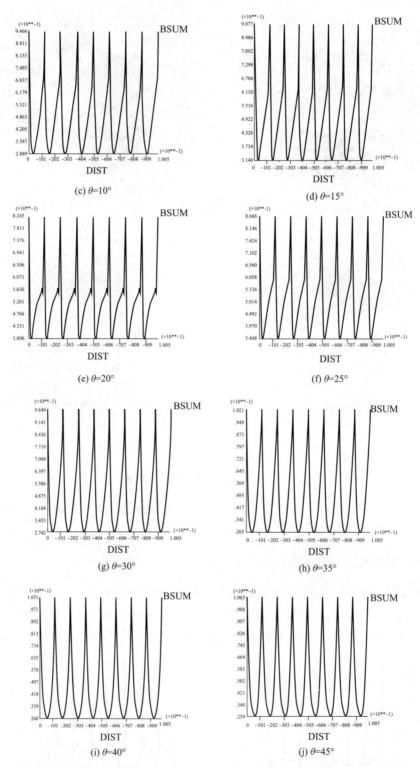

图 7-24　不同转角下内转子的外半径处 ($R = 16$mm) 一周的磁感应强度分布（单位：T）

DISI—距离；BSUM—磁感应强度总和

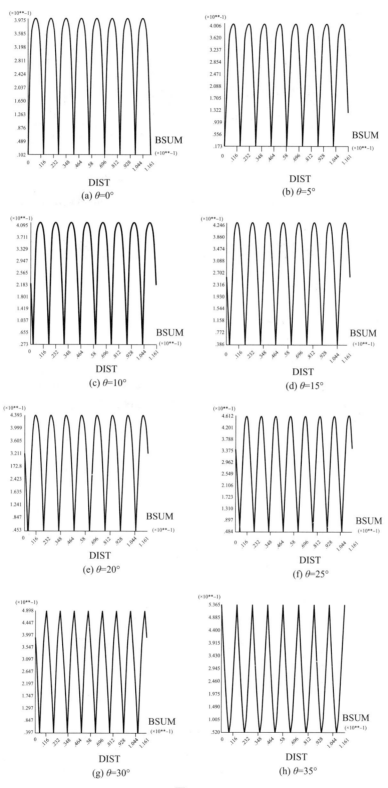

图 7-25

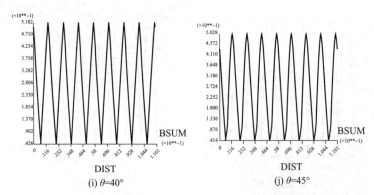

(i) θ=40°   (j) θ=45°

图7-25 在不同转角下两转子间的空气层中间（$R = 18.5$mm）一周的磁感应强度分布（单位：T）

7.2.3 2D磁场运动学分析

（1）扭矩与转角的数学分析

表7-1给出了在不同转角下，内转子的外半径处（$R = 16$mm）和两转子间的空气层中间（$R = 18.5$mm）一周的磁感应强度的峰值。图7-26给出了其峰值与转角之间的关系，可以看出，其分布基本呈正弦曲线关系。

表7-1 内转子的外半径处（$R = 16$mm）和两转子间的空气层
中间（$R = 18.5$mm）一周的磁感应强度峰值分布（单位：T）

转角/(°)	0	5	10	15	20	25	30	35	40	45
$R = 16$mm	0.7725	0.7879	0.8245	0.8668	0.9077	0.9466	0.9848	1.021	1.051	1.063
$R = 18.5$mm	0.3975	0.4006	0.4095	0.4246	0.4392	0.4612	0.4898	0.5028	0.5182	0.5365
转角/(°)	50	55	60	65	70	75	80	85	90	
$R = 16$mm	1.051	1.021	0.9849	0.9466	0.9077	0.8668	0.8245	0.7879	0.7725	
$R = 18.5$mm	0.5178	0.5028	0.4896	0.4612	0.4392	0.4245	0.4094	0.4006	0.3975	

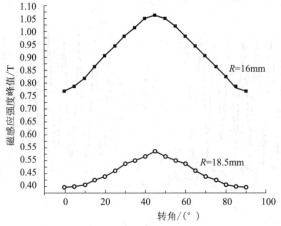

图7-26 内转子的外半径处（$R = 16$mm）和两转子间的
空气层中间（$R = 18.5$mm）一周的磁感应强度峰值与转角之间的关系

扭矩的计算是基于虚位移法，作用在内、外转子上的力大小不相等，方向相反，两者的力臂大小也不等，但是作用在内、外转子之间的扭矩大小是相等的。表7-2 给出了作用在内转子上的扭矩与转角之间的数值对应关系，图 7-27 给出了这两者之间的曲线关系。可以看出，其分布基本上成正弦关系。在角度为 22.5°时扭矩达到最大值。

表7-2　内转子上的扭矩与转角之间的关系

转角/(°)	0	5	10	15	20	22.5	25
扭矩/N·m	-7.4×10^{-4}	27.02	49.34	64.44	71.88	72.79	71.88
转角/(°)	30	35	40	45	50	55	60
扭矩/N·m	64.44	49.34	27.02	-1.1×10^{-3}	-27.02	-49.34	-64.44
转角/(°)	65	67.5	70	75	80	85	90
扭矩/N·m	-71.88	-72.79	-71.88	-64.44	-49.34	-27.02	-7.4×10^{-4}

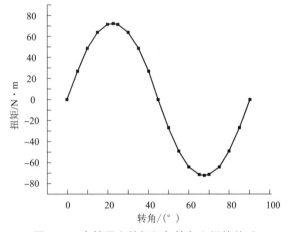

图 7-27　内转子上的扭矩与转角之间的关系

从图 7-26 和图 7-27 中可以发现，内转子的外半径处（$R = 16\text{mm}$）的磁感应强度和内转子上的扭矩与转角的关系都与正弦关系相类似。

图 7-28 和图 7-29 显示，内转子上的扭矩与转角的关系与正弦关系符合得非常好，而内转子的外半径处（$R = 16\text{mm}$）的磁感应强度的峰值与正弦关系则有一定的误差。这个误差来源于内转子的外半径处（$R = 16\text{mm}$）的磁感应强度的峰值的位置是处于两块永磁体的交界处，由于尖角效应，在该处磁感应强度的数值与实际值有一定的差别。

（2）扭矩、转角与磁感应强度的数学模型

从理论上来考虑，如果假设内转子的外半径处有一平均场 $\bar{B}$，则内转子的扭矩与内转子的外半径处的场强有如下关系：

$$T = k \frac{\partial(\bar{B}^2)}{\partial \theta} \qquad (7-21)$$

式中，前面的系数 k 是与转子的结构和材料有关的参数。该式的获得来源于静磁能的关系式。在磁学中，静磁能密度可用下式表示：

$$E = -BH_d$$

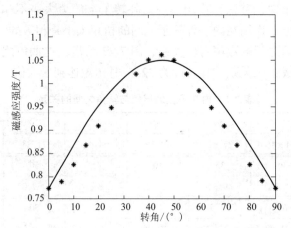

图7-28　内转子的外半径处（$R = 16\text{mm}$）的磁感应强度的峰值的计算结果与拟合曲线

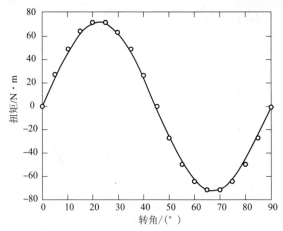

图7-29　内转子上的扭矩与转角关系的计算结果与拟合曲线

当空间的相对磁导率为 1 时，该式也可表述为：

$$E = - B^2 / \mu_0$$

由静磁能作用所产生的力和扭矩可描述为：

$$F = \frac{\partial \left(\int E \mathrm{d}v \right)}{\partial l} = \frac{\partial \left(\int B^2 \mathrm{d}v \right)}{\mu_0 \partial l}$$

$$T = \frac{\partial \left(\int E \mathrm{d}v \right)}{\partial \theta} = \frac{\partial \left(\int B^2 \mathrm{d}v \right)}{\mu_0 \partial \theta}$$

如果 B 可以用平均场 $\bar{B}$ 来描述，则上式中的扭矩就可用式（7-21）表述。

由 Matlab 拟合出来的内转子的外半径处（$R = 16\text{mm}$）的磁感应强度的峰值和内转子上的扭矩与转角的关系可由下述两式表示：

$$B = A_0 + A_1 \sin 2\theta$$
$$T = A_2 \sin 4\theta \qquad\qquad (7-22)$$

两者的关系为：

$$T = C \frac{\partial (B - A_0)^2}{\partial \theta} \qquad\qquad (7-23)$$

其中的系数 A_0、A_1、A_2、C 分别为：0.7725、0.2908、72.79、938.5，则

$$B = 0.7725 + 0.2908\sin2\theta$$

$$T = 72.79\sin4\theta$$

$$T = 938.5 \times \frac{\partial(B-0.7725)^2}{\partial\theta}$$

表 7-3 给出了内转子的外半径处（$R=16\text{mm}$）的磁感应强度平均值与转角的对应关系；图 7-30 给出其曲线关系；图 7-31 给出了利用 Matlab 的曲线拟合结果。

表7-3　内转子的外半径处（$R=16\text{mm}$）的磁感应强度平均值与转角的对应关系

转角/(°)	0	5	10	15	20	25	30	35	40	45
$\bar{B}$/T	0.5214	0.5190	0.5121	0.5017	0.4890	0.4755	0.4626	0.4518	0.4445	0.4419
转角/(°)	50	55	60	65	70	75	80	85	90	
$\bar{B}$/T	0.4445	0.4518	0.4626	0.4755	0.4890	0.5017	0.5121	0.5190	0.5214	

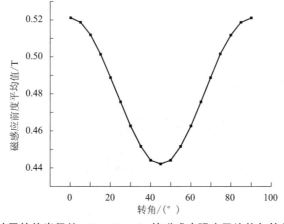

图7-30　内转子的外半径处（$R=16\text{mm}$）的磁感应强度平均值与转角的对应关系

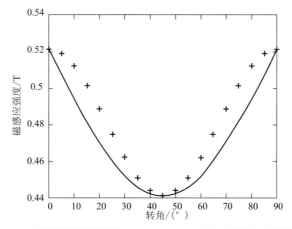

图7-31　内转子的外半径处（$R=16\text{mm}$）的磁感应强度平均值与转角的对应关系和 Matlab 的拟合结果比较

图 7-30、图 7-31 中的拟合曲线方程为

$$\bar{B} = 0.5214 - (0.5214 - 0.4419)\ \sin 2\theta$$

该方程与扭矩的关系为

$$T = 11517 \times \frac{\partial(\bar{B} - 0.5214)^2}{\partial\theta} \tag{7-24}$$

7.2.4　2D 磁场结构参数特性分析

在分析中，如果确定转子为 8 极结构，则由前面的分析结果可知，转角为 22.5°时扭矩达到极大值。或者说，如果转子为 n 极结构，则转角为 360°/2n 时，扭矩达到极大值。所以对八极结构，分析时就设定转角为 22.5°。

在保持其他的结构参数不变的情况下，分别改变内、外转子的厚度，来研究它们对扭矩的影响。在计算中，设定内、外转子间的空气层厚度不变，即不改变内转子外半径和外转子内半径的位置，然后计算作用在内转子上的扭矩。

（1）外转子厚度对扭矩的影响

图 7-32 给出了该分析模型中的可变部分，内转子的厚度不变，维持外转子的内半径不变，外转子的厚度变化，研究扭矩随外转子厚度变化的关系。表 7-4 给出了内磁转子的扭矩与外磁转子厚度变化的关系数据；图 7-33 给出了它们之间的变化关系。

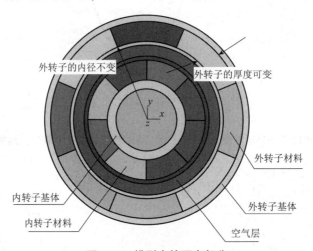

图 7-32　模型中的可变部分

表 7-4　内磁转子的扭矩与外磁转子厚度变化的关系数据

厚度/mm	0.5	1	1.5	2	2.5	3
扭矩/N·m	10.47206	19.84535	28.26217	35.84561	42.70147	48.92004
厚度/mm	3.5	4	4.5	5	5.5	6
扭矩/N·m	54.57835	59.74227	64.46810	68.80443	72.79301	76.47009
厚度/mm	6.5	7	7.5	8	8.5	9
扭矩/N·m	79.86732	83.01228	85.92901	88.63905	91.16103	93.51183

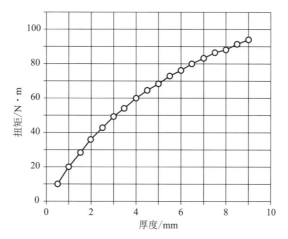

图 7-33　内转子的扭矩与外转子厚度的关系

（2）内转子厚度对扭矩的影响

维持外磁转子的厚度不变（5.5mm），改变内磁转子的厚度，研究扭矩随内磁转子厚度的变化关系。图 7-34 给出了模型中的可变部分；表 7-5 给出了内磁转子的扭矩与内磁转子厚度变化的关系数据；图 7-35 给出了它们之间的变化关系。

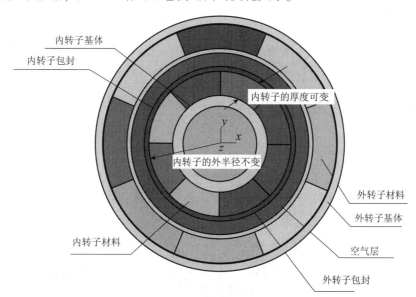

图 7-34　模型中的可变部分

表 7-5　内磁转子的扭矩与内磁转子厚度变化的关系数据

厚度/mm	0.5	1	1.5	2	2.5	3
扭矩/N·m	1.557689	15.17663	27.01371	37.20898	45.9272727	53.33338
厚度/mm	3.5	4	4.5	5	5.5	6
扭矩/N·m	59.58413	64.82471	69.18770	72.79301	75.7482123	78.14921
厚度/mm	6.5	7	7.5	8		
扭矩/N·m	80.08098	81.61839	82.82702	83.76396		

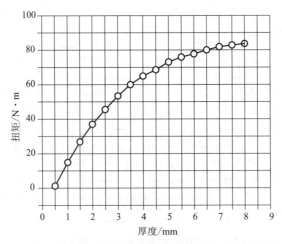

图 7-35　内磁转子的扭矩与内磁转子厚度变化的关系

从图 7-33 和图 7-35 可以看出，随着转子厚度的增加，扭矩的变化率越来越小，这样，材料的利用效率也越来越低。所以，单纯以提高材料层厚度的方法，难以满足增加扭矩的要求。在考虑材料的利用率及设计要求的条件下，外磁转子的厚度取 4～8mm，内磁转子的厚度取 3.5～7mm 比较合理。

（3）磁隙空气层厚度对扭矩的影响

为了研究磁隙空气层厚度与扭矩的关系，在模型中维持内转子的位置不变，保持外转子的厚度为 5.5mm，基体层与包封层的厚度也不变。图 7-36 给出了其中的可变部分。

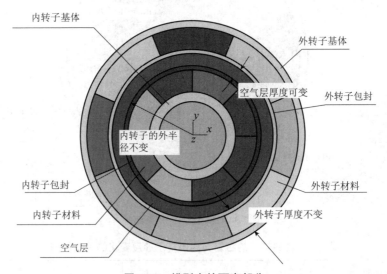

图 7-36　模型中的可变部分

表 7-6 给出了内磁转子的扭矩与空气层厚度变化的数据；图 7-37 给出了其变化关系。其中，不包括包封层的厚度，即空气层厚度为零时，内磁转子的外半径与外磁转子的内半径之间的距离为 2mm。

表7-6 内磁转子的扭矩与空气层厚度变化的数据

厚度/mm	0.5	1	1.5	2	2.5	3
扭矩/N·m	110.795	101.7542	93.4808	85.9294	79.0345	72.7930
厚度/mm	3.5	4	4.5	5	5.5	6
扭矩/N·m	67.1088	61.94068	57.2360	52.9529	49.0563	45.4934
厚度/mm	6.5	7	7.5	8	8.5	9
扭矩/N·m	42.2475	39.27998	36.5626	34.0727	31.7897	29.6939

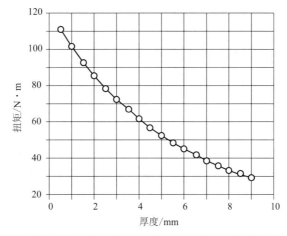

图7-37 内转子的扭矩与空气层厚度的变化关系

从图7-37可以看出,随着空气层厚度增加,扭矩变化率越来越慢。要增加扭矩的数值,可以适当地减少空气层的厚度。但是空气层厚度不能无限制地减少,因为还要考虑到转子转动的接触问题。同时,还要考虑转子本身自重的影响,所以,内、外转子要维持非接触,必须维持一定的距离。根据分析认为磁隙空气层的厚度一般取2~4mm为宜。

(4) 基体层厚度对扭矩的影响

基体层一般采用软磁性材料,它具有聚集磁通的作用。基体层处于内转子的内层与外转子的外层。如果从磁路理论来理解,它相当于磁路中的导线,而永磁体是电源,空气层相当于电阻。基体层可以提高永磁体的使用效率。所以,基体层材料的特性与厚度,对扭矩的大小会有一定的影响,它相当于降低永磁体中退磁场的数值,使永磁体的性能得到更好的发挥。

在前面的模型中,设定内磁转子基体层的厚度为2.5mm,外磁转子的基体层厚度为1.7mm,现在改变这一厚度,来研究其对内磁转子扭矩的影响。图7-38和图7-39分别给出了内磁转子扭矩随内磁转子内部的基体层和外磁转子外部的基体层厚度的变化关系。

图7-38和图7-39中,维持外转子外部的基体层为1.7mm和内磁转子内部的基体层厚度为2.5mm。从图中可以看出,基体层厚度对扭矩的影响相对来说不是很大,而外基体层的厚度影响比内基体层的影响稍大一点。

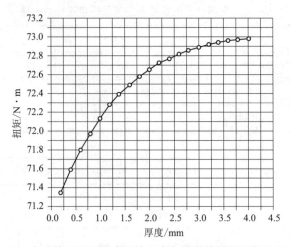

图7-38 内磁转子扭矩随内磁转子内部的基体层厚度的变化关系

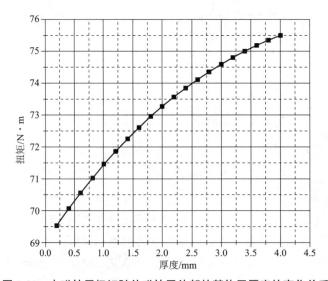

图7-39 内磁转子扭矩随外磁转子外部的基体层厚度的变化关系

（5）内、外磁转子非共轴状态分析

下面考虑内、外磁转子非共轴的情况，在内、外转子处于非共轴的时候，考虑内转子受到的磁力和磁扭矩。图7-40给出了内转子沿 $-y$ 方向偏移2mm的受力分布图。此时，作用在内转子上的磁力总和不为零。

图7-41和图7-42分别给出了内转子受到的扭矩和 y 方向合力随 y 方向偏移量的变化关系。从图中可看出，随着偏移量的增加，磁扭矩值减小。所以，为了保持稳定的磁扭矩值，应尽可能保持内、外转子的共轴性。同时可以看出，内转子受到的磁性合力在偏移量较小的时候，基本上与偏移量呈线性关系。

（6）材料特性对扭矩的影响

①永磁体性能对扭矩的影响　在耦合传动控制装置转动的时候，由于涡流、摩擦及其

他损耗会产生热量,磁力耦合传动控制装置的温度会升高。永磁体材料是与温度有关的。SmCo 永磁的温度性能较好,当温度从 20℃升高到 200℃时,其磁感应矫顽力从 9.3kOe 降低到 8.5kOe,下降得并不太多。但其他材料,如永磁铁氧体,材料对温度的依赖关系就比较大。从永磁体的性能来说,在理想的情况下,可以假设其退磁曲线为直线。从建模的角度来看,材料对温度的依赖,可以归结为矫顽力的变化。所以,以下在假设材料的退磁曲线为直线的条件下,研究耦合传动装置的内转子的扭矩对永磁体矫顽力的依赖关系。

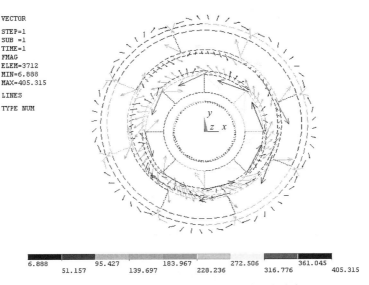

图 7-40 内转子沿 $-y$ 方向偏移 2mm 的受力分布图

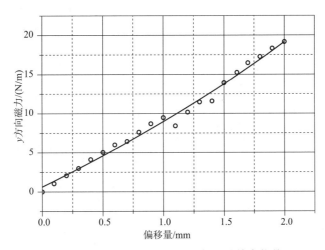

图 7-41 内转子的扭矩随 y 方向偏移量的变化关系

图 7-43 给出了内转子的扭矩与永磁材料矫顽力之间的关系。从中可以看出,材料的矫顽力对扭矩的影响很大。对 SmCo 材料来说,当温度从 20℃升高到 200℃时,内转子的扭矩密度值从 72.8N·m/m 降到了 60.1N·m/m,这一数值的减小还是相当可观的。或者从另一方面来说,提高永磁体材料的磁性能是提高磁扭矩的最根本的办法。所以,为增加磁扭矩的数值,一般要选用磁感应矫顽力高并且随温度变化小的材料。

②基体材料磁导率对扭矩的影响 为了增加永磁体的利用率,如前所述,基体材料通

常选用软磁性材料，描述软磁材料性能最主要的参量是磁导率。不过，在这个模型中，永磁磁块是贴在软磁材料的基体上的，加在软磁材料上的磁场很强，此时，软磁材料已经接近饱和，故其磁导率已经很小了。由于软磁材料的基体层的饱和磁化强度一般可达 2T 左右，在未达到饱和以前，其相对磁导率比 1 要大得多。为了研究基体材料性能对磁扭矩的影响，有必要研究模型中内转子的扭矩与基体材料磁导率之间的关系。

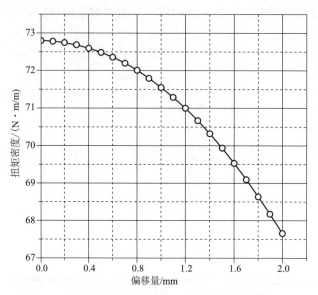

图 7-42　内转子 y 方向合力随 y 方向偏移量的变化关系

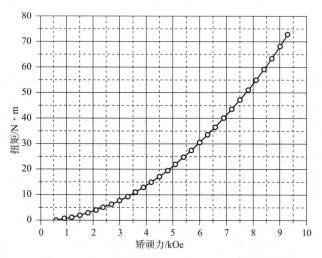

图 7-43　内转子的扭矩与永磁材料矫顽力之间的关系

图 7-44 是在假设基体层的相对磁导率为 20 时的磁感应强度分布，从中可发现，外基体层中的磁感应强度绝对值最大达到了 3.6T，显然，这一结果与实际值是不相符的。或者说，基体层磁导率在强磁场下的数值达不到这样大的值。

图 7-45 给出了内转子的扭矩与基体层磁导率之间的关系。从中可发现，基体层的磁导率对扭矩的影响还是相当大的。当基体层的磁导率从 1.5 增加到 2 时，内转子的扭矩密度从 72.8N·m/m 增加到了 76.9N·m/m，该数字还是相当可观的。所以，为了增加磁扭矩

的数值，提高基体层的饱和磁感应强度（或高磁导率）是一有效的办法。

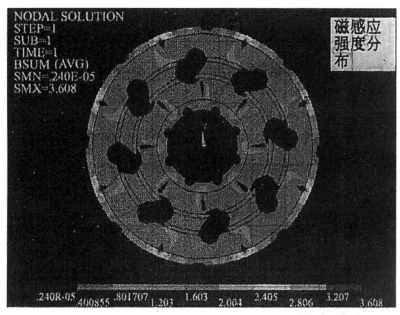

图7-44 假设基体层的相对磁导率为20时的磁感应强度绝对值分布

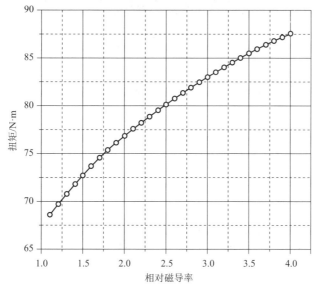

图7-45 内转子的扭矩与基体层磁导率之间的关系

③包封层材料对内转子磁扭矩的影响 包封层的主要作用是保护永磁性材料不被腐蚀，一般选用非磁性材料。如果包封层材料的磁导率大，则磁扭矩会降低。图7-46给出了内转子的磁扭矩与包封层磁导率之间的关系。从图中可以看出，当包封层的磁导率在1~1.2之间时，内转子的磁扭矩变化不大，当包封层的磁导率大于1.2时，内转子的磁扭矩值随磁导率的增加而单调递减。这主要是由于包封层磁导率增大，使磁通集中在包封层后，涡流损失增大，则内、外转子间磁场的相互作用力减小，造成扭矩快速下降。所以，包封层材料一般选择顺磁性材料为宜。

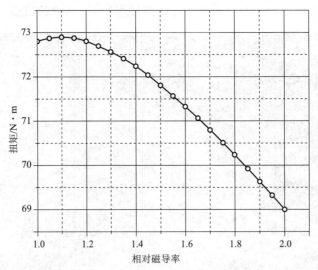

图 7-46　内转子的磁扭矩与包封层磁导率之间的关系

7.3　耦合磁场的力学 3D 分析与计算

7.3.1　3D 模型数理参量定义

3D 模型的建立主要是为了研究转子轴向上的漏磁对扭矩的影响，或者研究转子的长度效应对扭矩的影响。同时，3D 模型与实体模型更加接近，计算结果也与实际值更加相符。在前面我们给出了 3D 模型的建立过程，它基于静磁场的磁标势法，即只要按照给定的边界条件求解方程 $\nabla^2 \Phi_M = -\rho_m$，获得磁标势 Φ_M，则可得到空间的磁场分布 $H = -\nabla \Phi_M$ 和磁通密度 $B = \mu H$。

在 3D 模型中，不再考虑径向变量的影响，只考虑转角 θ 为 0° 和 22.5° 的情况，然后在这基础上再研究有限长度的影响。在前面的建模中，根据对称性，是选取一半的实体模型进行研究的，转子的总长度为 65mm，其一半为 32.5mm。具体的模型尺寸在前面已经给出。

7.3.2　3D 磁场动力学分析

通过分析软件分别对 0° 和 22.5° 的磁标势的空间分布、磁感应强度矢量的空间分布、磁感应强度的绝对值的空间分布、永磁体部分的磁感应强度矢量和绝对值的空间分布进行了分析，以确定其变化规律。

（1）磁场磁标势空间分布分析

图 7-47 给出了磁标势的空间分布。磁感应强度的空间分布可以对磁标势求梯度获得。

（2）磁感应强度矢量空间分布的分析

图 7-48 给出了磁感应强度矢量的空间分布。图中排列一致的为永磁体内部的磁感应强

度矢量。在永磁体内部和基体中的磁感应强度较强，而外围的空气层则较弱。

（3）磁感应强度绝对值空间分布

图 7-49 给出了磁感应强度的绝对值的空间分布。与 2D 比较，其数值都比 2D 时的数值偏小。

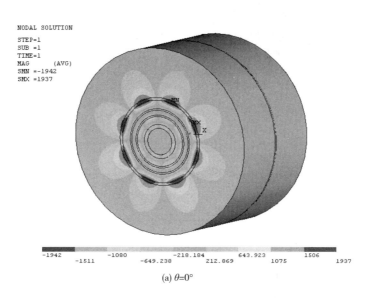

(a) $\theta=0°$

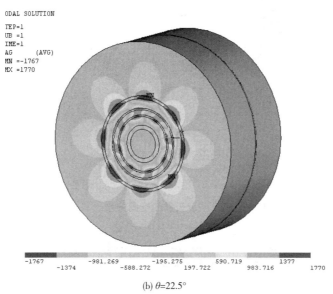

(b) $\theta=22.5°$

图 7-47 磁标势的空间分布（单位：A）

（4）内、外磁转子磁感应强度矢量和绝对值空间分布的分析

图 7-50 和图 7-51 分别给出了永磁体部分的磁感应强度矢量和绝对值的空间分布。

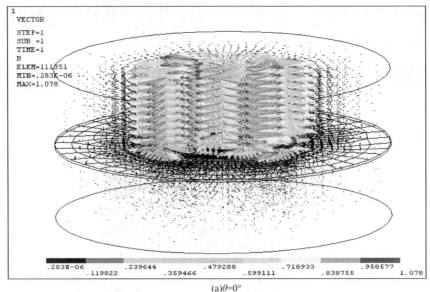

(a)$\theta=0°$

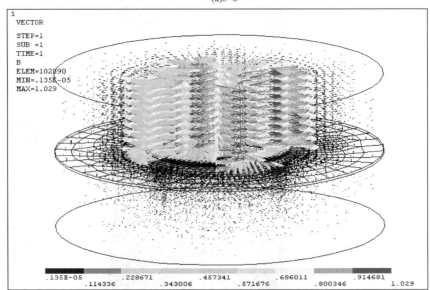

(b)$\theta=22.5°$

图7-48 磁感应强度矢量的空间分布（单位：T）

7.3.3　3D磁场运动学分析

（1）磁感应强度分布的分析与研究

为了研究边缘效应的影响，有必要研究内转子外表面处的磁感应强度分布。假设空气层沿外层处高度为0，转子的端面处高度为33.5mm，转子中心处的高度为66mm，图7-52给出了在$r=16$mm，$\theta=0°$和$\theta=22.5°$不同高度处的磁感应强度分布曲线。从图中可以看出，端面附近有一微小的凸起，该处的磁感应强度比中间部分略大，这主要是由于基体层为软磁性材料，它具有提高空间磁场的作用。

表7-7给出了$r=16$mm位置不同高度处一周的磁感应强度绝对值的平均值数据。设转

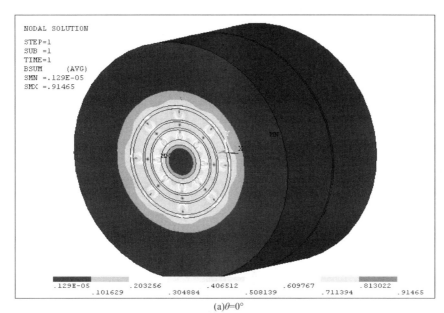

(a)θ=0°

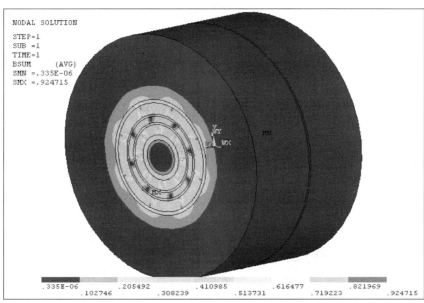

(b)θ=22.5°

图7-49　磁感应强度绝对值的空间分布（单位：T）

子端面处的高度为0，转子中心处的高度为26.5mm，空气层延伸为－27.5mm。图7-53则给出了其关系曲线图。

表7-7　$r=16mm$ 位置不同高度处一周的磁感应强度绝对值的平均值的数据

高度 $H/$mm	26.5	21.5	16.5	11.5	6.5	5	4	3	2
$\bar{B}/$T	0.483	0.484	0.484	0.485	0.487	0.485	0.4852	0.4648	0.3817
$\theta=22.5°$	0.447	0.447	0.447	0.447	0.445	0.448	0.4529	0.4396	0.3714
高度 $H/$mm	1	0	－1	－2	－5	－10	－15	－20	－27.5
$\bar{B}/$T	0.310	0.260	0.194	0.131	0.029	0.0066	0.003368	0.001565	0.0005859
$\theta=22.5°$	0.317	0.282	0.219	0.159	0.0534	0.0084	0.002664	0.001164	0.0004687

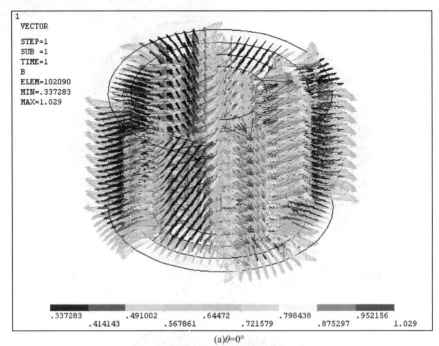

(a)$\theta=0°$

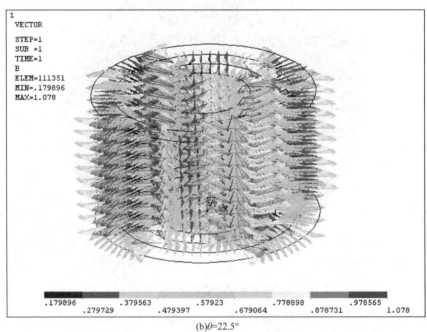

(b)$\theta=22.5°$

图 7-50 内、外磁转子磁感应强度矢量的空间分布（单位：T）

（2）耦合磁场磁作用力的分析

如果考虑前面二维的结果，按照平均场与扭矩的关系，则可获得不同高度处的扭矩密度与端面距离的关系。按照

$$L = 11517 \times \frac{\partial(\bar{B}-0.5214)^2}{\partial\theta}$$

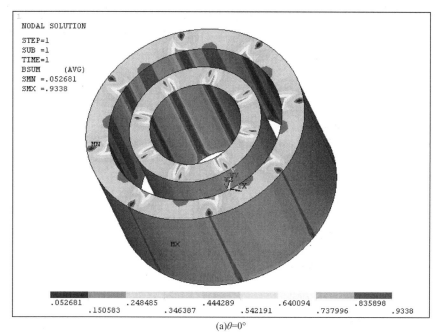

(a)$\theta=0°$

(b)$\theta=22.5°$

图7-51 内、外磁转子磁感应强度绝对值的空间分布（单位：T）

可得在22.5°时的扭矩为：

$$L_{22.5} = 11517 \times (\bar{B}_{22.5} - \bar{B}_0)^2$$

图7-54和图7-55分别给出了模型的正面和侧面的磁作用力矢量分布图。图7-56和图7-57分别给出了模型中内转子的正面和侧面的磁作用力矢量分布图。从图中可以看出，内、外转子所受的磁作用力在转角为0°时主要在径向，所以其合力矩为0，而在转角为22.5°时，内、外转子则受到了扭矩的作用，其方向刚好相反。其中，粗实线箭头主要是由于转

子内部相邻磁块间的作用所产生的，其在磁块内一圈的合力为零。该力属于内力，对扭矩不产生影响。如图 7-54(a) 所示，在交接点处的两个力大小相等，一周的合力为 0，而在图 7-54(b) 中，这两个力的大小不相等，这主要是由于两转子的互作用力叠加到其上的结果。

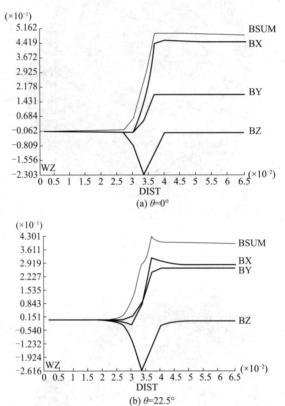

(a) $\theta=0°$

(b) $\theta=22.5°$

图 7-52　在 $r=16mm$，$\theta=0°$ 和 $\theta=22.5°$ 不同高度处的磁感应强度分布曲线（单位：T）

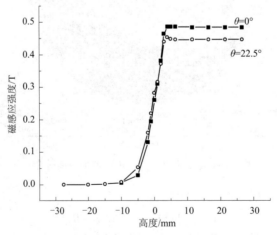

图 7-53　$r=16mm$ 处一周的磁感应强度绝对值的平均值与端面距离的关系

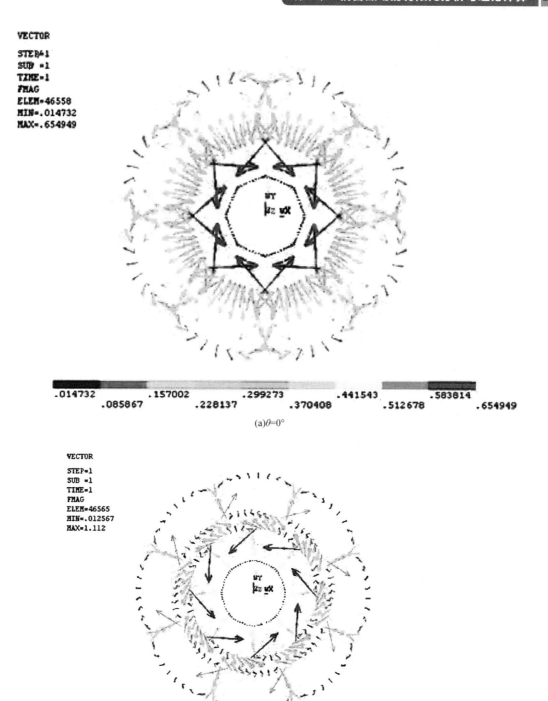

(a)$\theta=0°$

(b)$\theta=22.5°$

图7-54 磁作用力矢量分布的正面视图（单位：kgf）

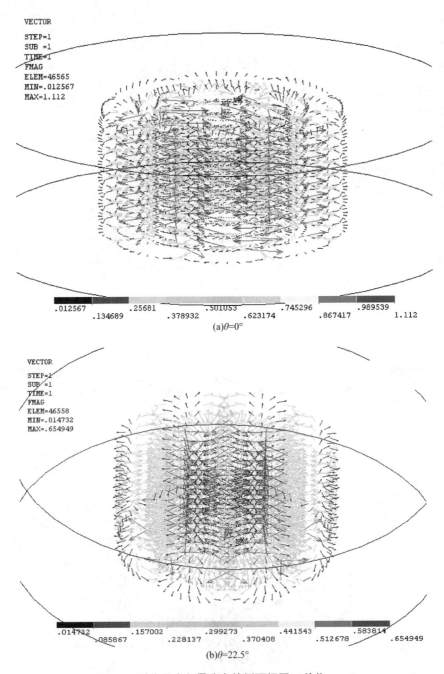

(a)$\theta=0°$

(b)$\theta=22.5°$

图7-55　磁作用力矢量分布的侧面视图（单位：kgf）

（3）扭矩密度分析

图7-58给出了内转子的扭矩密度随高度的变化关系。设转子端面处的高度为0，转子中心处的高度为32.5mm。可以看出，从端面延伸到内部大约10mm后，其扭矩密度将保持不变，基本上为一常数。

将该数据在轴向高度上积分，可得扭矩 $L=2.03\mathrm{N\cdot m}$，内转子总的扭矩为 $L\times2=4.06\mathrm{N\cdot m}$。利用2D的结果，扭矩与转角为正弦关系，3D的扭矩方程为：$L=4.06\sin4\theta$，

图 7-59 给出了 2D 与 3D 扭矩计算结果的比较。经过 3D 模型的修正，发现 3D 比 2D 模型约小 16.5%。

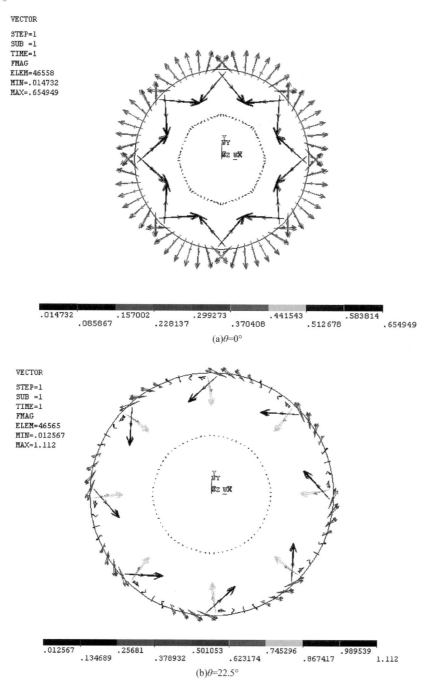

(a)$\theta=0°$

(b)$\theta=22.5°$

图 7-56 内转子磁作用力矢量分布的正面视图（单位：kgf）

（4）外转子扭矩分析

内、外转子相互作用时，作用力臂不等，相互作用力不等，但是相互传递的扭矩值相等。考虑到磁相互作用力是作用在永磁体的表面（磁荷出现在永磁体表面），可以考虑将内、外转子的永磁体表面的半径作为力臂,这样,内、外转子的扭矩之间的关系为 $0.016L_内 = 0.021L_外$,图 7-60 给出了外转子扭矩与转角的关系。该曲线是从 3D 的数据中获得的。

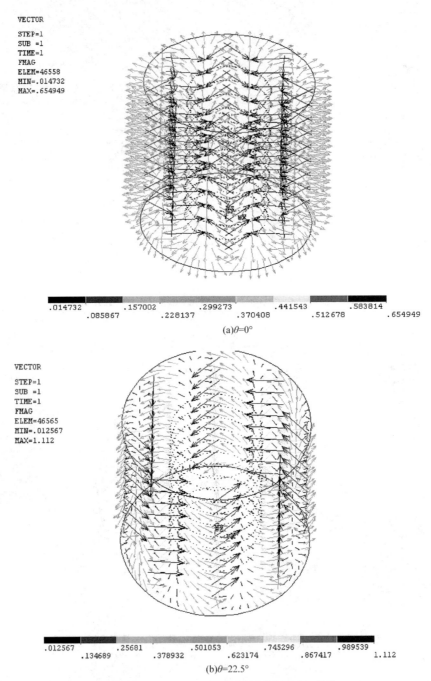

(a)$\theta=0°$

(b)$\theta=22.5°$

图 7-57   内转子磁作用力矢量分布的侧面视图 (单位:kgf)

(5) 转子在 Z 轴方向的变化对扭矩的影响

分析研究转子的有限长度,则必须采用 3D 模型。在转子长度较短的情况下,端面效应的影响就显得比较明显。图 7-61 给出了半转子长度为 5mm 时永磁体表面的磁感应强度绝对

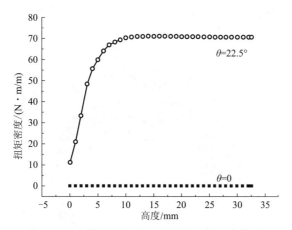

图 7-58　内转子的扭矩密度随高度的变化关系

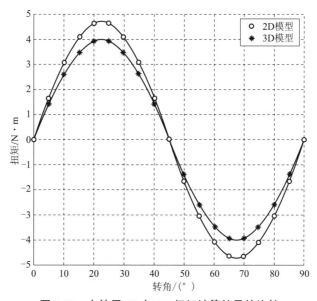

图 7-59　内转子 2D 与 3D 扭矩计算结果的比较

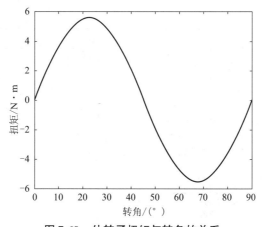

图 7-60　外转子扭矩与转角的关系

值的分布图。从中可以看出，边缘场的数值和内部场的数值相差很大。

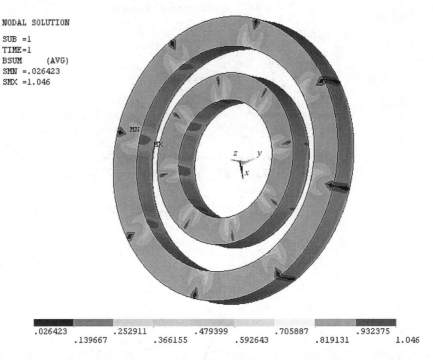

NODAL SOLUTION
SUB =1
TIME=1
BSUM   (AVG)
SMN =.026423
SMX =1.046

.026423	.252911	.479399	.705887	.932375
.139667	.366155	.592643	.819131	1.046

图7-61　半转子长度为5mm时永磁体表面的磁感应强度绝对值的分布图

图7-62给出了不同半转子长度L的磁扭矩密度与位置的关系。其位置坐标设端面处为零。从中可以看出，在该模型中，边缘效应的影响大约深入到转子内部10mm。在深入到10mm以后，扭矩密度基本上就稳定了。

表7-8给出了内转子扭矩值与转子长度变化的关系数据。在计算中，只取了一半模型进行计算，所以，用转子的半长度来表示，其扭矩也只代表半个转子的扭矩。

表7-8　内转子的扭矩值与转子长度的变化关系数据

转子的半长度/mm	5	10	15	20	25	30	35	40	45	50	55
扭矩/N·m	0.19	0.55	0.90	1.25	1.59	1.94	2.29	2.64	2.98	3.33	3.68

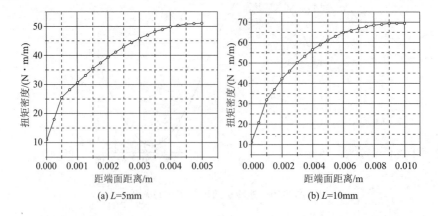

(a) L=5mm　　　　　(b) L=10mm

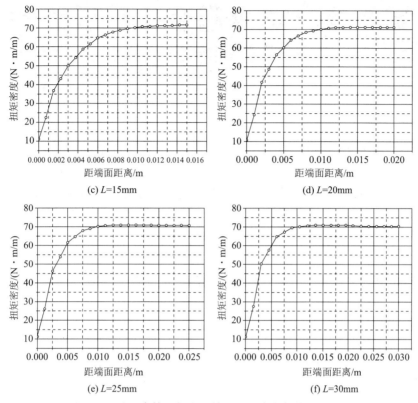

图 7-62　不同半转子长度 L 的磁扭矩密度与位置的关系

　　为了能进行比较，将该数值除以转子的长度，以单位长度内的扭矩值进行比较。图 7-63 给出了单位长度的扭矩值与半转子长度的关系。从中可以看出，在半转子长度大于 30mm 或转子长度大于 60mm 以后，扭矩值随其长度的变化已经不大。而在转子长度小于 30mm 时，边缘漏磁效应的影响则非常明显。考虑到外转子的外半径为 26.5mm，为了减小边缘效应的影响，转子的长度与外转子直径之比 $L/(2R)$ 应大于 1。

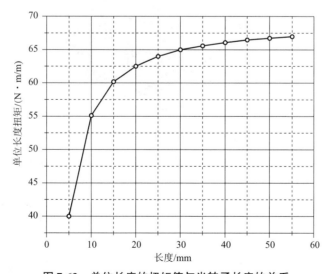

图 7-63　单位长度的扭矩值与半转子长度的关系

第8章 磁力耦合传动装置的运动学分析

磁力耦合传动装置的整机特性和运转控制是一个非常现实的问题，因为磁力耦合传动装置整机性能分析还需要掌握其本征振动响应、启动特性和稳定运行状态控制等。为避免运转中可能产生共振，影响运行状态的稳定性，造成不稳定损害和振动破坏，本章仍然以有限元法分析讨论内转子的本征频谱、磁力耦合传动装置的启动过程和稳定运行状态三部分，同时简要地介绍一下磁力耦合传动装置的使用与故障诊断。

8.1 磁力耦合传动装置内磁转子振动频率的响应分析

磁力耦合传动装置运动器件的频谱响应和器件的尺寸与材料特性相关。在内转子与转轴组成的结构中，有四种材料，永磁体（$SmCo_5$）、碳钢、不锈钢和铝合金，其密度分别为 $8.2 \times 10^3 kg/m^3$、$7.8 \times 10^3 kg/m^3$、$7.9 \times 10^3 kg/m^3$ 和 $4.0 \times 10^3 kg/m^3$。作为估计，预设材料的弹性模量为 200MPa，泊松比为 0.3。图 8-1 给出了内转子的实体模型，从里往外其材料分别为铝合金、碳钢、$SmCo_5$ 和不锈钢，其半径分别为 8.5mm、11mm、16mm 和 17mm，其长度为 65mm。

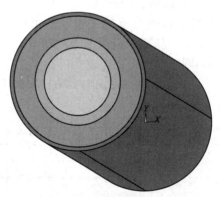

图 8-1 内转子的频谱分析模型

分析采用有限元法建模、网格划分、加载边界条件，然后求解。表 8-1 给出了振动响应的前 10 个频率。其中第一个是零频响应，它对应的是转子的自由转动响应，和转子的转动动力学是相关联的，振动方式各不相同，随响应频率的变化而变化。在设计的时候，设定内转子转速大致为 3000r/min，或者说频率大致为 50Hz，该频率比振动响应的最小频率（683.87Hz）小得多，所以，内转子在该范围内不会产生共振，该尺寸设计是合理的。

表 8-1 振动响应的前 10 个频率及方式

响应频率/Hz	0	683.87	731.77	763.49	786.42	833.53	857.79	1043.7	1059.1	1433.8
振动方式	随响应频率的变化而变化									

事实上,前面的讨论是基于较小的弹性模量,而实际的弹性模量比以上计算中的设定值要大,所以,相应的共振频率会增大。如碳钢的弹性模量大约为190MPa,其共振频率比前面的计算值要大两个数量级以上。或者说,在设计允许的一个很大范围内,可以不去考虑该器件的振动频率响应特性,除非所设计的转速足够大,以至于达到振动响应频率的范围。

8.2 磁力耦合传动装置启动过程分析

如果忽略器件的振动频率响应特性,将转子作为刚体处理,那么,它的运动状态可用刚体转动动力学方程来描述,即:

$$T = I \frac{\mathrm{d}^2\theta}{\mathrm{d}t^2} \tag{8-1}$$

在给定的初始状态下,就可以确定转子的运动状态。式中,T 为作用在转子上的扭矩;I 为转子的转动惯量;θ 为内转子转动的角度。

不过,在实际的系统中,始终存在阻尼。阻尼的来源主要由摩擦损耗、涡流损耗、负载损耗等构成。图8-2给出了在负载为0.5N·m下损耗角正切(位移角)与转速之间的关系,作为一种近似,粗略地认为损耗与转速成正比。

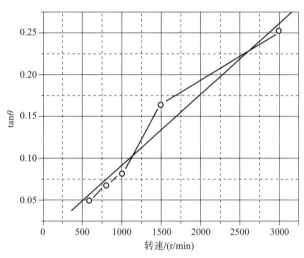

图8-2 在负载为0.5N·m下损耗角正切(位移角)与转速之间的关系

这样,实际转子的运动方程可描述为:

$$T = I \frac{\mathrm{d}^2\theta}{\mathrm{d}t^2} + \beta \frac{\mathrm{d}\theta}{\mathrm{d}t} + \alpha \frac{\mathrm{d}\theta/\mathrm{d}t}{|\mathrm{d}\theta/\mathrm{d}t|} \tag{8-2}$$

式中,β 为阻尼系数,在空载时和负载时阻尼系数不一样;α 为常阻尼系数,与运转速度无关。根据图8-2的实验曲线,α 的数值很小,所以可以将它忽略不计。

对所研究的磁力耦合传动装置,作为近似,它受到的磁扭矩已经由前面的静态分析给出,即内转子受到的扭矩为 $T = 4.06\sin 4\theta'$,其中 θ' 为内、外转子转角之差。如果假设外转子转动的角度为 θ_0,则内转子的运动方程为:

$$(4.06 - \delta)\sin\left[4(\theta_0 - \theta)\right] = I \frac{\mathrm{d}^2\theta}{\mathrm{d}t^2} + \beta \frac{\mathrm{d}\theta}{\mathrm{d}t} \tag{8-3}$$

其中，δ 是对磁扭矩的动态修正，当转速较小时，可将其忽略。

空载时，对内转子的转动惯量 I，设长度为 h，部件的内、外半径为 R_{i+1} 和 R_i，则可按下式计算：

$$I_i = \frac{1}{2}\pi h \rho (R_{i+1}^4 - R_i^4)$$

按照该式，内转子本身的转动惯量为：$0.6675244787 \times 10^{-4}(\mathrm{kg \cdot m^2})$。这样，将转子的运动方程描述为：

$$(0.667544787 \times 10^4)\frac{\mathrm{d}^2\theta}{\mathrm{d}t^2} + \beta\frac{\mathrm{d}\theta}{\mathrm{d}t} - 4.06\sin[4(\theta_0 - \theta)] = 0$$

其中，负载可以作为阻尼力作用在方程中。在工程上，负载通常用扭矩的单位，那么，表现在方程中它体现为第二项 $\beta\dfrac{\mathrm{d}\theta}{\mathrm{d}t}$。

考虑启动状态，外转子的运动状态如果近似为一暂态过程，即假设外转子的启动过程中转速满足方程

$$\omega = \omega_0[1 - \exp(-t/\tau)]$$

式中，ω_0 为外转子稳定运行时的转速；τ 为描述外转子启动时间长短的参量。这样，在时间为 t 时外转子转动的角度为：

$$\theta_0 = \int_0^t \omega \mathrm{d}t = \int_0^t \omega_0[1 - \exp(-t/\tau)]\mathrm{d}t = \omega_0\{t - \tau[1 - \exp(-t/\tau)]\}$$

代入前面内转子的运动方程，可得：

$$(0.667544787 \times 10^4)\frac{\mathrm{d}^2\theta}{\mathrm{d}t^2} + \beta\frac{\mathrm{d}\theta}{\mathrm{d}t} - 4.06\sin\{4\{-\tau[1 - \exp(-t/\tau)]\} - \theta\} = 0$$

依据该方程，就可以将磁力耦合传动装置内转子的运转状态分为空载和负载时的两种运转状态。

8.2.1　磁力耦合传动装置空载启动

空载时认为阻尼很小，考虑到 $\beta\dfrac{\mathrm{d}\theta}{\mathrm{d}t} \leqslant T_{\max}$，工业上一般将额定转速设定在 3000r/min 或频率为 50Hz，这样，若取 $\beta\dfrac{\mathrm{d}\theta}{\mathrm{d}t} = \dfrac{T_{\max}}{10}$，在额定转速下，可得阻尼系数

$$\beta = \frac{4.06}{10 \times 50 \times 2 \times 3.14159} = 0.00129(\mathrm{N \cdot s/m})$$

根据电动机特性，取启动暂态时间 $\tau = 0.5\mathrm{s}$，图 8-3 给出了在转速为 3000r/min 或频率为 50Hz 时转子启动过程中转速随时间的变化关系。从图中可以看出，内转子的转速变化稍微落后于外转子转速的变化，但随着时间的增加逐渐趋于稳定值，即与外转子同步起来。

在上述阻尼与启动暂态时间的作用下，内转子的转速存在一上限值。根据以上方程可以求出该数值。图 8-4 给出了频率为 500Hz 和 501Hz 时外转子转速随时间的变化关系。从图中可以看出，当频率为 500Hz 时，系统能稳定启动，而当频率达到 501Hz 时，系统则无法启动。所以，空载时频率的上限为 500Hz，当频率更高时系统无法启动。

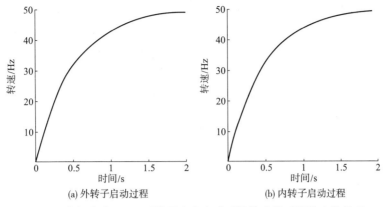

图 8-3 在频率为 50Hz 时转子空载启动时的转速随时间的变化关系

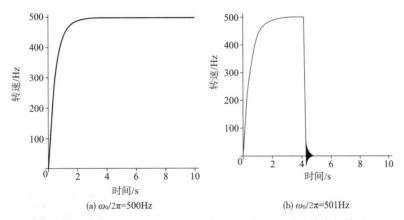

图 8-4 频率为 500Hz 和 501Hz 时外转子转速随时间的变化关系

8.2.2 磁力耦合传动装置负载启动

设定磁力耦合传动装置的额定负载为 3N·m, 转速为 50Hz, 阻尼为空载阻尼与负载阻尼之和, 即:

$$\beta = \frac{3.0}{50 \times 2 \times 3.14159} + \frac{4.06}{10 \times 50 \times 2 \times 3.14159} = 0.01084(\text{ N·s/m})$$

仍然取启动暂态时间 $\tau = 0.5s$, 图 8-5 给出了在额定负载下内转子的启动过程。在额定负载下, 内转子的启动时间大约为 2s, 启动过程非常平稳。

如果考虑在额定转速下磁力耦合传动装置的负载能力, 可以从方程中获得磁力耦合传动装置的临界负载值。图 8-6 给出了 β 值为 0.01292N·s/m 和 0.01293N·s/m 时内转子的启动过程, 即负载为 3.65N·m 和 3.66N·m, 内转子的启动过程。从图中可以看出, 在设定频率为 50Hz 的条件下, 系统最大的负载能力为 3.65N·m。

实际设计中通常还考虑在额定负载下, 转子的最大转速。图 8-7 给出了频率为 59.6Hz 和 59.7Hz 时内转子的启动过程。明显地可以看出, 在转速为 59.6Hz 时, 系统能稳定启动, 而在转速为 59.7Hz 时, 系统无法正常启动。

从以上分析中可以得出, 空载时系统转速能达到 500Hz, 而负载为 3N·m 时频率只能达到 59.6Hz。系统的负载能力与转速之间存在一定关系。考虑空载阻尼所对应的负载为

0.406N·m，则可以看出，$500 \times 0.406 = 203.0$，$50 \times (3.65 + 0.406) = 202.8$，$59.6 \times (3.0 + 0.406) = 203.0$，这几个数字基本相等。所以，如果假设系统的总负载为 T_s，转速为 ω_s，则稳定运转时这两个数值的乘积应小于 203N·s/m，即应满足关系式：

$$T_s \omega_s < const = 203N \cdot s/m$$

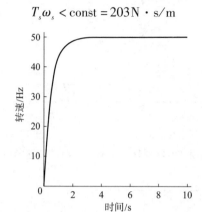

图 8-5 在额定负载下内转子的启动过程

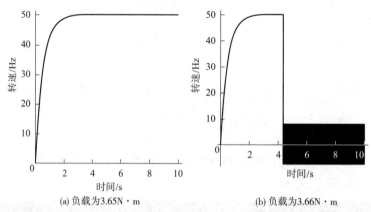

(a) 负载为3.65N·m   (b) 负载为3.66N·m

图 8-6 负载为 3.65N·m 和 3.66N·m 时内转子的启动过程

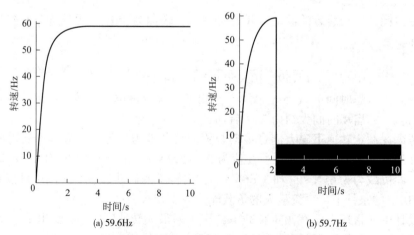

(a) 59.6Hz   (b) 59.7Hz

图 8-7 频率为 59.6Hz 和 59.7Hz 时内转子的启动过程

该式即为系统稳定启动的限定（功率）关系，在额定负载下，该式给出了系统的最大转速，而在给定转速下，它给出了系统所能承受的最大负载。

8.3 磁力耦合传动装置稳定性分析

在实际的应用中，通常需要考虑到系统的稳定性问题。比如，供电电压的不稳定会导致系统转速的变化；负载的振动也有可能引起转速的变化。如果系统在这些不稳定因素的影响下不能恢复到稳定运行状态，或者说，系统无法纠正因外界条件的扰动而引起的内、外转子的不同步，则该系统在实际推广应用中就存在问题。

在稳定性分析中，有两种情况需要考虑：由振动负载突变等原因引起的内转子转速的变化；由供电电压不平稳或处理系统变速原因引起的外转子状态的变化。

8.3.1 磁力耦合传动装置内转子转速的变化

假设外转子的转速一直维持恒定不变，令其为 ω_0，则系统运行满足的方程为：

$$(0.667544787 \times 10^4) \frac{\mathrm{d}^2\theta}{\mathrm{d}t^2} + \beta \frac{\mathrm{d}\theta}{\mathrm{d}t} - 4.06\sin\left[4(\omega t - \theta)\right] = 0$$

假设系统运行在额定负载与转速下，即负载为 $3\mathrm{N}\cdot\mathrm{m}$，$\beta = 0.01084\ \mathrm{N}\cdot\mathrm{s}/\mathrm{m}$，转速为 $3000\mathrm{r}/\mathrm{min}$ 或频率 $50\mathrm{Hz}$，在稳定运行时，内外转子趋于同步运行，现假设内转子在某种作用下转速突然发生了变化，设其转速变为 $k\omega_0$，然后求解该方程。图 8-8 给出了频率分别为 $39.0\mathrm{Hz}$、$38.5\mathrm{Hz}$、$62.5\mathrm{Hz}$ 和 $63.0\mathrm{Hz}$ 时内转子的转速变化。从图中可以看出，只要内转子

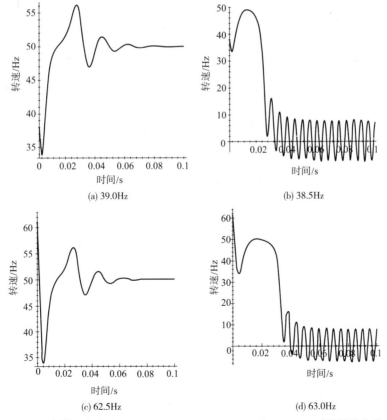

图8-8 内转子频率为 39.0Hz、38.5Hz、62.5Hz 和 63.0Hz 时的转速变化

频率在 39.0~62.5Hz 之间变化，系统能够恢复到稳定运行状态，而超出此范围，系统无法承受，内转子停止运行，其运行速度在零附近做小幅振动。从该结果可以看出，在额定负载（3N·m）下，转速的变化可以达到 20% 以上，而系统仍然能够恢复到稳定运行状态，说明在额定负载下，该系统还是相当稳定的。

如果考虑稳定运行时的负载能力，设转速为 3000r/min 或频率 50Hz，根据以上方程，可以解得当 $\beta < 0.0115\mathrm{N}\cdot\mathrm{s/m}$ 时，系统能够稳定运行。或者说，稳定运行的最大负载为 3.21N·m。显然，该数值比能够稳定启动的负载要小。

8.3.2　磁力耦合传动装置外转子状态的改变

外转子状态的改变，在这里只考虑变速问题。在实际应用中，许多系统都需要按照一定的要求，转换到一定的转速。所以通常需要考虑转速转换之间的平稳过渡问题及转换时间的长短。这里考虑加速和减速两个过程。

（1）加速过程

加速过程事实上和启动过程是相一致的。假设外转子转换时间为 t'，转化转速的变化关系可以按照暂态过程处理。设起始转速为 ω_0，末转速为 ω_1，$\omega_0 < \omega_1$，则转速的变化关系可以按照关系式：$\omega = \omega_1 + (\omega_0 - \omega_1)\exp(-t/\tau)$ 描述。如果假设转速变化了，变化过程 99% 的时间为转换时间，即 $\exp(-t'/\tau) = 0.01$，则可求得 $t' = 4.605\tau$。

现考虑具体问题，在额定负载 3N·m 作用下，如果将频率从 40Hz 变为 50Hz，根据前面的分析，即使转换为突变型，系统也能够承受。此时，按照内转子的运动方程：

$$(0.667544787 \times 10^4)\frac{\mathrm{d}^2\theta}{\mathrm{d}t^2} + \beta\frac{\mathrm{d}\theta}{\mathrm{d}t} - 4.06\sin[4(\omega t - \theta)] = 0$$

取 $\beta = 0.01084\mathrm{N}\cdot\mathrm{s/m}$，$\omega = 2\pi \times 50\mathrm{rad/s}$，初始条件 $\theta|_{t=0} = 0\mathrm{rad}$，$\left.\dfrac{\mathrm{d}\theta}{\mathrm{d}t}\right|_{t=0} = 2\pi \times 40\mathrm{rad/s}$，求解运动方程。图 8-9 给出了内转子转速随时间的变化关系。从图中可以获得，内转子的转换时间大约为 0.07s。

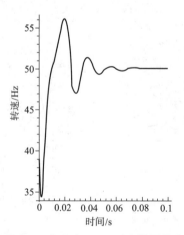

图 8-9　外转子频率从 40Hz 突变为 50Hz 时内转子转速随时间的变化关系

若考虑将频率从 30Hz 变为 50Hz，如果外转子转速突变，则这种变化系统无法承受。

图 8-10 给出了内转子转速随时间的变化关系，从图中可以看出，此时内转子的运行无法与外转子同步起来。为了维持系统的稳定性，此时外转子的转速的变化必须考虑有一定的时间段。按照前面的考虑，设外转子的转速变化满足暂态过程，则内转子的运动方程为：

$$(0.667544787 \times 10^4) \frac{d^2\theta}{dt^2} + \beta \frac{d\theta}{dt} - 4.06\sin\{4[\omega_1 t - \tau(\omega_0 - \omega_1)\exp(-t/\tau)] - \theta\} = 0$$

与前面一样，取 $\beta = 0.01084\text{N} \cdot \text{s/m}$，$\omega_1 = 2\pi \times 50\text{rad/s}$，$\omega_0 = 2\pi \times 30\text{rad/s}$，初始条件 $\theta|_{t=0} = 0\text{rad}$，$\frac{d\theta}{dt}\Big|_{t=0} = 2\pi \times 30\text{rad/s}$，$\tau = t'/4.605$，求解方程可以获得临界转换时间 t'。

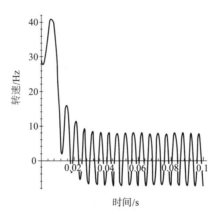

图 8-10　外转子频率从 30Hz 突变为 50Hz 时内转子转速随时间的变化关系

图 8-11 给出了 τ 为 0.035s 和 0.034s 时内转子转速随时间的变化。从中可以求出临界转换时间为 0.16s，或者说，为了维持系统的稳定性，外转子的转换时间必须大于 0.16s，而此时内转子的转换时间从图中可以看出，大约为 0.07s。

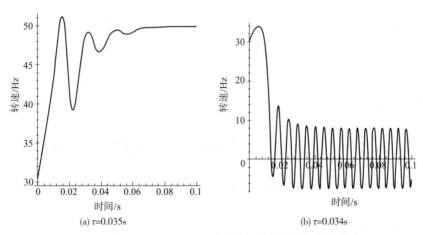

图 8-11　τ 为 0.035s 和 0.034s 时内转子转速随时间的变化关系

(2) 减速过程

对于减速过程，在额定负载 3N·m 作用下，此时，考虑转换是突变的，若将外转子频率突然之间由 50Hz 变为 10Hz，按照内转子的运动方程：

$$(0.667544787 \times 10^4) \frac{d^2\theta}{dt^2} + \beta \frac{d\theta}{dt} - 4.06\sin[4(\omega_0 t - \theta)] = 0$$

取 $\beta = 0.01084\mathrm{N \cdot s/m}$，$\omega_0 = 2\pi \times 10\mathrm{rad/s}$，初始条件 $\theta|_{t=0} = 0\mathrm{rad}$，$\dfrac{\mathrm{d}\theta}{\mathrm{d}t}\Big|_{t=0} = 2\pi \times 50\mathrm{rad/s}$，求解运动方程。图 8-12 给出了该条件下内转子转速随时间的变化关系。从图中可以看出，内转子的转速能够在大约 0.07s 后与外转子同步运行。所以，在减速过程，对转速的切换速度没有要求。

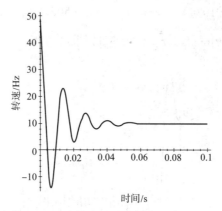

图 8-12　频率从 50Hz 突变为 10Hz 时内转子转速随时间的变化关系

从以上结果来看，当负载为 3N·m 时，在满足转速的稳定切换条件下，内转子转速的切换时间大约为 0.07s，该数值基本不随切换转速的差值而变化。同时，从以上图形中可以看出，内转子转速的切换过程是柔性的，需要一定的时间来完成。

8.4　磁力耦合传动装置的使用与故障诊断

8.4.1　磁力耦合传动装置损坏原因分析及使用中应注意的问题

损坏原因及使用中应注意的问题在第 2 篇 "磁力耦合传动装置的设计与实验" 第 3 章 "磁力耦合传动器的设计与计算" 3.13 节 "磁力耦合传动器损坏原因分析及使用中应注意的问题" 中已详细介绍，此处不再赘述。

8.4.2　磁力耦合传动装置的故障诊断与监控

磁力耦合传动装置的故障诊断大体上可从下述几个方面进行考虑。一是由于磁组件内永磁体受温度影响较大，当磁组件工作时由于某种原因（如被输送介质温度的升高，支撑内磁转子轴的轴承被磨损，内、外磁组件同心度的偏离所引起的工作气隙中磁感应强度的变化等），使磁组件内温度升高而导致永磁体退磁，从而破坏了磁组件的工作条件；二是考虑内磁转子与隔离套产生摩擦而发热；三是金属隔离套由于涡流损失过大而产生的热量致使永磁体退磁，使磁力耦合传动装置可能在禁止的温度条件下工作。为了及时发现和诊断这些故障的产生，通常采用以下几种方法对故障进行诊断与监控。

（1）利用工作气隙中磁感应强度的变化判断滑动轴承产生的摩擦磁力

磁力耦合传动设备用传动装置在组装调试后的初运转时，内、外磁转子应当基本上同心，气隙中各点的磁感应强度应当基本稳定，并测定出其初始值，经设备运转一段时间后，因轴承产生一定量的磨损后，会引起磁组件内、外磁转子间气隙发生变化，气隙内各点的磁感应强度相应发生变化。通过测量磁力耦合传动装置气隙中各点的磁感应强度变化的方法来判定磁力耦合传动装置中内磁转子因轴承磨损而偏离轴中心的情况，借以达到掌握支承内磁转子偏离轴中心的情况。如图 8-13 所示，滑动轴承在正常工作状态下，内、外磁转子是同心的，因此，工作气隙中的磁感应强度视同是均匀的。若轴承产生磨损使磁力耦合传动装置中内、外磁转子中心线产生偏心，从而造成如图 8-14 所示的内、外磁转子间的气隙出现不均匀的现象，显然，在气隙间隙中，间隙量小的地方磁感应强度大，间隙大的磁感应强度小。这样就可以通过气隙中磁感应强度测量值的变化情况来判断轴承磨损情况，其测试的装置简图如图 8-15 所示。

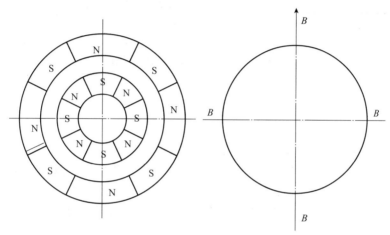

图 8-13　正常工作气隙中的磁感应强度示意图

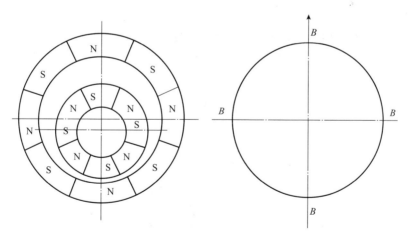

图 8-14　非正常工作状态下气隙中的磁感应强度示意图

　　这种测试方法主要是根据霍尔效应原理，测试点的数目最好与磁力耦合传动装置内、外永磁体的对数相等，测试点的位置最好选择在每对永磁体的正中间，因为在这个位置上所测得的磁感应强度值最大。数值最大的测试点处气隙间隙距离小，反之，数值小的测试点处气隙间隙最大。同理，如果测得的数值在各测试点上基本相同，说明工作间隙并没有产生变化，轴承并没有发生多大的磨损，磁力耦合传动装置仍可进行正常的工作；若测得的数值虽然相等但是远小于原有设计的数值时，说明磁力耦合传动装置中的永磁体已经退磁，需进行永磁体的更新或更换新的磁力耦合传动装置，否则，设备将产生故障。

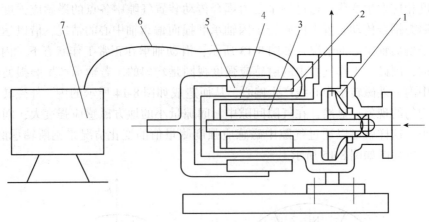

图 8-15　气隙中磁感应强度测试装置简图

1—叶轮；2—探头；3—内磁转子；4—隔离套；5—外磁转子；6—引线；7—特斯拉计

（2）根据隔离套的温度变化进行监测和报警

　　磁力耦合传动装置运转中发生的一些故障和故障发生后的表现方式与温升有关，因此，对设备在运转中进行温升监测就可掌握并设法消除它所产生的一些故障。如采用防爆型温度自动监测报警控制系统已成功对磁力耦合传动泵进行了温升监控，其测温与报警误差在100℃温区内仅为±1℃，响应时间也较灵敏。该系统是根据热传递、热平衡的原理将接触式的测温传感器安装在隔离套法兰上的测温孔内并通过适当的修正处理即可监测永磁体工作温度的变化，其测温点的布置如图 8-16 所示。这种温度传感器经防爆处理封装后，体积较小，其输出电压 V 与被测温度 t 的关系曲线如图 8-17 所示。$V-t$ 间呈现线性关系，安装时只要将温度传感器封装在无轴封永磁传动离心泵隔离套法兰上的测温孔内并将引出的信号线穿入防爆管以后，送至仪表监控室与主机相连接即可进行工作。实现测控功能的测控系统框图如图 8-18 所示。

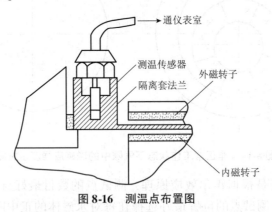

图 8-16　测温点布置图

　　安装在隔离套法兰孔内的温度传感器经转换电路将温度信号转换为电信号，显示泵的工作温度，当隔离套温度高于额定值时，电路自动发出声光报警信号，与此同时输出控制信号使机构动作，及时对故障泵进行切换或停机，从而有效防止泵内永磁体的热退磁，避免设备故障及生产事故的发生。

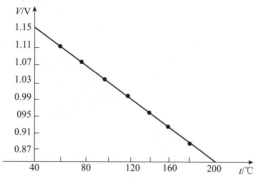

图 8-17　传感器 $V-t$ 特性

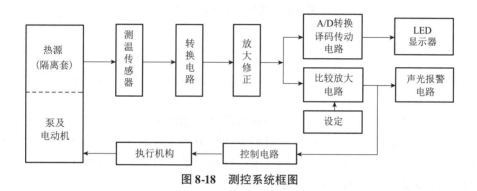

图 8-18　测控系统框图

（3）用测温元件对磁力耦合传动装置进行温度的检测与报警

测温元件应选用线性好、价格低廉的标准铂电阻 Pt100 的测温元件，利用该元件的温度 – 电阻特性进行温度的测定，这种测量方法较简单，其表达式为：

$$R_1 = R_0 \left(1 + AT + BT^2 \right) \tag{8-4}$$

式中　R_0——温度为 0℃时的阻值；

　　　R_1——温度为 T 时的阻值；

　　A，B——系数。

当磁力耦合传动设备离控制室较远时，应采用三线制传输方式，把线路阻抗的影响减到最小，如图 8-19 所示，Pt100 铂电阻设置在运算放大器的反馈回路中，若引线电阻为 r，当 $R_6 = R_7 > R_4$，且 r 很小时，引线电阻的变化对测量结果的影响可以忽略不计。其计算公式为：

$$V_B = \frac{R_4 + r}{R_3 + R_4 + r} V_A$$

$$V_C = -\frac{R_1 + r}{R_4 + r} V_B = -\frac{R_1 + r}{R_4 + r} \times \frac{R_4 + r}{R_3 + R_4 + r} V_A = -\frac{R_1 + r}{R_3 + R_4 + r} V_A$$

$$V_D = -\frac{R_8}{R_6} \left(V_B + V_C \right) = \frac{R_8}{R_6} \times \frac{R_1 - R_4}{R_3 + R_4 + r} V_A \approx \frac{R_8}{R_6} \times \frac{R_1 - R_4}{R_3 + R_4} V_A \tag{8-5}$$

只要选择合适的阻值，就能使 D 点的电压达到一定范围。

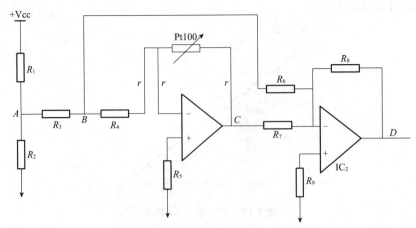

图 8-19　温度测量电路原理图

（4）利用流量开关对管道中的流量进行检测与报警

当管道中介质流量过低、断流或因操作失误关闭泵出入口阀门时，就停泵，同时发出报警信号。

确定介质流量的方法有多种，常用的是参数法，如压力法、电流法和流量法，最可靠的是检测实际介质流量的方法。检测流量的方法分为插入式和非插入式两种。在插入式的测量方法中，比较先进的是热扩散传感技术，这种技术结合了热动力技术和电子技术，在绝大多数工作环境中都有很高的可靠性。

采用流量开关来检测管道中的介质流量，这种传感器包括两个带热套管保护的电阻式温度探测器，当传感器被置于过程流体时，一个探头被加热，而另一个则感应过程温度。两个探头之间的温差与过程流体和过程介质的性质有关。

两个探头之间的温差在无流量的情况下是最大的，流量增加时，温差下降，加热的探头被冷却。流速的变化直接影响到热扩散程度，进而影响到两个探头之间的温差大小。电子控制线路将两个探头之间的温差转换为直流电压信号，再通过电路板上的电位计来调节继电器报警点。

磁力耦合传动装置的诊断和监控除上述的几种方法外，在实际应用中还有其他的方法，如监控轴承间隙变化的方法，径向位移量和轴向位移量的方法，振动量变化的方法，电动机输入功率量变化的方法；其诊断和监控方法的原理有电子的、机械式的、电子与机械相结合等多种，这里不多叙述。

参 考 文 献

［1］Gerald Parkingson，Eric Johnson. Surging interest in leak proof pumps. Chemical Engineering，1983（6）：30.

［2］MD. Seamless pump manufacture. at maximum velocity. World Pumps. No 394，July，1999：33-36.

［3］赵克中. 磁耦合双向传动控制器的研究. 沈阳：东北大学，2006.

［4］窦新生，等. 磁力传动技术的磁路分析及磁转矩计算. 化工机械，2004（6）：31.

［5］J. Corda and J. M. Stephenson，"AnalyCical estimation of the mimium and maximum inductamces of a doubly – selientmotor" proc of Stepping Motoes systems，UK，sept. 1979：50-59.

［6］赵克中编著. 磁力驱动技术与设备. 北京：化学工业出版社，2004.

第 4 篇

磁力耦合传动技术的应用

第9章 磁力耦合传动用于离心泵

9.1 磁力耦合传动离心泵概论

9.1.1 磁力耦合传动离心泵结构工作原理及特点

（1）磁力耦合传动离心泵结构工作原理

磁力耦合传动泵是国际上一些学者于 1947 年提出来的，是磁力耦合传动器的一种重要的应用，这种泵的结构如图 9-1 所示。

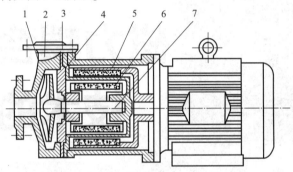

图 9-1　磁力耦合传动离心泵结构示意
1—泵壳；2—叶轮；3—隔板；4—隔离套；5—外磁转子；6—内磁转子；7—泵轴

它是由泵体、叶轮、泵盖、轴承座、托架、外磁转子、内磁转子、隔离套、电动机、底座等零部件组成的。在电动机轴的伸出端装有一圆筒形的外磁转子，在外磁转子的内侧圆柱表面上密排着 N、S 极相同排列的永磁体。在泵轴的右端装有一圆柱形的内磁转子，在内磁转子的圆柱外表面上同样密布着 N、S 极相同排列的永磁体。为防止内磁转子与输送介质接触受到侵蚀，可以在内磁转子的外表面包覆一个不受介质腐蚀的非磁性材料的内包套。在内、外磁转子之间有一个用金属或非金属材料制作的隔离套，隔离套紧固在泵盖上，将泵输送的介质以静密封的形式封隔在泵体内，介质不会外泄。当外磁转子在电动机的带动下旋转时，由于内、外磁转子永磁体磁极间的相互吸引与排斥作用（隔着一隔离套），带动内磁转子一起旋转，从而驱动泵轴旋转，达到输送液体的工作目的。

（2）磁力耦合传动离心泵的特点

①以静密封代替动密封，解决了泄漏问题。从图 9-1 可以看出，隔离套将泵的工作液体与外界完全隔离开，因此，该泵在各类化工企业中得到广泛应用，取得了很好的效果。

②由于该泵常用的工作介质中有强酸、强碱等强腐蚀的液体，因此，这类介质的泵体内所有零件都采用了抗腐蚀的特殊材料。

③由于交变磁场的作用，泵在运行时，在金属隔离套内产生很大的涡流热，若不采取

措施，就会使泵体温度急剧升高，当温升超过永磁体允许的温度范围时，永磁体就会退磁。为解决这个问题，磁力耦合传动泵设计了自冷却回路，如图 9-2 中虚线所示。从图中可以看出，液体从泵的高压区进入隔离套内部，经过内磁转子与隔离套之间的空隙带走热量，然后从轴的中心孔返回泵的低压区，隔离套内的所有空间充满了流动着的工作介质，可使泵体温度保持在允许的安全范围内，对轴承、磁力耦合传动器、隔离套等部件无须外加冷却系统。

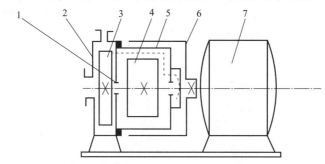

图 9-2 磁力耦合传动离心泵的自冷却回路示意

1—轴承；2—泵壳；3—叶片；4—内磁转子；5—隔离套；6—外磁转子；7—电动机

④传递振动小、噪声小。泵在运转过程中，电动机会产生振动，机械传动式泵由于硬连接、振动大、噪声大，对泵的正常运行寿命有一定的影响，同时，噪声会带来环境污染。磁力耦合传动式泵传递振动小，产生噪声小，运行平稳，可延长泵的运行周期。一般来说，机械传动泵振动量 X_j 与磁力耦合传动泵振动量 X_c 的关系为：$X_j =$ （3.5～7）X_c。

⑤过载保护作用。泵在运行过程中，若发生过载情况，机械传动泵会发生泵轴被损坏及电动机烧毁等重大损失。磁力耦合传动泵不会发生这些情况，它在过载情况下，内、外磁转子会自动做相对滑脱的运动，泵轴或电动机不会被损伤和烧毁。

磁力耦合传动泵在运动中，当供给泵的工作介质减少或断流即泵抽空时，会使磁力耦合传动的永磁体因得不到冷却而温度急剧上升；另外，由于泵内的冷却回路被杂质物粒堵塞时，也会因冷却不好致使磁力耦合传动的永磁体发热而温度上升。这两种情况都会导致磁体退磁，使泵不能正常工作，给使用和生产造成较大的经济损失。因此，对磁力耦合传动泵的永磁体温升应进行自动监测、报警及自动控制。

9.1.2 磁力耦合传动离心泵的结构形式

磁力耦合传动离心泵的结构形式按传动器的形式可分为两种，即图 9-3 所示的圆盘形和图 9-4 所示的圆筒形。磁力耦合传动离心泵圆筒形结构的优点是结构简便，适用性好；向大功率发展，可靠性好；轴向作用力小，径向力可自动调节到较小状态。圆盘形结构的优点是简单可靠，使用方便；除特殊情况外，不宜向大功率发展，如果向多级圆盘形发展，结构复杂，使用不方便。

按照泵腔内回转部件（内磁转子与叶轮）的支撑方式，圆筒形磁力耦合传动离心泵结构可分为两类。一类是定轴式，轴两端支撑而不做旋转运动，内磁转子与叶轮为一体为旋转件，如图 9-5（a）所示。另一类为动轴式，内磁转子、叶轮与轴为一体，轴两端轴承支撑整体做旋转运动。这种结构的泵从外形看又分为两种：一是电动机与外磁转子直连，泵结构紧凑、体积小，适合于小功率（小于等于 45kW）磁力耦合传动泵，如图 9-5（b）所示；二是电动机与外磁转子的轴承支撑架相连接，外磁转子安装在轴承支撑悬架上，悬架的法兰端与泵体相连，轴与电动机相连，其结构如图9-5（c）所示。这种泵稳定性好，体积相对较大，结构相对复杂，适合于大功率（大于45kW）磁力耦合传动泵动轴式结构的第三种结构形式，如图9-5（d）所示。这种结构形式的泵，外磁转子配用支撑轴承箱结构，适合于大功率磁力耦合传动泵；如不配用支撑轴承箱结构，适合于小功率磁力耦合传动泵。在这种结构中，由于内支撑轴承安装在内磁转子与叶轮之间的一整体轴承箱结构上，容易保证两支撑轴承的同心度，而且通用性、互换性好。

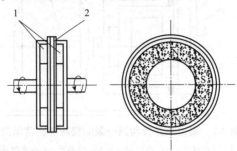

图9-3　圆盘形磁力耦合传动离心泵的结构形式

1—永磁体；2—隔离套

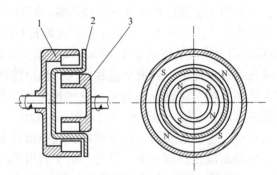

图9-4　圆筒形磁力耦合传动离心泵的结构形式

1，3—内磁转子；2—隔离套

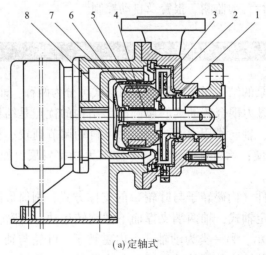

(a)定轴式

1—止推盘；2—泵体；3—叶轮；4—轴；5—内磁体；6—轴承；7—外磁体；8—隔离套

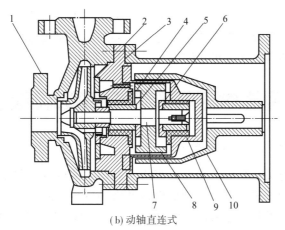

(b) 动轴直连式

1—泵壳；2—叶轮；3—泵盖；4—滑动轴承；5—轴套；6—止推环；7—轴；

8—内磁体；9—隔离套；10—外磁体

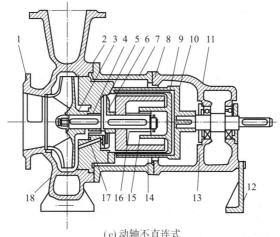

(c) 动轴不直连式

1—泵体；2—口环；3—螺母；4—硬质轴承；5—后止推片；6—外磁转子；7—连接体；

8—滚动轴承；9—油封；10—电动机轴；11—联轴套；12—传动轴；13—外轴承箱；

14—泵轴；15—内磁转子；16—轴承体；17—前止推片；18—叶轮

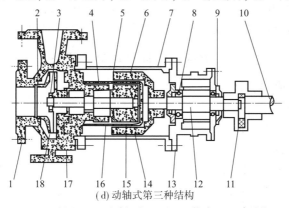

(d) 动轴式第三种结构

1—泵体；2—口环；3—螺母；4—硬质轴承；5—后止推片；6—外磁转子；7—连接体；

8—滚动轴承；9—油封；10—电动机轴；11—联轴器；12—传动轴；13—外轴承箱；

14—泵轴；15—内磁转子；16—轴承体；17—前止推片；18—叶轮

图9-5 磁力耦合传动离心泵结构

　　按照泵轴在泵体内的位置分为立式与卧式两种；按压出室的形式、吸入方式、叶轮级数以及不同的使用条件等分为旋涡式及离心式等多种。目前磁力耦合传动在离心泵中已广泛采用，而其他泵型如齿轮泵等正在试用或试生产过程中。

9.1.3　磁力耦合传动离心泵的功率损失及减少功率损失的措施

　　(1)　磁力耦合传动离心泵的功率损失

　　磁力耦合传动离心泵在结构上与普通离心泵有很大的区别，除了由叶轮、泵体组成的水力部分以外，还增加了磁力耦合传动部件以及由隔离套、内磁转子等零部件组成的转子室和轴承支承结构等。因此，磁力耦合传动离心泵的功率损失，除一般离心泵的水力损失、容积损失、机械损失以外，还增加了转子的惯性损失及转子室中内磁转子与液体的摩擦损失、润滑冷却通道内的液流及容积损失、摩擦损失和局部阻力损失，若隔离套为金属材料，还会产生磁涡流损失等。现就磁力耦合传动离心泵特有的功率损失进行简单介绍和探讨。

　　①磁涡流损失与计算　磁力耦合传动离心泵的隔离套采用金属材质时，由于隔离套位于内磁转子与外磁转子之间的气隙中（隔离套与内磁转子之间为液体），随着内、外磁转子的旋转，金属隔离套处在一个交变磁场中，该交变磁场不仅强弱在变化，而且方向也在不断变化，金属隔离套在交变旋转的磁场作用下，会产生涡流损耗，并以焦耳 – 楞次热的形式释放能量，消耗泵的轴功率，降低磁传递效率。磁涡流造成功率损失的计算公式可以采用下式计算：

$$P_j = \frac{4}{3}\pi^3 D_y L_x \eta_x \frac{1}{\rho} t_d^2 f^2 B_o^2 \ (\text{kW}) \tag{9-1}$$

式中　D_y——隔离套内径，m；

　　　L_x——隔离套轴向磁化长度，m，$L_x = (1.01\sim1.05)L$（L 为磁极轴向长度，m）；

　　　η_x——磁化系数，根据 L_x 和 D_y 的特征尺寸确定；

　　　ρ——隔离套材料电阻率，$\Omega\cdot$m；

　　　t_d——隔离套壁厚，cm；

　　　f——磁极工作频率，Hz；

　　　B_o——作用在隔离套上的磁感应强度，Gs，$1\text{Gs} = 10^{-4}\text{T}$。

　　在一些资料中还报道了磁涡流损失的一些其他计算方法，如：

$$P_j = \left(\frac{N}{24\rho}\right)h^2\omega^2 B_o^2 LS \ (\text{kW}) \tag{9-2}$$

式中　ρ——金属的电阻率，$\Omega\cdot$m；

　　　N——总环流数；

　　　h——电流环流宽度，m；

　　　ω——频率，1/s；

　　　B_o——磁感应强度，Wb/m^2；

　　　L——金属导体长度，m；

　　　S——金属导体截面积，m^2。

　　由式 (9-1) 和式 (9-2) 可见，磁感应强度越高，转速越高，金属截面积越大，磁化面积越大，材料的电阻越小，磁涡流损失就越大。如果设计合理，磁感应强度和转速在一个合理的和必需的最大值时，应尽可能选用比电阻大的金属材料或合成材料，并尽可能地减少金属隔离套的截面积和磁作用面积，就可以大幅度降低涡流损失。

根据国内有关资料来看，磁力耦合传动泵在采用外磁转子与电动机直联的情况下，当隔离套采用低电阻率的不锈钢（1Cr18Ni9Ti）材质时，功率损失约为8%~12%，传动效率为90%左右；而当隔离套选用高电阻率的钛合金（TC4）材料并制成薄壁时，功率损失只有3%~5%，传动效率可达95%以上。普通离心泵虽然没有磁涡流损失，但也存在一定的由机械联轴器带来的机械损失，其功率损失约为2%~3%，传动效率为97%~98%，与磁力泵采用薄壁钛合金隔离套条件下的功率损失相比，差距不大。当磁力耦合传动离心泵采用非金属隔离套时，产生的磁涡流损失很小，传动效率大大提高，有些泵型的效率高于普通离心泵。

②内磁转子的摩擦损失及计算　以1.5kW磁力耦合传动离心泵为例，内磁转子在充满输送介质的转子室中以2900r/min的转速旋转，其周缘线速度高达15m/s以上，如此高速的旋转体与液体摩擦会产生一定的功率损失。这项损失共有两部分：一是内磁转子圆柱面的摩擦损失，它与转子半径的4次方及转子的长度成正比；二是内磁转子端面的摩擦损失，它与转子半径的5次方成正比。圆柱面的摩擦损失约是端面摩擦损失的2倍，内磁转子的圆柱面的摩擦损失功率可以按圆盘摩擦损失的公式计算。圆柱表面的水力摩擦损失功率可按式（9-3）计算：

$$P_y = K_f K_m \omega^3 R_2^4 L \quad (\text{kW}) \tag{9-3}$$

式中　P_y——圆柱表面水力摩擦损失功率，kW；

K_f——摩擦因子系数；

K_m——摩擦阻力系数，与摩擦介质的密度、黏度和压力有关；

ω——旋转角速度，rad/s；

R_2——内磁转子半径，m；

L——内磁转子轴向长度，m。

内磁转子端面水力摩擦功率损失由式（9-4）计算：

$$P_c = K_f C_f \omega^3 R^5 \tag{9-4}$$

式中　P_c——端面水力摩擦损失功率，kW；

K_f——摩擦因子系数；

C_f——摩擦系数，与介质的黏度、密度和端面的相关尺寸有关。

由于内磁转子并不是标准的圆盘，其表面液体的流动情况也十分复杂，而且与内磁转子的表面状态如粗糙度、结构、形状等都有密切关系。因此，实际的水力损失功率要比上式计算复杂得多，上式计算方法为一般性通用计算方法。由式（9-3）和式（9-4）可以看出，内磁转子圆柱表面的水力摩擦损失功率与内磁转子半径的4次方成正比，内磁转子端面的水力摩擦损失功率与内磁转子半径的5次方成正比。因此，降低内磁转子水力摩擦损失功率的最有效的途径是减小内磁转子的半径，通过对磁路的优化设计，合理选择磁路的长径比$\frac{L}{D}$才能使功率损失控制在最小限度内。否则，将会使功率损失增大，传动效率下降。

磁力耦合传动的长径比计算和尺寸确定是比较复杂的，在磁路设计中长和径与扭矩T是正比关系，与功率也是正比关系。因此，长和径的设计确定，在磁路设计中是优化设计的过程。为设计得更为理想，可以把长径比的关系列为高次方程，通过逼近法等计算方法求得理想的长径比值。磁力耦合传动除一些特殊的精密传动外，在一般机械传动中：50kW以下，长径比为0.16~0.7；100kW以下，长径比为0.6~1；100~300kW高速运转时，长径比为0.7~0.95，低速运转时，长径比为1~2.5；300kW以上高速运转时，长径比为0.8

左右，低速运转时，长径比为 1.5 ~ 3.5。普通离心泵虽然不存在转子室内水力摩擦损失，但却存在由机械密封、填料等轴封与泵轴之间的摩擦力造成的机械摩擦损失。为了减小轴封泄漏，当将填料轴封间隙调小时，其功率损失将增大。磁力耦合传动泵由于取消了轴封装置，不存在轴封与轴之间的机械摩擦损失。所以，在磁力耦合传动泵传动设计合理的条件下，即选择内磁转子最佳长径比的尺寸下，内磁转子的摩擦损失是可以控制在最低限度内的，其水力摩擦损失未必一定大于普通离心泵轴封处的机械摩擦损失。

③冷却润滑流道的损失　磁力耦合传动离心泵转子室内的冷却润滑流道是磁力耦合传动离心泵结构所必需的。冷却润滑系统的设计是否合理，将直接影响磁力泵的效率和可靠运行，同时也造成了泵的一部分容积损失。不过，只要流道布置合理，将流道的流量控制在必需的范围内，这项功率损失是可以降低至最低限度的。但是，如果流道布置不妥，将会产生流动紊乱，从而产生流道损失之外的附加水力损失，这种现象应尽量避免。当然，如果冷却润滑系统采用与泵送液体隔离的独立润滑、冷却方式为外循环方式，则冷却润滑流道损失将不计入泵内损失另行计算。

冷却润滑流道的布置可以采取不同的方式，冷却润滑液的流量可以根据不同的流道形式和不同的工况要求取不同值。但是，当采用泵送液体内流（内循环）方式时，其流量应以能带走轴承的运行热量和隔离套内磁涡流产生的热量，并使液体不致汽化为界限，运行应在安全的工作温度范围内；采用独立冷却润滑方式时，应保证冷却润滑液与泵送介质互不渗流；一般情况下，采用以泵送介质内循环冷却润滑为主，当然辅以泵外水冷却方式时，对循环流道的设计要合理，泵外辅助冷却液应保持一定的流速。

（2）减小功率损失的措施

综上所述，可以采取下列措施减小功率损失，提高传动效率。

①正确设计隔离套　隔离套的设计除了要能承受足够的内压（或外压）外，还要具有较低的磁涡流损失。因此，隔离套应选用电阻率大、机械强度高、耐腐蚀性好的非导磁性材料制作。根据试验与研究，扬程在 4.0m 以下，工作温度 50℃ 以下的小型磁力耦合传动离心泵可采用非金属材质的隔离套，它不会产生明显的磁涡流损失，隔离套壁厚可取 2 ~ 3mm，也可以在非金属隔离套外层压装金属网套或金属套，以增加强度。金属隔离套较理想的材质为 TC4 钛合金，其电阻率和允许强度均比 1Cr18Ni9Ti 高一倍左右。隔离套的壁厚根据压力大小可在 0.6 ~ 2.5mm 之间选择。

②合理设计长径比　对磁转子的基本要求是能满足其扭矩要求，同时应具有较低的磁涡流损失和较低的成本。从增大扭矩和降低成本考虑，应增大直径，因为直径与磁性材料总用量成反比。但增大直径会增加摩擦损失和磁涡流损失，而且会使内磁转子的离心力加大。若缩小半径，尽管会减小一些扭矩，但可以减少摩擦和磁涡流损失，有利于提高效率。然而，在要求传动功率一定，即扭矩一定时，磁转子的直径不能过小，否则，将导致磁转子过长，磁性材料用量增大，磁能利用降低，支承难以很好地解决，安装也不方便。因此，根据理论分析和试验研究，当传递扭矩的最大静磁扭矩在某一范围值时，长径比也有一个范围，取值大不利，取值小同样不利，取值应该遵循基本的规律。磁力耦合传动长径比选择的原则是在转速低、压力小时取小值；转速高、压力大时取大值。

③合理设计流道、布置及冷却润滑流量　冷却润滑流体造成损失的功率与其他两种功率损失相比显得很小。因此，只要流道设计、布置合理，流量适当，该项功率损失可以降至最小。

9.1.4 磁力耦合传动离心泵的涡流损失比率

磁力耦合传动离心泵的金属隔离套位于磁力耦合传动器的内、外磁转子的气隙之中，是一个薄壳结构的不转动的密封件。当外磁转子由电动机带动，内磁转子同步旋转时，隔离套受到交变旋转磁力线的切割，会产生感应电流，并转化为热量。这就是磁力耦合传动离心泵的涡流发热问题。

采用金属隔离套的磁力耦合传动离心泵因产生涡流发热，将造成相当一部分的能量损失而使得工作效率不同幅度下降。一台转速为 2900r/min、工作压力为 4MPa、最大静磁扭矩为 470N·m、配套电动机为 75kW 的磁力耦合传动离心泵，采用不锈钢材质隔离套时，涡流损失达 17.8kW。这不仅浪费很大的电能，而且它所转化的大量热量，可能造成隔离套过热、磁性材料退磁或其他故障。所以，涡流问题不但影响磁力耦合传动离心泵运行的经济性，也会影响磁力耦合传动泵运行的可靠性。

如果能够比较准确地把握磁力耦合传动离心泵涡流损失的大小，就有可能比较准确地预先确定磁力耦合传动离心泵的效率和合理的功率配套，并正确进行冷却系统的设计。所以，比较准确地把握磁力耦合传动离心泵涡流损失大小是发展高速、高压、高温和大功率磁力耦合传动离心泵的重要条件。

涡流损失大小，可以通过测试获得，也可以通过计算求得。但是涡流损失的计算比较复杂，因此，相关文献中根据测试数据分析提出了一个与磁路计算不直接联系的确定磁力耦合传动器的涡流扭矩和最大静磁扭矩的比率公式，即：

$$\frac{T_w}{T_{K_{max}}} = 29 \times 10^{-8} nr \frac{\delta}{\rho} \tag{9-5}$$

式中 T_w——涡流扭矩，N·m；

$T_{K_{max}}$——最大静磁扭矩，N·m；

n——转速，r/min；

r——隔离套平均半径，m；

δ——隔离套壁厚度，m；

ρ——隔离套材料电阻率，Ω·m。

该公式简单、实用，容易掌握，是一种经验性的估算公式。只要知道最大静磁扭矩，按公式求得比率，就可求得涡流扭矩，也就可以求得涡流损失的功率。

根据上述公式，相关文献中对五种磁力耦合传动器进行了计算和实测，结果如表9-1所示。

表9-1 五种磁力耦合传动器理论计算值与实测值的比较

序号	n/(r/min)	r/m	δ/m	ρ/Ω·m	比率/%	$T_{K_{max}}$/N·m	T_w/N·m	$N_{计}$/kW	$N_{测}$/kW	误差/%
1	2900	0.057	0.001	75×10^{-8}	6.39	80	5.11	1.55	1.50	3.3
2	2900	0.067	0.0014	75×10^{-8}	10.52	65	6.84	2.08	2.06	1
3	2900	0.067	0.001	75×10^{-8}	7.51	65	4.88	1.48	1.40	5.7
4	2900	0.077	0.001	75×10^{-8}	8.63	135	11.66	3.54	3.50	1.1
5	1475	0.087	0.001	75×10^{-8}	4.96	610	30.3	4.67	4.50	3.8

从表9-1中可以看出，两者基本一致，误差在工程技术允许范围之内。如果需要更精确地计算不同工况下的涡流损失大小，可按如下方法进行：

磁力耦合传动器工作时，内、外磁转子的磁极转角不同，静磁扭矩 T_K 和涡流扭矩 T_w 也不同。根据文献 [15]，它们之间的关系可由式 (9-6)、式 (9-7) 和图9-6表示。

$$T_K = T_{K_{max}} \left(\frac{m}{2} \right) \phi \tag{9-6}$$

$$T_w = T_{w_{max}} \left(\frac{m}{4} \right) \phi \tag{9-7}$$

式中　m——磁极极数；

　　　ϕ——转角差。

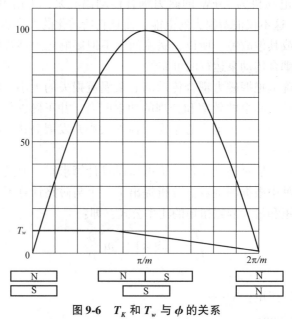

图9-6 T_K 和 T_w 与 ϕ 的关系

精确计算不同工况下涡流损失时，应把实测的磁的输入功率折算为静磁扭矩，求出它和该磁力耦合传动器最大静磁扭矩之比，并按式 (9-6) 求得相对转角 ϕ，再根据 ϕ 工况下实测的涡流扭矩 T_w（由涡流损失功率折算而得），代入式 (9-7) 求得 $T_{w_{max}}$。有了 $T_{w_{max}}$ 以后，便可得到任何工况（转角）下的涡流损失大小。

由图9-6还可看出，在磁极转角差 $\phi = 0 \sim \pi/m$ 范围，T_w 变化很小。为防止磁力耦合传动器打滑（转），实际使用时，T_K 总是小于 $T_{K_{max}}$ 的90%，因而 T_w 变化更小。所以，在绝大多数情况下，按涡流损失比率算得的结果是可以满足工程技术要求的。

9.1.5　磁力耦合传动离心泵的应用领域及发展前景

近年来，随着磁力耦合传动技术的迅速发展，配有磁传动器的各类磁力耦合传动泵已经在石油、化工、军工、医药等工业领域中用来进行石油的提炼，化工高压釜搅拌桨的密封和输送各种酸、碱、盐以及易燃、易爆、有毒等有关的作业流程中。由于磁力耦合传动离心泵具有零泄漏的独特动密封性能，彻底地解决了长期以来在这些工业领域中输送流体所存在的跑、冒、滴、漏等问题。这不但有利于环境的保护，而且磁力耦合传动泵操作简单、易于维修、运转可靠、使用寿命长，既减轻了操作者的劳动强度，同时也降低了使用成本。在铁路运输业中，对装载化工流体的铁路罐车进行作业时，选用磁力耦合传动泵也十分安全，此外，磁力耦合传动泵在稀土材料的冶炼和彩色冲印设备中各种药液的输送以及喷涂作业等工艺中也得到了应用。

磁力耦合传动技术应用的另一个领域，是各种真空设备所需要的真空动密封结构。如真空获得设备中各种机械泵主轴的动力输入；真空阀门阀杆的开启和关闭；真空熔炼炉、真空热处理炉的送料、拉锭与浇铸，各种真空镀膜机工件架的旋转、样品、传递、取出等方面。

随着我国科学技术的进一步发展，对各种泵类及真空设备需求量日益增加，研制和生产各种不同类型的磁力耦合传动泵如磁力耦合传动离心泵、磁力耦合传动混流泵、磁力耦合传动旋涡泵、磁力耦合传动齿轮泵、磁力耦合传动螺杆泵、磁力耦合传动水环泵、磁力耦合传动化工流程泵、液下式磁力泵以及各种真空设备中传递主轴用磁力耦合传动器等，必将得到进一步的应用，其发展前景十分可观。

目前，磁力耦合传动泵进一步发展的关键问题是如何提高泵的可靠性和泵（或扭矩）的效率，降低泵的生产成本。现阶段，国内泵行业现有的技术水平以及配套能力已经具备了保证磁力耦合传动离心泵能够可靠运行的设计水平和制造能力，关键是提高泵或机组的效率以及增加品种和规格，指导和满足使用。

提高泵或机组效率的主要途径有：减少磁涡流损失；准确计算冷却、润滑液体的流量以降低容积损失及轴承摩擦损失和磨损；减少转子的摩擦损失。这些损失在磁力耦合传动离心泵总损失中都占有相当的比例。当然也包括同对待一般离心泵那样，在水力设计上应努力提高水力效率。此外，若隔离套的材料选用非金属时，磁力耦合传动离心泵的效率完全可达到一般离心泵的效率值，若采用金属材料隔离套时，使效率降低值控制在 $5\% \sim 15\%$ 范围内也是能够实现的。

9.2 磁力耦合传动离心泵的设计与计算

9.2.1 磁力耦合传动离心泵设计中应考虑的问题

9.2.1.1 磁力耦合传动离心泵的整体设计问题

磁力耦合传动离心泵是一种没有动密封的产品，泵体内的转动部件完全被包封在一个充满输送介质的具有一定压力的由泵体和隔离套组成的容器之内，因此，它是旋转轴不穿出泵体，绝对不因密封而产生泄漏的一种新型密封结构形式的离心泵。目前，国内外几乎各种类型的泵都有磁力耦合传动形式的产品。如各种磁力耦合传动离心泵、磁力耦合传动混流泵、磁力耦合传动轴流泵、磁力耦合传动旋涡泵、磁力耦合传动齿轮泵、磁力耦合传动螺杆泵、磁力耦合传动水环泵、磁力耦合传动真空泵、磁力耦合传动自吸泵、磁力耦合传动液下泵等。

我国从20世纪70年代末期开始研制磁力耦合传动离心泵，此后发展很快，目前已发展成为具有特色的系列产品。这种泵在结构上与通常采用机械式固体动密封的离心泵相比有许多不同之处，因此，在设计上必须保证磁力耦合传动离心泵运行的可靠性和经济、技术指标的先进性。那种简单地认为只要把离心泵的动密封部位改装成磁力耦合传动装置就是一台磁力耦合传动离心泵的看法是不确切的。

磁力耦合传动器不同于一般只是用于扭矩传递的联轴器，它取代了泵轴的传递动力的形式，取代了动密封机构，泵运行时无摩擦、无接触，取代了泵轴的外轴承箱结构、机械密封水冷却系统等。

因此，在整体结构设计时要考虑叶轮与内磁转子的内支撑问题，其中包括轴的支撑结构的确定与设计、材料选择与设计、使用寿命的计算等。要考虑径向力和轴向力的平衡问题，首先从叶轮与内磁转子的结构、型线设计上要克服径向力和轴向力的产生；从导流的结构上克服或减小径向力和轴向力。要考虑组装、调试、拆卸、更换零件以及维修方便等问题，机械密封普通泵经过多年的使用、改进，经过反复的技术更新，产品从结构到零部件，从使用到维护都比较成熟，并总结了好的经验，而磁力耦合传动泵是一个全新的设计，对泵的组装、调试、拆卸、更换零件以及维护方便等方面要做认真探讨和设计。要考虑流体在泵内循环、流动以及导流量的计算问题，流体在泵内循环流动，一是为了强制冷却、润滑轴承；二是为了金属隔离套的散热、冷却。在结构设计中应认真研究和做好这些技术问题，比如密封隔离套与内磁转子之间的间隙中有介质流动，这部分介质的流动又不同于一般离心泵中流经间隙中的容积损失，而是为了确保泵可靠运行所必不可缺的一部分，按设计要求需要有一定的流量和流速，因此，流经泵腔中的介质必然会造成一定的容积损失。此外，由于内磁转子部件是泵体内转动部件的一部分，其结构、形状、表面粗糙度以及定位方式均对转子的运行状态有一定的影响，因此，必须把磁力耦合传动部分视为和叶轮、泵体一样，都是彼此有关联的泵的组成部分，在结构设计时应当从整体上予以考虑，绝不能只按传递扭矩的单一方面考虑，这一点是十分重要的。

9.2.1.2　磁力耦合传动离心泵轴在泵体内的运动形式

磁力耦合传动离心泵的动力传递是通过传动器的外磁转子对内磁转子的磁作用力而实现的。内磁转子的动力对叶轮的传递形式有两种：一种是将内磁转子直接与泵轴相连接，称作动轴式传递，如图9-7所示；另一种则是将轴固定在泵体上不动，称作定轴式传递，叶轮是直接通过磁力耦合传动器内磁转子带动旋转而达到传递力或扭矩的目的，如图9-8所示。采用定轴式的传递形式具有一定的优点，先从结构上看：结构较为简单、紧凑；轴的支撑方式得当；只要保证轴及其他零部件如轴套、轴瓦基座等的加工精度，则轴与轴承的同心度在安装时调试方便，而且容易保证同心度要求，这就大幅提高了装配速度和装配精度；在结构设计上紧凑，缩小了轴向尺寸。但这种结构形式在大功率磁力泵上不宜采用。因为轴的两个支撑点，一个在叶轮入口处，另一个在隔离套底部，这在机械结构设计上均为薄弱点。叶轮入口处的支撑点从结构设计上容易解决支撑薄弱问题和结构上的合理安排问题，但隔离套底部的支撑点从结构设计上难以解决支撑的薄弱问题。一是增加隔离套的壁厚，因磁涡流问题不允许，二是隔离套与外磁转子之间设计轴承支撑的方式，结构较为复杂，安装调试也较麻烦，不宜采取。因此，在大功率磁力耦合传动泵上一般不用这种结构形式。其次是安装、拆卸简便，更换易损件方便。另外，从轴材料的选择上看，提供了方便条件，若选用陶瓷轴可作为易损件处理也是很好而方便的条件。若选用定轴结构则内磁转子中的永磁体与叶轮后盖板紧密相接成为一个整体，这就减少了叶轮后盖板和内磁转子前端这两个端面的圆盘摩擦损失，尤其是对小功率泵而言，圆盘摩擦损失在泵的总损失中占有很大的比例，更有采用的必要。当然在目前的磁力耦合传动离心泵中，小功率泵和部分塑料泵及塑料衬里泵中采用轴不旋转的形式较多，其他泵采用较少。轴旋转式结构还是最常采用的形式。

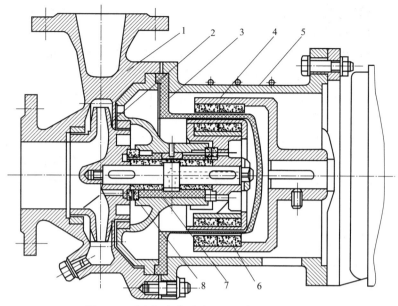

图 9-7　磁力耦合传动离心泵动轴式传递结构

1—泵体；2—叶轮；3—隔离套；4—外磁转子部件；5—内磁转子部件；

6—轴；7—滑动轴承；8—轴向止推轴承

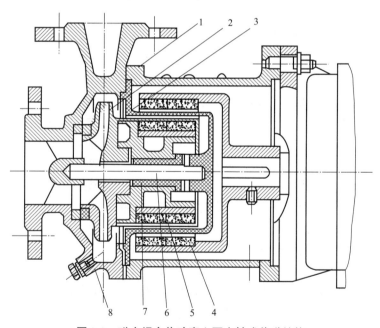

图 9-8　磁力耦合传动离心泵定轴式传递结构

1—泵体；2—叶轮；3—隔离套；4—外磁转子部件；

5—内磁转子部件；6—轴；7—滑动轴承；8—轴向止推轴承

9.2.1.3　轴向力及轴向力的平衡方法

（1）轴向力

如图9-7所示，磁力耦合传动离心泵运转工作输送介质时，输送流体在叶轮前、后盖板上产生了压力，从理论上讲，前、后盖板上的作用压力相等，作用面积根据设计确定，相等或不相等，设计的目标是让轴向压力平衡，即轴向作用力平衡。但实际上不然，由于前、后口环的间隙精度产生误差，另外还有轴向允许的窜动量等，都会造成前、后盖板上的压力流体的泄漏量不一样，在前、后盖板上产生压力差，即产生了轴向力；输送液体在内磁转子的两端面上也同样产生了压力，由于作用在内磁转子上的液体是通过导流孔引入，并且液体是循环流动的，内磁转子是旋转件，其上产生的压力不平衡则产生轴向力；此外，内磁转子两端面液体压力不相同和压力的作用面积不相等，即产生了轴向力；输送液体流动时，如叶轮的导叶片成型不规范、泵壳内表面成型不规范以及叶轮前、后盖板运动空间大或小、空间的隔板或壁的型线不规范、泵出口流量大小不稳定等都会造成流体压力的不平衡或波动，导致产生轴向力。

（2）轴向力的平衡方法

如前所述，泵内叶轮、内磁转子、轴等各旋转件在运动过程中与流动液体相对做功产生轴向力，而且各个部件上产生的轴向力大小不等、方向不同，有向前的轴向力，也有向后的轴向力。因此，轴向力合力的方向是叠加计算得到的。在结构设计中，首先应考虑尽可能使轴向力平衡的问题，结构设计时采取各种措施，如合理选取叶轮前、后密封口环和导流孔大小及位置；回流孔的畅通和防堵塞问题；空腔内的压力平衡和泄漏问题；各零部件的加工精度、结构形状以及内、外磁转子的相对位置对准等，将轴向力降低到最小或达到平衡。在结构设计中还采用了两对轴向推力轴承，分别克服和承受向前或向后产生的轴向力。一般来说，在设计中轴向力的方向及大小基本确定。

推力轴承的结构形式和材料选择是根据介质的性能参数、功率大小、转速高低、工作温度情况等条件确定的。轴承材料有金属类材料、陶瓷类材料、石墨类材料、塑料类材料以及金属陶瓷、金属塑料、复合材料等。轴承的结构形式分为滚动轴承和滑动轴承两大类。

滚动轴承的选择和使用较为方便，只要轴承选择合理、定位及装配得当，注意轴承的使用条件及注意事项就能安全地使用轴承。滑动轴承与滚动轴承不一样，其结构形式是根据使用条件设计确定的。使用的滑动轴承基本上分为三种情况：第一种是带有止推片式结构，能承受轴向力，主要用于 7.5kW 以下的小功率磁力耦合传动泵，功率小、轴向力小而且轴向力基本平衡；第二种情况是平衡盘机构，平衡轴向力是利用泵内压力液体流动的特点，造成平衡盘轴向位移的流体压力差变化的关系来完成的，主要用于 90kW 以上大功率和多级离心式磁力耦合传动泵，功率大、轴向力大；第三种情况是介乎这两者之间，从结构上看具有平衡盘的结构原理，但并不完全是平衡盘结构，主要用于中等功率的单级或双级离心式磁力耦合传动泵。

9.2.1.4　径向力及平衡

（1）产生径向力的几种因素

磁力耦合传动离心泵在运转工作中产生的径向力主要是由以下几种因素引起的。

①在叶轮旋转时，由于质量和形状尺寸以及加工成型等因素所引起的动平衡达不到要求，会产生径向力；

②泵出口流量大小变化不稳定，且流量偏离设计较远时，在泵的蜗室内引起的压力变

化和波动，造成蜗室内的压力不均匀，会产生径向力；

③内磁转子在运转过程中，由于质量和形状尺寸等因素所引起的惯性力，会产生径向力，同样由于达不到动不平衡要求会产生径向力；

④圆筒式磁力耦合传动器在泵上安装调试时，由于内、外磁转子间隙不均匀，会引起磁场力变化和波动，造成内、外磁转子径向受力不均匀，会产生径向力；

⑤泵内压力变化的波动以及内磁转子与隔离套之间的间隙不均匀引起的压力波动，而引起内磁转子上产生径向力。

此外，还有装配误差如不同心度等也会引起径向力。

（2）平衡和解决径向力的主要方法

①提高设计质量和加工精度（包括动、静平衡的处理）；
②提高装配精度和质量；
③合理选择泵型，控制流量变化。

在平衡和解决径向力的过程中，合理选择径向轴承也是一个重要环节。径向轴承的选择与轴向轴承的选择在材料、结构形式方面有相同之处。不同的是径向轴承承载能力大，结构设计方面较为复杂，如滑动轴承结构设计有三种形式：第一种结构形式为普通导流槽式，适用于轻载状态或是小功率泵（如7.5kW以下），55kW以下的单级泵也可以使用，但在选材、轴承支撑方式及支撑点的设计计算等方面要求较为严格；第二种结构形式为静压轴承，这种轴承适用于多级泵及大功率高扬程泵；第三种结构形式为动压式轴承，这种结构形式适用于高转速的精密传动中。在磁力耦合传动离心泵结构中主要采用第一、第二种结构形式，第三种结构形式一般不宜采用。径向轴承是承受径向力的主要零部件，在材料选择、结构及零部件设计的精度和粗糙度以及组装调试过程中的同心度、垂直度等形位公差方面均应提出严格要求。

综上所述，在磁力耦合传动离心泵设计中，径向轴承设计和确定是一个非常重要的问题，它对平衡和解决径向力起着关键作用，关系到泵的运转寿命、可靠性等。所以，选用轴承时应根据工艺需求，认真分析对比后进行选择。近年来，国际上已大量使用高温滚动轴承、陶瓷滚动轴承、陶瓷球与金属圈配装轴承等，滑动轴承方面也研制出了一批抗腐耐磨材料、耐高温材料等。国内在这些方面也有所发展，这对磁力耦合传动离心泵的发展与推广是一大推动。关于磁悬浮轴承问题，目前资料报道，国际上也已应用于泵并试验成功，这对泵的长寿命运转是一个突破。

9.2.1.5 磁性材料的选择及磁平衡性问题

（1）磁性材料的选择

磁力耦合传动离心泵选择磁性材料的基本思路如下。

①根据泵功率的大小，准确计算磁扭矩，选择一两种磁性材料，估计和计算磁扭矩的大小，进行比较后选择磁性材料。

②选择两种以上的方案进行经济成本分析，选用哪一种磁性材料为宜，成本分析是一个重要的参考依据。

③通过以上计算、分析后，确定选择磁性材料前还应充分考虑结构和基本尺寸问题，

设计的磁力耦合传动器与电动机和泵在外形尺寸、结构尺寸上相匹配。

④要充分考虑磁传动的质量问题，选择的磁性材料性能低，设计的磁力耦合传动器外形尺寸大，质量大。有时候外形尺寸并不重要，重要的是质量问题。因此，选择结构过于复杂（如加轴承机构等）不允许，质量大致使电动机轴和泵轴承受不了。所以，质量也是选择磁性材料的一个参考依据。

⑤工作环境温度也是选择磁性材料以及结构设计的重要依据。因为使用温度对磁材料选用非常重要。

选用磁性材料精度要求：

a. 符合设计的基本尺寸，一般采用线切割就能满足加工尺寸的基本要求；

b. 满足结构尺寸精度的基本要求。

磁力耦合传动器应用于普通机械如泵、釜、阀门等，其尺寸精度和粗糙度、形位公差等方面要求并不高，基本满足设计的要求就能使用。但在一些高速、精密运动的装置上，对磁性材料的精度要求很高，如尺寸精度、粗糙度、形位公差等，同时对材料密度的均匀性、磁性能的均匀性也有严格的要求。

（2）磁平衡性问题

①磁性材料密度的均匀性。磁性材料为粉末冶金，在压块烧结过程中，对材料的密度有一定的技术要求，特别是用于磁力耦合传动器的磁性材料如密度的均匀性差，将会影响到磁性能以及磁场力的不均匀性。

②磁性能的均匀性。用于磁力耦合传动器的磁性材料，其磁性能要求尽可能均匀，以免影响磁场的均匀性。影响磁性能均匀性的主要因素是磁性材料的充磁工艺、磁性材料的密度以及磁性材料的烧结工艺过程、尺寸误差等。

③磁性材料外形尺寸误差的影响。磁性材料外形尺寸在加工成型过程有一定的误差范围。如不严格控制尺寸误差，一是会造成磁性材料的磁极块与块之间的质量不均匀，二是造成磁性能不均匀。

如上所述，磁性材料的密度、外形尺寸精度误差及磁性能的均匀性等问题都会影响磁平衡性。如果磁平衡性差会影响到磁力耦合传动器的径向力不平衡，磁扭矩不稳定或降低。因此，对磁力耦合传动泵来说不能保持运转过程的稳定状态，径向力大，会影响到泵的运转寿命。

9.2.1.6　隔离套材料的选择

（1）隔离套在磁力耦合传动器中的作用

隔离套是磁力耦合传动密封装置中的一重要组件。它位于内磁转子和外磁转子之间的工作气隙 t_g 中，与内磁转子外圆和外磁转子内圆保持一定的间隙，是使内、外磁转子在运转工作过程互不干预、无接触、不摩擦、相互封闭和隔离密封的元件，而且是在磁力耦合传动泵中使泵体密封封闭、承受压力和穿透磁力线能使磁场做功的元件。隔离套由压紧法兰、密封垫、螺栓（如有支撑点还有轴承件）等组成。

（2）隔离套选择材料的原则

隔离套是位于内、外磁转子之间的元件。当内、外磁转子旋转运动时，隔离套保持静止不动，相对内、外磁转子来说，切割旋转而交变的磁场，影响磁场力，消耗功率。因此，选择材料的原则是：具有足够的承压能力，材料的抗压、抗拉及抗弯等性能好、强度高；在旋转交变磁场中对磁场的影响越小越好，影响磁场小则消耗功率小；隔离套在泵中应用时，还要承受泵内介质的腐蚀、冲刷、耐压等。因此，选择材料时还应考虑耐腐、耐磨、耐冲刷等问题。

（3）目前主要选用的材料

①金属材料

a. 316、316L 及相关材料——主要用于较低压力状态的腐蚀性介质中；

b. 1Cr18Ni9Ti 及相关材料——主要用于一般性压力的弱腐蚀性介质；

c. Ti 及 Ti 合金材料——主要用于高温、高压、较强腐蚀性介质中；

d. 铝合金等其他合金材料。

②非金属材料

a. ABS 材料——主要用于低温、低压的弱腐蚀性介质中；

b. 增强玻璃钢材料——主要用于弱腐蚀性介质中；

c. 偏三氟乙烯材料——主要用于强腐蚀性介质中。

还有金属塑料、陶瓷塑料、金属陶瓷等。从目前看，较大功率、较高温度、较高压力等状态下基本选用金属隔离套；小功率、低压力泵多采用非金属材料隔离套；强腐蚀介质多选用特种塑料材料。在选用塑料材料中，还可制作成双层材料隔离套，如内塑料外金属，内塑料壁较厚，外金属壁薄。外金属主要是加强强度，由于壁薄且成形方法较简单，因此，可以制作成各种形式，如整体结构形式、网状结构形式、有底部加强板、无底部加强板等。

（4）选择材料的发展趋势

目前主要是研究试用更高强度和高电阻的金属材料，应用趋势转向了非金属材料和复合材料，同时也瞄准了这些材料的纳米级材料。

①金属材料。除上述介绍的金属材料外，目前试图得到更好的金属材料。因为金属材料的成型方法和过程较方便，并且采用金属隔离套较为耐用。

②塑料材料。塑料材料的隔离套已普遍使用，由于强度问题目前向混合材料和纳米材料发展。

③碳纤维材料。已研制试用碳纤维增强性隔离套，由于脆性问题目前探索向混合材料和纳米材料发展。

④陶瓷材料。已研制试用陶瓷隔离套，由于脆裂性问题目前在探索改良材料性能或向混合材料和纳米材料发展。

⑤复合材料。目前正在试制、试用金属材料与非金属材料的复合材料。

9.2.1.7　隔离套的冷却散热

（1）隔离套发热来源

在工作过程中，磁力耦合传动泵内磁转子与隔离套之间间隙中的液体随内磁转子的旋转而运动，液体运动中对隔离套壁产生冲刷和摩擦，使隔离套壁产生热量。同时在内、外磁转子旋转过程中，隔离套受交变磁场的影响，产生磁涡流热。另外，泵输送介质的温度、工作环境的温度等对隔离套也有一定的影响。

（2）热量大小的确定

根据液流摩擦学原理，考虑流体对隔离套冲刷和摩擦进行分析计算，确定冲刷、摩擦发热量的大小。

（3）散热方式

①外冷却散热方式

a. 从外部采取措施，对隔离套使用空气对流的方法进行散热冷却。这种方法用于小功率和低转速磁力耦合传动泵中效果较好。

b. 在隔离套法兰上加半圆形筒状散热片式散热机构，对隔离套进行散热冷却。这种方式多用于 7.5kW 以下（包括 7.5kW）功率，转速在 1500r/min（包括 1500r/min）以下的磁力耦合传动器中。

c. 外加液流循环系统的方法。外磁转子与隔离套外表面被浸泡在外冷却液流中，采用这种方式散热适用于各种功率，但结构较复杂，一般不采用。

d. 用输送介质采用外循环方式进行散热冷却。在泵的出口端或其他泵内压力较高的部位接管线从外部引液流入隔离套，对隔离套进行散热冷却处理。泵输送介质的温度较高时，可在外管线上加一个冷却器，对管内引流进行冷却，达到所需要温度时再引入隔离套内。如果介质温度不高，在所规定的温度范围内时，采用直接引入的方式。这种冷却方法适用于各种泵。

②内循环冷却散热方式

这种方法主要利用泵输送的介质，通过在泵内部开导流孔的方法，引流到隔离套，对隔离套进行冷却散热。引流的方法如下。

a. 从叶轮出口的部位开导流孔引流入隔离套。

b. 从叶轮背部的部位开导流孔引流入隔离套。从叶轮背部引流时应对轴向力的平衡问题认真考虑，以免引起轴向力不平衡。

9.2.1.8　合理确定导流（或回流）液体的流量

导流（或回流）量大小的确定，主要根据散热量的大小和泵内输送介质的温度要求来确定，其次根据磁性材料的温度性能要求确定。

①散热量的确定。计算轴承的摩擦热量和隔离套的涡流热量。确定了散热量再来计算确定导流量的大小。

②输送介质的温度要求。磁力耦合传动泵在工作过程中输送的介质非常复杂，如易汽化的介质、临界温度较低的介质、温度波动要求很小的介质等。总之，一些介质对温度的变化要求较为严格，因此，磁力耦合传动泵可根据输送介质对温度的变化要求计算确定导流量。

③根据磁性材料的温度性能来确定。工作介质对温度变化的要求不严格时，应根据工作介质的温度状态和所选用的磁性材料的工作温度来计算确定导流量。介质温度较低时，

导流散热较方便，选用常温磁性材料；介质温度较高时，导流散热有一定的难度，选用高温磁性材料。一般来说，介质温度较高时，不但要考虑导流量的多少、磁性材料的选择问题，更应注意和考虑导流散热的方式和导流散热的可靠性问题。

④导流量的大小对强制润滑有一定影响。磁力耦合传动泵在工作过程中，内支撑轴承一般都是由导流液体来强制润滑的，导流量的大小对轴承的润滑效果有一定影响。导流量太大，对泵效率有影响；导流量太小，对轴承的润滑不利。因此，在设计计算导流孔和导流量大小时，对润滑效果应作适当考虑，要保证轴承的正常运转和使用寿命。

9.2.1.9 泵的检测与监控

磁力耦合传动泵一般使用在输送酸、碱、盐、易燃、易爆等危险、贵重介质的场合，对泵的安全性、可靠性要求高；另外，由于结构所致，泵的工作状态和易损件的磨损情况不够直观。所以，应根据磁力耦合传动泵的工作性质、工作环境和泵本身的结构特性，对泵的有关部件进行检测和监控，对泵采取必要的保护措施。

(1) 检测或监控的主要零部件

①内、外磁转子。防止内、外磁转子摩擦、发热、退磁等。
②隔离套。避免隔离套工作温度过高，影响内、外磁转子的正常工作。
③支撑轴承。监控轴承在运转工作过程的磨损情况以保证泵的正常运行。

(2) 检测和监控的主要方法和技术指标

是对温度变化、振动情况、位移变化进行检测，有效控制使用过程和状态。

9.2.2 磁力耦合传动离心泵的设计参数

磁力耦合传动离心泵主要由电动机、磁力耦合传动器及泵头三部分组成。其中电动机可以选用三相电动机或单相电动机，根据需要也可选用防爆电动机，因此，磁力耦合传动泵的设计主要是磁力耦合传动器与泵头两个部分。这里仅就泵在外载荷已确定的条件下，如何决定内磁转子与外磁转子之间的结构参数问题进行一些探讨。

9.2.2.1 磁性能参数

磁性能参数包括：磁路系数 K，磁化强度 M 和磁场强度 H。磁路系数由磁路形式和磁体面积比等因素确定。表 9-2 列出了常用工况下的磁路系数。

表 9-2 常用工况下的磁路系数

磁路形式	$\dfrac{永磁体积}{磁路体积} = \dfrac{1}{E}$	K
分散性	1/4	2
圆周组合	1/2	4～6.4
径向平面组合	1	4～6.4

　　磁化强度和磁场强度由磁体工作点来确定，而磁体工作点即为退磁曲线和磁路外载荷直线的交点。当内外磁体交错地排列在磁转子上时，工作点不在退磁曲线而在回复直线上。图 9-9 为部分材料的退磁曲线。外载荷直线根据铁磁学中静磁场的高斯定理和环路定理得到

$$B = \frac{K_1}{K_2} \times \frac{\mu_o A_g L_m}{L_g A_m} H \qquad (9-8)$$

式中　B——磁感应强度，表征磁场中某给定点磁性质的物理量，Mx · cm（$1Mx = 10^{-8}Wb$）；

　　　μ_o——真空磁导率，H/m；

　　　K_1——气隙处的漏磁系数；

　　　K_2——磁极结合的磁通损失系数；

　　　A_g——磁极排列间隙，m^2；

　　　A_m——磁体截面积，m^2；

　　　L_g——工作气隙，cm；

　　　L_m——磁体总厚度，cm。

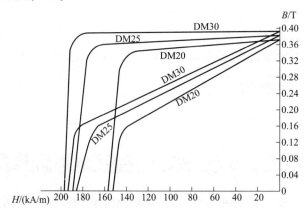

（a）几种主要的铁氧体永磁铁的退磁曲线

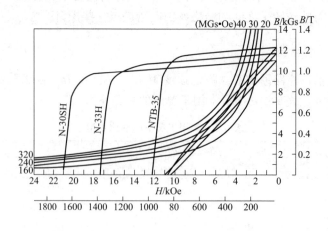

（b）N-30SH、N-33H、NTB-35 等永磁体的退磁曲线

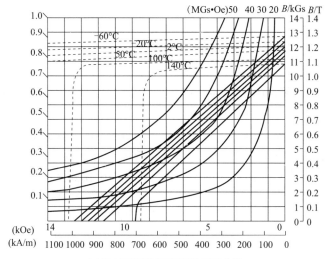

(c) N-35SH 不同温度下的退磁曲线

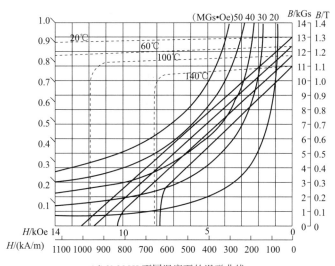

(d) N-38SH 不同温度下的退磁曲线

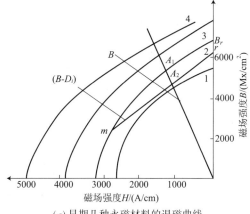

(e) 早期几种永磁材料的退磁曲线

1—铈钴铜；2—混合稀土钴95；3—混合稀土钴；4—钐钴125

图9-9 部分材料的退磁曲线

回复线方程如下：

$$B - B_i = K_3 \ (H - H_i) \ (\mathrm{Mx/cm}^2) \qquad\qquad (9-9)$$

式中，K_3 为斜率，$K_3 = \dfrac{B_m - B_r}{H_{m0}}$。

以混合稀土钴95为例，图9-9（e）中 A_1 点为退磁曲线与外载荷直线的交点，A_2 点为回复线和外载荷直线的交点。当内外磁体交错地排列在磁转子上时，工作点由 A_1 点移到 A_2 点，降低了磁传动能力。B_m 和 H_{m0} 分别为与最大磁能积对应的磁感应强度和磁场强度；B_r 为剩磁磁感应强度；B_2 和 H_2 为工作点 A_2 对应的磁感应和磁场强度；B_i 和 H_i 为某工作点 i 对应的磁感应和磁场强度；工作点确定之后，可计算出磁化强度 M 与磁场强度 H。

9.2.2.2　永磁体结构参数、设计实例与试验验证

（1）结构参数

磁极极数 m、磁极极面积 S_c 和力的作用半径 R，其几何意义如图9-10所示。

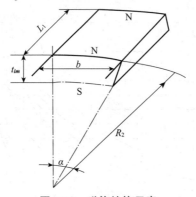

图9-10　磁体结构示意

①磁极极数 m 是影响磁扭矩的关键因素之一，极数少则工作时磁极相吸或相斥的对数少；反之，每个磁极的面积小则磁作用力小。前述两种情况都会使扭矩降低。磁极可以排成一排或数排，但随着磁极排数的增加，磁扭矩并非呈线性增加，一般磁极数选为偶数。

②磁极极面积及厚度。磁极极面积大，传递的磁扭矩也大，但并非呈线性增加；磁极厚度和轴向长度随半径变化。表9-3给出了磁极厚度 t_{im}、轴向长度 L_1 及外径 R_2 的相互关系。

表9-3　磁极厚度 t_{im}、轴向长度 L_1 及外径 R_2 的相互关系

t_{im}	3.0	3.5	4	5	5	6
L_1	10	10	10	13	15	15
R_2	10~20	20~30	30~40	35~80	50~85	70~95
t_{im}	6	7	7	7.5	7.5	8.5
L_1	18	20	25	20	28	30
R_2	80~110	95~140	120~180	150~220	200~260	250~300

③力的作用半径 R 指作用到内磁转子上磁力至转动中心的平均转动半径，由下式计算

$$R = R_2 + \frac{t_g}{2}$$

（2）设计实例与试验验证

1）设计实例

①泵的主要技术参数（该泵为炼油厂丙烷脱沥青装置用丙烷增压泵）　轴功率：75kW；转速：2950r/min；入口压强：4.2MPa；出口压强：5MPa；工作介质：丙烷；工作温度：<96℃。

②磁力耦合传动器的设计指标　最大设计扭矩：380N·m；传动效率：不低于85%；转速：2950r/min（与电动机同步）；工作压强：5MPa。

③磁力耦合传动扭矩分析　离心泵工作时，一般采用先开入口阀待泵启动后再开出口阀的工作程序。泵启动时的主要惯性元件是惯量为 0.50kg·m² 的泵叶轮和内、外磁转子；电动机启动时间一般按 1.65s 计算，其启动时最大启动扭矩约为 132N·m，远小于泵稳态工作时所需的扭矩值，因此，在本设计中按泵稳态工作要求确定磁力耦合传动器所需的扭矩值。由于隔离套涡流发热等能量损耗，隔离套选 TC4 材料，磁力耦合传动器的传动效率为 93% 左右。该丙烷增压泵功率大且压强高，使用环境条件严格，金属隔离套选得较厚，因而涡流损耗较大，只能按较低的传动效率进行设计。设磁力耦合传动效率为 88%，同时从工作安全可靠考虑，将泵以额定功率工作时磁力耦合传动器的工作点选为相位角 60° 即最大脱开扭矩值的 86.6% 位置，则磁力耦合传动器的最大脱开扭矩 T 应满足关系式：

$$P = (T \times 0.88\sin60°)n \qquad (9-10)$$

将轴功率 $P = 75 \times 10^3$ W 和转速 $n = 2950/60$ r/s 代入上式，即可求得该泵用磁力耦合传动器的静态最大脱开扭矩 $T \leqslant 350$ N·m。

④磁路设计与尺寸确定

a. 磁路尺寸确定。内磁转子磁路特征尺寸为 $\phi140$mm $\times 220$mm，磁体厚度根据选用磁材料性能确定；外磁转子磁路特征尺寸为 $\phi152$mm $\times 220$mm，磁体厚度选用同上；转子的长径比约为 1.6，比值基本合理。

b. 磁路设计。通过计算，得到磁传递扭矩 $T = 350$N·m。

2）试验验证

①磁扭矩测试。磁扭矩测试试验分静态试验测试和动态试验测试。静态试验测试采用旋转角度使内、外磁转子相对形成角位移差的方法，以测出静态最大脱开扭矩，见表9-4。

表 9-4　静态试验测试数据

角位移差/（°）	0	2	4	6	8	9	10	11	12	14	16	18	19
磁扭矩/N·m	0	95	238	309	343	356	371	382	374	329	268	181	104
最大脱开扭矩/N·m	382												

动态试验测试采用逐渐加大流量的方法，以测出最大脱开扭矩，见表9-5。

表 9-5　动态试验测试数据

电机输出功率/kW	36.04	41.78	50.36	59.97	70.02	75.61	85.02	95.06	101.54	108.72
扭矩/N·m	117.6	135.2	164.1	195.7	229.2	242.8	283.3	319.2	338.1	363.5
泵流量/（m³/h）	0	20.03	74.3	138.2	202.4	232.2	291.3	350.2	378.7	402.3
转速/（r/min）	2987	2987	2986	2982	2977	2976	2975	2974	2974	2973
最大脱开扭矩/N·m	363.5									

②磁力耦合传动器对泵运转性能的影响。磁力耦合传动器用于离心泵上进行性能试验测试的研究过程中，通过对泵不加磁力耦合传动器和加磁力耦合传动器后的两种状态进行试验研究及测试对比，认为泵采用磁力耦合传动器后在启动过程中，磁力耦合传动器对泵的启动特性有一定影响，但泵启动后正常运转时，磁力耦合传动器对泵的运转性能影响不明显。测试数据如表9-6所示。

表9-6 磁力耦合传动器对泵运转性能的影响

项目	不加磁力耦合传动					加磁力耦合传动				
电动机输入电压/V	380	380	380	378	378	388	385	384	382	382
电动机输入电流/A	66	85.5	102	121.5	133.5	67.5	85.5	104.4	121.8	129
电动机输出功率/kW	39.5	49.91	66.3	70.02	75.61	40.05	50.05	60.6	70.2	72.09
泵流量/（m³/h）	0	74.3	138.2	204.2	232.2	0	74.1	138.1	199	223.4
泵效率/%	—	41.3	56.4	60.6	47.7	—	41.0	56.2	60.5	50.02
泵转速/（r/min）	2987	2986	2982	2977	2976	2986	2986	2965	2965	2963

③隔离套涡流损失的测试。泵运转过程中，通过加隔离套和不加隔离套的运转数据测试，分析计算出隔离套的涡流损失，测试数据如表9-7所示。

表9-7 隔离套涡流损失的测试数据

测试点数	隔离套状态	测试数据/kW	隔离套损失/kW
第一个测试点	加隔离套	56.29	11.28
	不加隔离套	45.01	
第二个测试点	加隔离套	68.59	12.43
	不加隔离套	56.16	
第三个测试点	加隔离套	79.20	12.24
	不加隔离套	66.96	
第四个测试点	加隔离套	85.32	9.1
	不加隔离套	76.22	

④启动运转特性及振动测试。丙烷增压泵的启动运转特性如图9-11所示。丙烷增压泵振动测试如图9-12所示。

⑤温度测试。丙烷增压泵工作介质温度约50~60℃，由于介质的性质所决定，工作温度要求不大于96℃，因此，对隔离套进行冷却的同时必须对介质的温度升高进行严格的控制。该泵采用外循环冷却系统，设计了1Cr18Ni9Ti不锈钢和TC4钛合金两种材质的金属隔

离套。1Cr18Ni9Ti 隔离套加工成型壁厚 3.76mm；TC4 钛合金隔离套加工成型壁厚 2mm。其试验数据如表 9-8 所示。

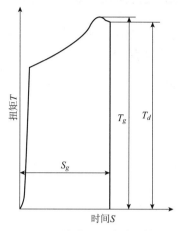

图 9-11 丙烷增压泵启动运转特性

T_g—启动扭矩，N·m（$T_g = 112$N·m，功率为 33.47kW）；

T_d—运转扭矩，N·m（$T_d = 107$N·m，功率为 31.96kW）；

S_g—启动时间，s，$S_g = 1.63$s

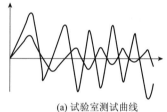

(a) 试验室测试曲线

(b) 现场使用随机测试曲线

图 9-12 丙烷增压泵振动测试示意

表 9-8 中 1Cr18Ni9Ti 隔离套，当泵运转 16s 后由于涡流热温度升高很快，通过 φ10 导流孔进入隔离套内的循环水被汽化，从检测孔喷出蒸汽；TC4 隔离套运行 2h 后测试隔离套内水温度正常，与隔离套法兰边缘温度基本一致。

表 9-8 温度测试试验数据（环境室温为 13℃）

项目	1Cr18Ni9Ti 隔离套	TC4 隔离套	
导流孔径/mm	φ10	φ10	φ14
隔离套法兰边缘温度/℃	63	21	15
涡流热功率损失/kW	45	11.01	11.12
泵运转时间/s	16s	2h	2h
隔离套内温度状态	有蒸汽	正常	正常

9.2.3 磁力耦合传动离心泵的泵头设计

磁力耦合传动离心泵的泵头设计在很多泵设计的资料中做了介绍，这里仅以多级离心泵为例作以简要的设计程序和设计方法介绍。

(1) 已知泵的主要设计参数

流量 $Q = 280\text{m}^3/\text{h}$；

扬程 $H = 360\text{m}$；

最大吸上真空度 $H_{s_{\max}} = 5.7\text{m}$；

最大效率 $\eta = 75\%$；

输送介质清水加弱腐蚀性混合物；

工作温度 $t < 80℃$；

吸入口径和排出口径均取 200mm。

(2) 泵结构形式确定

①求最小汽蚀余量

$$\Delta h_{\min} = \gamma \frac{10^4 (p_a - p_v)}{\gamma} - H_{s_{\max}} + \frac{v_s^2}{2g} \quad (\text{m}) \tag{9-11}$$

式中　　p_a——大气压力，kgf/cm^2；

p_v——流体汽化压力，kgf/cm^2；

$H_{s_{\max}}$——最大吸上真空度，m；

g——重力加速度，m/s；

v_s——泵入口处液体的速度，m/s；

γ——液体密度，kg/cm^3。

$$\Delta h_{\min} = \frac{10^4 \times (1 - 0.024)}{1000} - 5.7 + \frac{\left(\dfrac{280}{3600 \times \dfrac{\pi \times 0.2^2}{4}}\right)^2}{2 \times 9.8} = 4.5\text{m}$$

②确定转速 n

$$C = \frac{5.62n \sqrt{Q}}{\Delta h_{\min}^{\frac{3}{4}}} = \frac{5.62n \times \sqrt{\dfrac{280}{3600}}}{4.5^{\frac{3}{4}}} = 0.524n \tag{9-12}$$

当选定转速 $n = 2950\text{r/min}$ 时，则 $C = 1545$；当选定转速为 1480r/min 时，则 $C = 776$；根据泵设计手册，故选 $n = 1480\text{r/min}$。

③比转速 n_s 确定

$$n_s = \frac{3.65n \sqrt{Q}}{\left(\dfrac{H}{i}\right)^{\frac{3}{4}}} \tag{9-13}$$

式中，i 为多级泵级数，根据设计手册有关参数要求选泵长 $i = 9$。

$$n_s = \frac{3.65 \times 1480 \times \sqrt{280}}{\left(\frac{360}{9}\right)^{\frac{3}{4}}} = 96.4$$

（3）叶轮的设计计算

①确定叶轮入口直径 D_o

$$D_o = \sqrt{\frac{4Q'}{\pi v_o} + d_h^2} \qquad\qquad (9-14)$$

式中 Q'——通过叶轮的设计流量，m^3/s，$Q' = \dfrac{Q}{\eta_v}$（η_v 为泵容积效率，选 η_v 为96%）；

v_o——叶轮入口速度，m/s，$v_o = K_{vo}\sqrt{2gH_i}$ [K_{vo} 为入口速度系数，选 $K_{vo} = 0.266$；H_i 为单级扬程（选定为 $H_i = 40m$）]；

d_h——叶轮轮毂直径，m，选 $d_h = 0.09m$。

以上数据代入式（9-14）得：

$$Q' = \frac{280}{3600 \times 0.96} = 0.081 \ (m^3/s)$$

$$v_o = 0.266\sqrt{2 \times 9.8 \times 40} = 7.45 \ (m/s)$$

$$D_o = \sqrt{\frac{4Q'}{\pi V_o} + d_h^2} = 0.1495m$$

②确定叶片入口宽度 b_1

$$b_1 = \frac{Q'}{\pi D_1 v_1} \qquad\qquad (9-15)$$

式中 D_1——叶片入口直径，一般情况下选 $D_1 = 0.92D_o$，$D_1 = 0.92 \times 0.1495 = 0.138m$；

v_1——叶片入口边绝对速度，一般情况下选 $v_1 = 0.75v_o$，$v_1 = 0.757 \times 7.45 = 5.65m/s$。

以上数据代入式（9-15），得

$$b_1 = 0.034m$$

③确定叶轮外径 D_2

$$D_2 = \frac{60u_2}{\pi n} \qquad\qquad (9-16)$$

式中，u_2 为叶轮出口圆周速度，m/s，$u_2 = K_{u2}\sqrt{2gH_i}$，根据参数选 $K_{u2} = 0.995$。

$$u_2 = 0.995 \times \sqrt{2 \times 9.8 \times 40} = 27.86 \ (m/s)$$

$$D_2 = \frac{60 \times 27.86}{\pi \times 1480} = 0.36m$$

④确定叶片数 Z

$$Z = 11.5\sqrt{D_2}$$

$$Z = 11.5 \times \sqrt{0.36} = 6.9$$

取叶片数 $Z = 7$。

⑤确定叶片出口宽度 b_2

$$b_2 = \frac{Q'}{\left(\pi D_2 - \dfrac{ZS_2}{\sin\beta_2}\right)v_{m2}} \qquad\qquad (9-17)$$

式中　S_2——叶片出口处厚度，选 $S_2 = 0.006\text{m}$；

　　　β_2——叶片出口处安放角，选 $\beta_2 = 30°$，根据计算参数情况进行修改；

　　　v_{m2}——叶轮出口轴面速度，m/s，$v_{m2} = K_{v_{m2}}\sqrt{2gH_i}$（$K_{v_{m2}}$ 为叶轮出口轴面速度系数，根据设计参数查得 $K_{v_{m2}} = 0.109$）。

$$v_{m2} = 0.109\sqrt{2 \times 9.8 \times 40} = 3.06 \quad (\text{m/s})$$

$$b_2 = 0.0255\text{m}$$

（4）导叶的设计计算

①确定基圆直径 D_3

$$D_3 = D_2 + (1 \sim 3)\text{mm}$$

$$D_3 = 360 + (1 \sim 3) = 361 \sim 363\text{mm}$$

无特殊技术要求选 $D_3 = 362\text{mm}$。

②确定导叶入口宽度 b_3

$$b_3 = b_2 + (3 \sim 5)\text{mm}$$

$$b_3 = 26 + (3 \sim 5)\text{mm} = 29 \sim 31\text{mm}$$

选择 $b_3 = 30\text{mm}$。

③确定导叶喉部面积 A_h

$$A_h = a_3 b_3$$

$$a_3 = \frac{Q}{Z_d v_3 b_3}$$

$$v_3 = K_{v_3}\sqrt{2gH_i}$$

式中　a_3——导叶喉部高度尺寸，m；

　　　v_3——喉部流体入口速度，m/s；

　　　K_{v_3}——喉部速度系数，此处选 0.395；

　　　Z_d——导叶叶片数，此处选 $Z_d = 8$。

$$v_3 = 0.395\sqrt{2 \times 9.8 \times 40} = 11.1 \quad (\text{m/s})$$

$$a_3 = \frac{280/3600}{8 \times 11.1 \times 0.03} = 0.029 \quad (\text{m})$$

导叶入口端面形状确定为方形，则 A_h 为：

$$A_h = a_3 b_3$$

$$A_h = 0.03 \times 0.03 = 0.0009\text{m}^2$$

④确定导叶入口厚度 S_d　根据使用条件和选择材料确定，选择导叶入口厚度 $S_d = 3.5 \sim 5\text{mm}$。

⑤确定反导叶叶片数 Z_{d2}　根据工作原理，反导叶叶片数与导叶叶片数应对应相等，故选 $Z_{d2} = 8$。

（5）平衡盘的设计计算

①平衡盘机构在磁力耦合传动多级离心泵中的作用　磁力耦合传动多级离心泵不同于普通机械传动式多级离心泵，轴向力的平衡与外部支撑机械无关，主要依靠内部支撑来平衡轴向力。因此，平衡盘在磁力耦合传动多级离心泵中对平衡轴向力起着重要作用，在泵

内平衡和控制轴向力主要依赖于平衡机构,所以,在设计平衡盘机构时应考虑的主要技术问题为:一是结构不能复杂且要控制和平衡轴向力,一般要配用轴向位移系统;二是不能因平衡盘机构平衡轴向力影响到泵的效率;三是要有足够长的工作周期,满足生产工艺要求;四是选材和结构设计合理,还须考虑经济性;五是平衡盘和静摩擦环等零件更换方便、易拆装。

②磁力耦合传动多级离心泵轴向力的平衡方式 磁力耦合传动多级离心泵轴向力平衡的主要方式有:

a. 泵内采用滚动轴承时,由平衡盘和滚动轴承分别平衡轴向力和控制克服轴向力;

b. 泵内采用滑动轴承时,由平衡盘平衡和控制轴向力;

c. 泵内采用滑动、滚动轴承组合时,与 a 相同。

③平衡盘设计计算中主要的设计参数

a. 平衡盘工作面内半径 r', m;

b. 平衡盘外圆半径 r, m;

c. 平衡盘轴向力间隙 b_o, m;

d. 平衡盘导流孔截面积 A_P, m^2;

e. 平衡盘的泄漏量 q, m^3/s。

上述介绍了本例题的主要参数计算与设计,这些参数的计算方法和公式在有关离心泵设计的书刊中有详细介绍。另外,还有很多参数的计算与设计这里不作介绍和计算。

④其他方面

a. 主要零部件强度计算。这里包括:叶轮强度计算,泵体、泵盖(包括中端)强度计算,各部件零件之间连接螺栓的强度计算,轴的强度及刚度校核以及转子的临界转速计算等。

b. 标准件选择。如:密封垫标准,螺母、螺栓标准,轴承标准,联轴器标准等。以上方面内容不作介绍或计算。

(6) 一些常用设计数据和经验数据的介绍

①泵的吸入口径、流速和流量的关系见表9-9。

表 9-9 泵的吸入口径、流速和流量关系

吸入口径/mm	单 级 泵		多 级 泵	
	流速/(m/s)	流量/(m³/h)	流速/(m/s)	流量/(m³/h)
40	1.375	6.25	1.375	6.25
50	1.77	12.5	1.77	12.5
65	2.1	25	2.1	25
80	2.76	50	2.54	46
100	3.53	100	3	85
150	2.83	180	2.44	155
200	2.65	300	2.48	280
250	2.83	500	2.54	450
300	—	—	2.84	720
400	—	—	3.42	1500

②叶轮入口直径 D_0、叶片入口边直径 D_1 和比转速 n_s 的关系见表9-10。

表9-10　叶轮入口直径 D_0、叶片入口边直径 D_1 和比转速 n_s 的关系

$n_s = 40 \sim 100$	$D_1 \geq D_0$	$n_s = 300 \sim 500$	$D_1 = （0.7 \sim 0.5） D_0$
$n_s = 100 \sim 200$	$D_1 = （1 \sim 0.8） D_0$	$n_s = 500$	$D_1 = D_2$（叶轮出口直径）
$n_s = 200 \sim 300$	$D_1 = （0.8 \sim 0.6） D_0$		

③泵舌安放角 θ 与比转速 n_s 的关系见表9-11。在理论设计点上，泵舌和叶轮间的间隙过小，易产生振动，并且泵舌太薄，强度差，经不住冲刷、振动、碰撞等。所以，将泵舌沿涡室螺旋线移动 θ 角作为泵舌安放角。泵舌的圆角半径一般为 $2 \sim 2.5\text{mm}$。

表9-11　泵舌安放角 θ 与比转速 n_s 的关系

n_s	40	60	80	130	180	220	280	360
$\theta /$（°）	10	15	20	25	30	38	45	45

④叶轮盖板厚度与叶轮直径的关系见表9-12。如果铸铁叶轮的单级扬程超过200m，合金钢叶轮的单级扬程超过650m时，则叶轮盖板厚度由结构设计与工艺上的要求决定。

表9-12　泵叶轮盖板厚度与叶轮直径的关系

叶轮直径/mm	$100 \sim 180$	$181 \sim 250$	$251 \sim 520$	>520
盖板厚度/mm	4	5	6	7

⑤叶片厚度经验系数 K_e 与比转速 n_s 的关系见表9-13。

表9-13　不同比转速 n_s 时的叶片厚度经验系数 K_e

材　料	比转速 n_s							
	40	60	70	80	90	130	190	280
铸铁	3.2	3.5	3.8	4.0	4.5	6	7	10
铸钢	3	3.2	3.3	3.4	3.5	5	6	8

叶片厚度 S 的经验计算公式如下：

$$S = K_e D_2 \sqrt{\frac{H_i}{Z}} + 1 \quad （\text{mm}）$$

式中　K_e——经验系数；

　　　D_2——叶轮外径，m；

　　　H_i——单级扬程，m；

　　　Z——叶片数。

叶片厚度的选择要适中，过厚会影响泵的效率，恶化泵的汽蚀性能；过薄会影响泵的强度性能，降低使用寿命。

⑥泵轴的弯矩和静挠度见表9-14。

（7）一些零部件允差和泵试验压力

一些零部件允差和泵试验压力详细数据见表9-15～表9-25。

表 9-14 泵的弯矩和静挠度的关系

简 图		弯 矩	挠 度
		$M_x = \dfrac{qlx}{2}(1-2\xi) = \dfrac{ql^2}{2\omega_{R\xi}}$ $M_{max} = \dfrac{ql^2}{8}$	$f_x = \dfrac{ql^4 x}{24EI}\omega_{g\xi}$ $f_{max} = \dfrac{5ql^4}{384EI}$
	AC	$M_x = \dfrac{p_x}{2}$ $M_c = M_{max} = \dfrac{pl}{4}$	$f_x = \dfrac{pl^2 x}{48EI}(3-4\xi^2)$ $f_c = f_{max} = \dfrac{pl^3}{48EI}$
	CB	$M_x = \dfrac{pl}{2}(1-\xi)$	
	AC	$M_x = \dfrac{pbx}{l}$	$f_x = \dfrac{pbl^2}{6EI}(\omega_{D\xi} - \beta^2\xi)$
	CB	$M_x = pa(1-\xi)$ $M_c = M_{max} = \dfrac{pab}{l}$	$f_x = \dfrac{pbl}{6EI}(\omega_{D\xi} - a^2\xi)$ $f_c = \dfrac{pa^2 b^2}{3EIl}$ 若 $a>b$，当 $x = \sqrt{\dfrac{a}{3}(a+2b)}$ 则 $f_{max} = \dfrac{pb}{9EIl}\sqrt{\dfrac{1}{3}(a^2+2ab)^3}$
	AC	$M_x = \dfrac{p}{l}(2c+b)x$	
	CD	$M_x = \dfrac{p}{l}[(c-a)x + al]$	$f_c = \dfrac{pa}{6EIl}[(2a+c)l^2 - 4a^2 l + 2a^3$ $- a^2 c - c^3]$
	DB	$M_x = \dfrac{p}{l}(2a+b)(1-x)$ 若 $a>c$： $M_c = M_{max} = \dfrac{pa}{l}(2c+b)$	$f_D = \dfrac{pa}{6EIl}[(2a+c)l^2 - 4a^2 l + 2c^2$ $- ac^2 - a^3]$

注：p—集中载荷；q—均布载荷；M—弯矩，使截面上部受压，下部受拉者为正；f—挠度，向下变位者为正；E—弹性模量；$\xi = x/l$；$a = a/l$；$\beta = b/l$。

表 9-15 螺旋形压出室的允许偏差   mm

名义尺寸	铸铁件允许偏差	铸钢件允许偏差
≤15	+ 1.5 − 1.0	—
16 ~ 30	+ 2.5 − 1.0	+ 3.0 − 1.0
31 ~ 100	+ 3.5 − 1.0	+ 5.0 − 1.0
≥101	+ 5.0 − 1.0	+ 7.0 − 1.0

表 9-16 导叶喉部尺寸允许偏差　　　　　　　　　　　　mm

名义尺寸	铸铁件允许偏差	铸钢件允许偏差
≤30	+1.5	-0.5
31~50	+2.0	-1.0
≥51	+3.0	-1.0

表 9-17 叶轮出口宽度允许偏差　　　　　　　　　　　　mm

名义尺寸	铸铁件允许偏差	铸钢件允许偏差	名义尺寸	铸铁件允许偏差	铸钢件允许偏差
≤10	—	±0.5	40~60	+1.5 -1.0	+1.5 -1.0
11~15	+0.7 -0.5	+0.7 -0.5	61~100	+2.0 -1.5	+2.0 -1.5
16~40	+1.0 -0.5	+1.0 -0.5	≥101	+2.5 -1.5	+2.5 -1.5

表 9-18 叶轮叶片入口边间距允许偏差　　　　　　　　　　mm

名义尺寸	铸铁件和铸钢件允许偏差	名义尺寸	铸铁件和铸钢件允许偏差
≤10	±1.0	41~60	±3.0
11~15	±1.5	61~100	±4.0
16~40	±2.0	≥101	±5.0

表 9-19 圆柱形叶片宽度允许偏差　　　　　　　　　　　mm

叶轮出口宽度 名义尺寸	铸铁件圆形叶片 厚度允许偏差	铸钢件圆形叶片 厚度允许偏差	叶轮出口宽度 名义尺寸	铸铁件圆形叶片 厚度允许偏差	铸钢件圆形叶片 厚度允许偏差
≤10	+1.0	-0.5	41~60	+2.5	-0.5
11~15	+1.5	-0.5	61~100	+3.0	-0.5
16~40	+2.0	-0.5	≥101	+3.0	-1.0

　　以上各表中的铸件包括灰铸铁、低合金铸铁、球墨铸铁等铸件；铸钢件包括普通碳钢、镍铬不锈钢和无镍不锈钢耐酸铸件。

表 9-20 托架止口的跳动允差　　　　　　　　　　　　mm

名义尺寸	托架止口的径向跳动允差	托架止口的端面跳动允差
50~120	0.06	0.03
121~260	0.08	0.04
261~500	0.10	0.06

表 9-21 叶轮密封环外圈径向跳动允差　　　　　　　　　mm

名义尺寸	叶轮密封环外圆径向跳动允差	名义尺寸	叶轮密封环外圆径向跳动允差
≤50	0.05	261~500	0.09
51~120	0.06	501~800	0.13
121~260	0.08		

表 9-22　平衡盘端面跳动允差　　　　　　　　　　　　　mm

名义直径	平衡盘端面跳动允差
50 ~ 120	0. 04
121 ~ 260	0. 05
261 ~ 500	0. 06

表 9-23　平衡板的端面跳动允差　　　　　　　　　　　　　mm

名义直径	平衡板端面（或出水段平面）跳动允差
50 ~ 120	0. 04
121 ~ 260	0. 06
261 ~ 500	0. 08

表 9-24　离心泵的水压试验

泵入口处压力/（kgf/cm²）	试验压力/（kgf/cm²）	持续时间/min	液体
≤10	1.5 × 工作压力但不低于 2	5	水
≤20	2 × 工作压力	10	水
≤30	1.5 × 工作压力	10	水

表 9-25　转子重心偏移量 ρ_o 与转速的关系

转速/（r/min）	1000	1500	2000	2500	3000	3500	4000	4500	5000
$\rho_o/10^{-4}$ cm	7. 9	5. 8	4. 6	3. 9	3. 5	3	2. 6	2. 4	2. 2

离心泵转子的动平衡在技术要求中通常用许用不平衡矩来表示。许用不平衡矩按下式计算

$$[M] = \rho_o G$$

式中　$[M]$——许用不平衡矩，kgf·cm；

　　　ρ_o——转子重心对旋转轴心的偏移量，cm；

　　　G——转子质量，g。

9. 2. 4　润滑冷却流道及流道孔的确定

（1）润滑冷却流道

磁力耦合传动离心泵中设计润滑冷却流道是必需的。磁力耦合传动离心泵叶轮和内磁转子的支撑轴承是浸泡在泵内输送介质中的，其轴承的润滑和冷却方式是泵内介质形成一定空间压力迫使介质在轴承中循环流动，形成润滑膜对轴承进行润滑，同时流动的介质将轴承旋转摩擦产生的热量带走，起到散热冷却的作用。另外，隔离套在泵运转中产生的磁涡流热不利于磁力耦合传动系统和泵的正常运转，也需要循环流动的介质将隔离套中产生的磁涡流热带走。所以，在磁力耦合传动离心泵结构中设计导流系统（或是液体流道系统）强制润滑冷却液循环流动是必要的。如果不采取外加润滑冷却导流供给润滑冷却液流时，润滑冷却液流的供给方式分为两种：一是从泵内高压力部位引出工作液体通过外循环管路强迫循环的方式对轴承进行润滑冷却；二是从泵内高压力部位引液流通过内部导流孔强迫液流循环流动对轴承进行润滑冷却。从外部连接管路循环液流的方法称外循环式，其管路设计可以适当大一些，在管路上还可以连接节流阀，控制回流的大小，以满足泵内循环的

需求。从泵内部开导流孔循环液流的方法称内循环式，其导流孔的大小应作设计计算，以此严格控制导流液流的大小。

图9-13所示为外循环式结构。该结构为磁力耦合传动多级式离心泵，零件4为回流管，从泵出口部位（高压区域）引液流经部件3（磁性过滤器）后，通过导流孔将液流分为两个方向流走。一个方向流向隔离套，另一个方向流向了滑动轴承，流向滑动轴承的液流又分为两个方向，向泵方向的液流流向了泵叶轮入口处，向内磁转子方向的液流进了隔离套。流入隔离套内的液体通过轴中心孔流入了泵叶轮入口。

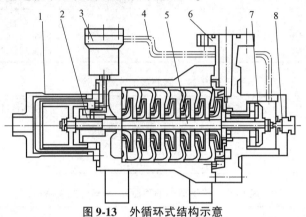

图9-13　外循环式结构示意

1—磁力耦合传动器；2—轴承；3—磁性过滤器；4—回流管；

5—泵轴；6—泵盖；7—平衡盘；8—轴承检测器

图9-14所示为内循环式结构。2为内导流孔，它将叶轮背部的高压流引入到隔离套内，一部分液流通过中间轴承7流入了叶孔背部的平衡孔；一部分液流通过隔离罩与内磁转子间隙，流经隔离套内轴承5后通过轴中心孔流入了泵叶轮入口。这种结构简便，适用于45kW以下的小型单级离心式磁力耦合传动泵和输送介质温度不高的单级离心式磁力耦合传动泵。

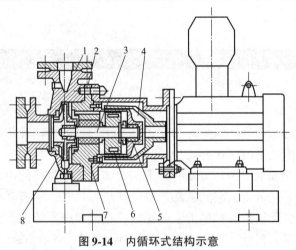

图9-14　内循环式结构示意

1—泵壳；2—导流孔；3—轴；4—外磁转子；5—隔离套内轴承；

6—内磁转子；7—中间轴承；8—叶轮

应该指出的是，这种结构是在叶轮背部开导流孔，应考虑轴向力平衡问题，因为叶轮背部开导流孔致使叶轮前后部位的压力不平衡，易产生轴向力。因此，开孔时在结构或位置上应调整，比如在泵盖的径向开孔或是远离叶轮背部的位置开孔。

在设计润滑冷却流道中，不论是采取内循环还是外循环，在开孔的部位应根据介质状态在结构上采取必要措施，防止介质中的杂质流经隔离套和轴承，影响泵的正常运转，特别是硬度颗粒以及铁磁性杂质流经隔离套和轴承缝隙会有害于泵的正常运转。

在设计润滑冷却流道中，应注意流道孔的大小。流道孔过大液流内循环大，所做无用功多，会影响泵的效率，也会导致泵内压力不平衡，产生力的不平衡；流道孔过小，液流内循环过程中流量小，达不到润滑冷却的效果。因此，应严格控制流道孔的大小，以满足润滑冷却的需要。

（2）润滑冷却流道孔径 d 的计算

在磁力耦合传动离心泵中设计流道（导流孔）时依据于两个重要参量：一是液体的导流量，主要考虑多大液流量能将隔离套和轴承中的热量带走，使轴承和隔离套的温度在安全工作的范围内；二是液流在流动过程中的压力问题。液流在流动中保持一定的压力，使液流流动的量稳定；轴承摩擦面上易形成油膜和保持油膜；泵内各旋转零部件上液流作用的力保持平衡。

液流导流量的多少根据散热量的大小通过计算孔径确定。液流流动的压力在自循环系统中由泵的工作压力决定。关于轴承油膜厚度的建立和厚度计算是一个复杂的计算和分析过程，这里不作详细介绍。

关于润滑冷却流道孔径 d 的计算可采用公式（9-18）

$$d = \sqrt{\frac{4Q_d}{\pi\lambda\sqrt{2gH_d}}}\qquad\qquad(9-18)$$

式中 Q_d——润滑冷却所需的液流量，m^3/s；

    λ——导流阻压系数，$\lambda = 0.55 \sim 0.75$；

    H_d——导流孔压力，按泵内开导流孔位置计算，如导流孔开在泵出口部位时，其 H_d 值近似为泵扬程，其他部位时进行计算得到，m。

9.2.5 动静环的合理安置

在磁力耦合传动离心泵的结构设计和许多资料介绍中都涉及动、静环的问题。动、静环在泵中实际上就是止推轴承的一种，它主要用于轴向力较小的小功率磁力耦合传动离心泵。在这种泵中使用动、静环，首先，一是对小轴向力起到止推作用，二是限制轴的轴向窜动，起到定位作用。其次是用于一些大功率的泵，如多级离心式磁力耦合传动泵，它的轴向力很大，采用平衡盘来平衡轴向力，但平衡盘的另一端往往采用了动、静环的结构，它的主要作用是：首先是防止泵在启动、停止时轴的窜量和反向窜动，起到限位作用；其次是定位和止推作用。

9.2.6 泵轴设计

9.2.6.1 泵轴的受力分析与计算

（1）径向力产生的原因及径向力计算

离心泵的流量若小于最优工况流量时，蜗室中的液体流速减慢。而叶轮出口处液体的绝对速度大于最优工况时的绝对速度，同时也大于蜗室中的速度，因此，从叶轮中流出的液体不断撞击着蜗室中的液体，使其接受能量，蜗室中的液体压力便自隔舌开始向扩散管进口不断增加，如图9-15（a）所示。当泵的流量大于最优工况流量时，与上述情况相反。从叶轮中流出的液体的绝对速度小于最优工况时的绝对速度，也小于蜗室中的液体流速，两种液体在蜗室中撞击的结果是蜗室中的液体要不断付出能量，以增加从叶轮中流出的液体的速度。这样，蜗室中的液体压力自隔舌至扩散管进口逐渐降低，如图9-15（b）所示。蜗室各断面中的压力不相等，液体作用于叶轮出口处的圆周面上的压力也各不相等。于是在叶轮上就产生一个径向力，又因为叶轮周围液体压力分布不均匀，破坏了叶轮中液体的轴对称流动，压力大的地方液体自叶轮中流出的少，压力小的地方液体自叶轮中流出的多。由于沿叶轮的圆周液体流出的多少不一样，所以，作用于叶轮圆周上的液体动反力也不一样，这又引起一个径向力。作用于叶轮上的径向力就是上述两个径向力的向量和。

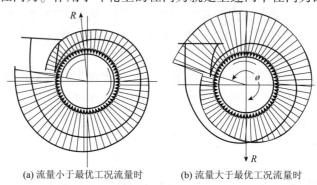

(a) 流量小于最优工况流量时   (b) 流量大于最优工况流量时

图9-15　径向力的分布情况

在分段式多级离心泵中，当泵的工况非最优工况时，如果叶轮偏心，则有一个径向力作用于叶轮上，此力的大小决定于泵的工况，并随着偏心度的增加而增大。当流量极小时，径向力则变化不定，并以远低于泵转速的频率旋转，从而导致转子的振动。实践证明，对于在相同工况下的蜗壳式离心泵，转子偏离蜗形体基圆中心和没有偏离时相比，径向力也有明显的变化。这种变化取决于偏心度的大小和方向。

根据上述的分析，离心泵在偏离设计工况时的径向力可按下式计算

$$F_R = 0.1KHD_2B_2 \tag{9-19}$$

式中　F_R——径向力，kgf（1kgf = 9.8N）；

　　　H——扬程，m；

　　　D_2——叶轮出口直径，cm；

　　　B_2——叶轮出口宽度（包括两盖板厚），cm；

　　　K——径向力系数，由式（9-20）求得。

径向力系数 K 按下面经验公式计算

$$K = 0.36\left[1 - \left(\frac{Q'}{Q}\right)^2\right] \tag{9-20}$$

式中　Q——设计流量；

　　　Q'——实际流量。

当泵在设计工况下运行时，按式（9-20）求出的径向力系数等于零，零流量时径向力系数最大，即 $K = 0.36$。系数 K 的大小还和泵的形式有关，在某些情况下，实际的 K 值比按式（9-20）求得的更大，零流量时 K 值达0.6。

（2）轴向力产生的原因及轴向力计算

在单吸离心式叶轮的吸入口处，后盖板的前侧面受吸入压力的作用，而其后侧面受高压的作用。此外，由于两侧密封泄漏不相等的各种影响，叶轮两盖板上的液体压力分布情况也不相同。因此，液体作用于叶轮上的力是不平衡的，于是产生作用在叶轮上的轴向力 F_1。此力与轴平行，从后盖板指向叶轮进口。

液体流入叶轮进口及从叶轮出口流出的速度大小及方向均不相同。因此，在叶轮上作用着一个动反力 F_2，此力是与 F_1 方向相反的轴向力。

对于立式泵，整个转子的质量也是轴向力的一部分。叶轮的对称布置能够平衡轴向力，如对称多级泵、两级泵、悬臂式两级泵。但是在某些情况下看起来，形状是对称的，叶轮的轴向力好像是平衡的。实际上，由于轴台、轴套和轮毂的直径大小不同，仍有剩余的轴向力存在，这种轴向力有时是很大的，甚至能够损坏轴承。同时，由于扭曲叶片工作面和背面的压力不同，也会产生一个轴向力，此轴向力的方向与 F_1 相同，但目前还没有适当的方法来计算这一轴向力的大小，因这个力不大，一般可不予考虑。

此外，磁力耦合传动离心泵在轴向上还存在着内磁转子端面作用面不对称或不平衡于泵轴的作用力，该作用力由于受介质压力大小的影响以及与内磁转子和隔离套间泄压面积及内磁转子支撑端内孔与轴座间泄压面积的不同而有所不同，因此，该轴向力应根据所设计的泵的具体结构加以计算，只要介质压力和具体的零件尺寸确定后即可计算出该作用力。根据上述分析，离心式叶轮的泵轴向力可按下述两种情况分别进行计算。

① 离心式闭式叶轮轴向力的计算

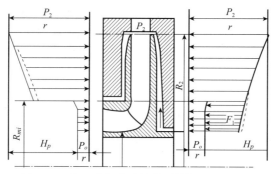

图9-16 离心式闭式叶轮前后盖板上压力分布

a. F_1 的计算。图9-16所示是离心式闭式叶轮前后盖板上压力的分布情况。由于液体在泵腔内旋转，前后盖板上的压力可近似地认为按抛物线规律分布。假如不考虑密封环处泄漏的影响，液体在前后泵腔内的运动情况近似相等。所以，自叶轮出口半径 R_2 到密封环半径 R_m 的范围内，可认为叶轮两侧压力相等，互相平衡。图9-16上还表示出两盖板上压力差的分布情况，即从密封环半径 R_m 到轮毂半径 r_h 的范围内，右面的压力大于左面的压力，因此，产生了轴向力 F_1，其大小按下面公式进行计算

$$F_1 = \gamma \pi \left(R_{mi}^2 - r_h^2 \right) \left[H_p - \left(R_2^2 - \frac{R_{mi}^2 + r_h^2}{2} \right) \frac{\omega^2}{8g} \right]$$

$$= \gamma \pi \left(R_{mi}^2 + r_h^2 \right) \left[H_p - \left(1 - \frac{R_{mi}^2 + r_h^2}{2R_2^2} \right) \frac{u_2^2}{8g} \right] \qquad (9-21)$$

式中　F_1——轴向力，kgf；

　　　H_p——单级叶轮的势扬程，m；

　　　R_2——叶轮出口半径，m；

　　　R_{mi}——叶轮密封环半径，m；

　　　r_h——轮毂半径，m；

　　　ω——叶轮旋转角速度，rad/s；

　　　γ——液体密度，kg/m^3；（水的密度 $\gamma = 1000kg/m^3$）；

　　　g——重力加速度，m/s^2；

　　　u_2——叶轮出口直径圆周速度，m/s。

　　式（9-21）是在假设泵腔内没有径向液流的情况下推导出来的。但事实上，密封泄漏是不可避免的，于是便产生径向液流，使泵腔内液体的旋转运动有所改变，从而使叶轮盖板上的压力分布改变，因而按式（9-21）算出的轴向力与实际值是有出入的，多级泵更是如此。这是由于前盖板泵腔内密封环处的泄漏液流使得前盖板上的压力减小，而后盖板泵腔内级间的泄漏液流使得后盖板上的压力增大（但最后一级叶轮除外，因为其后盖板腔内泄漏液流的方向相反），所以使得实际的轴向力比按式（9-21）计算的数值要大。

　　另外，分段式多级泵由于叶轮出口与导叶的不对中，也会使轴向力增加。用式（9-21）计算轴向力 F_1 时，叶轮进出口的压力差是按势扬程 H_p 考虑的。当叶轮和导叶不对中时，例如叶轮后移，在靠近后盖板处的一部分叶轮出口被挡住，这部分出口（包括后盖板）处的液体压力升高。叶轮进出口的压力差约等于单级叶轮的扬程 H_1，而前盖板进出口压力差仍是势扬程 H_p。因此，由叶轮外半径 R_2 到密封半径 R_{mi} 的范围内，前后盖板的压力不相等，要产生轴向力，其值等于这部分面积与 $(H_1 - H_p)$ γ 的乘积。由 R_{mi} 到 r_h 的范围内的轴向力也增加了，其值可按式（9-21）计算，只要把 H_p 换为 H_1 即可。叶轮由此产生的轴向力为这两部分轴向力之和。轴向力的大小决定于不对中叶轮的个数以及不对中的程度。

　　b. F_2 的计算。动反力 F_2 的计算可按下式进行

$$F_2 = \frac{Q_t}{g}\gamma \ (v_{mo} - v'_{m2}\cos\lambda_2) \tag{9-22}$$

式中　F_2——动反力，kgf；

　　　Q_t——流经叶轮的流量，m^3/s；

　　　γ——液体密度，kg/m^3；

　　v_{mo}——液体进入叶轮叶片前的轴面速度，m/s；

　　v'_{m2}——液体流出叶轮后的轴面速度，m/s；

　　　λ_2——轴面速度 v'_{m2} 与叶轮轴线间的夹角（图9-17）。

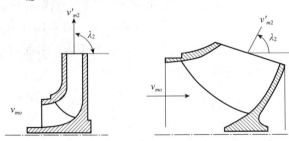

图 9-17　液体进出叶轮的轴面速度

c. 内磁转子端面产生的轴向力 F_3 按具体结构尺寸进行计算。

d. 总轴向力 F 的计算。动反力 F_2 的方向与轴向力 F_1 的方向相反，总的轴向力如下：

对于单级泵 $$F = (F_1 - F_2) + F_3$$

对于多级泵 $$F = \sum (F_1 - F_2) + F_3$$

如果只是粗略估算总的轴向力的数值，可按如下经验公式进行计算：

$$F = K H_1 \gamma \pi (R_{mi}^2 - r_h^2) i + F_3 \qquad (9-23)$$

式中　F——轴向力，kgf；

　　　H_1——单级叶轮的扬程，m；

　　　γ——液体密度，kg/m³；

　　　R_{mi}——叶轮密封环半径，m；

　　　r_h——轮毂半径，m；

　　　K——轴向力实验系数，与 n_s 有关，当 $n_s = 30 \sim 100$ 时，$K = 0.6$，当 $n_s = 120 \sim 220$ 时，$K = 0.7$，当 $n_s = 240 \sim 280$ 时，$K = 0.8$；

　　　i——叶轮的级数；

　　　F_3——内磁转子端面产生的轴向力。

②半开式（没有前盖板）叶轮轴向力的计算

a. F_i 的计算。作用在半开式叶轮上的轴向力按下式计算

$$F_i = 2\pi r_1 d_1 k H_1 \gamma + F_3 \qquad (9-24)$$

式中　F_i——作用在一个半开式的叶轮上的轴向力，kgf；

　　　r_1——圆心在叶片进口边上，并与叶轮轮廓相切的圆的半径，m；

　　　d_1——上述切圆的直径，m；

　　　H_1——单级叶轮的扬程，m；

　　　γ——液体密度，kg/m³；

　　　k——轴向力系数，与 n_s 有关，按图9-18上的曲线选取；

　　　F_3——内磁转子端面产生的轴向力。

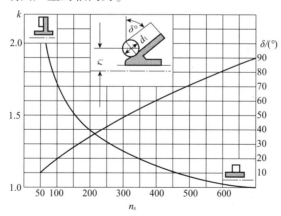

图9-18　半开式叶轮轴向力系数 k 与比转速 n_s 的关系曲线

b. F 的计算。总的轴向力为 F

$$F = \sum F_i + F_3 \qquad (9-25)$$

式中，F_3 为内磁转子端面产生的轴向力。

③泵轴向力计算公式的说明　前面介绍了轴向力的一些计算公式，其计算的分析方法和基本思路基本相同。轴向力的计算过程，实质是对泵内各旋转件对液体的作用面积的分析计算和面上所承受的作用力的分析叠加过程。所以，在计算轴向力的过程中要根据具体结构原理以及泵内液流、液流压力的分布情况分析计算。比如，入口压力较高而出口压力接近入口压力，叶轮两盖板上的力基本平衡，轴向力似乎是平衡的，实际不平衡，入口压力对叶轮轮毂部分所产生的轴向力 F_h 存在，F_h 为

$$F_h = \pi r_h^2 p_1 \tag{9-26}$$

式中　F_h——轴向力，kgf；

　　　r_h——叶轮轮毂半径，m；

　　　p_1——泵入口压力，kgf/m²。

磁力耦合传动离心泵的轴向力则是将内磁转子上产生的轴向力 F_3 与 F_h 叠加即可。即

$$F_{hc} = F_h + F_3 = \pi r_h^2 p_1 + F_3$$

（3）径向力与轴向力的平衡

①径向力的平衡　径向力和叶轮的出口直径、叶轮的出口宽度成正比，因此，它的影响将随着泵尺寸的增大而增大，同时也随着扬程的增加而增大。

磁力耦合传动部件装配时由于内、外磁转子同心度差也会产生径向力，但这部分径向力只要在装配时注意克服，是容易消除的。

当径向力使轴产生较大的挠度时，将引起密封环和轴套的迅速磨损。同时，对于旋转着的轴，径向力是个交变载荷，较大的径向力会使轴因疲劳而破坏。所以，径向力的平衡是十分重要的，特别是对于尺寸较大、扬程较高的泵。

a. 单级蜗壳泵。单级蜗壳泵径向力的平衡，可以采用双蜗壳或加导叶来实现，如图9-19所示。在双蜗壳中每一蜗室虽没有完全消除径向力，但两个蜗室相隔180°对称布置，作用于叶轮上的径向力是互相平衡的。用导叶虽能平衡径向力，但泵的结构复杂化了。

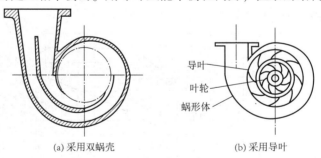

(a) 采用双蜗壳　　　　　　　　(b) 采用导叶

导叶
叶轮
蜗形体

图 9-19　单级蜗壳泵径向力的平衡

b. 多级蜗壳泵。多级蜗壳泵径向力的平衡，可以采用倒置蜗形压出室的方法，即在每相邻的两级中把各自的蜗形压出室布置成相差180°，如图9-20所示。这样，作用于相邻两级叶轮上的径向力的方向就相差180°，互相抵消。但是因为这两个力不在垂直于轴线的同一平面内，故组成一个力偶，其力臂等于此两叶轮间的距离。此力偶需由另两级叶轮的径向力所组成的力偶来平衡或由轴承的支反力组成的力偶来平衡。这种径向力的平衡方式适用于级数为偶数、叶轮为单吸式的中开式多级泵。对于级数为奇数、第一级叶轮是双吸式的中开式多级泵，径向力可采用如下平衡方法：第一级蜗室做成双蜗壳的，以后各级每对

蜗室彼此错开 180°。

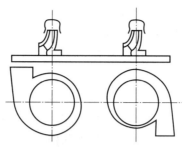

图 9-20　蜗形压出室相差 180°布置以平衡径向力

对于尺寸较大的中开式多级泵，径向力的平衡也可考虑全部用双蜗壳的方法，如图 9-21 所示。对于分段式多级离心泵，必须尽量减小叶轮对导叶的偏心度，以减小径向力。

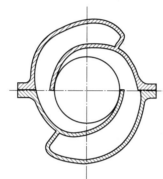

图 9-21　中开式多级泵采用的双蜗壳

②轴向力的平衡

a. 单级泵

· 平衡孔或平衡管。在叶轮的前后盖板上装置两个直径相同的密封环，并使后泵腔的 B 腔与叶轮吸入口或泵的吸入室连通，以达到平衡轴向力的目的。如在靠近叶轮、轮毂的后盖板上开有连通叶轮吸入口和 B 腔的几个孔，可达到平衡，这种方法称为平衡孔法，这些孔称为平衡孔。所有平衡孔断面的总面积不应小于密封环间隙断面面积的 $5\sim6$ 倍。采用这种方法来平衡轴向力时，泵的效率要降低一些，因为从平衡孔里流出的流束会和叶轮进口处的液流相碰，影响液流的均匀分布，因而增加了叶轮内的水力损失。如果在泵体外用管子将 B 腔与泵的吸入室连通也可达到平衡，这种方法称为平衡管法，这种管称为平衡管。采用这种方法来平衡轴向力时，泵的效率要降低一些，因为从平衡孔里流出的液束会和叶轮进口处的液流相碰，平衡管的过流断面面积不应小于密封环间隙断面面积的 $5\sim6$ 倍，目前这种方法用得较少。采用平衡孔或平衡管平衡轴向力，由于多设置了一个密封环使 B 腔与叶轮吸入口相通，容积损失几乎增加一倍。

采用上述平衡方法，轴向力是不能达到完全平衡的，剩余轴向力需由泵的轴来承受。用平衡孔平衡轴向力的结构使用较广，单级泵上使用，多级泵上也使用。由于轴向力不能完全平衡，仍需设置止推轴承，由于多设置了一个口环，泵的轴向尺寸增加，因此仅用于扬程不高、尺寸不大的泵上。

· 双吸式叶轮。单级泵采用双吸式叶轮后，由于叶轮是对称的，叶轮两边的轴向力互相抵消。但实际上，由于叶轮两边密封间隙的差异，或者叶轮相对于蜗室中心位置的不对中，还是存在一个不大的剩余轴向力，此轴向力需由轴承承受。

·背叶片。背叶片是加在后盖板的外侧，相当于在主叶轮的背面加一个与吸入方向相反的附加半开式叶轮。为了便于铸造，这种背叶片通常都是做成径向的，也有做成弯曲的。这种平衡轴向力的方式在泥浆泵、杂质泵和化工泵上都有采用，剩余轴向力仍需由轴承来承受。

·用推力轴承。从提高泵的效率观点来看，用推力轴承承受轴向力的方法是最好的。因为在这种情况下可免除由于平衡轴向力而附加的容积损失和水力损失。

b. 多级泵　多级泵轴向力的平衡可采用如下几种方法。

·叶轮对称式布置。

·平衡鼓。

·平衡盘。

·平衡鼓与平衡盘相结合。

·滚动轴承与平衡盘相结合。

这些方法在设计时可参阅有关文献进行选择与计算，这里不予叙述。

9.2.6.2　轴的强度计算

为了进行水力和结构设计，首先必须计算轴的最小直径，从而确定轴及相关零件的一些尺寸。然而泵轴上所承受的轴向力、径向力以及弯矩在泵未设计完之前是无法求得的，只能按扭矩来初算轴的最小直径。

对于比较简单的泵，根据初算的最小轴径及结构需要就可确定出泵轴的几何尺寸，一般就不用再进行精确计算和疲劳强度计算。然而对于比较复杂或重要的泵必须进行轴的精确计算和疲劳强度计算。

轴的最小直径通常是根据计算出来的数值，考虑到键槽或空刀对强度的削弱，给以适当的增加，并圆整取为标准直径尺寸。

$$d = \sqrt{\frac{T_t}{0.2 \, [\tau]}} \qquad (9-27)$$

式中　d——轴的最小直径，cm；

　　　T_t——轴所传递的扭矩，kgf·cm；

　　　$[\tau]$——轴用材料的许用切应力，kgf/cm^2。

许用切应力 $[\tau]$ 与材料有关，对于 45 优质碳素结构钢，通常可取 $[\tau] = 400 \sim 500 \text{kgf/cm}^2$；对于高强度的合金钢，通常可取 $[\tau] = 600 \sim 700 \text{kgf/cm}^2$；对于比较重要的泵，$[\tau]$ 可以取得比上述推荐的范围再低一些。

轴所传递的扭矩 T_t 可用式（9-28）计算：

$$T_t = 71620 \frac{P}{n} \quad (\text{kgf/cm}^2) \qquad (9-28)$$

式中　P——泵的轴功率，PS（1kW = 1.36PS）；

　　　n——转速，r/min。

图 9-22 是泵轴材料的许用切应力 $[\tau] = 400 \text{kgf/cm}^2$，转速 n（r/min）= 5000、3000、1500、1000、750、600、500、350、300、250、150、100、88.2、75 时，泵轴最小直径 d 与功率 P 和转速 n 的关系曲线，$P < 1000 \text{kW}$ 时 d 用内侧的纵坐标，$P > 1000 \text{kW}$ 时 d 用外侧

的纵坐标。有关离心泵临界转速的计算以及泵头中其他一些零件的强度计算与校核等方面的问题大部分属于机械设计中的问题，读者在设计时可参阅相关文献，本书不予叙述。

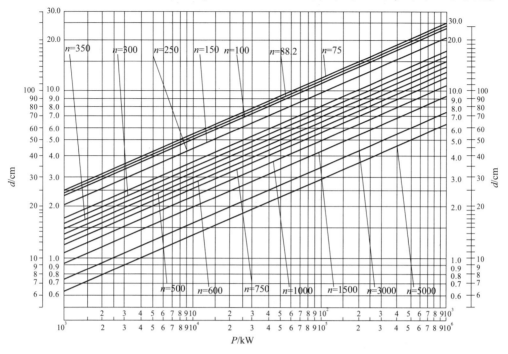

图 9-22   泵轴最小直径 d 与功率 P 和转速 n 的关系曲线

9.2.7   磁力耦合传动离心泵用轴承

9.2.7.1   泵用轴承的选择及支撑

（1）支撑方式

磁力耦合传动泵的出现，彻底地解决了泵在动密封处产生泄漏的问题，但是从一定意义上讲又把矛盾转化到密封在泵内运行的轴承上。运行过程中内支撑轴承的寿命可以说决定了泵的使用寿命和检修周期，磁力耦合传动泵的轴承在设计上就显得十分重要，通常对无特殊要求的泵，轴承的设计与选材可以按常规进行，但对于有特殊要求的泵就必须十分慎重地进行轴承的设计与选材。目前，全密封磁力耦合传动泵在轴承种类上选用滑动轴承、滚动轴承和滚动、滑动组合轴承等，而且由于转子处于游动状态必须限制其轴向位移和最大限度地平衡其轴向力，因此，考虑止推滑动轴承和平衡盘机构在泵上的选用也是十分重要的。

轴承的支撑方式对轴承的受力情况和整个泵的结构特性都具有较大的影响，采用轴承布置方式的方案应全面考虑，目前常用的四种支撑方式如图 9-23 所示。

在图 9-23 中，（a）多用于单级小功率磁力耦合传动离心泵；（b）多用于塑料衬里、全塑料和双级磁力耦合传动离心泵；（c）多用于多级和大功率磁力耦合传动离心泵；（d）多用于单级大功率和塑料衬里磁力耦合传动离心泵。

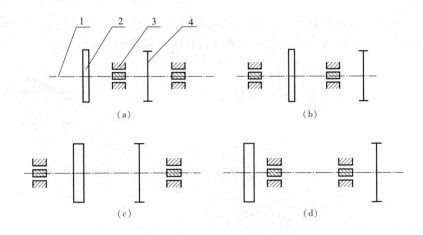

图 9-23　轴承泵轴上的支撑方式

1—泵轴；2—叶轮；3—轴承组件；4—内磁转子

（2）轴承间隙选择

轴承间隙是滑动轴承的一个重要技术参数。间隙选得过小会给装配带来困难，运转时容易热胀、抱轴或摩擦负荷大，影响效率；间隙选得过大会加速轴承的磨损、振动，会影响泵正常运转。所以，轴承的配合间隙必须选择合理、适中。

轴承间隙可按下式取值，即

$$\psi = \Delta / d \qquad (9-29)$$

式中　Δ——轴承间隙；

d——轴颈直径；

ψ——滑动轴承的相对间隙，通常取 $\psi = 0.0015 \sim 0.0025$。

9.2.7.2　轴承材料

磁力耦合传动泵的轴承是浸泡在所输送介质中运转的，润滑性一般都很差，目前国内外已研制出多种适用于一些特殊要求的轴承材料供磁力耦合传动泵选用，现分述如下。

（1）陶瓷材料

工程陶瓷如氮化硅（Si_3N_4）、碳化硅（SiC）及氧化铝（Al_2O_3）等具有极好的耐热、耐腐蚀和耐磨损性能，能用于其他许多金属和非金属所不能承受的恶劣工况，并具有良好的绝磁性和绝缘性。在酸和碱介质的领域，过去一直用塑料或未淬火的不锈钢轴承，如用塑料保持架、玻璃或不锈钢滚动体组成轴承。然而塑料或不锈钢只能用于温度不太高、负荷较小的场合，尤其是不锈钢轴承只能用于弱腐蚀介质，而陶瓷材料恰好弥补上述材料的不足，为这一应用领域的轴承提供了理想的材料。

陶瓷轴承的力学性能和耐腐蚀性能见表 9-26、表 9-27。

（2）三层复合自润滑材料（SF 型）

SF 三层复合材料是以钢为基体，多孔性青铜为中间层，塑料为表面层的新颖自润滑材料，具有抗压强度高、摩擦系数小、尺寸稳定性好、消振减音、不咬轴、不抱轴等特点。

表9-26 陶瓷轴承力学性能

性能	单位符号	材料					
		碳化硼	氧化铝99	增韧氧化铝	氧化锆	氮化硅	碳化硅
密度	g/cm³	2.45~2.51	3.7~3.99	5.5	5.9~6.04	3.20	3.10~3.20
硬度	kg/mm²	2700~3200	2300~2700	1470~1500	1300~1500	1700~2700	2350~2450
抗弯强度	MPa	350~410	300~400	700	1000~1500	828	450~800
抗压强度	MPa	1800~2500	2800~3500	2000	1900	3500	2250~3000
断裂韧性	MN/m³ᐟ²	6.0	2~4	5~6	8~12	8	4~5
弹性模量	GPa	—	407	260	205	300	410
热胀系数	10^{-6}℃$^{-1}$	4.5	6.5~8.6	9.4	10.2	3.2	4.3
电阻	Ω	0.3~0.8	$>10^{14}\sim10^{16}$	$>10^{10}$	$>10^{10}$	$>10^{14}$	100~200

表9-27 氮化硅、氧化锆轴承耐腐蚀性能

介质	分子式	含量/%	温度/℃	耐蚀性
铝	Al	100	700	优秀
盐酸	HCl	10	25	良好
盐酸	HCl	35	25	良好
硝酸	HNO_3	10	25	良好
硝酸	HNO_3	63	25	良好
氢氧化钠+硫酸	$NaOH+H_2SO_4$	18/30	925	优秀
氢氧化钠	NaOH	30	沸	优秀
氢氧化钠	NaOH	50	25	优秀
硫酸	H_2SO_4	20	25	优秀
硫酸	H_2SO_4	98	50	良好

SF材料是表面具有润滑层的复合材料，它具有极低的摩擦系数，然而高的摩擦系数不是个固定值，它随着滑动速度与载荷的不同而变化。表9-28是SF在干摩擦情况下不同速度、载荷下的摩擦系数范围。

表9-28 SF的摩擦系数

滑动速度/（m/s）	载荷/（kgf/cm²）	摩擦系数μ
0.005~0.1	2500	0.05~0.10
0.2~0.5	0.7~105	0.05~0.10

SF型材料不仅有极低的摩擦系数，而且还有着极为优异的耐磨性能，表9-29是在无油润滑条件下，当pv值为5.7kgf·m/（s·cm²）时，SF材料与其他常用轴承材料的耐磨性能比较。

表 9-29　SF 材料与其他常用轴承材料的耐磨性能比较

材料	试验时间/h	磨损量/mm
SF 型材料	1000	< 0.025
含有石墨的青铜	158	0.25
含油多孔性青铜	105	0.25
含有 MoS_2 的酚醛塑料	73	0.125
减磨石墨	24	0.125
石棉织物浸渍含有 MoS_2 的树脂	0.8	0.125
尼龙	0.3	0.25

SF 材料在各种滑动速度下，当干摩擦和油润滑时其允许 p 值与 pv 值如表 9-30 所示。

表 9-30　SF 型材料的允许 p 值及 pv 值

滑动速度/（m/s）	干 摩 擦		油 润 滑	
	p/（kgf/cm²）	pv/ [kgf·m/（s·cm²）]	p/（kgf/cm²）	pv/ [kgf·m/（s·cm²）]
0.01 以下	500	5	—	—
0.01	—	—	1200	12
0.1	60	6	300	30
0.5	15	7.5	100	50
1.0	12	12	70	70
5.0	4	20	50	250
10.0	2	20	30	300
20.0	0.5	10	—	—

SF 型材料的 pv 值随着温度升高而下降，在不同温度与速度下，SF 型材料的 pv 值见表 9-31。

表 9-31　不同温度与速度下 SF 型材料的 pv 值

v/（m/s）	p/（kgf/cm²）	pv/ [kgf·m/（s·cm²）]		
		20℃	100℃	200℃
0.01 以下	500	5	3	1
0.1	60	6	3.5	1.2
1	12	12	7.2	2.4
5	4	20	10	4
10	2	20	12	4
20	0.5	10	9	2

（3）自润滑复合材料和轴承

复合材料是指其材料为多种材料组合而成。

①DV 型自润滑复合材料。是把多孔青铜烧结在钢（背部层）上，把聚四氟乙烯铅的混合物浸透在青铜空隙中，摩擦面的表层上还覆盖一层薄的聚四氟乙烯材料，青铜与聚四氟

乙烯铅的混合物起耐磨与钢背的连接作用，利用导热性改善轴承的散热性。

表层的聚四氟乙烯很容易在对磨的对偶件（轴）表面形成转移膜，使对偶件涂上一层润滑薄膜，对偶件因此既不易磨损又减少摩擦。

主要性能特点如下：

a. 在无润滑条件下可在 $-200\sim280℃$ 、负荷 $250N/mm^2$ 工况下工作，耐磨性能好。

b. 导热性好。

c. 磨损经三个阶段，半年以上轴承表面露出了青铜，铜粉慢慢抹去，钢体外露导致失效。

d. 噪声小。

e. 对轴和轴承座尺寸精度要求低，对硬度要求也不高。

f. 结构紧凑，制造成本低。

DV 系列共混复合自润滑材料的性能见表9-32。

表9-32 DV 系列共混复合自润滑材料的性能

项　目		材料			
		PTFE	DV-1	DV-2	DV-3
填料		无	玻璃纤维等	石墨等	青铜等
抗张强度/MPa		3.15	19.0~25.0	16.0	18.0~20.0
伸长率/%		400	280~330	230	215~220
弹性模量/MPa		420	690~820	—	750~800
抗弯强度/MPa		5.7	4.0~4.2	6.0	8.0
冲击强度/（kgf/cm²）		15	11~14	14	10
极限 pv 值	0.1		0.6	0.9	0.6
[kgf·m/（S·cm²）]	0.5		0.67	1.4	1.0
磨损因子		7000	5~8	9	13
摩擦系数 μ		0.05~0.08	0.10~0.13	0.08~0.10	0.08~0.10

②浸渍金属类碳石墨材料。已有巴氏合金、铝合金、铜铅合金、锑和银等。英国摩根公司、德国林斯道夫的 EK 类有多种合金。国内现有巴氏合金、铝合金、锑、铜、银等。

浸渍金属类石墨材料耐化学腐蚀性能见表9-33。

表9-33 浸渍金属类石墨材料耐化学腐蚀性能

介　质	浓度/%	碳石墨与硅化石墨	浸渍金属类石墨			
			锑	巴氏合金	铝合金	铜合金
盐酸	36	+	-	-	-	-
硫酸	50	+	-	-	-	-
硫酸	98	+	-	-	○	-
硝酸	50	+	-	-	-	-
硝酸	浓	+	-	-	○	-
氢氟酸	40	+	-	-	-	-
磷酸	85	+	-	-	○	-

续表

介 质	浓度/%	碳石墨与硅化石墨	浸渍金属类石墨			
			锑	巴氏合金	铝合金	铜合金
铬酸	10	+	–	–	–	–
醋酸	36	+	–	–	–	–
氢氧化钠	50	+	–	–	–	+
氢氧化钾	50	+	–	–	–	+
海水		+	–	+	–	+
苯	100	+	+	+	+	–
氨水	10	+	+	+	+	+
丙酮	100	+	+	○	+	+
尿素		+	+	○	+	–
四氯化碳		+	+	+	+	+
机油		+	+	+	+	+
汽油		+		+	+	+

注：＋为稳定；－为不稳定；○为尚稳定。

浸渍非金属类石墨材料耐化学腐蚀性能见表9-34。

表9-34　浸渍非金属类石墨材料耐化学腐蚀性能

介质	浓度/%	碳石墨与硅化石墨	浸渍非金属类石墨		
			酚醛树脂	环氧树脂	呋喃树脂
盐酸	36	+	○	○	○
硫酸	50	+	○	–	○
硫酸	98	+	○	–	+
硝酸	50	+	○	–	○
硝酸	浓	+	–	–	–
氢氟酸	40	+	○	–	○
磷酸	85	+	+	+	+
铬酸	10	+	○	○	○
醋酸	36	+	+	○	○
氢氧化钠	50	+	–	+	+
氢氧化钾	50	+	–	+	○
海水		+	○	+	+
苯	100	+	+	○	+
氨水	10	+	○	+	+
丙酮	100	+	○	○	+
尿素		+	+	+	+
四氯化碳		+	+	+	+
机油		+	+	+	+
汽油		+	+	+	+

注：＋为稳定；－为不稳定；○为尚稳定。

③钨-二硫化钼（W-MoS$_2$）体系自润滑复合材料。该材料中加入少量 Ta（钽）、Nb（铌）对其摩擦、磨损与力学性能都很有影响。加 5% 的 Nb 和加 10% 的 Ta 可使材料的耐磨性成倍地提高。负荷、速度、温度和时间对材料的摩擦磨损性能的影响如图 9-24 ~ 图 9-27 所示。其性能有如下几点：

a. 60W:40MoS$_2$ 的材料中，以加 5% 的 Nb 和加 10% 的 Ta 取代 W，在 1550℃热压时所制得材料的常温与高温耐磨性都比原材料成倍地提高，力学性能略有提高，摩擦系数基本不变。

b. 55W:5Nb:40MoS$_2$ 和 50W:10Ta:40MoS$_2$ 两种材料的摩擦系数随负荷和速度的提高而降低，磨损率随负荷的提高而增大，随着速度的提高而降低，说明它们在高速低负荷下使用为宜。

c. 时间对 55W:5Nb:40MoS$_2$ 和 50W:10Ta:40MoS$_2$ 两种材料在 400℃下的摩擦系数与磨损率影响不大。

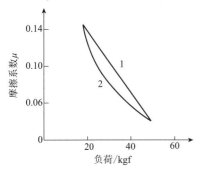

图 9-24　负荷对摩擦系数的影响

注：曲线 1 为未加 Ta、Nb 测出的结果；

曲线 2 为加入少量 Ta、Nb 测出的结果

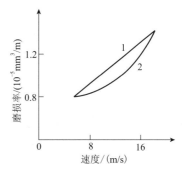

图 9-25　速度对磨损率的影响

注：曲线 1 为未加 Ta、Nb 测出的结果；

曲线 2 为加入少量 Ta、Nb 测出的结果

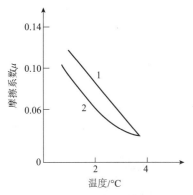

图 9-26　温度对摩擦系数的影响

注：曲线 1 为未加 Ta、Nb 测出的结果；

曲线 2 为加入少量 Ta、Nb 测出的结果

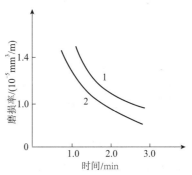

图 9-27　时间对磨损率的影响

注：曲线 1 为未加 Ta、Nb 测出的结果；

曲线 2 为加入少量 Ta、Nb 测出的结果

④铁-石墨系含油自润滑复合材料。在铁-石墨系含油自润滑复合材料中添加适量青铜、二硫化钼和铅，形成新的含油自润滑复合材料，机械强度和摩擦磨损性能好。

铁-石墨系、青铜-石墨系、铝-石墨系、铁-铜-石墨系，按不同要求可压低密、中密、高密度轴承材料。

⑤超高温聚酰亚胺树脂轴承。聚酰亚胺树脂基复合材料轴承可用于高温环境。美国贝乐轴承公司已能生产完全由碳增强聚物制成的部件和 IML（注射模衬套）轴承。该复合材

料能承受可产生230~370℃的连续表面温度和高达480℃光点温度的恶劣环境。聚酰亚胺基复合材料能自润滑且不会腐蚀。此外，由它制成的部件质量较其类似金属部件轻60%，并可被压铸成近似网状形状。IML复合物衬垫金属系统，可抗泡胀和流体污染。聚酰亚胺复合材料可用于不规则表面和机加工的紧配合，除用于宇航工业外，还可用于石油、牙科和纺织工业中。IML轴承的性能见表9-35。

表9-35　IML轴承的性能

项目	IML-1	IML-2
相对密度	1.4~1.6	1.8
摩擦系数	0.12~0.15	0.20
耐磨性/$[cm^3/(kgf \cdot m)]$	2.51×10^{-9}	2.70×10^{-8}
使用温度/℃	260	200
性能特点	耐辐照用	其他用

9.2.7.3　轴承材料的选择

在特殊工况下轴承设计和选材是十分重要的，必须确定以下有关参数。

（1）不同摩擦润滑状态下的摩擦系数

①干摩擦

a. 相同金属：黄铜-黄铜、青铜-青铜，0.8~1.5。

b. 异种金属：铜铅合金-钢、巴氏合金-钢，0.15~0.3。

c. 非金属：橡胶-其他材料，0.5~0.9；聚四氟乙烯-其他材料，0.4~0.12。

②固体润滑

a. 石墨、二硫化钼润滑，0.06~0.20。

b. 铅膜润滑，0.08~0.20。

③流体润滑

a. 液体动压润滑，0.01~0.001。

b. 液体静压润滑，0.001~0.0000001。

④滚动摩擦

a. 圆柱在平面上纯滚动，0.001~0.00001。

b. 一般滚动轴承，0.01~0.001。

⑤边界润滑

a. 矿物油湿润金属表面，0.15~0.6。

b. 加油性添加剂的油润滑。

c. 钢-钢、尼龙-钢，0.05~0.10。

d. 尼龙-尼龙，0.10~0.20。

（2）轴承材料和轴瓦材料的选择

前面已介绍了四大类轴承材料，其实可归纳为金属材料（轴承合金、青铜铝基合金、锌基合金、减磨铸铁等）、粉末冶金材料（各种含油自润滑复合材料）、非金属材料（塑料、尼龙、石墨、混合材料等）以及陶瓷轴承等。

常用轴瓦材料有锡锑轴承合金、铅锑轴承合金、锡青铜、铅青铜、黄铜、减磨铸铁、塑料、聚四氟乙烯、石墨、陶瓷类材料、镀轴承合金等。

采用滚动轴承，运行可靠、摩擦阻力小，安装、调试方便，特别是近年来由单一陶瓷材料或多种陶瓷材料组合制造的全陶瓷轴承和组合型陶瓷轴承，应用于各种不同的恶劣环境和工况条件，发挥了重要作用，极大地拓展了滚动轴承在各种恶劣环境中的使用。

采用滑动轴承，工作平稳、可靠、无噪声，但启动摩擦阻力较大。如果能保证流体摩擦润滑，滑动表面被润滑油分开而不发生直接接触，可以大幅减少摩擦损失和表面磨损，油膜还具有一定的吸振能力，选用的自复合材料对磨件为钨钴镁硬质合金，轴套为1Cr18Ni9Ti，在其表面喷镀 0.5mm 硬质合金使用比较理想。

日本选用石墨、聚四氟乙烯填充玻璃纤维或碳纤维的轴承，使用情况良好。

设计滑动轴承包括决定轴承的结构形式，选择轴瓦和轴承衬的材料，决定轴承结构参数，选择润滑剂和润滑方法，计算轴承的工作能力等。

已研制成功的自润滑复合材料 A 型可以达到很长的寿命，但价格昂贵。目前选用的自润滑复合材料轴承也有较长的寿命，价格也不算太高，在不久一定会有更好的材料可供选择，使磁力耦合传动泵（釜）有更长的寿命。

磁力耦合传动泵工作在强腐蚀性介质中，转速精度要求高，现有的石墨轴承材料无法满足该转速下耐腐蚀的要求，只有新的材料才能使泵安全运行。现有的特殊配方填充材料（配陶瓷粉或石英粉）能耐强酸腐蚀，但因四氟材料受热后膨胀系数较大（4~8）×10^{-3}/℃，轴承必须留有较大间隙以防抱轴。但间隙过大引起轴系晃动，将会因影响内磁体与隔离套的间隙而发生摩擦，这实际上人为降低了轴承寿命，为了保证轴承的使用寿命，甘肃省科学院磁性器件研究所与中科院兰州化物所共同开发了浸渍聚四氟乙烯的 HT-10 型耐酸碳素材料，其数据如下。

抗压强度　800~1000kgf/cm^2；

抗折强度　400~500kgf/cm^2；

肖氏硬度　50~65；

弹性模量　50×10^3kgf/cm^2；

密　　度　>1.6g/cm^3；

气 孔 率　<21%；

热 导 率　>4.0W/（m·K），曾经过 720h 连续运转考验，磨损很小。

现随着国内新材料的不断完善和发展，碳化硅、硅化石墨、浸呋喃碳素材料、陶瓷粉填充的四氟乙烯（较小功率）都已成为安全、可靠、耐磨、摩擦系数小的新型轴承材料，尤其是碳化硅材料抗酸、碱腐蚀性非常优良，加上其具有自润滑性，摩擦系数也小，约为硬质合金的一半，因此作为耐腐蚀状况下的轴承，具有独特的优点。无压烧结碳化硅陶瓷的性能指标见表9-36。

表 9-36　无压烧结碳化硅陶瓷的性能指标

项　目	数　据	项　目	数　据
纯度含碳化硅	>96%（质量）	体积密度	3.00~3.10g/cm^3
室温抗弯强度	>3500kgf/cm^2	热膨胀系数	4.96×10^{-6}/℃

9.2.7.4 滑动轴承设计中几个主要参数的确定

(1) 径向轴承

①压强 p 值的验算

$$p = \frac{F_{\max}}{dL} \leqslant p_\delta \quad (\text{MPa})$$

式中 $F_{\max}$——轴承所受的最大径向载荷，N；

d——轴径，mm；

L——轴瓦的轴向长度，mm；

p_δ——轴瓦材料的压强的许用值，MPa。

②轴承套线速度 v 值的计算

$$v = \frac{\pi d n}{60} \quad (\text{m/s})$$

式中 n——轴承套的工作转速，r/min；

d——轴承套外直径，m。

③pv 值的验算

$$pv = \frac{F}{dL} \times \frac{\pi d n}{60} = \frac{F \pi n}{60 L} [\text{N} \cdot \text{m/} (\text{s} \cdot \text{cm}^2)]$$

式中 F——轴承所受的平均径向载荷，N；

n——轴承套与轴承瓦的相对速度，r/min。

$$pv \leqslant (pv)_\delta$$

式中，$(pv)_\delta$ 为轴承材料的 pv 的许用值。

④轴承的长径比选择   滑动轴承长径比 $\dfrac{L}{d}$ 的选择比例应适当，直径大线速度 v 大，影响运行寿命；轴向长度 L 大，影响轴承的润滑散热等，同样影响运行寿命。长径比 $\dfrac{L}{d}$ 的取值范围一般为 0.7~1.3，通常状态下取 $\dfrac{L}{d}=1$，特殊情况根据设计确定。

(2) 平面推力轴承

①比压 p 的验算

$$p = \frac{F_{\max}}{\dfrac{\pi}{4} (d_2^2 - d_1^2)} \leqslant p_\delta \quad (\text{MPa})$$

式中 $F_{\max}$——最大轴向载荷，N；

d_2——轴承轴向作用面外径，mm；

d_1——轴承轴各作用面内径，mm；

p_δ——推力轴承材料的比压的许用值，MPa。

②轴向作用面的平均线速度 v_d 值的计算

$$v_d = \frac{\pi d_d n}{60} \quad (\text{m/s})$$

式中，d_d 为作用面的平均直径，m。

$$d_d = \frac{1}{2}(d_1 + d_2)$$

③pv 值验算

$$pv = pv_d \leqslant (pv)_\delta \left[\mathrm{N \cdot m / (s \cdot cm^2)} \right]$$

式中，$(pv)_\delta$ 为轴承材料的 pv 的许用值。

9.2.7.5 滑动轴承润滑方式的结构选择

滑动轴承主要按润滑介质的状态设计结构，根据介质的润滑性能来选择确定润滑结构形式。一般润滑结构分为如下四种形式。

①普通导流槽式结构。

②液体静压式结构。

③液体动压式结构。

④动、静压结合式结构。

在磁力耦合传动泵中，轴承除特殊情况外，一般采用①和②两种结构形式。

（1）普通导流槽式结构

普通导流槽式滑动轴承的结构分为直导流槽和螺旋槽形式。

直导流槽从槽的结构形状分为圆弧形和矩形。圆弧形的弧形根据液体润滑状态的实际需求可设计成圆形、椭圆形等其他弧形，其结构如图 9-28 所示。矩形槽的槽形根据润滑状态的需求可设计成方形、长方形、梯形以及其他形槽，其结构如图 9-29 所示。

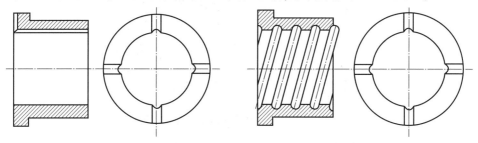

图 9-28　圆弧形槽结构示意　　　　　图 9-29　矩形槽结构示意

螺旋槽按槽的头数可分为单头螺旋槽、双头螺旋槽以及多头螺旋槽，其结构形式如图9-30 所示。

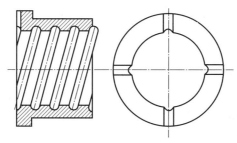

图 9-30　螺旋槽结构示意

螺旋槽的螺旋方向是根据使用状态如润滑介质的流向、流量大小以及压力等设计确定的。双头螺旋槽及多头螺旋槽，其槽螺旋的方向根据应用的状态也可设计成交叉形、单一形。槽的形状根据应用效果及技术的需求设计确定，可成形为直角形、圆弧形、梯形等。槽的旋向定位与流体流向、流体的导流性要求等有关。

（2）液体静压式结构

液体静压式结构的滑动轴承通称液体静压润滑滑动轴承，是利用外部供液系统将具有一定压力的液体通过导流孔送入压力腔形成压力工作面浮起运动转子以建立承载液膜。因此，液体静压式滑动轴承在极低至很低的速度范围内都能得到液体润滑，使用周期长、稳定可靠。

液体静压式结构的滑动轴承中，各个独立的承载部分叫油垫。每个油垫由油腔（或油室）、油封面（或油封边）和进油孔组成。油垫表面的形状是随支承件的支承表面的几何形状而确定的。如径向轴承，其油垫是圆柱面；止推轴承，其油垫表面是平面。

液体静压式滑动轴承的油垫数目根据具体的性能要求和结构条件而定。一般情况下，径向轴承大多数采用 4 个油垫、6 个油垫或是 3 个油垫；止推轴承大多数采用 1 个环形油垫，特殊情况下也可设计成多个环形油垫。

液体静压式滑动轴承由液体压力系统、液体补偿元件、固定油垫、节流面四个部分组成。图 9-31 是一简单径向液体静压式滑动轴瓦结构示意。图中，固定油垫上的凹入部分称为油腔；包围油腔的圆面称为节油面；节油面与运动表面构成的间隙称为油膜厚度。油腔内和节流面上的压力与外载荷相平衡。

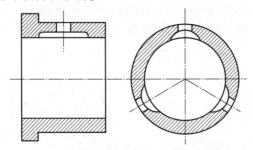

图 9-31　径向液体静压式滑动轴瓦结构示意

液体静压式滑动轴承润滑系统分为两部分：一部分是润滑液体压力系统；另一部分是润滑液体压力补偿元件。

①液体压力系统。液体压力系统分外压力系统和内压力系统两种形式。外压力系统由液体箱、液压泵、阀门、管线、压力流量表等组成，大部分装置采用外压力系统；内压力系统是工作母机本身由工作过程在内部产生压力，再由内部管线及导流孔等组成内循环系统。在磁力耦合传动泵结构设计中多采用内压力系统。

液体压力系统的供液方法分为定压供液、定量供液、定压定量供液等。定压供液是指供液压力恒定，压力的大小由溢流阀调节；定量供液是指各油腔的供液量恒定，液膜厚度的变化通过自动调节液膜压力来适应载荷变化；定压定量供液是以上两种情况的结合。一般来说，磁力耦合传动泵中多采用定压（或定量）供液的方式。

②补偿元件。补偿元件是补偿流量的机构，是对各个油垫系统进行有效控制和供给充分液体的元件。主要有：毛细管节流器；小孔节流器；定量泵、定量阀；滑阀反馈节流器；薄膜反馈节流器；矩形缝隙节流器等。

液体静压腔一般统称为油腔，一个油腔的油垫称为单腔式；两个及两个油腔以上的称为多腔式。多腔式滑动轴承有两种情况：有排油槽隔开的和没有排油槽隔开的。有排油槽隔开的称为多腔多垫式；没有排油槽隔开的称为多腔单垫式。单腔式轴承只能承受中心载荷，受偏心载荷时无抗倾能力。多腔式和多垫式轴承能受偏心载荷，抗倾能力强。

对称双向油垫能受双向载荷，对准性好，液膜刚度好。

多腔多垫式径向轴承，主要根据承受载荷径向变化方向的夹角确定方向。使载荷正对油腔，油腔的承载能力大。一般，载荷变化方向的范围夹角为 $\Delta\theta$ 时，两油腔中心夹角 θ 值为

$$\frac{3}{2}\Delta\theta \leqslant \theta \leqslant 120°$$

油腔的结构形式分为全凹式和槽式，全凹式结构的轴承宜用于速度较高，轴系自重不是很大的轴承；槽式结构宜用于速度较低，轴系自重较大的轴承，以便增加静态时的承载面积。

9.2.7.6　滑动轴承导流槽基本尺寸确定的考虑

滑动轴承的设计过程中，正确选择确定导流槽的基本尺寸是计算设计滑动轴承的一重要环节。因此，对导流槽结构的作用以及相关的技术参数等要做详细的分析、计算，以便正确确定设计尺寸。

（1）导流槽的作用

滑动轴承中导流槽是一关键结构，它的主要作用如下。

①润滑作用。导流槽中要保证工作介质畅通并具有充分液流，力求保证润滑作用，尽可能减少润滑不良造成摩擦磨损。

②冷却作用。导流槽中介质畅通循环，起到强制冷却轴承工作摩擦发热的作用，以防止垫粘、烧结等现象。

③导流作用。在机械内部需要介质循环时，导流槽也可作为循环介质的导流孔，使介质按需求的方向流动。

④排空作用。导流槽还可排除空气、排除润滑介质的杂物、排除摩擦及磨损的物料，对轴承起到保护作用。

⑤清洁作用。导流槽还能帮助整机扫线，清除残余介质及防止其他介质的混入、污染等。

（2）与导流槽相关的技术参数

设计导流槽时要考虑与导流槽相关的一些主要技术问题和参数，有利于正确设计和合理选择相关尺寸。主要的技术问题相关参数是：

①导流槽中的流体源及压力；

②通过导流槽的最小流量及最大流量；

③流体的黏度、温度以及密度等；

④轴瓦材质的物理、化学性能参数；

⑤轴瓦材质的加工性能。

（3）确定螺旋槽导程中考虑的因素

螺旋槽式滑动轴承的螺旋槽的基本尺寸设计确定后，螺旋槽导程的设计确定中除常规

的设计方法外，还应考虑几个其他方面的因素：

①螺旋槽的头数；

②过流量及液流压力；

③载荷状态；

④流体的润滑性能；

⑤轴瓦材质的自润滑性能。

9.2.7.7　滑动轴承结构设计中应注意的一些技术问题

滑动轴承是由滑动轴套和滑动轴瓦组成的一对摩擦副。在结构设计中，滑动轴套一般选用硬质材料。滑动轴套在动轴式结构中为旋转件，在定轴式结构中为静止件；一般情况下，滑动轴瓦选软质材料，在应用中也可选为与轴套材质配对使用的硬质材料。滑动轴瓦在动轴式结构中为静止件，在定轴式结构中为旋转件。滑动轴承的转速主要根据润滑介质状态和润滑结构形式确定；其承载能力是由材料的摩擦性能和润滑状态决定的；其导流槽结构尺寸等是根据润滑情况设计确定的。

滑动轴承的应用中除考虑润滑问题外，在结构设计中还应注意的一些技术问题是：强度问题、定位问题、拆装调试问题、材料配对问题等。

(1) 强度问题

轴瓦选用非金属或混有金属的软质非金属材料，强度问题较为突出。一是考虑加工成型过程和成型后的变形问题；二是考虑碎裂问题；三是考虑热变形问题；四是考虑导流槽对轴瓦强度的影响问题；五是安装过程的精度问题。

轴瓦选硬质陶瓷类材料，设计和配合组装尺寸及尺寸公差要适中。陶瓷类材料做轴瓦件不宜热装和过盈配合装配；不宜开深长键槽和深圆弧形直导流槽和螺旋槽；加工精度要求高；易碎裂，不宜用于冲击大、振动大的场所。

轴瓦选用硬质金属材料要有充分的冷却润滑，因为轴套多选用硬质金属材料。硬质金属与硬质金属对磨易摩擦发热黏结、拉伤、磨损等；由于硬质金属材料的硬度高，易应力集中，运转时易热裂，因此导流槽及键槽等不宜开得过深；硬质金属材料除在一些特殊环境中应用外，一般做轴瓦采用不多。

轴瓦选用软质金属材料如巴氏合金、球墨铸铁、铜及铜混合铸造材料等，强度问题易解决。选用这类材料易加工成型；较一般非金属材料强度高、性能稳定；较陶瓷类材料、硬质金属材料韧性好、不易碎裂。因此，除强腐蚀性介质及一些特殊介质外，上述软质金属材料做轴瓦使用还是比较好的一类材料。

轴套的材料选择较单一，一般要求硬度高，HRC 值达到 60 左右，具体数据根据不同材质确定，耐磨性能好；若应用在腐蚀性工况中，要求耐腐蚀性能也要好。在结构设计中，无论是定轴式还是动轴式，选材方法基本一样，强度考虑及强度计算过程基本一样。

轴套选用材料除去一些特殊情况外，一般选用硬质材料，如陶瓷类材料，喷涂、堆焊型高温硬质合金类材料以及一些钢类材质热处理材料等。它的强度问题主要从两个方面考虑。

一是碎裂问题，碎裂主要为机械性碎裂和热裂碎裂两种情况。机械性碎裂一般是材料的性能决定的，机械性碎裂大部分是由使用不当造成的。如陶瓷类材料是易脆裂性材料，在机械碰撞、振动、冷热变化差大等情况下易碎裂；如喷涂、堆焊型高温硬质合金类材料、一些钢类材料经热处理提高硬度后，都有这种脆性碎裂的现象。热裂碎裂的现象主要发生在摩擦发热过程或冷热差变化较大时。产生热裂碎裂的主要原因，一是材料性能问题；二是材料内部产生残余应力或应力集中。

二是应力问题。轴套要求硬度高，选用的材料在工艺过程易产生应力，因此，应力消除很重要。如结构上的槽、沟直角问题，厚度的均匀性问题，导流槽、键槽的深度问题，豁口大小等问题；喷涂材料、堆焊材料的厚度问题，薄厚均匀性问题；后加工的方法问题；工艺热处理中的均匀性问题、深度问题等。以上的这些技术问题如处理适当，就不易造成残余应力存在或应力集中，现场应用中不易造成碎裂和热裂碎裂。

（2）定位问题

轴瓦的安装方式分两种情况：一种是采用轴瓦座安装；另一种是在轴承箱体上直接安装。轴瓦的定位方法分为销钉定位、压紧定位。

销钉定位对轴瓦采取开豁口或打孔的方法，装配后轴瓦有适当的位移量，不产生装配变形。主要用于非金属材料轴瓦件。

螺钉定位主要用于金属软质材料轴瓦件和硬质金属轴瓦件。用螺钉在适当部位拉紧定位而不易造成变形。

压紧定位主要用于易碎裂和陶瓷类轴瓦。

轴套在轴上安装定位的方法，主要有开豁口用销钉定位、开键槽用键定位、轴上压紧定位三种方法。开豁口用半圆形销钉定位的方法主要用于易碎裂的陶瓷类材质的轴套上。开键槽用键定位的方法主要用于金属类材质的轴套上，键槽浅、键为非标准键。轴套在轴上两端用其他零件压紧或是一端用轴肩而另一端用其他件压紧的方法，适用于各类硬质材料的各种类型的轴套的定位上。轴套和轴瓦件相对滑动运行，力平衡得较好时受力不大，定位较简便。

（3）拆装调试问题

滑动轴承的轴瓦、轴套件设计精度高，加工要求严格，属精密机械零件。在磁力耦合传动泵上滑动轴承使用较广泛，应用的场所一般较为苛刻。因此，不同的使用环境中配对选材不同，选用材料比较复杂。从整体上讲，滑动轴承是配对材料较为复杂、较为精密的组件，安装、调试要求比较严格。一般来说，装配过程要求精度高，如不能有过盈量；装拆过程不能敲打、碰撞；不能有拉伤、变形等现象；装配好后要检查同心度、平行度等。

（4）材料配对问题

在滑动轴承的设计中，根据工程的要求，先设计选定轴套或轴瓦件及材质，然后根据选定件的结构、材质来选择配对相适应的另一配对件的材质，并设计确定结构。这里强调指出的是，根据不同的工况条件选择相应的不同的配对材料是比较重要的技术问题。

（5）间隙配合

滑动轴承的配合间隙有一个比较基本的规范数据。在设计中，根据实际选择配对的材质的热变形及线型变形的性能以及工况状态的实际情况要进行适当的计算修正，这是应注意的一项技术问题，特别是对于工程塑料类的软质非金属材料。

9.2.8　磁力耦合传动离心泵用特殊材料的选用

近年来，随着国内外磁力耦合传动泵的迅速发展，根据泵所输送介质的特殊性，并结合泵所要承受的力学特殊性对泵的材料进行更新，在泵设计中采用了许多新的特殊材料，现分述如下。

(1) 隔离套用新材料

采用氟塑料制作隔离套在较小功率磁力耦合传动泵上已普遍使用，从使用效果看，在低温低压下较为理想。采用的氟塑料主要有：聚四氟乙烯、偏三氟、偏二氟等材料。

氟塑料隔离套由纤维增强的氟塑料制成，也可以用薄壁金属筒或金属网状件加强这种氟塑料隔离套的特性，既可减少涡流损失（有时可忽略），又可提高泵的抗压强度，关于氟塑料隔离套的应用在 9.2.1.6 中已作简要介绍。

(2) 泵轴用新材料

采用 Al_2O_3、Si_3N_4、SiC 陶瓷作为磁力耦合传动泵轴的制作材料在国内已得到了成功的应用。

陶瓷属于无机非金属材料，广义的陶瓷通常被定义为一种通过高温烧结而成的无机非金属材料。高温结构陶瓷主要是离子键和共价键结合，其结合力是比较强的正负离子间的静电引力或共用电子对，具有高的熔点和硬度。陶瓷是一种多晶多相体系结构，由大量微细晶粒所组成，晶粒之间存在一定量的气孔、微裂纹和析出物。

国内试制的陶瓷轴是由精制的超细粉末原料经过合理的配制冷压成形。配方中含有胶黏剂、除气剂、增韧剂等，经高温烧结而成。

陶瓷的力学性质通常是在外力作用下不发生显著形变或被破坏。它的弹性模量很高，一般为 $10^9 \sim 10^{11} N/m^2$，抗拉及抗弯强度远远低于抗压强度，抗冲击强度低。其基本性能见表 9-26、表 9-27。

在国外，陶瓷部件一般是采用热等静压方法生产的，热等静压是在高压容器内用气体（氩气或氮气）对样品进行各向相同的均匀加压。这种设备中，气体压力可达 300MPa，加热温度可达 2000℃。热等静压可以烧结形状复杂的制品，使产品获得很高的密度和优良的物理与力学性能，但价格昂贵。现阶段，我国这方面的技术相对薄弱。

同时，用陶瓷做泵轴在国内仍属试制或试用阶段。还存在有一定的技术工艺难度，目前主要从三方面来改善陶瓷轴的工况条件，以弥补制造工艺上的不足。

首先，在泵轴设计上采用简单几何形状，轴固定设计为柔性连接，常规金属轴都是刚性支撑，而陶瓷轴最怕冲击载荷，为防止轴脆性断裂，轴端被固定安放在氟塑料或其他软质材料的件上，在运转过程中使支撑件有弹性形变，轴对载荷有一定的缓冲作用。

其次，尽量减轻陶瓷轴上的负荷。在设计中尽可能减轻叶轮、内磁转子等其他零部件的质量，减小轴上负荷。

第三，缩短轴的长度。合理进行结构设计，尽可能缩短轴的长度。

实践证明：采取这三条措施的轴具有足够的强度，运转性能良好，经过连续运转，无任何异常现象，与同类型装置使用过的各种类型的耐腐蚀泵包括不锈钢泵、钛钢泵相比较，其轴的使用寿命及使用状态都较为理想。

（3）泵壳过流部分、内磁体包封用新材料

泵壳过流部分、内磁体包封等部件采用耐热、耐腐蚀性能强、力学性能好的氟塑料材料，目前已被广泛地试制、试用，特别是在一些强腐蚀介质中已广泛使用。

氟塑料材料具有优良的耐热性、抗蚀性及其他性能。特别是 F_3、F_2 材料，色泽乳白，与聚四氟乙烯相比，密度相近，硬度大，摩擦系数大，与钢相对为 0.3。耐热性及高温下耐蚀性比 F_4 稍差，但有良好的耐热流（蠕变）性，高的压缩强度，良好的耐磨性和尺寸稳定性。反复弯折，不影响性能，号称氟塑料中的"尼龙"。综合机械强度优于 F_4 许多倍，可制作泵的结构材料。具有比铝和陶瓷更优的阻气性能，作为良好的密封件，有良好的机械切削性，可以制造尺寸精度高的机器零件，并可以制作比 F_4 零件形状更复杂的制品。作为泵的耐腐蚀衬里，粘接强度高，效果良好。F_2 和 F_3 的耐腐蚀性能表现在它除受高温下含氟气体、熔融碱金属的侵蚀及在高温下能溶解于某种卤化溶剂外，能耐其他所有的酸碱和溶剂，对空气、水、28% 的氨水、50% 的氢氧化钠、37% 的盐酸、苯、甲醇等都有极好的阻透性，耐室外老化，光照下一年不影响其性能，比其他氟塑料耐辐射，与钢的附着力为 $100 \mathrm{kgf/cm^2}$。氟塑料是现代工程材料之一，由于具有各种金属所不具有的优异性能，在国外发展成为工业部门不可缺少的材料，但在国内应用还不普遍。为了满足石油化工行业发展的需要，在国内磁力耦合传动泵上已经成功采用了 F_2 和 F_3 材料制作泵内的有关零件。这种材料在压制过程中克服了氟塑料熔融温度高及黏度大，必须有高的均匀的加热温度及大的压力等难点，模压出符合设计要求的泵体衬里和其他零件，尤其重要的是攻克了内磁体包封的难关（二次带磁性材料热压）。首先烘箱加温时要严格控制温度，因为氟塑料的熔点温度与分解温度很接近，氟塑料容易分解，分解后气体有剧毒、无色无味，对操作人员构成很大的威胁。模压用的模具必须镀以硬铬，因为熔融的氟塑料会腐蚀金属，并要用有机硅油作脱模剂，以利脱模。脱模剂均匀涂于模具内腔后应放入烘箱加温，4h 后硅油形成薄壳后把模具拿出来（不允许返潮）再放入氟塑料粉料，将放好粉料的模具再放入已升温的烘箱内。数小时后，模具与氟塑料加温（并恒温）到一定温度时取出来放在压机下热压，热压压力根据压件的形状及件的大小来确定，等把模具压到位后，要使料充分充模 5 ～ 10min，然后冷却加压，保压时间为 30～50min，最后取出制作。耐酸泵内磁体长期浸渍在腐蚀性极强的液体中工作，磁性材料本身不耐任何磨损并无法承受氟塑料压制所需要的高温，也就是说氟塑料没有熔化磁体就退磁了。因此，塑料包封必须分为两个步骤压制，二次压制形成的接缝处的密封是难度很大的技术问题。然后设法使内磁体接缝处熔融成为一体，完全满足在压力工况下使腐蚀液不能渗入内磁体，接缝处的基体强度性能保持稳定达到技术要求，必须做必要的试验工作。

9.2.9 氟塑料粘接问题

氟塑料粘接的方法选择较为困难，因为氟塑料活性很大，它的表面张力非常小，吸引其他物质的力很弱，这是不黏性的原因。

一般在进行氟塑料粘接时，塑料表面必须用萘－钠溶液处理，或者对表面塑料进行辐射使其发黑，以增加表面能。但是，萘－钠溶液中的萘挥发性很强，溶液极难保存，辐射成本太高，无法进行工业化生产。直接在氟塑料上粘接，对胶黏剂的要求极为苛刻，不仅要耐强腐蚀，而且耐温性要达到200℃，便于和塑料性能匹配。

目前有各种胶黏剂，根据不同用途，选用不同胶黏剂对氟塑料进行黏结使用。对胶黏剂的主要性能要求是：

①粘接工艺简单，耐温为 $-45 \sim 100$℃，150℃尚有强度。

②具有优异的耐介质性能（耐油、耐酸及强碱、水等介质）。

③粘接力强，剪切强度高，剥离强度大。

④对使用者无毒害。

9.3　磁力耦合传动离心泵的制造与调试

9.3.1　磁力耦合传动离心泵主要零件的加工工艺

组成磁力耦合传动离心泵的零部件较多，现仅就泵中主要的几个不同零件的加工工艺过程予以介绍。

（1）磁力耦合传动器的加工工艺

作为磁力耦合传动离心泵的主要部件，磁力耦合传动器的加工很重要，它是决定泵在运转过程中运转性能是否可靠的关键问题。图9-32所示为离心泵用磁力耦合传动器中主要加工零件示意，本节以此结构为例，就图中各零件的加工工艺过程，分别予以介绍。

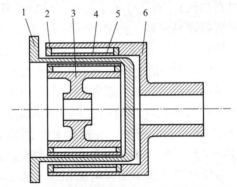

图9-32　离心泵用磁力耦合传动器中主要加工零件示意
1—金属隔离套；2—焊接环；3—内磁转子；4—内包封；5—外包封；6—外磁转子

①金属隔离套机加工工艺　金属隔离套是磁力耦合传动器内、外磁转子之间的密封隔离件，其壁厚一般在 $0.8 \sim 1.5$mm 之间，外形尺寸要求比较严格，组装时不但要保证隔离套与内、外磁转子间隙均匀，而且应使流体接触面光滑，保证液体畅通。因此，机加工时，要确保加工精度和同轴度。由于隔离套壁薄很容易使工件变形，尺寸精度不容易保证，尤其是高压、大功率的隔离套，直径大、长度长、机加时刀杆刚度下降，刀具发振，致使表面粗糙度增大，加之工艺系统的热变形，给机加工带来很大难度。为了解决这一问题，在加工过程中应制订严格的机加工工艺过程卡，并应设计专用工艺装备，解决工件在装夹和加工过程中出现的问题，以保证零件的加工质量。

FFC80/65-250 型磁力耦合传动耐腐蚀泵金属隔离套机加工工艺见表9-37，其材料为1Cr18Ni9Ti，毛坯是棒料，为小批生产，零件工序简图如表9-37中图（a）～图（d）所示。

表 9-37　FFC80/65-250 型磁力耦合传动耐腐蚀泵金属隔离套机加工工艺

序号	工序内容	工序简图
1	车工 ①四爪夹一端外圆校正，粗车端面 ②钻孔，粗车内孔 ③粗车外圆，见图（a）	 (a)
2	车工 ①四爪夹持内孔，校正两端外圆端面的 C 面，精车底端面 ②粗车外圆各尺寸，见图（b）	 (b)
3	车工 ①四爪夹持外圆中 151 处校正两端外圆与 C 面，车端面 ②精车内孔各部尺寸，均符合零件图纸的技术要求，见图（c）	 (c)
4	车工 ①工件以内孔定位，上专用工装底部端面用顶尖顶紧 ②精车外圆至尺寸要求精车 R5 圆弧，表面粗糙度均要符合零件图纸要求，见图（d）	 (d)

（2）内磁转子基体机加工工艺

内磁转子是过流部件之一，在腐蚀性介质中，通常选用 1Cr18Ni9Ti 不锈钢作为基体材料，在强腐蚀介质中可选用超低碳不锈钢，如 00Cr17Ni14Mo2 或 0Cr18Ni12Mo2 等。在贴磁性材料部位，装有衬铁，材料可选用 Q235 钢等，在一般没有腐蚀或弱腐蚀介质中，常用 35 或 45 中碳钢作为内转子基体，并根据需要进行正火、调质等热处理，以获得一定的强度、硬度和韧性。

内磁转子在工作状态中为高速旋转体，而且内磁转子在隔离套内部为过流件，在制造过程中，除对材料、加工质量应严格控制外，还要相应地做好静平衡或动平衡。内磁转子的平衡好坏，直接影响到泵在运转过程中轴承的寿命。因此，内磁转子的同轴度要求较高，在机加工过程中必须严格执行工艺路线。

FFC80/65-250 型磁力耦合传动耐腐蚀泵内转子基体机加工工艺见表 9-38，其材料为 1Cr18Ni9Ti，毛坯为棒料，零件工序简图如表 9-38 中图（a）～图（d）所示。

表 9-38 FFC80/65-250 型磁力耦合传动耐腐蚀泵内磁转子基体机加工工艺

序号	工序内容	工序简图
1	车工 ①卡盘夹持外圆，校正 ②平端面，钻 $\phi30$ 通孔 ③各部尺寸加工按图（a）粗加工，各部圆角处为 R3	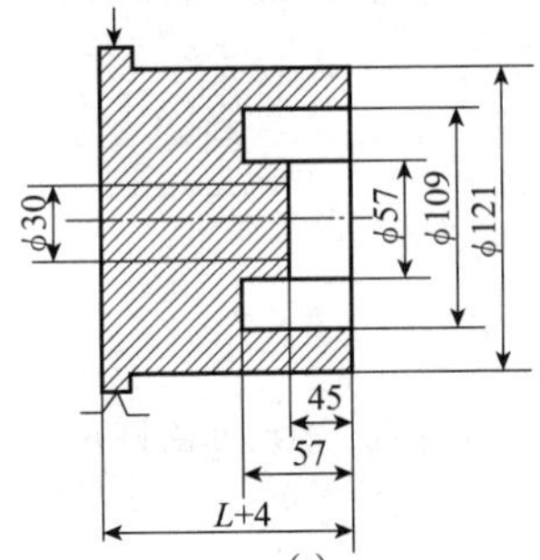 (a)
2	车工　调头粗车 ①卡爪夹已加工过的 $\phi121$ 外圆按图（b）所示划正 ②各部分尺寸加工如图（b）所示。各部圆角处为 R3	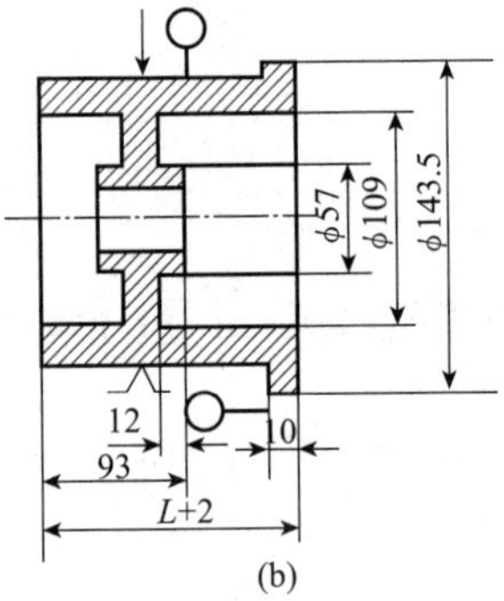
3	热处理　固溶＋稳定化处理	(b)
4	车工　精车 ①卡爪撑住已加工过的 $\phi109$ 内孔校正工作 ②如图（c）所示，$\phi118$ 一端各部尺寸加工至成品，表面粗糙度、形位公差应符合图纸要求 ③最后将 C 端面车平，作为下道工序校正基准	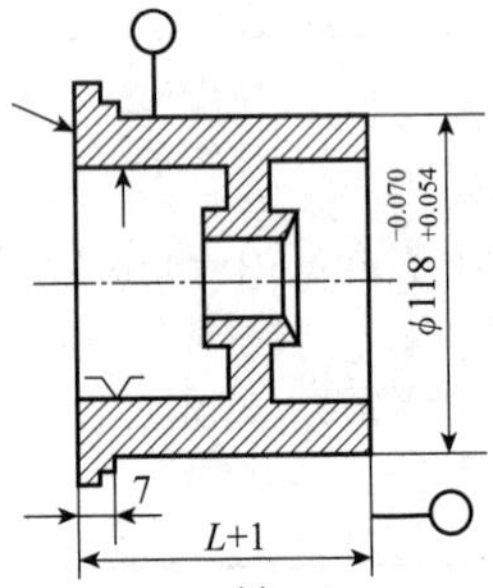 (c)
5	车工　调头精车 ①卡爪夹持如图（d）所示，按已加工过的 $\phi118$ 外圆及上道工序的 C 端面校正，且保证形位公差 ②剩余部分如图（d）所示，加工到成品尺寸	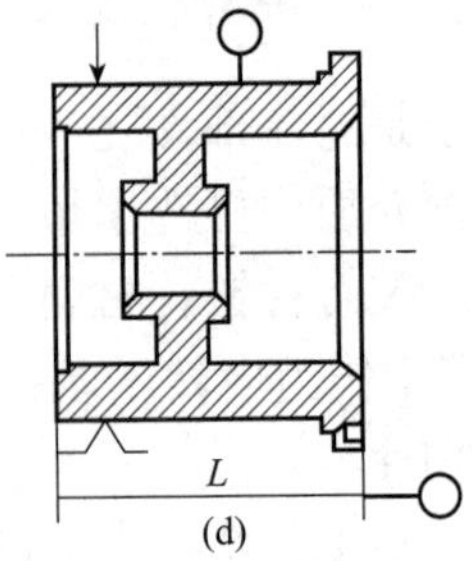
6	钳工　划 10Js9 键槽加工线	
7	插床　插 10Js9 键槽，修毛刺	
8	检验、入库	(d)

（3）内、外包封零件的加工工艺

为了防止磁性材料在腐蚀性介质中长时间浸泡引起磁性材料被腐蚀、粉化、磁性能失效。设计制造中将内磁转子与介质隔离，内磁转子外表需覆以包封。包封有金属和塑料两种，金属包封采用焊接，塑料包封采用注塑。外磁转子磁性材料外表面也需要用包封覆盖，以便保护磁钢，而且外形美观。

金属内、外包封属薄壁零件，壁厚通常在 0.3~3mm 不等，直径在 $\phi 21~333$ 不等，长度在 25~350mm 不等，给机加工带来很大难度，尤其是直径大、长度长、壁薄的包封，加工起来更是困难，稍有不慎，加工出来的零件会超差，壁厚不均匀造成零件报废。

FFC80/65-250 型磁力耦合传动耐腐蚀泵外磁转子包封的机加工工艺见表 9-39，其材料为 1Cr18Ni9Ti，毛坯形式为管料，尺寸规格为 $\phi 159 \times \delta 6$ 薄壁管，零件工序简图如表 9-39 中图（a）与图（b）所示。

表 9-39　FFC80/65 – 250 型磁力耦合传动耐腐蚀泵外磁转子包封的机加工工艺

序号	工序内容	工序简图
1	锯床 下料：$\phi 159 \times \delta 6 \times (L+20)$	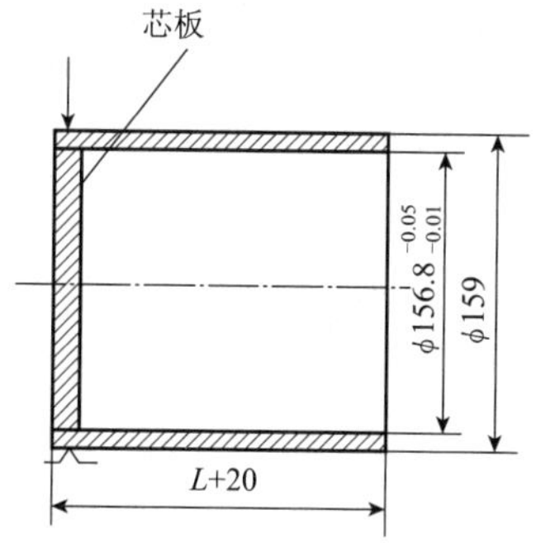 (a)
2	车工 ①管料端头装芯板（紧配合） ②四爪夹装芯板一端，校正 ③车端面，精车内孔，见图（a） ④端面装堵盖 ⑤精车外圆，见图（b） ⑥取总长，切断	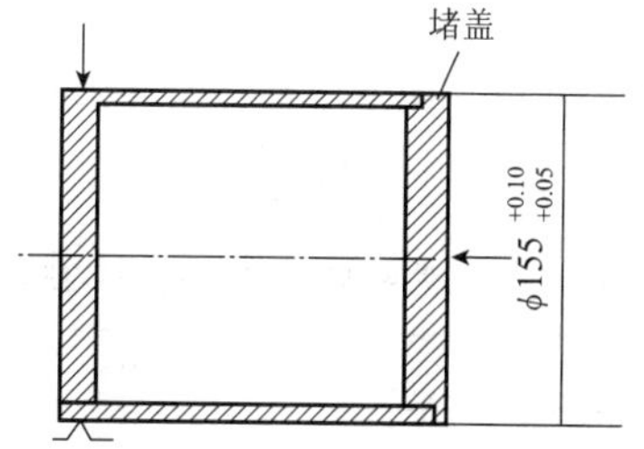 (b)
3	检验	

（4）外磁转子的机加工工艺

FFC80/65-250 型磁力耦合传动耐腐蚀泵外磁转子的机加工工艺见表 9-40，其工序简图如表 9-40 中图（a）~图（c）所示。

表 9-40　FFC80/65-250 型磁力耦合传动耐腐蚀泵外磁转子机加工工艺

序号	工序内容	工序简图
1	车工 ①卡爪持毛坯外圆如图（a）所示校正 ②内孔、外圆等各部尺寸加工如图（a）所示，长度 L_2 参照零件图中的 L_2 并留余量 3mm，表面粗糙度及形位公差应符合图纸要求	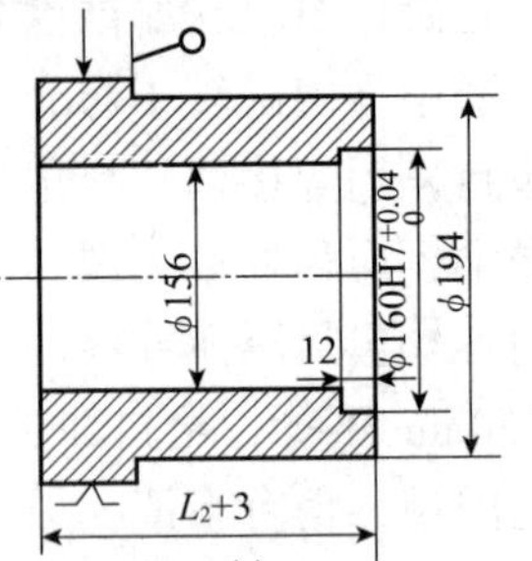
2	调头半精车 ①卡爪夹持已加工的 $\phi194$ 外圆，并按该直径及图（a）中的 C 面校正工件 ②外圆 $\phi181$、内孔 $\phi166$ 及 35 等尺寸的加工，如图（b）所示，长度尺寸 L_1 和 L_2，图留加工余量 1mm	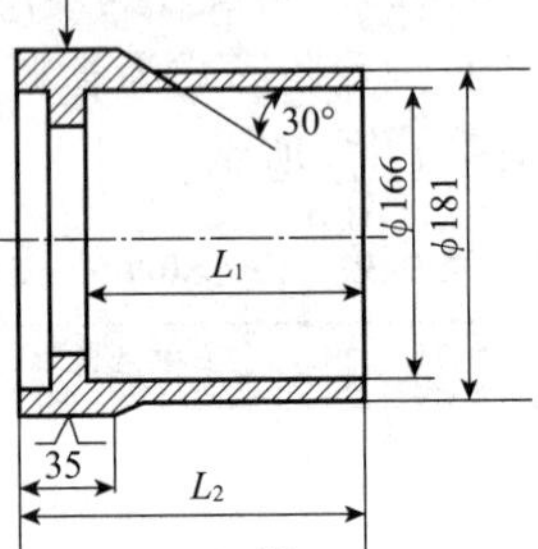
3	钳工 ①划 $6\times M18$ 螺孔，底孔线 ②钻、攻 $6\times M6$ 螺孔	
4	车工　精车 ①将外磁转子法兰夹持在车床卡盘上，按止扣外圆 $\phi164$ 及端面校正，其径向跳动及端面垂直度分别为 $\leqslant \phi0.03$ 和 $\phi0.04$ ②将外磁转子基体止扣 $\phi164H^{+0.04}_{0}$ 与外转子法兰止扣 $\phi164^{+0.028}_{+0.003}$ 相配，并用 6 个 $M8\times22$ 的六角螺栓将两件连接紧 ③按图（c）所示，将工序 3 所留余量加工到成品尺寸	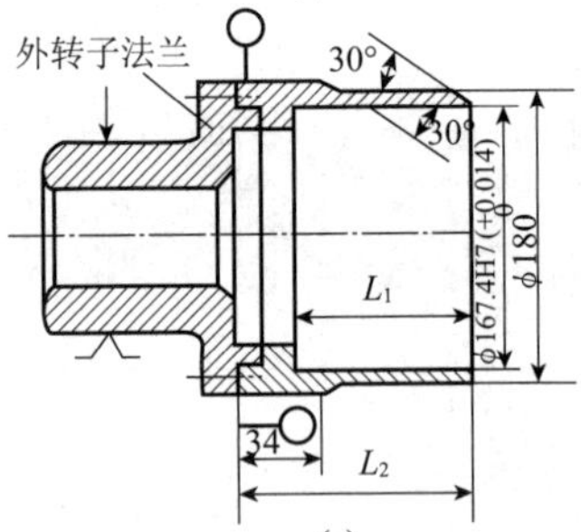
5	检验入库	

注：L_2 和 L_3 请参阅零件图。

（5）焊接环的机加工工艺

FFC80/65-250 型磁力耦合传动耐腐蚀泵焊接环的机加工工艺见表 9-41，其工序简图如表 9-41 中图（a）、图（b）所示。

表 9-41　FFC80/65-250 型磁力耦合传动耐腐蚀泵焊接环的机加工工艺

序号	工序内容	工序简图
1	材料　1Cr18Ni9Ti 毛坯　管料 $\phi146\times\delta10$ 车工 三爪夹一端外圆校正车端面，粗车内孔、外圆，精车外圆，精车内孔如图（a）所示	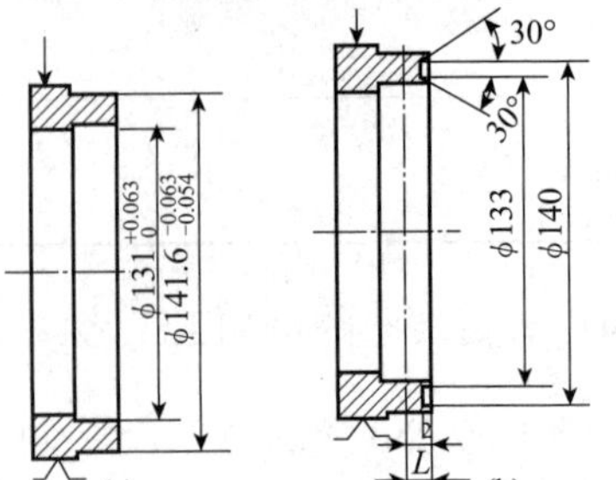
2	车焊接槽，取总长切断，尺寸如图（b）所示，保证尺寸精度，保证粗糙度	

（2）泵轴的加工工艺

①泵轴的技术要求　泵轴是磁力耦合传动泵重要零件之一。它不仅要完成传递扭矩和承受负荷，而且还要保证装在泵轴上的叶轮、平衡盘、内磁转子、滑动轴承等具有一定的旋转精度。因此，泵轴精度直接影响到整机泵的使用寿命。

图 9-33 所示为 185kW 大功率磁力耦合传动泵泵轴。根据泵轴不同的工作特点，应规定一定的技术要求。如尺寸精度、几何形状精度、相互位置精度、表面粗糙度及接触精度和热处理要求等，以保证泵轴具有高的旋转精度；足够的刚性、耐磨性；抗振性和制造装配简单，调整维修方便等特点。

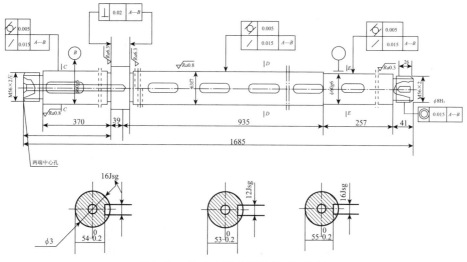

图 9-33　185kW 磁力耦合传动泵泵轴

②泵轴的材料选择及热处理　小功率泵轴零件常用 45 钢，并根据需要进行正火、调质、淬火等热处理，以获得一定的强度、硬度、韧性和耐磨性。

对于转速较高、大功率、高压磁力耦合传动泵泵轴，可选用 40Cr 等合金结构钢。这种钢淬透性较好，经调质和表面淬火处理，硬度过渡均匀且具有较高的综合力学性能。

一般耐腐蚀泵，可选用 3Cr13 或 1Cr18Ni9Ti 材料。对于高速重载的耐腐蚀泵可选用 18CrMnTi、TC6、TC9 等钛合金。

③泵轴加工工艺过程的分析　这里首先考虑几个一般轴类加工的共性问题。

a. 热处理。为了保证泵轴有良好的力学性能及切削加工性能，保证某些表面的耐磨性及主轴的精度和精度的稳定性，在泵轴加工过程中要安排热处理工序。热处理的安排与设计要求及选用的材料有密切的关系。

45 钢或 40Cr 钢的泵轴，在锻压后需要进行正火处理，以消除锻造应力、改善切削性能。

各种钢材的泵轴在加工后，通常进行调质处理，以提高零件的综合力学性能，这也是一种预备热处理，由于获得均匀细致的索氏体组织，可使表面硬化时获得均匀致密的硬化层。同时，硬化层的硬度由表面向里层逐步降低，不致突然下降，造成运转时剥落的现象。

b. 合理选择定位基准。轴类零件最常用的定位基准是中心孔，因为轴上外圆表面的设计基准一般都是轴的中心线，故以中心孔定位符合基准重合原则。同时，以中心孔定位还可以在一次安装中加工多处外圆和端面，符合基准统一的原则。

但有时以中心定位还不能满足工序定位的要求。如轴中心钻通孔时要用外圆定位，粗加工时为了提高工艺系统刚度采用外圆或外圆与中心孔共同定位。

c. 粗、精加工分开，适当划分阶段安排工序。粗加工要切除大部分加工余量，必然引起残余应力重新分布和变形，为保证质量，必须粗、精加工分开，调质处理在精加工前进行，因此，调质工序就成为粗、精加工分段的界线。铣键槽等工序安排在精车之后，避免因断续切削而打刀或影响精度。螺纹精磨外圆表面以及粗、精磨支承轴颈等重要工序均在修正前中心孔重新获得良好基准后进行。

DGC150-30×9 型 （185kW） 磁力耦合传动多级离心泵泵轴的加工工艺见表9-42，零件简图如图9-33所示，材料为40Cr钢、毛坯为棒料。

表 9-42　DGC150-30×9 型磁力耦合传动多级离心泵泵轴的加工工艺

序号	工序名称	工序内容	定位基准	设备
1	下料	$\phi 80 \times 1692$		锯床
2	车	车端面，钻中心孔	外圆柱面	普通车床
3	车	调头、车端面、钻中心孔	外圆柱面	普通车床
4	车	粗车对圆 $\phi 74$ 留余量 3mm	中心孔及外圆	普通车床
5	车	粗车 $\phi 60 f6$ 各部外圆及台阶留量 3~4mm	中心孔及外圆	普通车床
6	车	调头、粗车 $\phi 60 g1$ 外圆及各台阶留量 3~4mm	中心孔及外圆	普通车床
7	热处理	调质处理 260~302HB		普通车床
8	车	钻 $\phi 8$ 深 443 孔，修中心孔	外圆柱面	普通车床
9	车	调头、用 $\phi 7.7$ 钻头钻 $\phi 8H8$ 孔	外圆柱面	普通车床
10	车	精铰 $\phi 8H8$ 孔	外圆柱面	普通车床
11	车	半精车 $\phi 63 f6 \phi 60 g6$ 外圆留磨量 0.7mm	中心孔及外圆	普通车床
12	车	精车 $\phi 74$ 外圆及 $M56 \times 2$ 螺纹	中心孔及外圆	普通车床
13	车	调头、半精车 $\phi 60 g6$ 外圆，留磨量 0.7mm	中心孔及外圆	普通车床
14	车	精车 $M56 \times 2$ 螺纹	中心孔及外圆	普通车床
15	铣	精铣键槽	支承 $\phi 60 g6$ 两外圆	万能铣床
16	钻	钻径向 $2 \times \phi 6.5$ 孔	$\phi 74$ 外圆	摇臂钻床
17	磨	精磨各外径及端面	顶尖孔	外圆磨床
18	检验			检具

④叶轮的机加工工艺　叶轮是将来自原动机的能量传递给流体的零件，液体流经叶轮后能量增加。叶轮一般由前盖板、后盖板、叶片和轮毂组成。

叶轮是影响磁力耦合传动离心泵性能的关键零件，是泵的核心部分。泵的流量、扬程、效率、抗汽蚀性能和特性曲线的形状等均与叶轮的水力设计有重要关系。由于叶片形状比较复杂，在水力流线上要求光滑通畅，如果制造得不准就要影响离心泵的性能。如何保证铸造后流道成型的尺寸精度和流道表面粗糙度要求是工艺中需要解决的问题。

叶轮是泵主要工作部件，其平衡精度的高低直接影响泵的工作，为达到设计要求，对叶轮做静平衡试验，是十分必要的。

FFC80/65-250型磁力耦合传动耐腐蚀泵叶轮机加工工艺见表9-43，其材料为ZG1Cr18Ni9Ti，毛坯是铸造件，为小批生产，零件工序简图如表9-43中图（a）～图（c）所示。

表9-43 FFC80/65-250型磁力耦合传动耐腐蚀泵叶轮机加工工艺

序号	工序内容	工序简图
1	铸造，清砂	(a)
2	热处理，固溶+稳定化处理	
3	车工（粗车） ①四爪夹持叶轮φ88毛坯外圆见图（a），划针盘找正叶轮流道及φ72内孔 ②按图（b）所示尺寸加工叶轮各部位留余量，找正C面加工10mm宽加工面作为反向找正基准	
4	车工（精车） 四爪夹持已粗加工好的φ84外圆、内孔及端面等部位，最后在端面C一侧加工出一较宽（10mm）的环形带，保证形位公差及表面粗糙度作为下一道工序的测量基准	(b)
5	调头（精车） 四爪夹持叶轮φ84外圆，找正外圆端面C。按图（c）所示加工叶轮各部位。所有加工面的尺寸公差、形位公差及表面粗糙度等技术要求要符合零件图纸的要求	
6	钳工 ①清理叶轮流道、叶片表面的砂子，叶轮流道通口的毛刺修理平整，光滑 ②叶轮做静平面试验，其不平衡重允差3g ③划线：划叶轮键槽线及6×φ12平衡孔 ④钻6×φ12平衡孔	(c)
7	插床，插叶轮键槽，各技术要求要符合图纸要求	
8	钳工，做静、动平衡，平衡重力	

⑤泵壳的机加工工艺 泵壳的机加工工艺见表9-44，其工序简图如表9-44中图（a）～图（e）所示。

表 9-44　泵壳的机加工工艺

序号	工序内容	工序简图
1	铸造	
2	清砂、清除工作表面的铸造毛刺	
3	喷砂、保证壳体流道内部及非加工面光滑平整	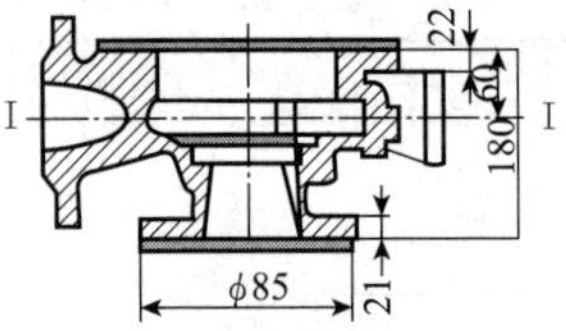
4	热处理，固溶＋稳定化处理	
5	划线 ①用三个千斤顶支撑 φ195 法兰毛坯端面 ②按泵壳流道找正工件划流道中心线 I—I 中心线平行绕工件一周，以 I—I 中心线为基准保证各加工面余量，划与 I—I 中心线平行的各加工面尺寸引工件一周，见图（a）	
6	用三个千斤顶支撑工件，用直角尺找正所划的 I—I 线，并保证各加工表面的加工余量。划与 II—II 线平行的各尺寸线，引工件一周，见图（c）	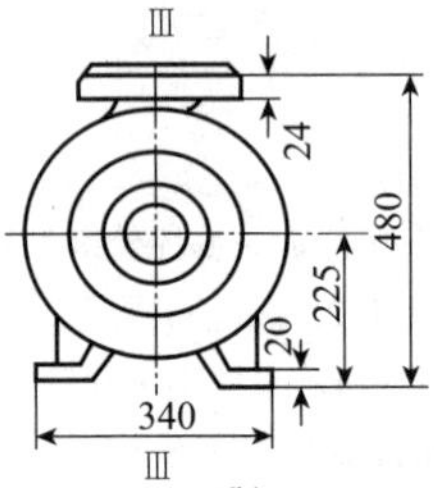
7	将工件旋转 90°，用三个千斤顶支撑工件，用直角尺找正所划的 I—I，II—II 线划 III—III 引工件一周	
8	划各法兰圆周尺寸加工线	
9	所划的尺寸线与校正线打"样中眼"，见图（b）	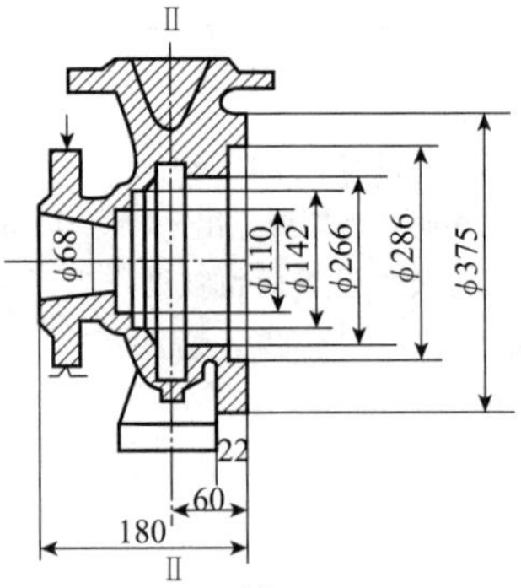
10	车工 ①四道爪夹持法兰盘外圆 φ198 处，校正中心十字线与流道中心线，粗车内孔 φ68 留余量，精车内径 φ110 与 φ286×8 等各部位尺寸 ②所有的精度、粗糙度、同轴度、垂直度均要符合图纸的技术要求，见图（c）	
11	车工 ①四爪夹持如图（e）所示，按 I—I、II—II、III—III 线校正工作 ②按图（d）要求加工各部尺寸至成品	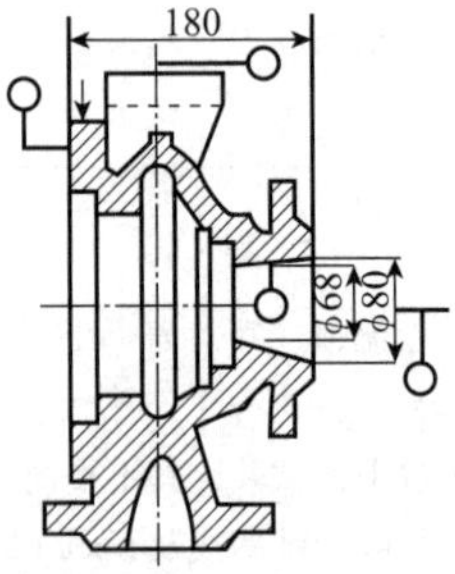
12	车工 ①四爪夹持如图（e）所示，按 I—I、II—II、III—III 线校正工件 ②按图加工出口法兰各部尺寸至成品	
13	铣 ①φ375 端面接放在铣床工作台上按 I—I、II—II、III—III 线校正工件 ②铣泵底面至成品	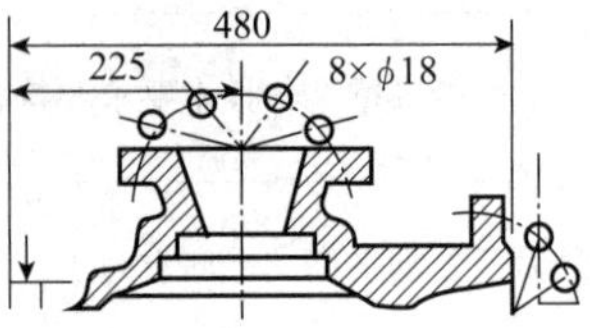
14	划线 ①在平台上划出所有光孔及螺孔位置线和加工线 ②钻所有光孔及螺孔的底孔 ③攻所有螺孔的螺纹	

⑥轴承箱的机加工工艺　轴承箱的机加工工艺见表9-45，其工序简图如表9-45中图（a）～图（c）所示。

表9-45　轴承箱机加工工艺

序号	工序内容	工序简图
1	铸造	
2	清砂、清除表面铸造毛刺	
3	喷砂、保证流道内部及非加工面光滑、平整	
4	热处理　固溶＋稳定化处理	(a)
5	车工　粗车 ①四爪夹紧工件ϕ310毛坯外圆并找正 ②按图（a）加工各部尺寸。"留精加工余量"并在C面加工一段10mm环形带	
6	车工　精车 ①四爪夹持已加工好的ϕ262外圆 ②按图（b）所示找正工件并加工各尺寸，最后在法兰端面C一侧加工一段宽10mm的环形带，保证形位公差及表面粗糙度，作为下一道工序的测量基准	(b)
7	四爪夹持ϕ150外圆，百分表找正外圆及C端面按图（c）所示加工	
8	划线　划各孔线	
9	钳工　钻各孔、攻螺纹	(c)

注：各部尺寸以图纸为准。各部尺寸公差、形位公差、表面粗糙度等技术要求要符合零件图纸要求。

9.3.2　磁力耦合传动离心泵整机的启动特性

磁力耦合传动离心泵靠磁力耦合传动器传递扭矩，对某一个磁力耦合传动器而言，所能传递的最大扭矩是恒定的。若它所承受的负载扭矩超过传动器设计时的最大扭矩时，磁力耦合传动器即会产生滑脱从而导致金属隔离套内的涡流急剧增加使永磁体温度升高而产生退磁以至于造成设备的损坏。由于磁力耦合传动离心泵中磁力耦合传动器在设计时的磁扭矩有很大一部分是用于克服泵在启动时的惯性作用，因此，对磁力耦合传动离心泵启动过程的特性进行分析与探讨是十分必要的。带有磁力耦合传动器的各类磁力耦合传动离心泵的启动过程是包括机械、电磁、液压等多种因素交织在一起的复杂过程，因此，对异步电动机的机械特性、负载的机械特性、水力特性及磁力耦合传动器的扭矩转角及运动特性进行综合分析，才能对其启动过程有一个确切的了解。

（1）启动过程的数学模型

磁力耦合传动离心泵启动过程中系统的传动示意如图 9-34 所示。泵在启动过程中系统应满足下列方程。

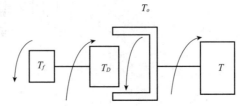

图 9-34 磁力耦合传动离心泵启动过程中系统的传动示意

$$\left.\begin{array}{l} T = T_o + J_z \dfrac{\mathrm{d}^2\theta^2}{\mathrm{d}t^2} \\[2mm] T_c = T_f + J_c \dfrac{\mathrm{d}^2\theta_c}{\mathrm{d}t^2} \\[2mm] T_o = T_{\max}\sin\left[\dfrac{n}{2}\ (\theta_z \cdot \theta_c)\right] \\[2mm] \theta_z\big|_{t=0} = \theta_c\big|_{t=0} \\[2mm] \dfrac{\mathrm{d}\theta_z}{\mathrm{d}t}\bigg|_{t=0} = \dfrac{\mathrm{d}\theta_c}{\mathrm{d}t}\bigg|_{t=0} \\[2mm] T = \dfrac{2T_m}{\dfrac{S}{S_m} + \dfrac{S_m}{S}} \\[2mm] T_f = Kn^2 \end{array}\right\} \qquad (9-30)$$

式中　T——异步电动机的电磁扭矩，N·m；

　　T_o——磁力耦合扭矩，N·m；

　　θ_z——外转子的角位移，rad；

　　S——转角差率，$S = (n_o - n)\ /n$（n_o 为旋转磁场转速，r/s）；

　　T_m——电动机的最大扭矩，N·m；

　　J_z——磁力耦合传动器外转子侧的转动惯量，kg·m²；

　　J_c——磁力耦合传动器内转子侧的转动惯量，kg·m²；

　　T_f——负载的扭矩，N·m；

　　$T_{\max}$——最大静磁扭矩，N·m；

　　θ_c——内转子的角位移，rad；

　　S_m——最大转角差率；

　　n——电动机转速，r/s。

（2）启动过程的参量特性

①电动机的机械特性 由式（9-30）可以知道电动机的机械特性，如图9-35所示，电动机的启动特性是：启动后扭矩开始随转速的增大而增大，达到最大值后，随转速的稳定呈减小的趋势，正常工作时在 AB 段。

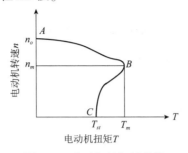

图9-35 电动机的机械特性

T_{st}—启动扭矩；n_m—最大扭矩时的转速

②负载离心泵的机械特性 负载离心泵的扭矩与转速的大小有关，基本上与转速的平方成正比，如图9-36所示。

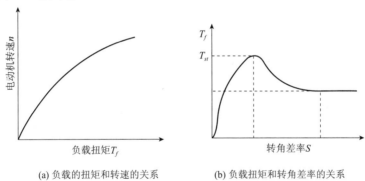

(a) 负载的扭矩和转速的关系 　　(b) 负载扭矩和转角差率的关系

图9-36 负载的扭矩特性

图中，$T_f = Kn^2$；式中，K 为比例系数。

③磁力耦合传动器的扭矩-转角特性 磁力耦合传动器的扭矩-转角特性如图9-37所示。正常工作时，其工作点在 OA 段。

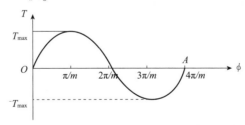

图9-37 磁力耦合传动器的扭矩－转角特性

④转角、转角差特性 电动机启动时，主动转角、从动转角随时间 t 增大而增大，从动转角的增大略滞后于主动转角的增大；正常工作后两者保持不变。两者转角差 ϕ_{zc} 随启动的进行由小逐渐变大，达到某一值后发生波动，波的振幅越来越小，当负载扭矩不变时，即稳定在一个定值上正常工作，如图9-38所示。

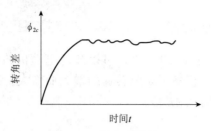

图 9-38 转角差特性

通过以上分析可知，装置正常运转时，电动机的机械特性、负载机械特性、磁力耦合传动器的扭矩-转角特性之间的关系如图9-39所示。

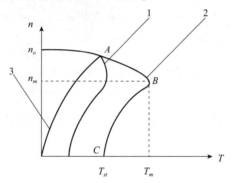

图 9-39 电动机的机械特性

1—驱动器扭矩特性曲线；2—电动机扭矩特性曲线；3—负载扭矩特性曲线（A点为工作点）

（3）启动和工作过程中的最大扭矩点的确定

由式（9-30）得

$$T_o = \frac{J_c}{J+J_z}T + \frac{J_z}{J_z+J_c}T_f \tag{9-31}$$

把图9-35所示的电动机的机械特性简化，AB、BC 分别用直线代替，则

$$T = \frac{T_m}{n_o S_m}(n_o - n) \quad n \geq n_0 \ (1-S_m) \tag{9-32a}$$

$$T = T_m + \frac{T_m}{n_o} \times \frac{1-S_m}{1+S_m^2}(n-n_o+n_o S_m) \quad n \leq n_o \ (1-S_m) \tag{9-32b}$$

把式（9-32a）、式（9-32b）分别代入式（9-31）得

$$T_o = \frac{J_z}{J_z+J_c} \times \frac{T_m}{n_o S_m}(n_o-n) + \frac{J_z}{J_z+J_c}Kn^2 \tag{9-33a}$$

$$T_o = \frac{J_c}{J_z+J_c}T_m + \frac{J_c}{J_z+J_c} \times \frac{T_m}{n_o} \times \frac{1-S_m}{1+S_m^2}(n+n_m) + \frac{J_z}{J_zJ_c}Kn^2 \tag{9-33b}$$

对式（9-33a）求 T_o 的极值点，即

$$\frac{dT_o}{dn} = -\frac{J_c}{J_c+J_z} \times \frac{T_m}{n_o S_m} + \frac{2J_z}{J_z+J_c}Kn = 0 \tag{9-34}$$

得：$n = \frac{T_m J_c}{2n_o S_m K J_z}$，即为式（9-33b）无极值点。

因为 $n=0$，$n=n_m$，两点为端点，$n=\dfrac{T_m J_c}{2n_o S_m K J_z}$ 为极值点，三点中 T_o 大的点为最大值点，求三点的 T_o。

当 $n=0$ 时

$$T_o = \frac{J_c}{J_z + J_c} \times \frac{2S_m T_m}{1 + S_m^2} = \frac{J_c}{J_z + J_c} T_{st} \tag{9-35a}$$

当 $n=n_m$ 时

$$T_o = \frac{J_c T_m}{J_z + J_c} \times \frac{J_z}{J_z + J_c} K n_o^2 \ (1 - S_m)^2 \tag{9-35b}$$

当 $n' = \dfrac{T_m J_c}{2n_o S_m K J_z}$ 时，$(n_m < n < n_o)$

$$T_o = \frac{J_c}{J_z + J_c} \times \frac{T_m}{n_o S_m} \left(n_o - \frac{T_m J_c}{2K J_z S_m n_o} \right) + \frac{J_z}{J_z + J_c} K \frac{T_m J_c}{2K S_m n_o J_z} \tag{9-35c}$$

下面求工作点。

当装置进入正常工作状态以后 $T_o = T_f$，即

$$T_m + \frac{T_m}{n_o} \times \frac{1 - S_m}{1 + S_m^2} \ (n - n_o + n_o S_m) \ = K n^2$$

解得：

$$n = \frac{1}{2K} \left[\frac{T_m}{n_o} \times \frac{1 - S_m}{1 + S_m^2} \pm \sqrt{\left(\frac{T_m}{2n_o} \times \frac{1 - S_m}{1 + S_m^2} \right)^2 + 4K \frac{T_m^2}{1 + S_m^2}} \right]$$

转速 n 对应电动机机械特性曲线上的点为工作点。

(4) 脱耦条件分析

磁力耦合传动器为非接触式柔性传动器，它与刚性传动器不同。刚性联轴器连接的装置，只要负载矩与电动机扭矩满足一定的关系，启动扭矩为额定扭矩的 1.0~2.2 倍（过载系数为 1.8~2.2），便可以保证启动的成功，工作顺利进行。对于刚性联轴器连接的装置，如用小功率的电动机可实现的传动，用大功率的电动机一定可以实现。而利用磁力耦合传动器，则情况不一样，下面简单介绍。

对于磁力耦合传动器连接的装置在启动时要考虑电动机、负载的机械特性，要使主动部分与从动部分不脱耦，应满足以下条件

$$T_{max}^{ji} \geqslant (T_o)_{max}$$

由上节已知，可由 $n=0$，$n=n_m$，$n=\dfrac{T_m J_c}{2n_o S_m K J_z}$ 来求解 $(T_o)_{max}$，假设当 $n=0$ 时，有 $(T_o)_{max}$。从式 (9-35a) 中可以看出，电动机的启动扭矩越大，所需的耦合扭矩越大，所需的磁力耦合传动器的最大扭矩越大。这说明，对同一磁力耦合传动器，大功率的电动机不利于启动。从式 (9-35a) 可以看出，改变电动机的启动方式 (Y-△)，可以减小启动扭矩，有利于启动的进行；减小从动转子的转动惯量有助于启动的进行。

假设当 $n=0$ 时，或 $n=\dfrac{T_m J_c}{2n_o S_m K J_z}$ 时，$(T_o)_{max}$ 存在。

说明负载的机械特性、电动机的机械特性直接影响着启动的顺利进行。K 越大，T_{max} 越大，n_o 越大，S_m 越小，对启动越不利。减小电动机的启动扭矩，减小从动件的转动惯量有

助于启动的顺利进行；同一负载矩在不同功率的电动机下所要求的磁力耦合传动器的耦合扭矩不同，大功率的电动机，要求的耦合扭矩大。

总之，保证磁力耦合传动器不脱耦的条件为

$$T_{\max}^{ji} \geq (T_o)_{\max} \tag{9-36}$$

式中，T_o 是由电动机负载的机械特性决定的。

（5）磁力耦合传动泵的延时启动

磁力耦合传动泵在启动时，根据动力学原理分析，泵的负载扭矩 T 应由两部分组成：一部分是设计时给出的额定负载 $T_额$；另一部分是克服泵的惯性所需的负载 $T_惯$，即

$$T = T_额 + T_惯 \tag{9-37}$$

$$T_惯 = J\frac{\mathrm{d}w}{\mathrm{d}t}$$

式中，J 为磁力耦合传动泵转子的转动惯量，泵设计后为定值，只有泵启动时的角加速度 $\frac{\mathrm{d}w}{\mathrm{d}t}$ 在启动时由零加速到泵的额定工作转速后才达到一个恒定值。由于启动的时间是可以变化的，因此，控制这一时间的长短即可改变 $\frac{\mathrm{d}w}{\mathrm{d}t}$ 值，若 $\frac{\mathrm{d}w}{\mathrm{d}t}$ 大，则 $T_惯$ 就大，这样就可以致使 J 很大，则产生如图 9-40 所示的启动时负载很大的情况，如该负载扭矩超过磁力耦合传动器的最大启动扭矩时即产生脱耦。

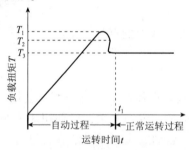

图 9-40　磁力耦合传动泵负载扭矩 T 随运转过程的变化

T_1—启动时最大负载扭矩；T_2—脱耦扭矩；

T_3—启动过程完结的负载扭矩；t_1—启动时间

泵在启动过程中所产生的最大启动负载扭矩 $T_1 < T_2$。若 $T_1 > T_2$，内、外磁转子则产生脱耦。在设计磁力耦合传动器时，除特殊情况外，一般不采用加大磁力耦合传动器外形尺寸的方法提高启动扭矩，这样会造成材料的浪费和增大泵启动时的功率损失，因此，在不改变泵水力设计和磁力耦合传动器设计的条件下，降低泵在启动过程中所产生的角加速度 $\frac{\mathrm{d}w}{\mathrm{d}t}$，也就是延长泵的启动时间。通过降低泵在启动时产生的惯性扭矩 $T_惯$ 来降低泵在启动时所产生的最大负载扭矩 T_1，就可以满足如图 9-41 所示的最大启动扭矩小于最大脱耦扭矩的条件，从而解决泵在启动时产生过大的负载扭矩的问题。

实验表明，当一台小型电动机在功率不变的情况下直接启动，其启动时间长，大约在 $0.9s$ 左右，此时磁力耦合传动器所能带动的负载功率约为 402W，如果把泵的启动时间延长到 5s 时，则泵启动时所带动的负载功率可以达到 402W，可见启动时间延长后，泵在启动时所能带动的功率可增大 5 倍，因此，对泵采用延时启动的方法十分有效。

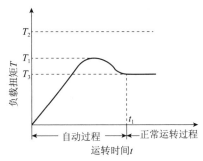

图9-41　磁力耦合传动泵延时启动时负载扭矩 T 的变化

T_1—启动时最大负载扭矩；T_2—脱耦扭矩；

T_3—启动过程完结的负载扭矩；t_1—启动时间

（6）启动器的原理及使用效果

调节磁力耦合传动泵电动机的启动速度有两种办法，即调节电动机的频率或调节输入电动机的电压，前者称调频调速法，后者称调压调速法。调频法难度大、成本高，故多采用调压法，其基本原理就是从小于额定电压的某一电压开始（如从200V开始），使电压缓慢上升最后达到电动机的额定电压380V，与此电压相应的电动机转数也从较低速度逐渐平缓地达到较高的额定转数，从而完成了泵的启动过程，其启动器的工作原理如图9-42所示。

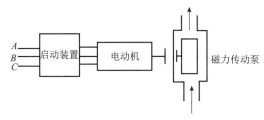

图9-42　磁力耦合传动泵用启动器的工作原理

假如设计3kW磁力耦合传动泵采用启动器过程，实际运行测试表明，若在3kW的磁力耦合传动泵上直接加入380V电压不采用延时启动时，泵不能启动。若采用220V/380V的Y-△转换连接启动也不易启动，但是磁力耦合传动泵采用启动器以后启动时间加长到设计值则泵缓慢启动，过程平稳可靠。可见采用启动器时启动时间加以延长的办法是可行的，它不但可以减小磁力耦合传动器的尺寸，节省磁性材料，而且还可以保护电动机启动的安全，降低电动机的功率从而达到节能的目的。

9.3.3　磁力耦合传动离心泵的故障分析与监控

（1）故障产生的原因及消除方法

磁力耦合传动离心泵在运转过程中易于产生的故障主要包括：隔离套产生的涡流损失发热；内、外磁转子之间的脱耦；运转时的干摩擦；内、外磁转子对隔离套旋转的擦碰；冷却介质中杂质对冷却回路的堵塞等因素。这些原因产生故障后均会引起隔离套的温升，因此，只要通过对温度的监测就可以及时发现磁力耦合传动离心泵所产生的各种故障。磁力耦合传动离心泵故障及其消除方法见表9-46。

表 9-46　磁力耦合传动离心泵故障及其消除方法

故障现象	故障原因	故障引起的后果	消除故障的方法
泵不启动或突然无压力和流量（实际上是内、外磁转子脱耦）	① 启动泵时，惯性过大，超过启动扭矩 ②内、外磁转子磁扭矩小 ③旋转时振动大 ④摩擦扭矩大，负载过大	① 振动大、噪声大 ②泵不上量和不上压力 ③隔离套易发热和引起退磁	① 排除超载原因 ②更换磁转子 ③消除振动摩擦力
泵振动大、噪声大	① 泵内轴承磨损量过大 ②轴变形或弯曲 ③汽蚀或抽真空	① 泵内相关零部件摩擦磨损 ②叶轮及其他过流部件损伤 ③内磁转子与隔离套摩擦、碰撞	① 检查轴承等更换磨损件 ②消除汽蚀及抽真空
隔离套温度升高	① 内磁转子与隔离套摩擦、磨损 ②导流冷却孔堵塞 ③抽真空与汽蚀	① 易引起内、外磁转子退磁，内磁转子磨损或损伤严重 ②损伤隔离套及相关零部件	① 检查原因，调整间隙或更换易损件 ②消除汽蚀与抽真空 ③导流冷却孔畅通
流量减小或压力降低	① 叶轮口环和泵体密封环间隙增大 ②吸入口或排出口有异物堵塞 ③电网电压低 ④内、外磁转子退磁	① 达不到工艺要求 ②影响生产正常进行	① 查明原因更换易损件 ②排除堵塞物 ③提高电网电压
突然产生噪声或有异样声响、电动机功率增大或流量、扬程降低	① 有杂质如硬质颗粒进入泵内 ②有关零部件松动后产生摩擦、碰撞、位移	① 硬质颗粒流入泵内如隔离套内间隙、轴承间隙等产生噪声、异样声响、增大磨损功率、加速轴承磨损 ②零部件松动产生摩擦、碰撞、损坏；叶轮轴向位移影响流量和扬程	① 清除杂质，必要时采取过滤措施和安装磁性过滤器 ②查明零部件松动的原因，根除不利因素

（2）故障诊断与监控

磁力耦合传动离心泵的故障诊断与监控参照第 3 篇"磁力耦合传动的理论分析与计算"第 8 章"磁力耦合传动装置的运动学分析"中 8.4.2"磁力耦合传动装置的故障诊断与监控"进行，此处不做介绍。

9.4　磁力耦合传动离心泵的选用

9.4.1　FC 系列化工流程磁力耦合传动离心泵

（1）结构

FC 系列化工流程磁力耦合传动离心泵分单级、多级两种，单级泵与 FFC 型泵基本相同，双级泵与 CAY 型泵结构相近或相同，是输送剧毒、易燃、易爆介质，如氰化钾、甲醇、丙烯、C_3 和 C_4 混合物等特种介质的理想泵。

单级磁力耦合传动离心泵的结构如图 9-43 所示，双级磁力耦合传动离心泵的结构如图 9-44 所示。

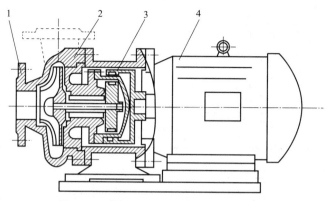

图 9-43 单级磁力耦合传动离心泵的结构

1—泵体；2—叶轮；3—磁力耦合传动器；4—传动电动机

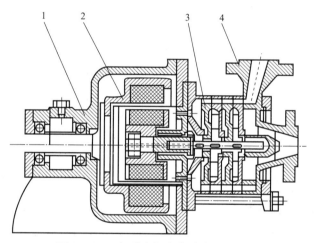

图 9-44 双级磁力耦合传动离心泵结构

1—支撑架；2—磁力耦合传动器；3—叶轮；4—泵体

（2）性能参数

FC 系列化工流程用磁力耦合传动离心泵，结构简单，易于操作、维修，可采用标准化传动电动机。双级泵的性能参数见表 9-47，单级泵性能参数参见 FFC 型泵性能参数。FC 系列磁力耦合传动离心泵性能曲线如图 9-45 所示。

表 9-47 双级泵的性能参数

型 号	流量 /(m^3/h)	扬程 /m	功率 /kW	转速 /(r/min)	I 级叶轮直径 /mm	II 级叶轮直径 /mm	汽蚀余量 /m
FC-50/40	15	120	15	2950	191	248	2.4
FC-80/65	50	200	75	2950	290	290	3.6
FC-80/65A	47	175	55	2950	275	275	3.5

续表

型　号	流量 /(m³/h)	扬程 /m	功率 /kW	转速 /(r/min)	Ⅰ级叶轮直径 /mm	Ⅱ级叶轮直径 /mm	汽蚀余量 /m
FC-80/65B	43	153	45	2950	260	260	3.35
FC-80/65C	40	125	37	2950	240	240	3.3
FC-100/80	100	210	132	2950	315	315	3.5
FC-100/80A	90	175	110	2950	280	280	3.3
FC-100/80B	80	150	90	2950	260	260	3
FC-150/100	150	210	160	2950	315	315	3.5
FC-150/100A	135	170	132	2950	275	275	3.3
FC-150/100B	120	140	110	2950	255	255	3

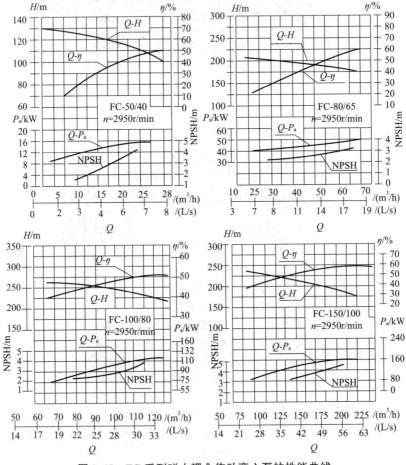

图 9-45　FC 系列磁力耦合传动离心泵的性能曲线

(3) 使用中应注意的问题

①泵的安装

a. 磁转子与动力设备安装时，由于倾斜角、不同轴度等因素，内、外磁转子与隔离套内、外间隙在径向的偏斜量不得大于 0.3mm。

b. 安装内、外磁转子时不得用硬性东西敲打。

c. 泵整机安装时，将整机泵座放置在基础之上，靠近地脚螺栓处安放垫铁，将泵座垫高 30～50mm，以利灌浆。

d. 将水平仪放置在泵座上，使水平仪满足轴后每米允差小于 0.15mm，横向每米允差小于 0.2mm。

e. 用混凝土浇灌地脚螺栓孔。

f. 待混凝土完全凝固硬化后，拧紧地脚螺栓并重新检查水平度。

②操作规程

a. 开泵的准备工作。检查泵及电路是否正常，进出口压力表指示值是否相同。用手盘动外转子时泵的运转应轻松，无偏磨现象和异常声音。进口阀门全部打开，出口阀门全部关闭。检查各联结部位有无松动和漏水现象。打开压力表及其他仪表开关。点开一下电动机，检查电动机转向与泵要求的旋转方向是否一致。

b. 开泵。先按启动按钮，同时观察电流表、压力表的指示情况。

c. 运转。缓慢打开出口阀门，调节流量、扬程至额定值。机组运转无异常声音和现象。

d. 维护要求。应该定时检查泵的运行情况，记录泵的进出口压力表值、流量值和压力值，如不在正常范围内应调节到正常范围内。发现泵、电动机有异常声音及其他异常现象时应停机检修。自润滑轴承的散热与润滑以及磁转子的冷却是靠工作介质来完成的，所以，泵不能抽空。泵抽空或其他工艺流程不稳定等因素造成内、外转子不同步转动时，时间不得大于10min。

e. 停泵。关闭泵的出口阀门，关闭电动机，电动机转数应缓慢下降，不应突然停止。

③故障排除　FC系列化工流程磁力耦合传动离心泵故障排除方法见表9-48。

表9-48　FC系列化工流程磁力耦合传动离心泵故障排除方法

故障现象	故障原因	排除方法
机组不能启动	① 电路发生故障 ②线路电压过低 ③泵内转子摩擦电动机及泵轴承磨损严重	① 检查电路是否正常 ②调整电压值 ③检查泵转子和电动机及泵的传动情况
启泵后，出口压力值、流量达不到或在一压力下流量达不到额定值	① 磁传动器传递扭矩不够 ②电动机转向不对 ③叶轮有阻塞现象 ④叶轮或轴承套磨损严重 ⑤压力表或流量计不准	① 关闭出口阀门重新启泵，不打开出口阀门观察压力表和电流表如出口压力表指针上升后，突然下降至进口压力值，或电流表值突然下降为电动机空载电流值时，应检查磁传动器是否退磁并进行更换 ②检查电动机运转情况，调整转向 ③检查叶轮流道 ④更换 ⑤更换
机组突然自动停机	① 电动机过载，开关或过流控制元件自动跳开 ②线路接触不良	① 检查线路排除故障，重新启动前盘动泵轴检查是否转动轻松 ②检查线路排除故障
振动及噪声过大	① 电动机、泵轴严重磨损 ②叶轮损坏产生不平衡 ③基础地脚螺钉固定不牢	① 加油、更换轴承 ②更换叶轮 ③检查基础地脚螺钉

④检修

a. 定期停泵检查前后石墨轴承磨损情况。

b. 检查后石墨轴承与轴套时，应松开电动机底座与泵座连接处的螺母，将电动机与外转子向后退出，拆下支架与隔离套，然后检查是否需要更换石墨轴承等，并将内磁转子上吸附的杂物清除干净。

c. 检查前石墨轴承与轴套时，应松开叶轮螺母，拆下叶轮隔板，检查是否需要更换前轴承等。

d. 检查其他易损件磨损情况，如需要更换，应一起更换。

e. 检查或更换后，安装时不允许用硬工具或硬物敲打石墨轴承、内转子、隔离套等。

f. 止推盘与石墨轴承端面之间的轴向间隙不能大于 1mm。

9.4.2 FFC 系列耐腐蚀磁力耦合传动离心泵

FFC 系列耐腐蚀磁力耦合传动离心泵是针对不同介质选用不同的防腐蚀材料而制成的离心式工业泵。该系列产品具有强度高、耐腐蚀性能好、体积小、噪声低、使用周期长、维护检修方便等特点。目前，甘肃省科学院磁性器件研究所已投入系列化生产。其结构如图 9-46 所示，性能参数见表 9-49，性能曲线如图 9-47 所示，泵用主要材料选择可参见表 9-50。

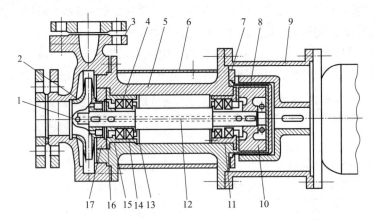

图 9-46 FFC 系列耐腐蚀磁力耦合传动离心泵结构

1—叶轮螺母；2—叶轮；3—泵壳；4—前轴承基座；5—轴承箱；6—水套；
7—隔离套及隔离套法兰；8—外转子；9—支架；10—内磁转子；11—后轴承基座；
12—轴；13—轴承压盖；14—轴承内套；15—基座密封环；16—密封套；17—轴承箱口环

表 9-49 FFC 系列耐腐蚀磁力耦合传动离心泵的性能参数

型 号	流量 Q /（m^3/h）	扬程 H /m	转速 n /（r/min）	效率 η/%	功率/kW		必需汽蚀余量/m
					轴功率	电动机功率	
FFC50-32-125	7.5	22	2900	34	1.3	3.0	2.0
	12.5	20		47	1.4		2.3
	15	18.5		47	1.6		2.5
	3.75	5.4	1450	30	0.18	0.75	2.0
	6.3	5		41	0.21		2.3
	7.5	4.6		42	0.22		2.5

续表

型　号	流量 Q / (m³/h)	扬程 H /m	转速 n / (r/min)	效率 η/%	功率/kW 轴功率	功率/kW 电动机功率	必需汽蚀 余量/m
FFC50-32-125A	7	20	2900	33	1.2	3.0	2.3
	11.5	17.5		43	1.3		2.3
	13.8	16		43	1.4		2.8
FFC50-32-160	7.5	34.3	2900	32	2.2	4.0	2.0
	12.5	32		42	2.6		2.3
	15	29.6		44	2.7		2.5
	3.75	8.5	1450	23	0.38	0.75	2.0
	6.3	8		36	0.38		2.3
	7.5	7.5		37	0.41		2.5
FFC50-32-160A	7	30	2900	31	1.8	4.0	2.3
	11.5	27.5		40	2.2		2.3
	13.8	26		41	2.4		2.8
FFC50-32-200	7.5	52.5	2900	26	4.1	7.5	2.3
	12.5	50		36	4.7		2.3
	15	48		39	5.0		2.8
	3.75	13.1	1450	21	0.64	1.5	2.3
	6.3	12.5		30	0.71		2.3
	7.5	12		32	0.77		2.8
FFC50-32-200A	7	46.5	2900	24	3.7	7.5	2.3
	11.5	44		34	4.1		2.3
	13.8	42		36	4.4		2.8
FFC50-32-250	7.5	82	2900	20.5	8.2	15	2.3
	12.5	80		30	9.1		2.5
	15	78.5		31	10.3		2.8
	3.75	20.5	1450	15.5	1.4	2.2	2.3
	6.3	20		24	1.4		2.3
	7.5	19.5		25	1.6		2.8
FFC50-32-250A	7	70	2900	20	6.7	111	2.3
	11.5	67		29.5	7.1		2.3
	13.8	65		29	8.4		2.8
FFC65-50-125	15	21.8	2900	46	1.9	4.0	2.0
	25	20		57	2.4		2.5
	30	18.5		56	2.7		3.0
	7.5	5.35	1450	41	0.27	0.75	2.0
	12.5	5		52	0.33		2.3
	15	4.7		53	0.36		2.5

型　号	流量 Q / （m³/h）	扬程 H /m	转速 n / （r/min）	效率 η/%	功率/kW		必需汽蚀余量/m
					轴功率	电动机功率	
FFC65-50-160	7.5	8.8	1450	40	0.45	1.1	2.3
	12.5	8.0		50	0.54		2.3
	15	7.2		50	0.59		2.8
FFC65-50-160A	14	32	2900	42	2.9	5.5	2.3
	23.5	28		53	3.4		2.3
	28	27		54	3.8		2.8
	15	53	2900	36	6.0	11	2.3
	25	50		47	7.2		2.3
	30	47		48	8.0		2.8
FFC65-40-200	7.5	13.2	1450	30	0.90	1.5	2.3
	12.5	12.5		42	1.0		2.3
	15	11.8		44	1.1		2.8
FFC65-40-200A	13.7	44	2900	34	4.8	7.5	2.3
	22.8	41.5		44	5.9		2.3
	27.4	39		45	6.5		2.8
	15	82	2900	27	12.4	18.5	2.0
	25	80		40	13.6		2.3
	30	78		43	14.8		2.5
FFC65-40-250	7.5	21	1450	25	1.7	3.0	2.0
	12.5	20		36	1.9		2.3
	15	19.4		38	2.1		2.5
FFC65-40-250A	14	73	2900	27	10.3	15	2.3
	23.5	70		40	11.2		2.3
	28	67		41	12.5		2.8
FFC65-40-250B	12	66	2900	26	8.3	15	2.3
	20	63		39	8.8		2.3
	24	60.5		40	9.9		2.8
FFC65-40-315	15	127	2900	20	25.9	37	2.8
	25	125		32	26.6		2.8
	30	123		34	29.6		2.3
	7.5	32.3	1450	19	3.5	5.5	2.8
	12.5	32		29	3.8		2.8
	15	31.7		33	3.9		2.3
FFC65-40-315A	14	112	2900	21	20.3	30	2.8
	23.5	105		30	22.4		2.8
	28	100		33	23.1		3.3

续表

型 号	流量 Q / (m³/h)	扬程 H /m	转速 n / (r/min)	效率 η/%	功率/kW 轴功率	功率/kW 电动机功率	必需汽蚀余量/m
FFC65-40-315B	12	94	2900	20	15.4	22	2.8
	20	88		29	16.5		2.8
	24	83		31	17.5		3.3
FFC80-65-125	30	22.5	2900	52	3.5	7.5	3.3
	50	20		63	4.3		3.3
	60	18		62	4.7		3.8
	15	5.6	1450	43	0.53	1.1	2.8
	25	5		59	0.58		2.8
	30	4.5		60	0.61		3.3
FFC80-65-125A	28	20	2900	50	3.1	5.5	3.3
	46.5	17.5		60.5	3.7		3.3
	56	15.5		60	3.9		3.8
FFC80-65-160	30	36	2900	49	6.0	11	2.8
	50	32		61	7.1		2.8
	60	29		60	7.9		3.3
	15	9	1450	43	0.85	2.2	2.8
	25	8		57	0.96		2.8
	30	7.2		56	1.1		3.3
FFC80-65-160A	27	30	2900	47	4.7	7.5	2.8
	45	26.5		59	5.5		2.8
	54	22.5		58	5.7		3.3
FFC80-50-200	30	53	2900	42	10.3	15	2.8
	50	50		56	12.2		2.8
	60	47		58	13.2		3.3
	15	13.2	1450	38	1.4	3.0	2.8
	25	12.5		52	1.6		2.8
	30	11.8		54	1.8		3.3
FFC80-50-200A	28	47	2900	40	9.0	15	2.8
	46.5	44.5		54	10.4		2.8
	56	41		55	11.4		3.3
FFC80-50-200B	25.5	43	2900	38	7.8	11	2.8
	42	40		51	9.0		2.8
	50	37		52	9.7		3.3

型　号	流量 Q / (m³/h)	扬程 H /m	转速 n / (r/min)	效率 η/%	功率/kW		必需汽蚀 余量/m
					轴功率	电动机功率	
FFC80-50-250	30	84	2900	42	16.3	30	2.8
	50	80		53	20.6		2.8
	60	75		54	22.7		3.3
	15	21	1450	39	2.2	5.5	2.8
	25	20		50	2.7		2.8
	30	18.8		51	3.0		3.3
FFC80-50-250A	28	76	2900	40	14.5	22	2.8
	46.5	72		53	17.2		2.8
	56	69		53.5	19.7		3.3
FFC80-50-250B	25.5	67	2900	38	12.2	18.5	2.8
	42	63		51	14.1		2.8
	50	60.5		51	16.2		3.3
FFC80-50-315	30	128	2900	29	36.1	55	2.8
	50	125		42	40.5		2.8
	60	123		45	44.7		3.3
FFC80-50-315A	28	106	2900	27	29.9	45	2.8
	46.5	102		41	31.5		2.8
	56	100		43	35.5		3.3
FFC100-80-125	60	24	2900	57	6.9	11	4.3
	100	20		68	8		4.3
	120	16.5		64	8.4		5.3
	30	6	1450	54	0.9	2.2	2.8
	50	5		65	1.0		2.8
	60	4		61	1.0		3.3
FFC100-80-125A	54	19.5	2900	55	5.2	7.5	4.3
	90	16		65	6.0		4.8
	108	13		61	6.3		5.3
FFC100-80-160	60	36	2900	58	10.1	18.5	3.8
	100	32		66	13.2		4.3
	120	28		63	14.5		5.3
	30	9.2	1450	55	1.4	3.0	2.3
	50	8.0		63	1.7		2.8
	60	6.8		59	1.9		3.8
FFC100-80-160A	55	30	2900	55	8.2	15	3.8
	92	26		62	10.5		4.3
	110	23		60	11.5		5.3

续表

型　号	流量 Q / (m³/h)	扬程 H /m	转速 n / (r/min)	效率 η/%	功率/kW 轴功率	功率/kW 电动机功率	必需汽蚀余量/m
FFC100-65-200	60	54	2900	57	15.5	30	3.3
	100	50		68	20.0		3.9
	120	47		69	22.3		5.1
	30	13.5	1450	52	2.1	4.0	2.3
	50	12.5		65	2.6		2.3
	60	11.8		66	2.9		2.8
FFC100-65-200A	55.2	48	2900	55	13.1	22	3.3
	92	44		66	16.7		3.9
	110	40		65.5	18.3		5.1
FFC100-65-200B	50	41	2900	53	10.5	18.5	3.3
	83	38		63	13.6		3.9
	100	34		62	14.9		5.1
FFC100-65-250	60	87	2900	50	28.4	45	3.8
	100	80		61	35.7		4.1
	120	74.5		63	39.3		5.1
	30	21.3	1450	44	4.0	7.5	2.3
	50	20		57	4.8		2.3
	60	19		59	5.3		2.8
FFC100-65-250A	54	74	2900	48	22.7	37	3.8
	90	68		59	28.2		4.1
	108	63.5		59.5	31.4		5.1
FFC100-65-315	60	133	2900	43	50.5	75	3.3
	100	125		54	63.0		3.9
	120	118		55	70.1		4.5
	30	34	1450	39	7.1	11	2.3
	50	32		51	8.5		2.3
	60	30		52	9.4		2.8
FFC100-65-315A	53	115	2900	43	40.8	75	3.3
	93	110		54	51.6		3.9
	112	103		55	57.1		4.5
FFC100-65-315B	53	100	2900	41	35.2	55	3.3
	88	95		52	43.8		3.9
	106	90		52.5	49.5		4.5

续表

型　号	流量 Q / (m³/h)	扬程 H /m	转速 n / (r/min)	效率 η/%	功率/kW		必需汽蚀余量/m
					轴功率	电动机功率	
FFC125-100-200	120	57.5	2900	60	31.3	55	4.8
	200	50		68	40.0		4.8
	240	44.5		67	43.4		5.3
	60	14.5	1450	55	4.3	7.5	2.8
	100	12.5		63	5.4		2.8
	120	11.0		62	5.8		3.3
FFC125-100-200A	112	50	2900	53	28.8	45	4.8
	186	43		66	33.0		4.8
	223	39		65	36.4		5.3
FFC125-100-200B	103	42.5	2900	52	22.9	37	4.8
	172	37		64.5	26.9		4.8
	206	33		63.5	29.2		5.3
FFC125-100-250	120	87	2900	53	54.7	90	4.1
	200	80		65	67.0		4.5
	240	72		62	75.9		5.3
	60	21.5	1450	50	7.0	11	2.8
	100	20		63	8.6		2.8
	120	18.5		59	10.2		3.3
FFC125-100-250A	112	74	2900	52	43.4	75	4.1
	186	67		64.5	52.6		4.5
	223	61		62	59.7		5.3
FFC125-100-250B	103	67	2900	50.5	37.2	55	4.1
	172	60		63	44.6		4.5
	206	54		61	49.7		5.3
FFC125-100-315	120	132.5	2900	50	86.6	132	4.3
	200	125		65	104.7		4.8
	240	120		67	117.1		5.3
	60	33.5	1450	48	11.4	18.5	2.8
	100	32		63	13.8		2.8
	120	30.5		64	15.6		3.3
FFC125-100-315A	112	111	2900	49	69.1	110	4.3
	186	105		63.5	83.8		4.8
	223	100		65	93.4		5.3
FFC125-100-315B	103	98	2900	47	58.5	90	4.3
	172	93		62	70.3		4.8
	206	88		63	78.4		5.3

续表

型　号	流量 Q / (m^3/h)	扬程 H /m	转速 n / (r/min)	效率 η/%	功率/kW		必需汽蚀余量/m
					轴功率	电动机功率	
FFC125-100-400	60	52	1450	43	19.8	30	2.8
	100	50		55	24.8		2.8
	120	48.5		57	27.8		3.3
FFC125-100-400A	55.2	46	1450	43	16.1	30	2.8
	92	44		54	20.4		2.8
	110	42		55	22.9		3.3
FFC150-125-250	120	22.5	1450	61	12.1	22	3.3
	200	20		71	15.3		3.3
	240	17.5		68	16.8		3.8
FFC150-125-250A	109	20	1450	59	10.1	15	3.3
	182	16.5		69.5	11.8		3.3
	218	14		66.5	12.5		3.8
FFC150-125-315	120	34	1450	60	18.5	37	2.5
	200	32		69	25.3		2.5
	240	29		70	27.1		3.0
FFC150-125-315A	109	29	1450	59	14.6	30	2.8
	182	27		67	20.1		2.8
	218	24.5		66	22.0		3.3
FFC150-125-400	120	53	1450	52	33.3	55	2.3
	200	50		65	41.9		3.1
	240	46		64	47.0		3.8
FFC150-125-400A	109	47	1450	50	27.9	45	2.3
	182	44		53	34.6		3.1
	218	40		62	38.3		3.8
FFC200-150-250	240	23	1450	57	26.4	45	4.0
	400	20		72	30.3		4.8
	460	18		72	31.3		5.2
FFC200-150-250A	215	20	1450	61	19.2	30	3.3
	358	17.5		70	24.4		3.9
	412	15		68	24.8		4.3
200-150-315	240	35.6	1450	60	38.8	75	3.3
	400	32		72	48.4		3.8
	460	29.4		70	52.6		4.3
FFC200-150-315A	218.2	29.4	1450	58	30.1	45	3.3
	363	25.5		70	36.0		3.8
	418	24.3		69	40.0		4.3

续表

型　号	流量 Q / (m³/h)	扬程 H /m	转速 n / (r/min)	效率 η/%	功率/kW		必需汽蚀 余量/m
					轴功率	电动机功率	
FFC200-150-400	240	55.8	1450	64	57.0	110	3.3
	400	50		71	76.7		4.1
	460	47		66	89.2		4.8
FFC200-150-400A	218.2	46	1450	62	44.1	75	3.3
	363	41		69	58.7		3.9
	418	38.8		65	68		4.3

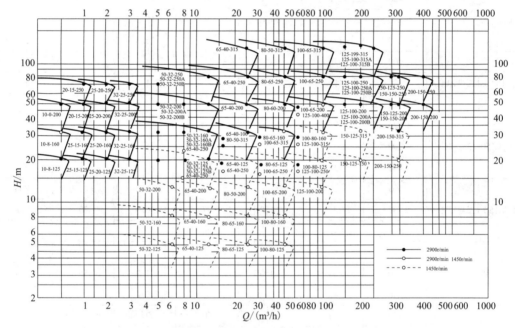

图 9-47　FFC 系列耐腐蚀磁力耦合传动离心泵性能曲线

表 9-50　FFC 系列耐腐蚀磁力耦合传动离心泵用主要材料

材料	ZG1Cr18Ni9	ZG1Cr18Ni9Ti	ZG0Cr18Ni12Mo2Ti
代号	303	305	316

注：材料选择根据使用介质和工艺要求所定。

9.4.3　FSC 系列耐腐蚀磁力耦合传动离心泵

FSC 塑料衬里磁力泵参照国际标准 ISO 2858 设计，过流部件全部采用塑料衬里，全密封无泄漏，适用于石油、化工、冶金、电力、造纸、食品、制药、合成纤维等工业部门，广泛用于输送易燃、易爆、易挥发、有毒、有腐蚀性及不允许污染的介质和贵重液体。除熔融碱金属、发烟硝酸等少数介质外，选用不同的塑料材料，几乎能抵抗所有的化学介质（包括浓硝酸和王水）的腐蚀。图 9-48 所示为 FSC 系列耐腐蚀磁力耦合传动离心泵结构；图 9-49 所示为 FSC 系列耐腐蚀磁力耦合传动离心泵性能曲线。

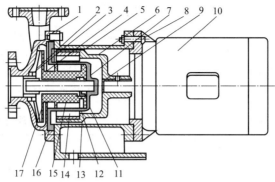

图 9-48 FSC 系列耐腐蚀磁力耦合传动离心泵结构

1—泵体；2—止推环；3—叶轮盖；4—叶轮；5—外衬铁；6—联轴器；7—隔离套；
8—支架；9—轴；10—电动机；11—止推片；12—泵轴；13—薄套；
14—外磁钢；15—内衬铁；16—内磁钢；17—内磁体

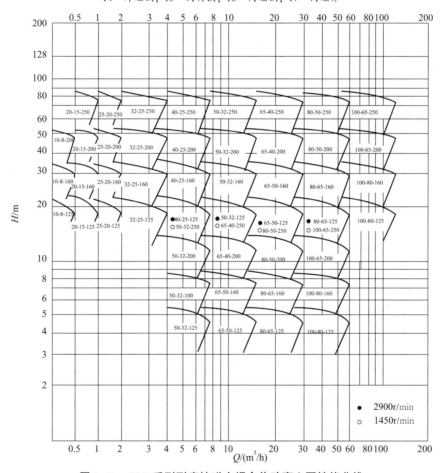

图 9-49 FSC 系列耐腐蚀磁力耦合传动离心泵性能曲线

该系列产品不适宜输送含有磁性物质或坚硬固体颗粒的介质。泵的吸入压力应不超过 0.2MPa；一般在抽送介质最高温度不超过 80℃时，泵的额定压力为 1.6MPa。性能范围：流量 0.2 ~ 100m³/h；扬程 5 ~ 80m。

该系列泵的特点是泵的过流部分全部采用塑料压制而成，具有良好的耐冲击性、抗蠕变性和极好的耐腐蚀性。对于不同的介质可采用不同的塑料材料衬里，既经济，又可靠。

该系列泵无污染、结构合理、体积小、质量轻、运行平稳、性能可靠、保养方便，适应区域广泛，如化工、冶金、电力、造纸、食品、制药、合成纤维等工业部门，用于输送强酸、强碱及不允许污染的介质和贵重液体。FSC 系列耐腐蚀磁力耦合传动离心泵的过流部件常用材料见表 9-51，FSC 系列耐腐蚀磁力耦合传动离心泵的性能参数见表 9-52。

表 9-51　FSC 系列耐腐蚀磁力耦合传动离心泵的过流部件常用材料

材料	代号	温度/℃	材料	代号	温度/℃
超高分子量聚乙烯	UHMWPE	−20~70	聚四氟乙烯	PTFE	−20~150
聚丙烯	PP	−10~120	聚全氟乙烯	F_{40}	−20~150
聚氯乙烯	PVC	−20~70	聚偏三氟氯乙烯	FCTFE	−20~150
聚偏二氯乙烯	PVDC	−20~140			

注：通过调整泵的支承方式，输送液体的温度可达 200℃

表 9-52　FSC 系列耐腐蚀磁力耦合传动离心泵的性能参数

型号	流量 Q /(m³/h)	扬程 H /m	转速 n /(r/min)	效率 η/%	功率/kW 轴功率	电动机功率	必需汽蚀余量/m
FSC10-8-125	0.12	20.6	2900	14	0.08	0.75	2
	0.2	20					
	0.24	18					
FSC10-8-160	0.12	33	2900	13	0.15	0.75	2
	0.2	32					
	0.24	30					
FSC10-8-200	0.12	52.5	2900	12	0.23	1.1	2
	0.2	50					
	0.24	48					
FSC20-15-125	0.5	20.6	2900	22	0.20	0.75	2
	0.8	20					
	1.0	18					
FSC20-15-160	0.5	33	2900	21	0.33	1.1	2
	0.8	32					
	1.0	30					
FSC20-15-200	0.5	52.5	2900	20	0.54	1.5	2
	0.8	50					
	1.0	48					
FSC20-15-250	0.5	84	2900	20	0.87	2.2	2
	0.8	80					
	1.0	75					
FSC25-20-125	1.0	20.6	2900	30	0.29	1.1	2
	1.6	20					
	2.0	18					

续表

型　号	流量 Q / (m^3/h)	扬程 H /m	转速 n / (r/min)	效率 η/%	功率/kW		必需汽蚀余量/m
					轴功率	电动机功率	
FSC25-20-160	1.0	33	2900	29	0.48	1.5	2
	1.6	32					
	2.0	30					
FSC25-20-200	1.0	52.5	2900	28	0.78	2.2	2
	1.6	50					
	2.0	48					
FSC25-20-250	1.0	84	2900	26	1.3	4.0	2
	1.6	80					
	2.0	75					
FSC32-25-125	2.0	20.6	2900	35	0.50	1.5	2.5
	3.2	20					
	4.0	18					
FSC32-25-160	2.0	33	2900	33	0.84	2.2	2.5
	3.2	32					
	4.0	30					
FSC32-25-200	2.0	52.5	2900	30	1.5	4.0	2.5
	3.2	50					
	4.0	48					
FSC32-25-250	2.0	84	2900	28	2.5	5.5	2.5
	3.2	80					
	4.0	75					
FSC40-25-125	3.8	22	2900	42	0.82	2.2	2.5
	6.3	20					
	7.6	18.6					
FSC40-25-160	3.8	34.5	2900	38	1.4	3.0	2.5
	6.3	32					
	7.6	28					
FSC40-25-200	3.8	52.5	2900	31	2.8	5.5	2.5
	6.3	50					
	7.6	48					
FSC40-25-250	3.8	84	2900	28	4.9	7.5	2.5
	6.3	80					
	7.6	75					

续表

| 型　号 | 流量 Q / (m³/h) | 扬程 H /m | 转速 n / (r/min) | 效率 η/% | 功率/kW | | 必需汽蚀余量/m |
					轴功率	电动机功率	
FSC50-32-125	7.5	22	2900	37	1.2	2.2	3.5
	12.5	20		50	1.4		
	15	18.5		50	1.5		
	3.75	5.4	1450	33	0.17	0.55	3
	6.3	5		46	0.19		
	7.5	4.6		46	0.20		
FSC50-32-125A	7	20	2900	33	1.1	2.2	3.5
	11.5	17.5		46	1.2		
	13.8	16		46	1.3		
FSC50-32-160	7.5	34.3	2900	38	1.8	4	3.5
	12.5	32		48	2.3		
	15	39.6		50	2.4		
	3.75	8.5	1450	34	0.26	0.75	3
	6.3	8		44	0.32		
	7.5	7.5		44	0.35		
FSC50-32-160A	7	30	2900	37	1.5	3	3.5
	11.5	27.5		46	1.9		
	13.8	26		47	2.1		
FSC50-32-200	7.5	52.5	2900	28	3.8	7.5	3.5
	12.5	50		38	4.5		
	15	48		41	4.8		
	3.75	13.1	1450	24	0.56	1.1	3
	6.3	12.5		34	0.63		
	7.5	12		37	0.67		
FSC50-32-200A	7	46.5	2900	26	3.4	5.5	3.5
	11.5	44		36	3.8		
	13.8	42		38	4.1		
FSC50-32-250	7.5	82	2900	21.5	7.8	11	3.5
	12.5	80		31	8.8		
	15	78.5		34	9.4		
	3.75	20.5	1450	18	1.2	2.2	3
	6.3	20		27	1.3		
	7.5	19.5		30	1.3		
FSC50-32-250A	7	70	2900	20	6.7	11	3.5
	11.5	67		30	7.0		
	13.8	65		31	7.9		

续表

型 号	流量 Q /（m³/h）	扬程 H /m	转速 n /（r/min）	效率 η/%	功率/kW		必需汽蚀余量/m
					轴功率	电动机功率	
FSC65-50-125	15	21.8	2900	49	1.8	4	4
	25	20		60	2.3		
	30	18.5		59	2.6		
	7.5	5.35	1450	46	0.24	0.55	3.5
	12.5	5		57	0.30		
	15	4.7		56	0.34		
FSC65-50-125A	14	19.1	2900	48	1.5	3	4
	23.5	17		58	1.9		
	28	16.2		57	2.2		
FSC65-50-160	15	35	2900	45	3.2	5.5	4
	25	32		56	3.9		
	30	30		57	4.3		
	7.5	8.8	1450	42	0.43	1.1	3.5
	12.5	8.0		53	0.51		
	15	7.2		54	0.54		
FSC65-50-160A	14	32	2900	43	2.8	5.5	4
	23.5	28		54	3.3		
	28	27		55	3.8		
FSC65-40-200	15	53	2900	38	5.7	11	4
	25	50		49	7.0		
	30	47		50	7.7		
	7.5	13.2	1450	36	0.75	1.5	3.5
	12.5	12.5		46	0.92		
	15	11.8		48	1.0		
FSC65-40-200A	13.7	44	2900	36	4.6	7.5	4
	22.8	41.5		46	5.6		
	27.4	39		47	6.2		
FSC65-40-250	15	82	2900	34	9.9	15	4
	25	80		47	11.6		
	30	78		50	12.7		
	7.5	21	1450	32	1.4	3	3.5
	12.5	20		45	1.5		
	15	19.4		48	1.7		

型　号	流量 Q / (m³/h)	扬程 H /m	转速 n / (r/min)	效率 η/%	功率/kW		必需汽蚀余量/m
					轴功率	电动机功率	
FSC65-40-250A	14	73	2900	34	8.2	18.5	4
	23.5	70		47	9.5		
	28	67		48	10.7		
FSC65-40-250B	12	66	2900	33	6.5	11	4
	20	63		46	7.5		
	24	60.5		47	8.4		
FSC80-65-125	30	22.5	2900	56	3.3	7.5	4
	50	20		67	4.1		
	60	18		66	4.5		
	15	5.6	1450	54	0.43	1.1	3.5
	25	5		65	0.52		
	30	4.5		64	0.57		
FSC80-65-125A	28	20	2900	54	2.8	5.5	4
	46.5	17.5		64	3.5		
	56	15.5		63	3.8		
FSC80-65-160	30	36	2900	52	5.7	11	4
	50	32		64	6.8		
	60	29		63	7.5		
	15	9	1450	50	0.74	1.5	3.5
	25	8		62	0.88		
	30	7.2		61	0.96		
FSC80-65-160A	27	30	2900	50	4.4	7.5	4
	45	26.5		62	5.2		
	54	22.5		61	5.4		

9.4.4　DGC 系列磁力耦合传动多级离心泵

　　DGC 系列磁力耦合传动多级离心泵是甘肃省科学院磁性器件研究所开发研制的新型系列产品，选用单吸双壳式结构，如图 9-50 所示。主要用于油田增压注水，高中压远距离输水、输油、输送液态烃、丙烷、氨液以及酸、碱、盐等腐蚀性介质，是油田炼油、化工、船舶等领域中应用较多的一种产品。

　　DGC 系列磁力耦合传动多级离心泵的性能参数见表 9-53，性能曲线如图 9-51 所示。

　　性能参数范围：$Q = 3 \sim 280 \text{m}^3/\text{h}$；$H = 86 \sim 1200 \text{m}$；不加冷却装置时，工作温度 $T = 40 \sim 150 ℃$；最大入口压力 $p = 15 \text{MPa}$。

泵使用材料为普通碳钢、不锈钢或根据工艺要求选择。

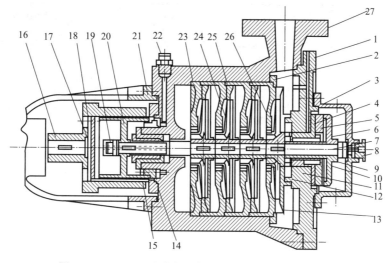

图 9-50　DGC 系列磁力耦合传动多级离心泵结构示意

1—大端盖；2—压盖；3—小端盖；4—轴承基座 B；5—静摩擦环；6—轴承；7—轴；8—轴承检测器；

9—轴套；10—平衡盘；11—小静环；12—末级导叶；13—中壳；14—密封垫；15—轴承基座 A；

16—外磁转子；17—紧固压盖；18—隔套；19—轴套螺母；20—内磁转子；21—托架组件；

22—过滤器接头；23—前段；24—叶轮；25—导叶；26—止推盘；27—泵体

表 9-53　DGC 系列磁力耦合传动多级离心泵的性能参数

型　号		流量 Q / (m³/h)	扬程 H /m	转速 n / (r/min)	效率 η /%	轴功率/kW	电动机功率 /kW	必需汽蚀 余量/m
DGC3-43×	2	3	86	2950	13.5	5.2	7.5	2.0
	3		129			7.8	11	
	4		172			10.4	15	
	5		215			13.0	18.5	
	6		258			17.6	22	
	7		301		12	20.5	30	
	8		344			23.4	37	
	9		387			26.3	37	
	10		430			29.3	45	
DGC6-43×	2	6	86	2950	21	6.7	11	2.0
	3		129			10.0	15	
	4		172			13.4	18.5	
	5		215			16.7	22	
	6		258			22.2	30	
	7		301			25.9	37	
	8		344		19	29.6	45	
	9		387			33.3	45	
	10		430			37.0	55	

续表

型　号		流量 Q / (m³/h)	扬程 H /m	转速 n / (r/min)	效率 η /%	轴功率/kW	电动机功率 /kW	必需汽蚀 余量/m
DGC10-40×	2	10	80	2950	33	6.6	11	2.0
	3		120			9.9	5	
	4		160			13.2	18.5	
	5		200			16.5	22	
	6		240			19.8	30	
	7		280			26.3	37	
	8		320		29	30.1	45	
	9		360			33.8	45	
	10		400			37.6	55	
DGC10-100×	4	10	400	2950	17	64.1	75	2.0
	5		500			80.1	110	
	6		600			105.4	132	
	7		700		15.5	122.9	160	
	8		800			140.6	185	
	9		900			158.1	185	
	10		1000			209.5	250	
	11		1100		13	230.4	280	
	12		1200			251.4	315	
DGC12-50×	2	12	100	2950	33	9.9	15	2.0
	3		150			14.9	22	
	4		200			19.8	30	
	5		250			27.8	37	
	6		300			33.3	45	
	7		350			38.9	55	
	8		400		29.4	44.5	55	
	9		450			50.0	75	
	10		500			55.6	75	
DGC12-100×	5	12	500	2950	20.4	80.1	110	2.0
	6		600			103.2	132	
	7		700			120.4	160	
	8		800		19	137.6	160	
	9		900			154.8	185	
	10		1000			204.2	250	
	11		1100		16	224.7	280	
	12		1200			245.1	280	

续表

型　号		流量 Q / (m³/h)	扬程 H /m	转速 n / (r/min)	效率 η /%	轴功率/kW	电动机功率 /kW	必需汽蚀余量/m
DGC25-50×	2	25	100	2950	46	14.8	22	2.0
	3		150			22.2	30	
	4		200			29.6	37	
	5		250		42	40.5	55	
	6		300			48.6	55	
	7		350			56.7	75	
	8		400			64.8	75	
	9		450			72.9	90	
	10		500			81.1	110	
DGC25-100×	5	25	500	2950	36	94.6	110	2.0
	6		600		34	120.1	160	
	7		700			140.2	185	
	8		800			160.2	200	
	9		900			180.2	220	
	10		1000		31	219.6	280	
	11		1100			241.6	280	
	12		1200			263.5	315	
DGC46-50×	2	46	100	2950	55	22.8	30	2.8
	3		150			34.2	45	
	4		200			45.6	55	
	5		250		524	60.2	75	
	6		300			72.3	90	
	7		350			84.3	110	
	8		400			96.4	110	
	9		450			108.4	132	
	10		500			120.5	160	
DGC46-100×	5	46	500	2950	44	142.4	185	2.8
	6		600			170.8	200	
	7		700			199.3	250	
	8		800			227.8	280	
	9		900			256.2	315	
	10		1000		41	305.5	355	
	11		1100			336.1	400	
	12		1200			366.1	450	

型　号		流量 Q / (m³/h)	扬程 H /m	转速 n / (r/min)	效率 η /%	轴功率/kW	电动机功率 /kW	必需汽蚀余量/m
DGC85-45 ×	2	85	90	2950	56	37.2	45	4.2
	3		135			55.8	75	
	4		180			74.4	90	
	5		225			93.0	110	
	6		270		53	117.9	160	
	7		315			137.6	160	
	8		360			157.2	185	
	9		405			176.9	220	
DGC85-67 ×	4	85	268	2950	54	117.2	132	3.8
	5		335			143.6	160	
	6		402			172.3	200	
	7		469			201.0	250	
	8		536			229.8	280	
	9		603			258.5	315	
DGC155-30 ×	2	155	60	1480	58	43.7	55	3.2
	3		90			65.5	75	
	4		120			87.3	110	
	5		150			109.2	132	
	6		180			131	160	
	7		210			152.8	185	
	8		240			174.7	200	
	9		270		55	207.2	250	
	10		300			230.2	280	
DGC155-67 ×	4	155	268	2950	58	195	220	5.0
	5		335			243.8	280	
	6		402			292.6	355	
	7		469			341.3	400	
	8		536			390.1	450	
	9		603			438.9	500	
DGC280-43 ×	2	280	86	1480	65	100.9	132	4.2
	3		129			151.3	185	
	4		172			201.8	250	
	5		215			252.2	315	
	6		258		62	317.3	355	
	7		301			370.2	400	

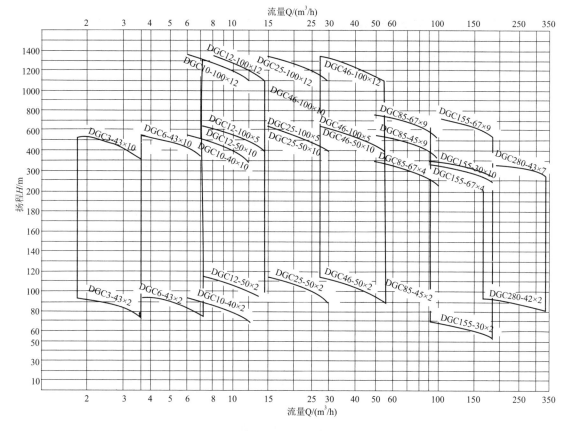

图9-51 DGC系列磁力耦合传动多级离心泵性能曲线

9.4.5 FGC系列磁力耦合传动管道离心泵

FGC系列磁力耦合传动管道离心泵为立式结构，如图9-52所示。管道式离心泵广泛应用于石化、制药、食品和国防等工业领域。由于其进出口法兰在同一中心线上，因此，可直接安装在管道上。该系列离心泵的性能参数见表9-54。根据输送介质对泵的腐蚀情况，对过流部件推荐选用的几种材料见表9-55。

表9-54 FGC系列磁力耦合传动管道离心泵性能参数

型 号	流量 Q		扬程 H	转速 n	电动机功率
	/ (m³/h)	/ (L/s)	/m	/ (r/min)	/kW
40FGC-20	6.3	1.75	20	2900	1.5
40FGC-32	6.3	1.75	32	2900	2.2
40FGC-50	6.3	1.75	50	2900	4
50FGC-20	12.5	1.75	20	2900	3
50FGC-32	12.5	3.47	32	2900	4
50FGC-50	12.5	3.47	50	2900	7.5
50FGC-80	12.5	3.47	80	2900	15
65FGC-20	25	3.47	20	2900	5.5

续表

型 号	流量 Q		扬程 H	转速 n	电动机功率
	/ (m³/h)	/ (L/s)	/m	/ (r/min)	/kW
65FGC-32	25	6.94	32	2900	7.5
65FGC-50	25	6.94	50	2900	15
65FGC-80	25	6.94	80	2900	22
80FGC-20	50	6.94	20	2900	7.5
80FGC-32	50	13.9	32	2900	11
80FGC-50	50	13.9	50	2900	18.5
80FGC-80	50	13.9	80	2900	37
100FGC-20	100	13.9	20	2900	15
100FGC-32	100	27.8	32	2900	22
100FGC-50	100	27.8	50	2900	37
100FGC-80	100	27.8	80	2900	55
100FGC-125	100	27.8	125	2900	75

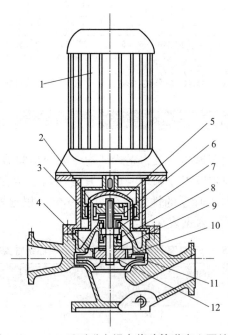

图 9-52　FGC 系列磁力耦合传动管道离心泵结构

1—电动机；2—内磁转子；3—外磁转子；4—叶轮；5—隔离套；6—上承磨板；
7—上导轴承；8—下导轴承；9—下承磨板；10—轴承体；11—泵轴；12—叶轮螺母

表 9-55　过流部件推荐选用的几种材料

材质	HT200	ZG1Cr18Ni9Ti	ZG0Cr18Ni12Mo2Ti
代号	H	B	M

9.4.6 磁力耦合传动旋涡式离心泵

9.4.6.1 工作原理及特点

磁力耦合传动旋涡式离心泵是旋涡泵和磁力耦合传动装置相结合的一种新型泵，其结构如图9-53所示。

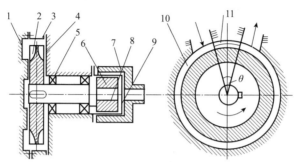

图 9-53 磁力耦合传动旋涡式离心泵结构
1—泵盖；2—叶轮；3—泵体；4—轴承箱；5—轴承；6—内磁转子；
7—外磁转子；8—轴；9—隔离套；10—流道；11—隔板

旋涡泵的主要工作部分是叶轮和流道，叶轮与泵体及泵盖之间的空腔构成流道。叶轮旋转时，由于叶轮中运动液体的离心力大于流道中液体运动的离心力，两者之间产生一个方向垂直于轴面并指向流道纵长方向的环形旋转运动，称为纵向旋涡。在纵向旋涡的作用下，液体从吸入至排出的整个过程中可以多次地进入叶轮和从叶轮中流出，多次获得能量，当液体从叶轮流至流道时，即与流道中运动的液体相混合，在混合过程中产生动量传递和能量交换，使流道中的液体能量得到增加，液体向外排出。

旋涡泵主要依靠纵向旋涡的作用来传递能量。当流量减小时，流道内液体的运动速度减小，纵向旋涡的作用增强，流体流经叶轮的次数增多，使泵的扬程提高；当流量增大时，情况相反。

磁力耦合传动旋涡式离心泵采用了磁力耦合传动方式后，从泵的结构上做了一些改进，具有以下独特的优点。

①采用磁力耦合传动方式，泵的密封方式发生了根本性改变，由动密封变为静密封，实现了零泄漏。

②磁力耦合传动方式是软连接方式，电动机的振动不易传递到泵部分，所以，泵的振动有利于保证泵的运转精度和运转周期，且运转平稳，噪声小。

③安装调试方便，便于保证装配精度。

④采用磁力耦合传动的方式后，不改变旋涡泵的基本性能和基本特点。

9.4.6.2 结构形式及使用要求

(1) 结构形式

普通型旋涡泵的结构形式较多，而磁力耦合传动旋涡式离心泵的结构形式目前有三种，如图9-54所示。

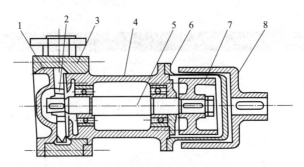

(a) 磁力耦合传动单级旋涡泵

1—泵盖；2—叶轮；3—泵壳；4—轴承箱；5—轴；
6—隔离套；7—内转子；8—外转子

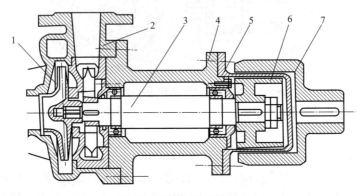

(b) 磁力耦合传动离心旋涡泵

1—叶轮；2—泵体；3—轴；4—轴承箱；
5—隔离套；6—内转子；7—外转子

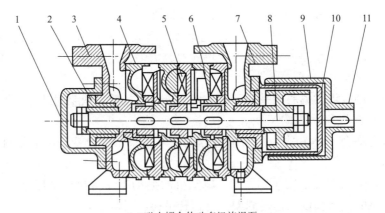

(c) 磁力耦合传动多级旋涡泵

1—小端盖；2—轴承组件；3—吸入段；4—中段；5—叶轮；6—导叶；
7—吐出段；8—泵轴；9—内转子；10—隔离罩；11—外转子

图9-54　几种磁力耦合传动漩涡式离心泵结构

　　磁力耦合传动式旋涡泵叶轮的结构形式与普通旋涡泵的结构形式基本一样，一般分为开式叶轮和闭式叶轮。开式叶轮叶片较长，叶片内径小于流道内径。闭式叶轮叶片较短，分布在叶轮的外圈上，叶片内径等于流道内径。开式叶轮的泵汽蚀性能较闭式叶轮泵好，有自吸能力，可输送液气混合物，但效率较低。闭式叶轮的泵扬程高，效率比开式叶轮泵高。

（2）使用要求

①输送介质要求洁净，不能混有固体颗粒和铁磁性物体。

a. 颗粒对内磁转子的正常运行有一定的影响，特别是铁磁性物质会吸附、黏着在内磁转子表面，填塞内磁转子与隔离套之间的间隙，致使内磁转子与隔离套卡住不能正常运转，或虽能运转但摩擦发热使磁转子退磁。

b. 颗粒进入泵内，将使叶轮和泵体之间的配合间隙迅速磨大，导致泵的配合间隙失控，泵流量剧减。同时在运行中，叶轮和泵体摩擦、磨损、发热甚至卡住，影响泵的正常运行。

②旋涡泵叶轮端面与泵盖及泵体之间的轴向间隙一般只有 0.1~0.15mm，闭式旋涡泵的叶轮外圆与隔板之间的径向间隙为 0.15~0.30mm。组装调试时，应注意和严格控制叶轮在泵内的配合间隙，确保泵正常运行。如果间隙过大会影响泵的效率，过小泵不能正常运转。

③在组装调试中不能用力碰撞和敲打内、外磁转子和隔离套，以防磁性材料碎裂和隔离套变形。

④输送介质的黏度一般不能过大，如果黏度过大，会明显影响泵的扬程和效率。

9.4.6.3 结构设计与计算

（1）磁力耦合传动装置的设计与计算

旋涡泵用磁力耦合传动装置的设计、计算方法可按照磁力耦合传动的设计与计算进行，本节不再重述。

（2）轴承定位设计

旋涡泵叶轮在泵壳内的轴向审量很小，所以在轴承结构设计时应注意轴承的定位方式和两轴承跨距的安装精度，以确保叶轮在泵壳内的安装位置和泵的调试精度。

（3）转速和比转速的确定

磁力耦合传动旋涡泵的转速和比转速与普通旋涡泵的参数基本一致。转速 n 一般为 1450~2900r/min，小流量泵及离心旋涡泵可取 2900r/min；开式旋涡泵宜取 1450r/min。比转速 n_s 按式（9-42）计算，一般情况下取 $n_s = 6~40$。

（4）几个主要几何尺寸的计算

①叶轮直径 D

$$D = \frac{60}{\pi n} \sqrt{\frac{2gH}{\psi_y}} \quad (\text{m}) \tag{9-38}$$

式中　D——闭式泵的叶轮外圆直径或开式泵的流道轴截面重心处直径；

　　　ψ_y——扬程系数；

　　　H——扬程，m。

②流道轴截面面积 A_1

$$A_1 = \frac{Q}{\phi_1 u} \quad (\text{m}^2)$$

式中　Q——设计流量，$\mathrm{m^3/s}$；

　　　　u——闭式泵的叶轮外圆圆周速度或开式泵的叶轮半径（即流道轴截面重心半径）

　　　　　处的叶轮圆周速度，$\mathrm{m/s}$；

　　　　ϕ_1——流量系数。

③流道轴截面最优尺寸比　流道轴截面形状有半圆形、梯形和矩形。半圆形的效率较高，矩形的特性曲线较半圆形的平坦，吸入性能也较梯形的好，目前采用较多；梯形的一般用于比转速稍高的闭式泵。

几种轴截面形状流道的最优尺寸请参见有关设计手册，图 9-55 ~ 图 9-58 分别给出了几种最优尺寸比，可供参考。

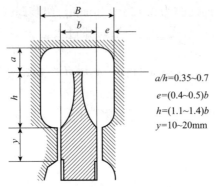

$a/h=0.35\sim0.7$
$e=(0.4\sim0.5)b$
$h=(1.1\sim1.4)b$
$y=10\sim20\mathrm{mm}$

图 9-55　闭式泵矩形外围双侧流道轴截面最优尺寸比

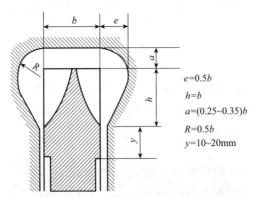

$e=0.5b$
$h=b$
$a=(0.25\sim0.35)b$
$R=0.5b$
$y=10\sim20\mathrm{mm}$

图 9-56　闭式泵梯形外围双侧流道轴截面最优尺寸比

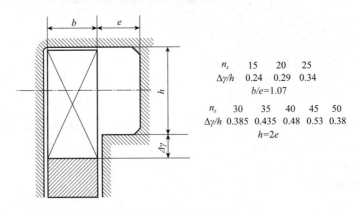

n_s	15	20	25		
$\Delta y/h$	0.24	0.29	0.34		
		$b/e=1.07$			

n_s	30	35	40	45	50
$\Delta y/h$	0.385	0.435	0.48	0.53	0.38
		$h=2e$			

图 9-57　开式泵矩形侧流道轴截面最优尺寸比

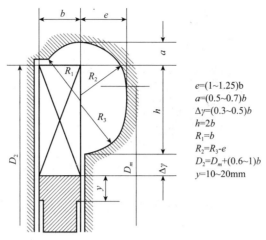

$e=(1\sim1.25)b$
$a=(0.5\sim0.7)b$
$\Delta y=(0.3\sim0.5)b$
$h=2b$
$R_1=b$
$R_2=R_3-e$
$D_2=D_m+(0.6\sim1)b$
$y=10\sim20mm$

图 9-58　开式泵矩形半圆形侧流道轴截面最优尺寸比

④叶片数 Z　叶轮一般采用径向直叶片。闭式叶轮叶片数 $Z=24\sim60$，根据叶轮直径 D_2 和叶片高度 h 确定，见下式

$$Z=(5\sim8)\,D_2/h$$

开式叶轮的叶片数 $Z=22\sim26$ 时，泵的效率较高。对开式泵矩形侧流道（见图9-57），叶片数 Z 根据 I 和 e 确定

$$\frac{I}{e}=1.2$$

式中，I 为叶轮外圆上的叶片间距。

⑤吸入和排出口直径　可根据流体在管道内的流速确定，一般参考流速为 $1\sim2m/s$。吸入口和排出口管径通常选取相同值。

⑥隔板包角 θ（见图9-53）　根据不同泵型确定。一般吸入口和排出口之间的隔板包角 θ 应大于 2 倍叶片之间的夹角。

（5）径向力计算

磁力耦合传动旋涡泵的径向力 F 由三部分组成，见下式

$$F=F_R+F_C+F_P \tag{9-39}$$

式中　F_R——由叶片做功引起的径向力，计算方法参见有关设计手册，推荐简易计算方法

　　　　$F_R=(0.56\sim0.67)\,bD_z\gamma H$（kgf），式中，$\gamma$ 为液体密度，kgf/m^3；

　　　　F_C——由内磁转子引起的径向力，主要参照圆盘轮惯性力的计算方法计算；

　　　　F_P——由重力不平衡引起的径向力，通常计算中不计。

9.4.6.4　FXC 型磁力耦合传动耐腐蚀旋涡离心泵的选用

FXC 型磁力耦合传动耐腐蚀旋涡离心泵采用先进磁传动技术，具有体积小、噪声低、维修方便、质量轻、无泄漏等特点，主要用于化工、医药等工业流程中输送高扬程、小流量的酸、碱和其他有腐蚀性及易挥发性无固体颗粒的液体，介质黏度不大于 $5°E$（$5°E=36.2\times10^{-6}m^2/s$）。该类型泵的结构如图9-59所示。

根据所输送介质对泵腐蚀情况，可选用相适应的过流部件材质，详见表9-56。

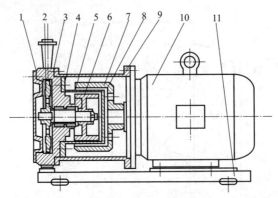

图 9-59 FXC 型磁力耦合传动耐腐蚀旋涡离心泵结构

1—泵盖；2—叶轮；3—泵体；4—轴承；5—轴；6—内磁转子；

7—隔离套；8—外磁转子；9—支架；10—电动机；11—底座

表 9-56 过流部件材质

材料	HT200	1Cr18Ni9Ti	0Cr18Ni12Mo2Ti
代号	H	B	M

除表 9-56 所列材质外，还允许选用其他适合本系列泵生产的材质材料。磁力耦合传动耐腐蚀旋涡离心泵的主要性能参数见表 9-57。

表 9-57 磁力耦合传动耐腐蚀旋涡离心泵的主要性能参数

型号	流量/（m³/h）	扬程/m	电动机功率/kW
15FXC-20	0.7	20	0.75
15FXC-65	0.7	65	1.5
20FXC-25	1.4	25	1.1
20FXC-40	0.5	40	1.1
20FXC-50	1	50	1.5
32FXC-30	2.5	30	2.2
32FXC-50	2.5	50	3
32FXC-75	2.5	75	4
32FXC-105	2.5	105	5.5
32FXC-120	2.5	120	7.5
40FXC-40	5.5	40	4
40FXC-150	5.5	150	11

9.4.7 磁力耦合传动低温液体泵

（1）特点及结构

磁力耦合传动低温液体泵是通过采用磁力耦合传动技术，对过去常规使用的离心式机械泵进行技术改造后而制成的一种新的泵型。

磁力耦合传动低温液体泵主要有离心式和小型柱塞式。离心式是叶片式泵中最常用的一种，离心式有单级和多级之分。柱塞式是往复式泵中最常用的一种。柱塞式有单列和多列之分。

磁力耦合传动低温液体泵的主要用途与普通型液体泵的用途一样。但该泵的主要特点是绝对零泄漏、无污染、安全可靠；泵内介质循环流畅、温度均匀、不易汽蚀；无振动、噪声小；使用周期长。

磁力耦合传动低温液体泵在低温液体输送中分两类：一类泵适用输送高于或等于 $-40℃$ 的液体，这类泵主要采用钕铁硼类型的永磁材料；另一类泵适用于输送高于或等于 $-200℃$ 的液体，这类泵主要采用钐钴类型的永磁材料，在低温状态中使用面较宽。

磁力耦合传动低温液体泵除一些低温的特殊要求外，和常温用泵的结构设计及流体力学的运算基本相同，其结构如图 9-60 所示。

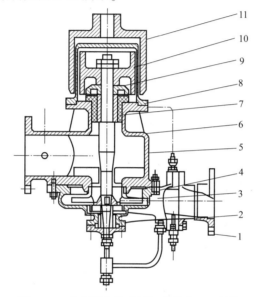

图 9-60 磁力耦合传动低温液体离心泵结构
1—排出口；2—轴承；3—叶轮；4—泵壳；5—吸入管；
6—轴；7—轴承；8—隔离套；9—平衡盘；10—内磁体；11—外磁体

（2）设计中应考虑的问题

①泵转速的确定 在设计泵的转速时应注意泵的汽蚀问题。因为泵的转速受汽蚀的限制。泵转速提高，液体就易产生汽蚀，选择泵转速时必须保证泵在无汽蚀条件下工作。多级泵只要保证第一级叶轮在无汽蚀条件下工作就能满足以后各级工作正常，因为以后各级由于液体的压力增加致使液体的过冷度增加，汽蚀现象就不可能产生。所以，确定泵的工作转速，必须先求得泵的汽蚀极限转速，而且泵的工作转速必须小于泵的汽蚀极限转速。泵的汽蚀极限转速 n_c 按下式计算。

$$n_c = \frac{C \ (\Delta h_{min})^{\frac{3}{4}}}{5.62\sqrt{Q}} \qquad (9-40)$$

式中　Q——泵的设计流量，m^3/s；

　　　C——汽蚀比转速；

　　　Δh_{min}——正的有效吸入净压头，m。

$$\Delta h_{\min} = \frac{10^4 p_s}{\gamma} + \delta H \qquad (9-41)$$

式中　p_s——气体的饱和蒸气压，kgf/cm²；

　　　γ——液体的密度，kg/m³；

　　　δH——动压降，m；

　　　H——泵扬程，m；

　　　δ——汽蚀系数。

②泵比转速 n_s 的确定　几何相似的泵，在最佳工况时 n_s 相等。n_s 是叶片泵设计中常用的综合性参数。

$$n_s = \frac{3.65n\sqrt{Q}}{H^{\frac{3}{4}}} \qquad (9-42)$$

根据 n_s 的大小，叶片泵可分为高比转速泵、中比转速泵和低比转速泵三种。相当部分低温介质用泵属于低比转速泵。当 $n_s > 60$ 时，泵效高。当 $n_s < 30$ 时，泵效下降，泵效与 n_s 有很大关系。因此，在泵的设计中要得到较好的效率，又要选择适当的 n_s 值。目前在设计中采用了两种方法使 n_s 选择在较高的范围内：一种是提高单级泵的转速，另一种是采用了多级泵的结构。在具体结构中可选用其中的一种方法，也可把两种方法结合起来。

③结构设计中应考虑的问题

a. 诱导轮结构。为了解决好泵的效率与提高抗汽蚀能力的矛盾，在泵的入口处增加诱导轮。增加了诱导轮能使进入叶轮的介质得到增压，既能提高叶轮的工作效率又能提高抗汽蚀能力，在离心泵结构中是一种较好的措施。

低温介质泵中一般采用螺旋式诱导轮作为前置级。因为螺旋式诱导轮具有较高的抗汽蚀能力，它能在泵入口处具有初始汽蚀持续到发生显著的压头下降之前这样一段很宽的范围内正常工作。泵入口静压头必须大于诱导轮有效吸入正压头，按式（9-41）计算。

在设计中为了提高诱导轮的抗汽蚀性能，要降低入口的流量系数 ψ_1，因此，必须采用大的进口直径。但对叶轮的水力性能来说，进口直径相应地取得小些才能达到较好的水力性能。因此，要把螺旋式诱导轮设计成圆锥形以提高泵的水力性能和抗汽蚀的能力。

螺旋式诱导轮平均外径圆周速度 u_p 按式（9-43）计算

$$u_p = \frac{\sqrt{gH_o}}{\psi_y} \ (\text{m/s}) \qquad (9-43)$$

式中　H_o——诱导轮扬程，m；

　　　ψ_y——诱导轮扬程系数。

诱导轮平均外径 D_p 的计算见式（9-44）

$$D_p = \frac{D_0 + D_1}{2} = -\frac{60u_p}{\pi n} \ (\text{m}) \qquad (9-44)$$

对圆柱形：$D_0 = D_1 = D_p$

式中　D_0——诱导轮入口直径；

　　　D_1——叶轮入口直径。

b. 为防止低温介质的汽化，特别注意泵体及进口管道的绝热技术问题。

c. 泵的进出口管路必须考虑冷缩补偿，如采用金属波纹补偿器等。

d. 对在低温下工作的主要零部件，特别是做相对运动而且配合精度要求严格的零部件，在最后精加工之前必须进行冷处理。冷处理的温度一般等于或低于零件工作温度。处理时间为 $1 \sim 4h$。

　　e. 要保证低温中工作的零部件冷缩均匀，结构应均匀和对称。

　　f. 在低温中工作而且有相对运动的零部件，尽可能选择线胀系数相近和基本一样的材料。要防止因线胀系数不一样致使一些零部件卡死或胀裂。

　　g. 高温区和低温区之间过渡用的连接零部件，必须采用热导率低的材料制造，尽可能减少热传导损失。

　　h. 结构设计上尽量减少在低温区工作的零部件的热容量，缩短泵的启动时间和减少低温液体的汽化损失。

　　i. 隔离套的壁厚应尽可能减小和选择低磁阻材料，降低磁涡流以防止液体汽化。

　　j. 在磁路设计上尽可能减小磁极数或减少作用半径，控制磁涡流产生，减少液体汽化损失。

（3）磁力耦合传动低温液体泵的选用

低温液体泵在使用中应特别考虑的问题是抗汽蚀能力，其他方面与常温用泵基本相似。为了提高泵的抗汽蚀能力，在泵的吸入结构及使用等方面提出以下技术条件。

①泵的吸入口必须有正的有效吸入静压头，如图9-61所示。图中，H_2 值根据工艺和泵的性能要求确定。

$$H_1 = \Delta h_{min} + 0.5 \text{ 或 } H_1 = \Delta h_{min}$$

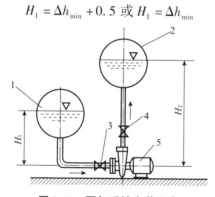

图 9-61　泵与系统安装示意
1—进水罐；2—出水罐；3—入口阀；4—出口阀；5—泵

②泵具有正吸入静压头之后，在系统设计安装中应尽可能减小吸入管道阻力，即减少管道中的弯头、阀门等，管道的设计应尽可能直和有足够大的直径，使管道中的流速能保持一定压力且流速稳定就有较好的抗汽蚀能力。

③泵的吸入静压头和入口管道的技术问题确定后，应解决好第一级叶轮的汽蚀问题。在叶轮的入口结构处如改善叶轮叶片的型线，降低液流相对速度就能减少入口动压损失。在叶轮上采取这些措施，往往通过降低或者损失泵的效率以提高泵的抗汽蚀能力。

9.4.8　CAY 型磁力耦合传动离心油泵

CAY 型磁力耦合传动离心油泵是在 AY 型油泵基础上改造设计的无泄漏全密封的磁力

耦合传动式新型油泵，其结构形式、安装尺寸和性能参数范围适合于 AY 型油泵的标准。

CAY 型磁力耦合传动离心油泵分为单级单吸泵和双级单吸泵，与 FC 型泵相比使用较多。FC 型泵主要适用于常温或是较低温度状态下工作，而 CAY 型泵主要适用于常温和高温状态下工作。

CAY 型磁力耦合传动离心油泵适用于常温、常压，特别是在高温、高压下输送易燃、易爆或有毒的液体，特别适合石油精制、石油化工和化学工业等工业生产系统。

CAY 型磁力耦合传动离心油泵结构如图 9-62 所示，过流部件用的材料见表 9-58，性能曲线如图 9-63 所示，性能参数见表 9-59。

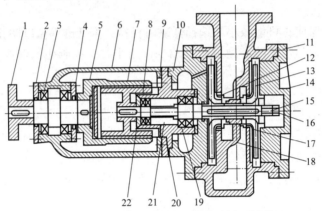

图 9-62　CAY 型磁力耦合传动离心油泵结构

1—联轴器；2—轴承压盖；3，8，19—轴承；4—毡封圈；5—外磁转子；6—托架；

7—内磁转子；9—隔离套；10—泵盖；11—泵体；12—一级叶轮；

13—二级叶轮；14—前泵盖；15—轴；16—叶轮螺母；17—级间衬套；

18—前压盖；20—过渡法兰；21—轴套；22—后压盖

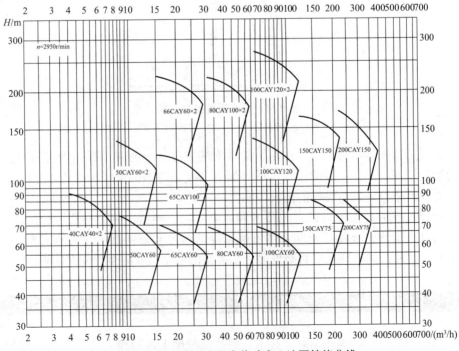

图 9-63　CAY 型磁力耦合传动离心油泵性能曲线

表 9-58 CAY 型磁力耦合传动离心油泵过流部件用的材料

材料类别	使用温度 T/℃	零件名称					
		壳体（体、盖）	叶轮	轴	壳体密封环	叶轮密封环	壳体螺栓
Ⅰ	−20 ~ +150	HT250	HT200	45	HT250	QT50-5	Q235
Ⅱ	−45 ~ +250	ZT25Ⅱ	ZG25Ⅱ	35CrMo	HT250	QT50-5	35CrMo
Ⅲ	−45 ~ +250	ZG1Cr13Ni	ZG1Cr13Ni	3Cr13	ZG1Cr13MoS	3Cr13	35CrMo

表 9-59 CAY 型磁力耦合传动离心油泵性能参数

型号	流量 Q /(m³/h)	扬程 H/m	转速 n /(r/min)	效率 η/%	必需汽蚀余量/m	轴功率 /kW	配带电动机	
							型号	功率/kW
40CAY40×2	6.25	80	2950	20	2.7	6.8	YB160M₁-2	11
40CAY40×2A	5.85	70	2950	20	2.6	5.6	YB132S₁-2	7.5
40CAY40×2B	5.4	60	2950	20	2.5	4.4	YB132S₁-2	7.5
40CAY40×2C	4.9	50	2950	20	2.5	3.3	YB132S₁-2	5.5
50CAY60	12.5	67	2950	32	2.9	7.1	YB160M₁-2	11
50CAY60A	11	53	2950	29	2.8	5.5	YB132S₁-2	7.5
50CAY60B	10	40	2950	27	2.8	4.0	YB132S₁-2	5.5
50CAY60×2	12.5	120	2950	25	2.4	16.3	YB180M-2	22
50CAY60×2A	12	105	2950	25	2.3	13.7	YB160L-2	18.5
50CAY60×2B	11.5	89	2950	23	2.2	12.1	YB160L-2	18.5
50CAY60×2C	11	78	2950	23	2.2	10.2	YB160M₁-2	15
65CAY60	25	60	2950	40	3	10.2	YB160M₁-2	15
65CAY60A	22.5	49	2950	39	3	7.7	YB160M₁-2	11
65CAY60B	20	38	2950	37	2.7	5.6	YB132S₁-2	7.5
65CAY100	25	110	2950	35	3.2	21.4	YB200L₁-2	30
65CAY100A	23	92	2950	34	3.1	16.9	YB180M-2	22
65CAY100B	21	73	2950	33	3	12.7	YB160L-2	18.5
65CAY100×2	25	200	2950	34	2.8	40.0	YB250M-2	55
65CAY100×2A	23	180	2950	33	2.8	34.2	YB250M-2	45
65CAY100×2B	21.5	155	2950	32	2.7	28.4	YB225M-2	37
65CAY100×2C	19.5	130	2950	31	2.7	22.3	YB200L₁-2	30
80CAY60	50	60	2950	50	3.2	16.3	YB180M-2	22
80CAY60A	45	49	2950	51	3.2	11.8	YB160L-2	18.5
80CAY60B	40	39	2950	48	3.1	8.9	YB160M₁-2	11
80CAY100	50	100	2950	44	3.1	30.9	YB250M-2	45
80CAY100A	45	85	2950	43	3.1	24.2	YB200L₁-2	30

续表

型号	流量 Q /(m³/h)	扬程 H/m	转速 n /(r/min)	效率 η/%	必需汽蚀余量/m	轴功率 /kW	配带电动机	
							型号	功率/kW
80CAY100B	41	73	2950	42	2.9	19.4	YB200L$_1$-2	30
80CAY100×2A	50	200	2950	45	3.6	60.5	YB280M-2	90
80CAY100×2B	46	175	2950	43	3.5	51.0	YB280S-2	75
80CAY100×2C	43	150	2950	42	3.3	41.8	YB250M-2	55
100CAY60	40	125	2950	40	3.3	34.0	YB250M-2	45
100CAY60A	100	60	2950	57	4.1	8.7	YB225M-2	37
100CAY60B	90	49	2950	51	4.5	23.5	YB225M-2	37
100CAY120	79	38	2950	52	3.5	15.7	YB180M-2	22
100CAY120A	100	120	2950	50	4.3	65.4	YB280M-2	90
100CAY120B	93	105	2950	48	4	55.4	YB280S-2	75
100CAY120C	85	88	2950	47	3.8	43.3	YB250M-2	55
100CAY120×2	78	75	2950	44	3.6	36.2	YB250M-2	45
100CAY120×2A	100	240	2950	47	5.2	139.1	YB315L$_{11}$-2	185
100CAY120×2B	93	205	2950	46	5	112.9	YB315L$_1$-2	160
100CAY120×2C	86	178	2950	46	4.8	90.6	YB315M-2	132
150CAY75	79	150	2950	45	4.7	71.7	YB280M-2	90
150CAY75A	180	80	2950	62	4.5	63.3	YB280M-2	90
150CAY75B	160	62	2950	61	4.5	44.3	YB250M-2	55
150CAY	145	44	2950	60	4.4	29.0	YB225M-2	37
150CAY150	180	150	2950	57	4.5	129.0	YB315L$_1$-2	160
150CAY150A	168	130	2950	57	4.5	104.3	YB315M-2	132
150CAY150B	155	110	2950	56	4.5	82.9	YB315S-2	110
150CAY150C	140	105	2950	55	4.4	72.8	YB280M-2	90
200CAY75	300	75	2950	69	6.5	88.8	YB315S-2	110
200CAY75A	260	60	2950	68	6.5	62.5	YB280M-2	90
200CAY75B	225	45	2950	67	6.5	41.2	YB250M-2	55
200CAY150	300	150	2950	64	6.5	191.5	YB355S$_1$-2	250
200CAY150A	275	130	2950	63	6.5	154.5	YB315L$_1$-2	200
200CAY150B	255	115	2950	62	6.5	128.8	YB315L$_1$-2	160
200CAY150C	240	100	2950	61	6.5	107.1	YB132L$_1$-2	160

第 10 章　磁力耦合传动齿轮泵

我国早期生产的齿轮泵主要用于农业机械、工程机械、矿山机械以及各种机械的液压系统和油液类介质的输送上，用途不广、分类简单。随着化工、石油业的发展，从日本、德国以及瑞士等国家引进了不少用于化工、石油工程的普通型齿轮泵和输送高黏度介质熔融树脂齿轮泵，拓宽了齿轮泵的用途和产品种类，推动了我国齿轮泵业的发展。

近年来，对几种传统的齿轮泵进行了改进设计，采用了磁力耦合传动密封结构，产生了一种由磁力耦合传动器和普通型齿轮泵两大部分合在一起的新的泵种即磁力耦合传动齿轮泵，不仅适用于液压系统和油液的输送，在化工、石油等行业一些特殊介质的输送上，同样获得了较好的效果。虽然由于一些原因，磁力耦合传动齿轮泵近几年发展缓慢，但它的应用，特别是在一些特殊介质和特殊环境中的应用，还是具有很大发展前景的。其应用范围主要有以下三个方面。

①适用于普通齿轮泵使用的范围，如各类工程的液压系统、油液输送。

②适用于一些行业用稠油、重质燃油、轻油、酸、碱、盐等特殊介质的输送。

③适用于部分熔融树脂及高分子液态介质的输送，作为化工介质专用泵。

10.1　齿轮泵的工作原理

齿轮泵按齿轮啮合方式分为外啮合和内啮合两大类。内啮合齿轮泵按齿形曲线分为渐开线齿形泵和摆线齿形泵；外啮合齿轮泵一般为渐开线齿轮泵，按齿形排列分为直齿、斜齿和人字齿等。外啮合形式的泵以渐开线直齿圆柱齿轮泵为例，内啮合形式的泵以内啮合摆线齿轮转子泵为例分别介绍其工作原理。

10.1.1　外啮合齿轮泵工作原理

外啮合齿轮泵是最普通而用途广泛的一种齿轮泵，它由一对外啮合的齿轮、泵体、两端盖组成泵主体。齿轮的齿顶圆柱与泵体内壁按设计公差配套组装，齿轮的两侧端面与两端盖（或两侧板）配装，两齿轮的各个齿之间的齿槽（或槽腔）与泵体内壁构成了密封的工作腔，两齿将泵体内腔分为两个工作室即吸入室和排出室。吸入室与进油管连接，排出室与出油管连接，如图 10-1 所示。当两齿轮按规定的方向啮合旋转时，从吸入室装满油液的齿轮齿槽通过齿轮的旋转把装满的油液运送到排出室，齿轮继续旋转，两齿轮的啮合力将油液挤压，使排出室的油液压力升高，油液从出油管流出。两齿轮连续不断地运转则完成吸油、排油的过程，这就是外啮合齿轮泵的工作原理。

该齿轮泵主要零部件有：主动轴、主动齿轮、被动轴、被动齿轮、泵体、两侧泵盖、轴承组件、密封组件等。

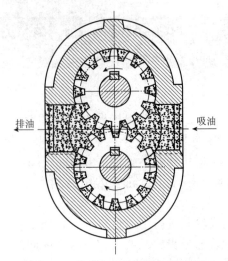

图 10-1　外啮合齿轮泵的工作原理

排油　　　　　吸油

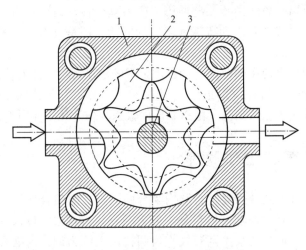

图 10-2　内啮合摆线齿轮转子泵结构

1—泵体；2—齿轮；3—轴

10.1.2　内啮合齿轮泵工作原理

内啮合摆线齿轮转子泵的结构如图 10-2 所示，它是由一对内啮合的转子、侧板（配油盘）、壳体等组成主体的泵。其中一对内啮合的转子由内转子和外转子组成，内转子为外齿，外转子为内齿，内转子比外转子少一个齿，内外转子的中心有一偏心距。内外转子的齿廓是一对共轭曲线，常用的是一对共轭摆线，两转子齿廓啮合时形成若干个工作腔。内转子靠轴和轴承定心，外转子靠外径和壳体内壁配合定心。内转子是主动轮，外转子是被动轮，当内转子绕轴旋转时，外转子绕自身的中心线随着内转子做同向转动，这时形成的若干个工作腔的容积随着两齿的旋转由小变大、由大变小不断发生往复变化。由小变大是吸油过程，最小开始吸油，最大吸油完毕。由大变小是排油过程，最大意味着吸油完毕则开始压缩（缩小），变小（最小）是压缩排油完毕则准备下一次吸油的开始。这样不停地连续旋转运动，完成了吸油排油的作用，其工作原理如图 10-3 所示。

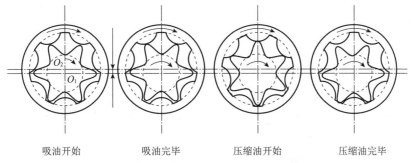

吸油开始　　　　吸油完毕　　　　压缩油开始　　　　压缩油完毕

图 10-3　内啮合摆线齿轮转子泵工作原理

内啮合摆线齿轮转子泵主要零部件有：主动轴、内转子、外转子、泵体，前后侧板、轴承、密封件等。

10.2　磁力耦合传动齿轮泵的结构及特点

了解了普通齿轮泵的原理后，对磁力耦合传动齿轮泵的原理就容易理解了。磁力耦合传动齿轮泵是磁力耦合传动密封装置与齿轮泵相组合配套设计成型的。它与传统的齿轮泵相比，结构上有很多改进。

磁力耦合传动齿轮泵由内磁转子、隔离套、外磁转子、泵、连接支架、电动机等部件组成。其结构原理如图 10-4 所示。内磁转子与主动齿轮轴连接，隔离套与泵盖连接，使泵形成了静密封状态。外磁转子与电动机轴端连接并安装于隔离套之外，内、外磁转子的磁场透过隔离套相耦合，泵与电动机端用连接支架相连接，保证电动机轴与泵主动轴的同心度，确保磁传动装置与泵和电动机的安装位置。当外磁转子随电动机启动旋转时，内磁转子在磁场力的作用下，随外磁转子同步运转，这时齿轮泵进入工作状态。

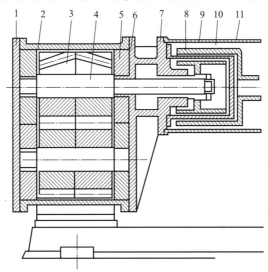

图 10-4　磁力耦合传动齿轮泵结构

1—侧盖；2—泵体；3—齿轮；4—轴；5—轴承座；6—轴承；7—泵盖；
8—内磁转子；9—隔离套；10—外磁转子；11—屏蔽罩

磁力耦合传动齿轮泵的主要优、缺点如下。

（1）优点

①磁力耦合传动方式是软连接，减小了泵的振动，对轴承、齿轮等零部件有保护作用，可延长使用寿命。

②运转平稳，噪声小。

③取掉机械密封，变动密封为静密封，无泄漏，安全可靠，属环保型产品。

④取掉了联轴器，安装对中方便。

⑤由于软连接，对电动机和泵都有过载保护作用。

（2）缺点

①成本、价格较高。

②磁传动取代联轴器与机械密封，相对体积增大。

10.3 磁力耦合传动齿轮泵的设计

10.3.1 设计参数

（1）流量 Q 和瞬时流量 Q_t

泵的流量包括实际流量、理论流量和瞬时流量。

①实际流量。计算方法见式（10-1）。

$$Q = Q_q \eta_V \ (\mathrm{m^3/s}) \tag{10-1}$$

式中 Q——实际流量，即单位时间内泵实际排出的量；

$\quad\quad Q_q$——理论流量，表示单位时间内理论计算泵排出的平均流量；

$\quad\quad \eta_V$——泵的容积效率。

②泵的理论流量 Q_q。计算见式（10-2）。

$$Q_q = nq \tag{10-2}$$

所以，$Q = nq\eta_V$

式中 n——泵的工作转速，r/s；

$\quad\quad q$——泵的排量，是指泵每转一转所排出的液体流量，$\mathrm{m^3/r}$。

齿轮泵流量的设计计算过程中，把排量 q 认为是两个齿轮齿间槽容积的总和，即

$$q = \pi D_t h_r b = 2\pi Z^2 mb \tag{10-3}$$

式中 D_t——齿轮的节圆直径，m；

$\quad\quad h_r$——轮齿的有效工作高度，m；

$\quad\quad b$——齿宽，m；

$\quad\quad Z$——齿数；

$\quad\quad m$——齿轮模数，m。

则

$$Q = nq\eta_V = 2\pi Z^2 mbn\eta_V \tag{10-4}$$

实际上，齿间容积略大于轮齿体积，齿数越少越为明显。所以，近似地用常用系数

6.66 代替式（10-4）中的 2π 值，则流量 Q 为

$$Q = 6.66Z^2 mbn\eta_V \tag{10-5}$$

泵参数流量的表示一般用 Q，特殊应用中也用排量 q。

③泵的瞬时流量 Q_t 是描述流量在某时刻的容积相对时间的变化率，即 $Q_t = \dfrac{\mathrm{d}V}{\mathrm{d}t}$。作泵流量的瞬时流动变化和脉动状态分析时，一般工程设计中设计流量时不予考虑。

（2）压力 p

齿轮泵的压力随载荷变化，载荷增加则压力升高，载荷减小则压力下降。当载荷无限制地增加时，泵的压力从理论上讲也就无限制地升高。但实际上泵的压力不能无限升高，因为当泵的压力升高到一定限度时会出现以下几种现象：一是泵泄漏急剧上升，形成内循环状态（出现这种现象的主要原因是泵内配合间隙大，而且输送介质黏度低）；二是泵密封件或零件被破坏（包括管线、阀门等系统零部件）；三是电动机超载过大被损。因此，齿轮泵的压力参数是根据泵的使用范围、机械性能设计计算及密封件的选配效果、系统的配置等来确定的，必要时在系统设置过压保护装置，用来限制泵的工作压力，而且在说明书中明确给定最大工作压力和额定工作压力，要求和限制泵的最高工作压力，防止故障出现。

值得注意的是最大工作压力 p_{max} 是指泵在瞬时内允许超载所承受的极限压力。由于关系到泵的密封材料、密封性能、结构形式及强度性能等，若超载时间过长同样会造成泵的损坏或影响泵的使用寿命。泵的额定压力 p_q 是允许连续运转情况下正常使用的工作压力，在额定工作压力下工作，泵具有良好的容积效率和使用寿命。

（3）效率

$$\eta = \eta_V \eta_g$$
$$\eta_V = Q/Q_q = Q_q - \Delta Q/Q_q = 1 - \Delta Q/Q_q$$
$$\eta_g = T_q/T_s$$

式中　η——泵的总效率；

　　η_V——泵的容积效率；

　　η_g——泵的机械效率；

　　ΔQ——泵的泄漏量，m^3/s；

　　T_s——泵的实际输入扭矩；

　　T_q——泵的理论计算扭矩，$T_q - p_q/2\pi$；

　　p_q——额定工作压力。

（4）轴功率 N_p

$$N_p = pQ/\eta \ （\mathrm{W}） \tag{10-6}$$

通过单位换算和选择不同的参数轴功率 N_p 可写成：

$$N_p = (p - p_o) 10^5 Q/ (102\eta) \ （\mathrm{kW}） \tag{10-7}$$

式中　p——泵额定压力（出口压力），MPa；

　　p_o——泵入口压力，MPa。

（5）自吸能力（吸油高度）

自吸能力是指泵在额定转速下从低于泵吸油口以下的容器中自行吸油的能力，常以吸油高度和真空度表示。

齿轮泵的自吸性能好，在低转速和高转速下都有很好的吸油能力，一般情况下它的自吸能力都大于500mm。

在实际应用过程中为确保运行正常和良好地使用泵，工程设计上尽可能采取措施，使泵不做自吸功。具体采取的措施是：

①将泵安装在油箱液面以下；

②在泵的入口系统补油加压。

（6）工作转速

齿轮泵的正常工作是通过确定的工作转速保证的。为保证一定的容积效率和吸油室具有足够的真空能力以及保证流体连续流动不形成真空现象和泵的工作性能，泵的转速不能太低，也不能太高，要求选择一个适当的工作转速。

齿轮泵的工作转速是由输送介质的参数和泵的工作性能确定的。一般输送介质的黏度高，流动性差，转速就要选得低一些；输送介质的黏度低，流动性好，转速就选得高一些。齿轮泵工作转速范围很宽，低转速几十转（甚至更低），高转速可达到4000r/min。额定转速就是对某一系列的泵根据它所使用的范围以及工作介质性能而确定的较佳工作转速。

10.3.2　设计计算中的特殊问题

本节仅就磁力耦合传动齿轮泵用磁力耦合传动器设计计算中的特殊问题进行讨论。

（1）功率与扭矩的换算

磁力耦合传动齿轮泵与磁力耦合传动离心泵相比较，在磁力耦合传动装置的配套设计上，选取参数和思考问题的方法有所不同。磁力耦合传动离心泵的工作转速多恒定为3000r/min和1500r/min，泵输送的介质黏稠度基本接近，差别不大，因此，功率计算准确，磁力耦合传动装置的配套设计计算可靠、准确。磁力耦合传动齿轮泵的工作转速由低转速几十转到高转速4000r/min，范围很宽，而且输送介质的黏稠度差异很大，传动功率的设计计算较为烦琐，功率和扭矩的换算往往与实际相比有一定差异，特别是低转速高黏度泵，因此，在设计配套这类泵时，以扭矩的设计计算为依据配套磁力耦合传动装置较为准确、可靠。

（2）设计隔离套时 p 值的选取方法

齿轮泵磁力耦合传动装置的配套设计中，选取隔离套壁厚 δ_h 的值是一重要参数的确定。隔离套壁厚 δ_h 的设计计算见式（10-8）

$$\delta_h = \frac{pD_n}{2[\sigma_b]\phi} - p \quad (\text{mm}) \tag{10-8}$$

式中，p 为泵额定工作压力；D_n 为隔离套内（外）径。但是根据机械设计的常规方法，p 应选为最大工作压力 $p_{\max}$ 值。

在磁力耦合传动齿轮泵的配套设计中，工作压力选用 p 值或 $p_{\max}$ 值都不妥当。因为 p 值表示泵的出口工作压力，隔离套是泵的密封件，装置在主动齿轮侧面的轴心线上，隔离套内的压力应是泵内齿端面泄漏油液的压力 p_c 而不是出口压力 p。

根据试验和实际应用的经验，一般按式（10-9）确定 p

$$p_c = ap \tag{10-9}$$
$$a = 0.4 \sim 0.2$$

10.3.3　特性试验研究

某厂研制生产的 5.5kW、7.5kW、11kW 等系列磁力耦合传动齿轮泵成功用于石油、化工等行业的生产线上，经多年的生产运转考核表明，性能稳定、质量可靠、技术成熟。以下仅重点介绍型号为 2CY-7.5 的磁力耦合传动齿轮泵的特性试验研究，供参考。

（1）设计参数

工作温度　≤100℃；
工作压力　0.5～2.5MPa；
额定工作压力　0.5MPa；
工作转速　1450r/min；
额定工作压力下的流量　7m³/h；
型号规格　2CY-7.5。

（2）磁力耦合传动静态扭矩特性测试

静态扭矩测试装置如图 10-5 所示，测试数据见表 10-1。

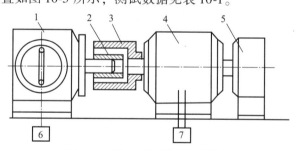

图10-5　静态扭矩测试装置示意

1—分度仪；2—内磁转子；3—外磁转子；4—扭矩测试仪；
5—轴定位箱；6—旋转手柄；7—二次仪表

表10-1　静态扭矩测试数据

序号	最大脱开扭矩/kgf·m	可传递扭矩/kgf·m	外形尺寸/mm
1	5.60	5.30	168×140
2	5.67	5.32	168×140
3	5.80	5.34	168×140
算术平均值	5.69	5.32	168×140

　　图 10-5 中分度仪主轴与内磁转子连接；扭矩传感器轴的一端与外磁转子连接而且外磁转子与内磁转子对称配套组装，轴的另一端与轴定位箱连接固定，使轴不能做旋转运动。

　　内、外磁转子相对位移时产生的磁场静态扭矩 T 与相对位移角（转角差）ϕ 的函数曲线如图 10-6 所示，实测曲线与理论计算曲线基本一致。

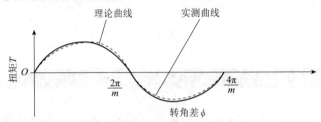

图 10-6　静态扭矩 T 与相对位移角 ϕ 的函数曲线

　　（3）磁力耦合传动齿轮泵动态特性

　　① 动态扭矩、功率测试。7.5kW 磁力耦合传动齿轮泵在各表压负载下动态扭矩、功率的测试数据见表 10-2。

表 10-2　不同表压负载下的动态传递扭矩、功率测试数据

项目	泵出口工作表压/（kgf/cm²)							
	空载	5	10	15	20	22	23	25
转速/（r/min）	1454	1481	1473	1470	1467	1462	1461	1461
扭矩/kgf·cm	0.75	2.53	3.42	4.02	4.75	5.01	5.14	5.30
功率/kW	1.112	3.83	5.16	6.06	7.15	7.52	7.07	7.94
启动状态	直接启动							低压启动后再升压

　　注：1kgf/cm² =98.0665kPa。

　　② 启动运转扭矩特性曲线。在不同负载压力下，7.5kW 磁力耦合传动齿轮泵的启动运转扭矩特性试验曲线如图 10-7 所示。

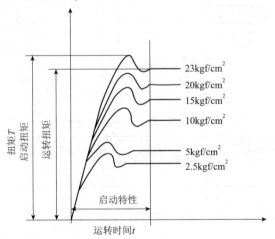

图 10-7　启动运转扭矩特性试验曲线

③启动时间特性测试研究。泵由零转速到额定工作转速的启动过程中,启动时间是研究的重要参数,7.5kW 磁力耦合传动齿轮泵系统处在 2MPa 的表压负载情况下,启动运转状态的启动时间特性曲线如图 10-8 所示。

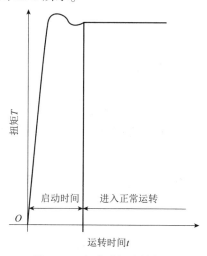

图 10-8 启动时间特性曲线

10.3.4 磁涡流能耗损失的测定

①测定磁涡流能耗损失是定量分析泵的效率状态和有效解决涡流热的重要依据。7.5kW 磁力耦合传动齿轮泵磁涡流能耗损失测试数据见表 10-3。

表 10-3 磁涡流能耗损失测试数据

转速 / (r/min)	加密封隔离套		不加密封隔离套		损失值	
	扭矩/kgf·m	功率/kW	扭矩/kgf·m	功率/kW	扭矩/kgf·m	功率/kW
603	0.44	0.264	0.35	0.21	0.09	0.054
805	0.52	0.416	0.40	0.32	0.12	0.096
1003	0.60	0.60	0.45	0.45	0.15	0.150
1204	0.68	0.816	0.50	0.60	0.18	0.216
1403	0.76	0.064	0.55	0.77	0.21	0.294
1454	0.79	1.155	0.56	0.84	0.23	0.315

②当用手摇动分度仪手柄时,内磁转子随分度仪主轴转动。旋转的角度从分度仪角度刻度盘上读出。内磁转子旋转时内、外磁转子做相对运动,使传感器的轴受到内、外磁转子相对运动位移的磁扭矩,从二次仪表读出磁扭矩的大小数据,依此类推,根据旋转角度测试出各角度下的扭矩值。

③磁力耦合传动装置的静态扭矩特性。静态扭矩的测试数据见表 10-1,静态扭矩 T 与相对位移角 ϕ 的函数曲线如图 10-6 所示。

④磁涡流能量损失与转速的关系曲线（见图 10-9）。

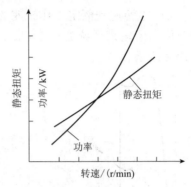

图 10-9　磁涡流能量损失与转速关系曲线

10.4　磁力耦合传动齿轮泵设计应注意的问题

　　对齿轮泵人们早已研究了设计时存在的一些技术问题，如径向力不平衡、困油现象、泄漏控制等，而且研究了解决这些技术问题的有效措施。

　　磁力耦合传动齿轮泵从结构设计的情况看，除泵体、齿轮的设计方法与普通齿轮泵设计方法基本一样外，其他零部件和结构上做了新的改造设计。因此，磁力耦合传动齿轮泵的设计中不但要解决好过去齿轮泵存在的技术问题，而且还要解决好新出现的技术问题。

10.4.1　径向不平衡力

　　（1）径向不平衡力产生的原因

　　齿轮泵在正常工作时，吸油室的压力低，一般低于大气压力，排油室的压力高，即是工作压力，由于吸、排油室的压力差较大，在齿轮上产生了径向压力，分布如图 10-10 所示。作用在轴上的合压力 F 就是产生的径向不平衡力。F 的近似计算式为

$$F = (0.7 \sim 0.8)\Delta p b D_d \text{（N）} \tag{10-10}$$

式中　Δp——吸排油室压力差，Pa；

　　　b——齿宽，m；

　　　D_d——齿顶圆直径，m。

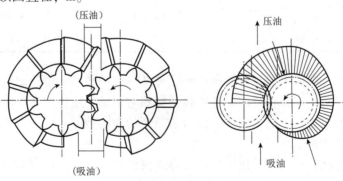

图 10-10　齿轮泵径向压力分布

径向不平衡力对泵的轴承使用寿命影响很大，轴承磨损严重时，齿顶圆与泵体内表面相摩擦，形成一侧间隙增大，而另一侧不停地与内表面相摩擦，出现了通常所说的扫膛，使泵发生故障不能正常工作。

（2）径向力的平衡方法

①在设计齿轮泵时，尽可能缩小排油室产生径向压力的作用面积，减小径向力的产生。
②采取开导槽的方法以减小径向力和增加径向受力的反推力，如图10-11所示。

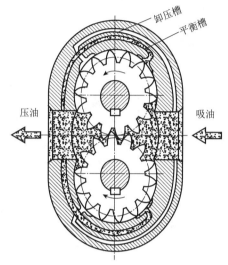

图10-11 径向力平衡示意

③滑动轴承上设计静压槽结构增加径向力的反推力。
④提高轴承的材料性能，增加抗磨损、抗腐蚀的能力。
⑤减小振动。通过减小振动实现平稳运转，会减小轴承的磨损速率。

10.4.2 困油现象

（1）困油现象的产生

齿轮泵输送油液时，一对齿即将脱开啮合，后一对齿又即将进入啮合状态。就在齿轮脱开啮合和进入啮合的交替过程中，留在齿间的油液被封闭在两啮合齿间的空隙中，这种现象称为困油现象，如图10-12所示。

（2）困油现象带来的故障

出现困油现象后，齿轮继续运转时，两对啮合齿间的空隙逐渐变小，直到两对齿的啮合点 $x_1 x_2$ 处于节点两侧的对称位置时，空隙减至最小，如图10-13所示。由于油液的可压缩性小，齿轮运转使困油空隙在逐渐变小的过程中，油液压力急剧上升，当油压力升高到一定压力时，油液从轮齿的接合面或从端盖的接合面挤出，这时相关零件受到冲击，引起振动和噪声，增加功率损失，影响泵的使用寿命。当齿轮继续运转时，啮合齿轮逐渐脱开，困油的空隙又不断增大，则出现真空状态，产生气泡，带来泡蚀、振动、噪声等现象，同样影响泵的使用寿命，这就是困油现象所带来的故障。

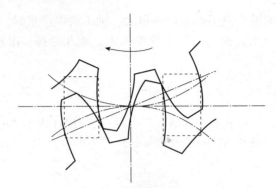

图 10-12　齿轮困油现象示意

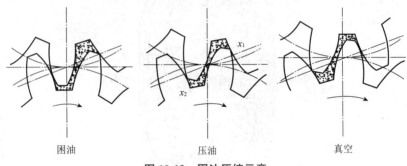

困油　　　　　　　压油　　　　　　　真空

图 10-13　困油压缩示意

（3）解决困油现象的措施

前人通过实践总结，提出了困油现象，并研究提出了解决困油现象所采取的措施，即开设卸荷槽，如图 10-14 所示。

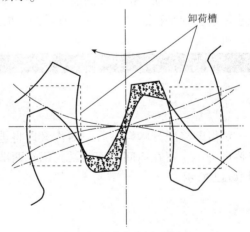

图 10-14　齿轮泵卸荷槽示意

在齿轮两端面的泵盖（或侧板）上开卸荷槽，把轮齿运转中的困油引入卸荷槽，从而解决了困油现象所带来的故障。

磁力耦合传动齿轮泵的结构设计中卸荷槽的设计与开槽方式不同于常规设计方法。在设计中应该根据泵的工作参数及介质性能，考虑把开卸荷槽改为引流的方法。

①输送介质是润滑油类介质，泵转速较高，设计卸荷槽时应注意把高压油开导流槽引

入隔离套中。

②输送介质是化工介质，但黏度不太高，流动性好，设计卸荷槽时思路与①相同。但这里还要考虑隔离套内的介质循环问题，使隔离套内不能成为介质不流动的死区，一旦形成死区，化工介质易产生凝固、自聚、挥发、晶间腐蚀及其他变化等，对泵的正常使用不利。

③输送介质黏度较高，流动性差，介质不易在隔离套内循环流动时，卸荷槽的设计和常规的设计方法相同。

10.4.3 泄漏控制

齿轮泵在运转中存在着泄漏问题。有效控制泄漏是稳定和提高容积效率 η_V 的研究对象。泄漏分为内泄漏和外泄漏两类。

内泄漏主要是指：齿轮端面和两侧板（或两端盖）之间的泄漏；齿轮齿顶圆与泵体内表面之间的间隙泄漏；两齿轮轮齿啮合面的泄漏。

外泄漏主要是轴封泄漏和端盖与泵体密封端面上的泄漏。

在磁力耦合传动齿轮泵结构设计中，对内泄漏液流的流动方向以及流程有着与开卸荷槽同样的要求。实际设计中，在侧板（或盖板）上开槽时，既考虑卸荷问题又考虑内泄漏问题，是统一考虑设计导流开槽的。

一般来说，外泄漏是加工质量和组装精度的质量问题，容易解决。内泄漏的控制是研究的主要问题，它直接影响泵的效率。目前主要研究齿型问题或探讨一些其他技术问题，另外再探讨进一步提高设计质量、加工质量、组装调试质量以及减小振动等问题，有效控制内泄漏。

磁力耦合传动齿轮泵的连接方式是软连接，实现工作状态下的静密封，同时，减小了泵的振动，使泵内各部件运行平稳，各接触面配合稳定，泵使用周期长，有利于内泄漏的稳定和控制。特别是磁力耦合传动的方式取代了轴传动方式，不存在轴封问题和轴封泄漏问题。

10.4.4 材料选择与加工精度

我国齿轮泵绝大部分用于油压系统，腐蚀性很小，润滑性好，技术成熟，具有完整的加工工艺与设备，基本能保证加工精度和质量。用于化工介质的泵量小，选材、工艺保证、加工质量等方面还不十分成熟，有待于研究和探讨。

磁力耦合传动齿轮泵从原理结构上讲，是齿轮泵采用了磁力耦合传动的方式，既解决了轴封问题，又能传递力和扭矩，减小振动，不仅适用于油压系统，满足油压系统的要求，而且还适用于一些特殊化工介质的输送。

用于化工介质的泵在设计时首先要考虑的问题是腐蚀与磨损，材料选择和加工精度显得尤为重要。我国早期大批引进的齿轮泵用于化工行业，多年的使用观察和研究情况表明，其突出的优点是材质好、加工精度高。因此，在磁力耦合传动齿轮泵的设计中，特别是用于化工流程的泵，对材料选择和加工精度必须引起足够的注意。一般来说，应做到针对介质性能准确选择材料，在加工精度上把产品整体的设计思想贯通于加工过程，使每个零件的加工精度符合设计思想的要求，力求选择材料准确，加工精度可靠。

10.4.5　隔离套的散热方式

在磁力耦合传动齿轮泵的设计中，隔离套的散热方式根据转速高低和隔离套壁厚设计确定。转速 n 和隔离套壁厚 δ_h 与涡流损失 ΔN_{pc} 成正比。转速高则涡流损失大，转速低则涡流损失小；同样，泵在工作过程中隔离套壁壳薄涡流损失小，壁壳厚涡流损失大。1.5kW泵用磁力耦合传动装置涡流损失的测试数据见表10-4。

表 10-4　1.5kW 泵用磁力耦合传动装置涡流损失的测试数据

转速 / (r/min)	输入		输出		涡流损失	
	扭矩/kgf·m	功率/kW	扭矩/kgf·m	功率/kW	扭矩/kgf·m	功率/kW
200	0.120	0.038	0.089	0.027	0.031	0.011
600	0.158	0.102	0.124	0.077	0.034	0.025
1000	0.186	0.197	0.151	0.162	0.035	0.035
1400	0.219	0.316	0.177	0.258	0.042	0.058
1800	0.252	0.466	0.204	0.378	0.048	0.088
2200	0.285	0.629	0.230	0.518	0.055	0.111
2600	0.318	0.817	0.256	0.678	0.062	0.149
3000	0.315	1.027	0.282	0.857	0.069	0.170

注：1. 被测试隔离套壁厚为1.1mm。

2. 转速、扭矩、功率测试仪的摩擦扭矩以及磁力耦合传动本身摩擦扭矩忽略不计。

通过试验和实际应用的经验，对磁力耦合传动齿轮泵隔离套的磁涡流热，按工作转速分三种情况进行散热处理。

（1）自然对流散热

一般工作转速不高的低速泵，不采取强制散热方法，主要靠磁力部件旋转的作用对隔离套进行自然对流散热。

（2）结构上采取简单措施后的对流散热

一般工作转速为中速度且隔离套壁壳较薄的工作泵，在隔离套法兰上采用散热片形式或外转子法兰上开斜通风孔形式，这样在结构上简单地采取措施后隔离套得以对流散热。

（3）强制冷却散热

一般工作转速较高的泵，必须采用外循环方式或内循环方式。通过强制冷却的方法对隔离套进行强制冷却散热。

以上是通常散热的方法。在具体设计中还要根据情况如介质的温度状态、黏度状态、环境温度等进行综合考虑。

10.5　2CY 型磁力耦合传动齿轮泵

10.5.1　结构及其特点

2CY-7.5/25-C 型磁力耦合传动齿轮泵在 20 世纪 50 年代就已应用于化肥系统作重油或油炭浆输送泵的改进型产品，它应用了甘肃省科学院磁性器件研究所的磁力耦合传动技术，对泵与电动机传动形式及结构做了重大改进，其结构如图 10-15 所示，特点如下。

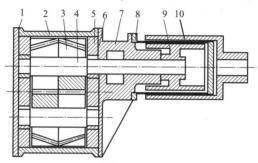

图 10-15　2CY-7.5/25-C 型磁力耦合传动齿轮泵的结构示意
1—侧盖；2—泵体；3—齿轮；4—轴；5—轴承座；6—轴承；
7—泵盖；8—隔离套；9—内磁转子；10—外磁转子

①用内、外磁转子及隔离套取代了联轴器和机械密封装置，彻底解决了泵的密封泄漏问题。

②内、外磁转子运转中在隔离套上产生的磁涡流热由泵体、隔离套及装在隔离套上的散热片进行自然冷却。

③该泵在抽空状态下不能连续运转，允许时限不得超过 10min，以防止磁涡流热使内磁转子温度急剧上升而导致磁转子退磁。

10.5.2　主要技术参数

①流量　$\leqslant 7.5 \text{m}^3/\text{h}$；　　②工作压力　$\leqslant 25 \text{kgf/cm}^2$；
③介质温度　$\leqslant 250℃$；　　④吸入高度　$\leqslant 0.5 \text{mH}_2\text{O}$；
⑤电动机功率　7.5kW；　　⑥电动机转速　1400r/min。

10.5.3　安装与使用

(1) 泵的安装

①将泵放置在基础上，在靠近地脚螺栓处安放垫铁，将泵座垫高 30~50mm 以便灌浆。

②将水平仪放置在泵座底板上与泵体相接的凸台平面上，调整垫铁，使水平度满足轴向每米允差小于 0.05mm，横向每米允差小于 0.1mm。

③用混凝土灌浇地脚螺栓孔。

④混凝土完全固化后，拧紧地脚螺栓，并重新检查水平度。

⑤连接泵进出口配管。为了避免抽空，入口介质液面与泵吸口管径应力求短、直且直径一致。入口配管不能有急拐弯和局部突然隆起部位，以免增大配管内介质的流动阻力和积存气体。

⑥安装内、外磁转子时，首先清洗干净，可以用铜棒轻敲内、外转子端面，但内转子外圆表面和外转子内圆表面严禁敲打、撞击。

⑦外磁转子电动机轴装好后，轻轻滑移推进隔离套中，不允许撞击隔离套，按总装图推到相应位置，调节外磁转子与隔离套的径向间隙，单边间隙不均匀度小于 0.1mm，电动机轴线与泵轴线应重合，其夹角小于 1°。

(2) 泵的使用

①开泵步骤。用手盘动外磁转子，手感转动轻松灵活，如有异常响声和偏沉，应先排除；检查各处螺栓有无松动；打开泵入口阀，让介质灌满泵腔；点动电动机，检查电动机与泵的转向是否一致；启动电动机，打开出口阀，调节出口阀的开度。达到泵额定的压力与流量或达到工艺流程所需的出口压力与流量。

②停泵步骤。关闭出口阀门；切断电动机电源；关闭入口阀门。

(3) 维护与检修

①开泵后应注意电压、电流变化，若有异常应立即停泵检查。主要检查以下几个方面：轴承安装是否正确；内磁转子与隔离套有无摩擦；有无硬质金属或非金属颗粒进入轴承或内磁转子与隔离套间隙。

②定期检查与过渡法兰相连的隔离套法兰温度，此处温度应略高于介质20℃左右，若发现比介质温度高得多并持续上升，说明隔离套与内磁转子之间有杂物堵塞，应立即停泵排出杂物。

③检查隔离套与过渡法兰的静密封以及过渡法兰与泵壳的静密封有无泄漏，如有泄漏，应重新均匀拧紧螺栓，直到无泄漏为止。

④不允许用入口阀调节流量，泵抽空时应立即关泵，抽空时间不能大于10min。

⑤当泵振动噪声急剧增大流量变小时，检查以下几个方面：外磁转子与隔离套的同轴度是否在技术要求的规定范围内；轴承磨损程度；齿轮磨损程度。

⑥拆泵进行检修程序：关闭出口阀门；切断电动机电源；关闭入口阀门；卸开齿轮泵与入口、出口、管道法兰的螺栓；抽出齿轮泵体；卸开隔离套与过渡法兰螺栓，取下隔离套，卸开过渡法兰与齿轮泵体螺栓，取下过渡法兰；旋松卸开齿轮泵两端面的泵盖，可抽出齿轮及轴承；将拆出的零件清洗干净，以备检查。

10.6 MCB 型磁力耦合传动齿轮泵

10.6.1 主要零部件材料

表 10-5 为主要零部件材料。

表 10-5　主要零部件材料

零件名称	壳体（盖）	轴	齿轮	轴承
材质	ZG1Cr18Ni9Ti	TC9	ZG1Cr18Ni9Ti	陶瓷

10.6.2　结构

图 10-16 为 MCB 型磁力耦合传动齿轮泵结构。

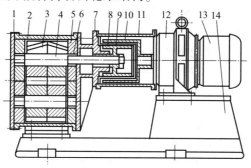

图 10-16　MCB 型磁力耦合传动齿轮泵结构

1—侧盖；2—泵体；3—齿轮；4—轴；5—轴承座；6—轴承；7—泵盖；8—内磁转子；
9—隔套；10—外磁转子；11—支架；12—减速器；13—电动机；14—底座

10.6.3　性能参数

表 10-6 为 MCB 型磁力耦合传动齿轮泵性能参数。

表 10-6　MCB 型磁力耦合传动齿轮泵性能参数

型号	理论排量 q/（m³/h）	压力/MPa 额定	压力/MPa 最高	转速 n/（r/min）	介质 温度/℃	介质 黏度/Pa·s	容积效率/%	驱动功率/kW
MCB90	0.3	0.6	1.6	132	≤250	50	93	1.1
MCB112	0.7	0.6	1.6	132	≤250	50	94	3
MCB140	1.3	0.6	1.6	132	≤250	50	94	5.5
MCB180	3.2	0.6	1.6	132	≤250	50	94.5	11
MCB224	5.5	1	1.6	85	≤250	50	95	22
MCB280	10.2	1	1.6	85	≤250	50	96	37

注：用户可根据所需流量选择不同转速，如 136r/min、126r/min、112r/min、100r/min、91r/min、88r/min、65r/min、59r/min、51r/min。

第11章　磁力耦合传动用于螺杆泵

螺杆泵属于转子容积泵,按螺杆根数可分为单螺杆泵、双螺杆泵、三螺杆泵和五螺杆泵等多种形式。这些形式的螺杆泵工作原理基本相同,不同的是各类型泵的螺杆根数不同,各种曲线的螺杆齿形、几何形状不同,各种类型泵的使用范围有所不同。

虽然螺杆的制造工艺复杂,调质处理要求严格,生产制造有一定的技术难度,但是螺杆泵具有结构紧凑、体积小、工作平稳、转速高、自吸能力强、使用寿命长、基本上没有压力波动等一系列优点。因此,螺杆泵在工业和国防领域中有着广泛的应用前景。螺杆泵的类型及其比较见表11-1。

表11-1　螺杆泵的类型及其比较

类型	结构	特点	性能参数	应用场合
单螺杆泵	单头阳螺旋转子在特殊的双头阴螺旋定子内偏心地转动(定子是柔性的),能沿泵中心线来回摆动,与定子始终保持啮合(见图11-2)	①可输送含固体颗粒的液体 ②几乎可用于任何黏度的流体,尤其适用于高黏性和非牛顿流体 ③工作温度受定子材料限制	流量可达150m^3/h,压力可达20MPa	用于糖蜜、果肉、淀粉糊、巧克力浆、油漆、柏油、石蜡、润滑脂、泥浆、黏土、陶土等
双螺杆泵	有两根同样大小的螺杆轴,一根为主动轴,一根为从动轴,通过齿轮传动达到同步旋转	①螺杆与泵体以及螺杆之间保持0.05~1.15mm间隙,磨损小、寿命长 ②填料箱只受吸入压力作用,泄漏量少 ③与三螺杆泵相比,对杂质不敏感	压力一般约为1.4MPa,对于黏性液最大为7MPa,黏度不高的液体可达3MPa流量一般为6~600m^3/h,最大1600m^3/h液体黏度不得大于1500mm^2/s	用于润滑油、润滑脂、原油、柏油、燃料油及其他高黏性油
三螺杆泵	由一根主动螺杆和两根与之啮合的从动螺杆所构成	①主动螺杆直接驱动从动螺杆,无须齿轮传动,结构简单 ②泵体本身即作为螺杆的轴承,无须再安装径向轴承 ③螺杆不承受弯曲载荷,可以很长,因此可获得很高压力 ④可高速旋转,是一种体积小的大流量泵,容积效率高 ⑤填料箱仅与吸入口相通,泄漏量少	压力可达70MPa,流量可达2000m^3/h。适用黏度为5~250mm^2/s的介质	适宜于输送润滑油、重油、轻油及原油等。也可用于甘油及黏胶等高黏性药液的输送和加压

表中所示的各种螺杆泵都是靠电动机带动,动力轴通过固体接触式密封穿越泵体而实现其运动的传递。因此,由固体接触式密封所造成的不可避免的泄漏问题是无法解决的。

近年来,在螺杆泵上采用磁力耦合传动技术将螺杆泵的固体接触式轴封和联轴器用磁力耦合传动器所取代,这种被人们称之为磁力耦合传动螺杆泵的新型工业泵已经得到了一定的发展和应用。

11.1 磁力耦合传动螺杆泵的工作原理及结构

磁力耦合传动螺杆泵的工作原理与螺杆泵基本相同，如图 11-1 所示。它靠螺杆做旋转运动把液体从吸入口输送到排出口，当螺杆泵的螺杆旋转时，装在泵套中的相互啮合的螺杆把被输送的液体封闭在啮合腔内，由螺杆齿面的作用使液体从吸入口沿着螺杆的轴向旋转而运动，直到把介质推至排出口排出而达到通过螺杆旋转来输送液体的目的。

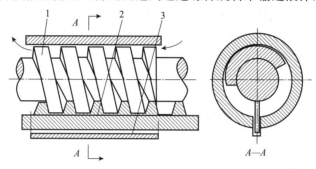

图 11-1　螺杆泵的工作原理

1—螺杆；2—泵壳；3—底座

如前所述，螺杆泵的结构形式有多种，如图 11-2 ~ 图 11-5 所示。

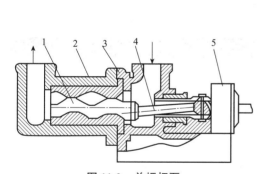

图 11-2　单螺杆泵

1—螺杆；2—泵体；3—泵盖；4—连接短轴；5—齿轮箱

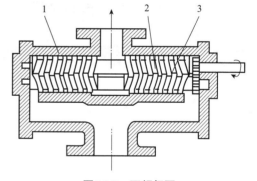

图 11-3　双螺杆泵

1—泵体；2—主动螺杆；3—从动螺杆

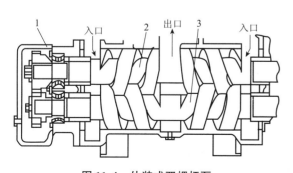

图 11-4　外装式双螺杆泵

1—轴承箱；2—主动螺杆；3—从动螺杆

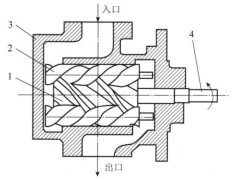

图 11-5　双吸三螺杆泵

1—主动螺杆；2—从动螺杆；3—泵体；4—主动轴

现仅就图 11-5 中给出三螺杆泵的结构及输液过程予以叙述。它是由三根螺杆相互啮合组成的泵,其中,中间螺杆为主动螺杆,另外两根螺杆为从动螺杆,置于主动螺杆两侧。三根螺杆与泵套组装在一起形成多个彼此隔离的密封腔把泵的吸入口与排出口隔开。当主动螺杆旋转时,两从动螺杆与主动螺杆相啮合做同步旋转运动,密封腔内的液体由于齿面和密封面的作用沿轴向移动,从吸入口被推至排出口排出,从而完成了泵的输液过程。

11.2 磁力耦合传动技术在螺杆泵上应用的可靠性

螺杆泵除了输送如润滑油、燃料油等类的普通性介质外,多输送黏稠性介质、酸碱性黏稠介质以及含有粉尘物粒的介质等较为复杂的混合液体。因此,要求泵应具有足够的传递扭矩(有时匹配电动机功率远大于泵额定轴功率)、较强的抗腐蚀能力和良好的耐摩擦、磨损性能。磁力耦合传动螺杆泵在这类介质的输送中也有一定的局限性,比如黏稠性介质或酸碱性黏稠介质,它的黏度高于 8Pa·s 时,选用磁力耦合传动螺杆泵要谨慎;如果混有剧毒性物液,必须选用磁力耦合传动螺杆泵时,要增设一些辅助设备和在泵上采取一些必要的措施,以防介质在内磁转子(或隔离套)内产生凝固、自聚等现象,影响泵的正常运行;含有粉尘物粒的液体,其粉尘物粒较小而且硬度较高时,选用磁力耦合传动螺杆泵也要谨慎。除此之外,磁力耦合传动螺杆泵在工业生产中的应用是成熟的和成功的,也就是说,磁力耦合传动技术在螺杆泵上的应用是可靠的。

11.3 磁力耦合传动螺杆泵的设计

11.3.1 总体设计方案的考虑

磁力耦合传动螺杆泵在设计上首先应当考虑的是泵总体结构方案的设计,总体结构方案确定后才能进行泵的具体设计工作。泵总体设计方案的内容应包括如下几点。

(1) 泵的形式、结构确定

根据现场的使用条件及环境状态,提出所需泵的性能参数和技术要求,再确定泵的形式及结构。可选用单螺杆泵、三螺杆泵、单吸单排泵或双吸单排泵等。

(2) 螺杆的螺纹长度

螺杆泵螺杆的螺纹部分被封闭在泵腔的孔内,因此,孔与螺杆之间应保持一定的工作间隙,以保证泵的工作性能和可靠运转。封闭在泵腔内的螺纹部分的长度叫螺杆工作长度。螺杆工作长度是根据系统的工作压力和被输送液体的特性进行设计确定的。

(3) 平衡轴向力的方式

根据泵现场工作的技术要求和指标,确定泵的技术参数和工作性能要求,初步计算螺杆的技术参数,计算出螺杆的轴向力大小,提出并确定平衡轴向力的方案。

轴向力平衡方式通常均采用液压力反推的方法。液压反推法又分为两种结构:一种为恒压反推法结构;另一种为变(或调)压反推法结构。一般来说,恒压反推法为常用方法,这种方法结构相对简便，而变（或调）压反推法有自动调节变换反推压力的功能，多适用于平衡轴向力时对反推力要求有调节作用的场合。

（4）选择轴承方案及相关结构设计

对输送介质的性能和工作参数了解后，即可确定轴承的选择方案，如滚动轴承、滑动轴承以及滚动与滑动轴承相结合等方案。如选定为滚动轴承方案，轴承的定位方式等结构设计较为简便；如果选用滑动轴承与滚动轴承相结合的方案，既要确定轴承的定位设计，还要考虑滑动轴承本身的结构设计和导流系统以及考虑是否选用静压系统等问题。

（5）隔离套导流散热方案的确定

磁力耦合传动螺杆泵的转速范围宽且工作压力高，一般在输送黏稠性介质或含有粉尘的混合性介质时，泵应选择低转速工作；如输送介质较为清洁、润滑性好、低黏稠性，泵应选定高转速工作。在高转速工作状态下要考虑磁涡流热损失及导流散热等问题。

螺杆泵的结构较为特殊，而且轴向力较大，在考虑导流散热的方案时，要考虑其特殊性。

磁力耦合传动螺杆泵在设计中，最好将磁力耦合传动部件设计在泵的入口端，有利于排布泵总体设计方案。

11.3.2 磁力耦合传动装置的配套设计

（1）配套设计磁力耦合传动的扭矩

根据泵的流量、扬程、效率、介质密度等工作参数计算出泵轴的功率，在此基础上，参考介质的黏稠性、润滑性、腐蚀性等性能状态，参照电动机的配套功率，设计出磁力耦合传动的配套扭矩。

（2）磁力耦合传动的结构形式及尺寸确定

根据泵的外形及配合尺寸，如内磁转子与轴连接、隔离套与泵端连接，这些连接尺寸的大小及范围；再考虑到轴径尺寸的大小以及轴的支撑方式等因素，在综合考虑的基础上确定磁力耦合传动装置的结构形式及外形尺寸。磁力耦合传动装置的结构形式主要有以下几种。

①内磁转子是悬臂式和非悬臂式。

②外磁转子是直连式和非直连式。

结构形式确定后，根据连接尺寸限制范围选用电动机，再设计外形尺寸及形状。

（3）隔离套的结构及配套设计

隔离套的外形尺寸及结构形式的配套设计主要取决于以下两个方面。

①磁力耦合传动装置的结构形式及尺寸状态。

②隔离套法兰与泵体的连接方式和连接尺寸。

隔离套的强度计算与流体导流型线的设计在隔离套的设计中已介绍，这里不再介绍。

一般来说，磁力耦合传动、隔离套、泵体三者在设计上是相互调节配套设计的。

11.3.3 磁力耦合传动螺杆泵的设计

（1）主、从动螺杆的几何尺寸的比例关系

主、从动螺杆的横截面几何尺寸及其相互比例关系如下：

主动螺杆根圆直径 d_g；

主动螺杆顶圆直径 $\dfrac{5}{3}d_g$；

从动螺杆的顶圆直径 d_g；

从动螺杆根圆直径 $\dfrac{1}{3}d_g$；

螺杆的导程 h 通常取为 $\dfrac{10}{3}d_g$，$\dfrac{7}{3}d_g$，$\dfrac{5}{3}d_g$；

螺杆的相对导程 k 相应为 $\dfrac{10}{3}$，$\dfrac{7}{3}$，$\dfrac{5}{3}\left(k=\dfrac{h}{d_g}\right)$；

螺杆的中心角 $2\alpha_o$ 为 $0.18\pi = 32°24'00''$；

螺杆的节圆直径 d_g 是三螺杆泵的特征尺寸。

（2）泵的技术条件和要求

泵的入口压力 p_1；

泵的出口压力 p_2；

进出口压力差 $(p_2 - p_1)$ $= \Delta p$；

泵的流量 Q；

吸上真空高度 H_s；

工作温度（℃）；

介质密度（kg/cm³）；

介质黏度（Pa·s）。

（3）泵的设计计算步骤

①确定泵的工作转速 n，见式（11-1）：

$$n \leqslant \frac{27250}{k\sqrt{\dfrac{Q}{\eta_V}}} \quad (\text{r/min}) \tag{11-1}$$

式中　Q——泵的流量，L/s；

　　　η_V——泵容积效率，一般取 0.70~0.95；

　　　k——螺杆相对导程。

②计算螺杆节圆直径 d_g，见式（11-2）：

$$d_g = 36.43\sqrt{\frac{Q}{nk\eta_V}} \quad (\text{cm}) \tag{11-2}$$

式中　Q——泵的流量，L/s；

    n——泵的转速，r/min；

    η_V——泵容积效率；

    k——螺杆相对导程。

③计算流量 Q，见式（11-3）：

$$Q = 1.243 n k \eta_V d_g^3 \quad (L/s) \tag{11-3}$$

④计算压力差 Δp：

$$\Delta p = p_2 - p_1$$

式中 p_1——泵的入口压力；

    p_2——泵的出口压力。

确定了泵的压力差 Δp 后，即可参考相关数据选取或确定螺杆的相对导程。

同样，确定了泵的工作压力，根据螺杆泵有关设计手册选定导程。

⑤螺杆泵轴向力和径向力的计算及其平衡的设计计算。

⑥吸上真空高度 H_s。其值表示泵自吸能力的特征参数，根据工作液体在泵的入口、出口和螺杆轴向的流动速度计算确定。螺杆泵的自吸能力较强，通常选取普通螺杆泵的 $H_s = 3.5 \sim 7m$。

⑦泵的功率计算、电动机的选配与前述的工业用泵基本相同，本章不作介绍。

11.4　3GY-7/52-C 型磁力耦合传动三螺杆泵

11.4.1　结构及特点

3GY-7/52-C 型磁力耦合传动三螺杆泵是适用输送重质油、石油等产品，其介质黏度大于 $0.1Pa \cdot s$ 左右，并可获得较高出口压力的一种新型泵，其结构如图11-6所示。

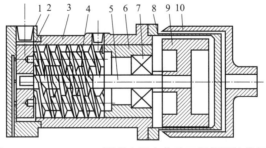

图11-6　3GY-7/52-C 型磁力耦合传动三螺杆泵结构示意

1—泵盖；2—轴承座；3—泵壳；4—螺杆；5—主动轴；6—轴承座；

7—轴承；8—隔离套；9—内磁转子；10—外磁转子

3GY-7/52-C 型磁力耦合传动三螺杆泵特点如下。

①用内、外磁转子及隔离套取代了联轴器和机械密封装置，从根本上解决了泵的密封泄漏问题；结构简单、易加工、拆检维修方便。该泵是化肥生产系统主要设备，对解决环境污染是非常理想的。

②为了减少内磁转子产生轴向应力，应使其与螺杆产生的轴向应力方向相反。泵回流管流量必须大于或等于平衡鼓间隙流入回流管的流量。经计算，当 $n = 3000r/min$，出口压

力 $p_{出} = 52\text{kgf}/\text{cm}^2$，平衡鼓单边间隙为 $0.07 \sim 0.15\text{mm}$，回流管内径 $\phi = 8\text{mm}$ 时，隔离套内腔工作压力小于 $1\text{kgf}/\text{cm}^2$，内磁转子产生的轴向应力不大于 $20\text{kgf}/\text{cm}^2$。

11.4.2　主要参数

流量　$7\text{m}^3/\text{h}$；
出口压力　$52\text{kgf}/\text{cm}^2$；
吸入高度　$1000\text{mmH}_2\text{O}$（$1\text{mmH}_2\text{O} = 9.80665\text{Pa}$）；
介质温度　$\leq 90^\circ\text{C}$；
电动机功率　22kW；
电动机转速　$3000\text{r}/\text{min}$；
介质黏度　$8.0 \times 10^{-2}\text{Pa} \cdot \text{s}$。

11.4.3　安装维护与检修

（1）泵的安装

①将泵放置在基础上，在靠近地脚螺栓处安放垫铁，将泵座垫高 $30 \sim 50\text{mm}$，调整垫铁，使水平度满足轴向每米允差小于 0.05mm，横向每米允差小于 0.1mm。
②用混凝土灌浇地脚螺栓孔。
③混凝土完全硬固后，拧紧地脚螺栓，并重新检查水平度。
④连接泵出口配管。为了避免抽空，泵与油面之间的距离应在吸入高度之内。入口管力求短、直且直径一致，不能有急弯和局部隆起部位，以防储存气体和增加配管流阻。
⑤检查外磁转子与隔离套的间隙是否有杂物吸附，如有，应清理。

（2）使用维护

①开泵　用手盘动外磁转子，应转动灵活，如有异常响声和偏沉，应消除；检查各处紧固螺栓有无松动；打开入口阀将泵内灌满输送介质，排出泵内气体；打开高压过热蒸汽管阀门，预热介质到操作温度（对高黏度重质油）；打开压力表及其他仪表开关；点动电动机，检查电动机转向与泵要求的旋转方向是否一致。
②维护
a. 开泵后注意电压、电流的变化，若有异常应立刻停泵检查，若发现泵内磁转子一端有金属碰撞声并连续 10min 内不消除，说明有金属杂物，应立即停泵排除金属杂物后再继续开泵。
b. 观察泵回流管压力表，正常运转时其压力指示应在规定的范围内。
c. 隔离套发热或回流管压力表指示不正常，回流管堵塞，应排除堵塞。
d. 螺杆与铜套摩擦、磨损会使其间隙增大，致使平衡鼓失去平衡作用。所以，在规定的时间范围内应检查螺杆与铜套磨损状态，以确定更换螺杆或铜套，然后再运转。
e. 在运转过程中发现机械振动、噪声增大，甚至可听到内磁转子与隔离套摩擦声时立即停泵，检查轴承并确定是否更换。

f. 经常检查隔离套法兰密封垫以及连接法兰与泵体处的密封垫是否有介质泄漏，如有渗漏，应将该处的螺栓拧紧或进行必要的处理。

g. 不允许用吸入管阀门调节流量，以免产生汽蚀。

（3）停泵

①慢慢关闭出口阀门。

②切断电源。

③定期把转子按180°方向旋转，以防转子变形。

（4）检修

①定期检查前、后轴承的磨损情况及后止推轴承磨损情况。

②检查前轴承时，应松开电动机底与泵座连接处的螺母，将电动机及外转子向后拉，使外转子脱离隔离套，松开隔离套与法兰螺栓，拆下隔离套，将内磁转子拆下，然后可取下前轴承清洗干净并检查是否需要更换。

③松开三螺杆泵后泵盖螺栓，拆下轴承盖清洗干净后就可检测止推轴承磨损情况并决定是否更换。

④主螺杆及副螺杆的磨损更换条件可按易损件的有关技术规范检测并确定是否更换。

⑤内磁转子的包封若出现气泡、松动、脱落甚至撕裂时，应停止使用并提交生产厂家更换。

⑥检查或更换易损件后，应按顺序安装，安装时不允许用工具敲打内磁转子外圆表面。

⑦将外磁转子推入隔离套时，要沿轴向轻轻缓慢地推入，不允许发生剧烈碰撞，外磁转子推入到装配尺寸位置后，应检查外磁转子内表面与隔离套的径向间隙是否均匀。径向间隙的不均匀度应符合技术条件的规范要求。

11.5　磁力耦合传动螺杆泵的应用前景

磁力耦合传动螺杆泵除具备前述的螺杆泵的一系列优点外，还具有振动小、噪声低、使用周期长的特点，而且由于磁力耦合传动器的使用还解决了环境保护和电动机过载时易于损坏等问题，因此，这种泵特别适用于对润滑油、重油、燃料油的输送，化工、石油、制药等行业对液态物料的输送，液压传动装置的供压以及海上石油平台、军舰、船舶等领域，其应用前景良好。

第12章　磁力耦合传动技术的其他应用领域

12.1　磁力耦合传动技术在真空动密封中的应用

12.1.1　真空动密封的分类

在真空设备中，把运动传递到真空容器中所需要的密封连接称为真空动密封连接。各种真空设备中的动密封连接实例很多，如各种容积式真空泵旋转轴的动力输入；真空阀门的开启和关闭；真空熔炼炉、真空热处理炉的送料、拉锭、浇铸等机构的传动；真空镀膜设备工件架的转动等。

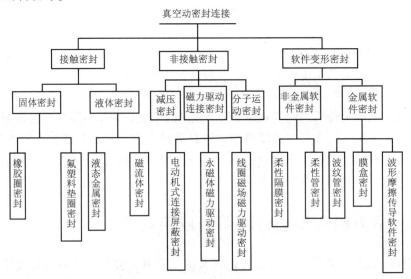

图 12-1　真空动密封连接的分类

真空动密封连接结构与工作在常压下的密封结构有所不同。这种密封除了要求其结构本身有足够的强度、寿命和合理的外形尺寸外，针对真空的特点，还必须保证密封的可靠性，即动密封连接在长期工作中必须保证外界环境不向真空容器内漏气或使漏气维持在设计要求的范围之内。

从真空容器所要求的传动性质来看，动密封所传递的运动主要有往复直线运动、旋转运动、摆动运动和包括这三种运动形式的复合运动四种情况。为了实现这些运动，根据真空的特点，动密封连接在很大程度上决定于密封部分所采用的方法。其分类如图12-1所示。

12.1.2　接触式真空动密封

在接触式真空动密封中，根据采用的密封物质可分为固体密封和液体密封两种形式。

（1）固体接触式真空动密封的结构及特点

①J形橡胶圈的密封结构　这种被称为威尔逊密封装置的结构其实是J形橡胶圈密封结构。它的工作原理是利用安装后中央凸起并紧箍在旋转轴上呈锥形的橡胶垫圈，当内部达到真空时，外部大气压力把橡胶圈紧紧地压在转轴上而达到真空密封的目的，多适用于线速小于2m/s、转速小于300r/min的真空转轴密封中。

②JO形橡胶圈密封结构　JO形橡胶圈密封结构是带锁紧弹簧的结构，它是在J形橡胶密封圈结构的基础上改进而成的。它的效果更好，使用的转速小于2000r/min，油封式机械真空泵的轴封装置通常采用这种密封结构，其轴径范围为$\phi6 \sim 200$mm。

③O形橡胶圈密封结构　O形橡胶圈密封结构又称为橡胶填料盒密封，这种密封能传递圆周速度不大于2m/s的旋转运动而且还能传递真空度不高于1.3×10^{-4}Pa，速度小于0.2m/s的直线运动，其轴径范围为$\phi3 \sim 200$mm。

在上述几种动密封装置中都需要采用真空润滑油润滑，为了实现密封装置本身能自给润滑，可借助氟塑料进行真空动密封。这是一种利用能自给润滑的氟塑料材料制成的动密封装置，如图12-2所示。由于氟塑料本身弹性较差，易产生较大的残余变形，因此，在结构上采用了附加橡胶垫圈，把橡胶垫圈装在密封件外面，再用螺母压紧，保证氟塑料密封圈能与轴均匀而密实的压紧。这种结构对轴的表面粗糙度要求相当严格。

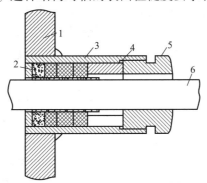

图12-2　利用氟塑料衬套的动密封结构
1—密封座；2—氟塑料；3—橡胶圈；4—压垫；5—压紧螺母；6—转轴

旋转运动自润滑动密封装置还有另一种结构。法兰内装聚四氟乙烯轴套，它既是轴的轴承，又是辅助的密封件。动密封结构的基体内装有支承环、中间环、聚四氟乙烯垫圈等，动密封结构的基体通过橡胶圈进行密封，外橡胶垫圈的作用在于补助氟塑料垫圈的弹性，以保证它对轴表面弹性压缩和对基体内表面与中间环接合处的气密性。

固体接触式真空动密封虽然具有结构简单、成本低廉、传递扭矩大、易于发现故障等一系列优点，但是为了防止轴在高速旋转下气体的泄漏，只能通过增加密封接触界面上的压紧力来保证，由此而产生的摩擦发热不但功耗损失大、使用寿命短、橡胶密封圈需要经常更换，而且产生气体泄漏的问题更难以解决。因此，在要求真空容器内漏率极小的设备上，这种密封装置的采用受到了限制。

（2）液体式真空动密封的结构及特点

目前，液体式真空动密封有两种形式。

①液态金属真空动密封　液体用于真空动密封的结构原理如图 12-3 所示。图 12-3（a）采用液体薄膜密封，它是利用小间隙中液体薄膜的表面张力和压差的平衡状态来实现的。在轴处于静止状态时，其可靠的密封条件是

$$\delta < \frac{2\gamma}{p_1}$$

式中　γ——流体的表面张力，其值见表 12-1；

　　　p_1——密封外侧的压力。

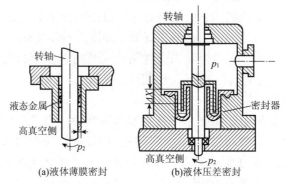

(a)液体薄膜密封　　　(b)液体压差密封

图 12-3　采用液体密封物质的真空动密封结构原理

图 12-3（b）是液体压差密封的装置，具有液体动密封，其中 $p_1 - p_2$ 应该等于液柱高 ΔX 的压强，为了减小所需的液柱高度，一般把密封器设置在真空室与单独抽真空的中间室之间。这种装置的缺点是只能用于轴处在垂直的位置，而且需要设置中间抽气室，一旦中间室的压力增大，则会产生向真空室喷出密封流体的危险。

液体密封在高温下工作时，流体的蒸气有污染真空室的可能性。几种易熔金属的蒸气压力值见表 12-2，由表可见，这些金属作为液态密封物质是可以的。

表 12-1　几种液体的表面张力

液体密封物质	温度/℃	表面张力/（10^3 N/m）	对于不同压差的最大间隙 δ/μm	
			760Torr	100Torr
镓	40	735	14.7	112
锡	300	520	10.4	78
汞	15	487	9.5	72
铅	350	420	8.4	64
铋	300	370	7.4	56
有机液体	20	25～30	0.5～0.6	3.8～4.5

注：1Torr = 133.322Pa，下文同。

表 12-2　易熔金属的蒸气压力

金属	熔化温度/℃	温度 t/℃ 和蒸气压力 p/Torr							
		t	p	t	p	t	p	t	p
汞	-38.9	-5	10^{-4}	48	10^{-2}	126	1	300	246
		20	1.3×10^{-3}	100	3×10^{-1}				
镓	298	500	$<10^{-8}$	771	$<10^{-5}$	200	17	360	803
铟	156	500	$<10^{-8}$	600	$<10^{-5}$	859	10^{-4}	965	10^{-3}
锡	232	500	$<10^{-8}$	832	$<10^{-5}$	667	10^{-5}	746	10^{-4}
铋	271	500	$<10^{-8}$	474	$<10^{-5}$	-536	-10^{-4}	-609	-10^{-5}

②磁流体真空动密封 磁流体就是由磁性纳米颗粒经过特殊处理，将其均匀地分散到具有很低饱和蒸气压的液体（载液）中，通过分散剂与液体混合后既不沉淀又不凝固的一种固液相结合的胶状液体，既有液体的流动性又具有磁性。磁流体真空动密封就是基于这种特性而实现的，其原理如图 12-4 所示。

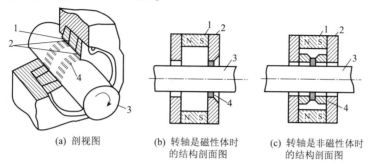

(a) 剖视图　　(b) 转轴是磁性体时的结构剖面图　　(c) 转轴是非磁性体时的结构剖面图

图 12-4　磁流体的真空动密封原理及其密封方式
1—永久磁铁；2—极靴；3—放置轴；4—磁流体

圆环形永久磁铁 1、极靴 2 和放置轴 3 所构成的磁性回路，在磁铁产生的磁场作用下，把放置在轴与极靴顶端缝隙间的磁流体 4 加以集中，使其形成一个所谓的 O 形环，将缝隙通道堵死而达到密封的目的。这种密封方式可用于转轴是磁性体 [图 12-4 （b）] 和非磁性体 [图 12-4 （c）] 两种场合，前者磁束集中于间隙处并贯穿转轴而构成磁路，后者磁束不通过转轴，只是通过密封间隙中的磁性流体而构成磁路。

这种密封技术具有如下特点。

a. 磁性流体密封真空转轴可消除密封件间接触所产生的摩擦损失，提高轴的转速（可达 120000r/min），极大地减少泄漏。如果采用低蒸气压的磁性流体，可将真空室内的真空度维持在 1.3×10^{-7}Pa 以上。与固体密封相比较，可以极大地减少功耗。

b. 磁性流体的密封结构简单、维护方便、轴与极靴间的间隙较大，不必要求过高的制造精度。

c. 磁性流体在密封空隙中由磁铁所产生的磁场所固定，轴的启动和停止较方便。

这种密封装置的缺点是磁性流体在高温下难以稳定，工作温度一般在 -30 ～ 120℃ 之间，轴在过高或过低温度下工作时须采用冷却或升温措施，从而使密封结构复杂化，适用介质的种类范围窄，耐高压能力差。

如果把磁性流体密封轴按磁性回路结构中磁铁和极靴相互配置的情况加以区别，可分为三种形式：第一种形式是由一个磁铁与一对极靴构成的结构形式；第二种形式具有多个磁铁，每个磁铁与其对应的一对极靴构成各自独立的回路，在各回路间采用不导磁的隔垫隔开，而且每个极靴上只采用一个密封齿型；第三种形式是由多个永久磁铁按同性相斥的方向串联所组成的一种结构形式。

关于磁流体密封装置上极靴顶端的齿型设计可参阅文献 [50]，这里不予介绍。

12.1.3　软件变形式真空动密封

（1）非金属软件变形真空动密封连接

非金属软件变形真空动密封连接的主要密封物质是真空橡胶管。由于橡胶管放气和不能承受高温，因此，对要求达到 1.3×10^{-4} Pa 以下的压强或应进行高温烘烤的真空设备，限制使用这种连接。如果采用耐热硅胶，其使用温度范围也可达到150℃。真空橡胶管所传递的运动形式主要有两种，即直线运动和旋转运动。

在应用非金属柔性元件的动连接密封中，也可以采用橡胶薄板为密封物质。橡胶薄板的外边缘固定在真空容器的外壁上，内边缘固定在轴的突肩上。圆筒形橡胶薄板可以折叠180°，因此，在利用圆筒形橡胶板时，连杆工作行程不超过隔板自由状态部分外径的10%。这种结构通常用在气动真空阀以及低真空和中真空的阀门中。

这种密封装置虽然结构比较简单、成本低廉，但是由于非金属软件的材料为真空橡胶制品，不但不能承受扭矩，也会因放气而影响真空室内真空度的提高，更不能承受高温烘烤，因此，不宜在超高真空动密封中使用。

(2) 金属软件变形真空动密封连接

在金属软件变形的真空动密封连接中采用金属波纹管向真空中传递直线运动、摆动和旋转运动是比较方便的。其特点是在真空中的从动环节的位移量大、运动速度高、传递的负荷范围也较宽。

利用全金属波纹管制成的动密封装置，不但结构较简单，而且在结构中易实现两种或多种形式的传动。此外，由于波纹管是薄壁制成的金属管，富有弹性，容易弯曲、伸张和压缩，又能经受高温烘烤，因此，近年来在一些真空设备上得到了一定的应用。

金属波纹管的主要缺点是制造比较复杂，装配不够方便，而且不宜用于传递高速度的运动，波纹管在使用时，首先压缩要均匀，否则会在管子的圆周上产生局部应力而造成破裂。波纹管只能承受拉、压而不能承受扭转。这就使它的应用范围受到了限制。

12.1.4 磁力耦合传动式真空动密封

如前两节所述，过去常用的真空动密封方式有威尔逊密封、液态金属密封、金属波纹管密封和磁流体动密封等。威尔逊密封实质上是密封圈密封，这种密封只用于低、高真空，不能用于超高真空，其缺点是摩擦扭矩大、寿命短、密封不够可靠、不耐高温。金属波纹管密封可以用于超高真空，但由于材料本身的缺点，不适用于传递高速转动，否则会很快达到疲劳极限而破损漏气。液态金属密封虽然可以用于超高真空，工作性能也比较好，但要有辅助真空和密封圈密封，结构复杂、造价较高、操作易出故障、工作只能固定于垂直方向，有一定的局限性。

在磁力耦合传动式真空动密封中有两种形式：一种是磁流体真空动密封；另一种是非接触式磁力耦合传动真空动密封。前者已经在12.1.2 (2) 中做了论述，磁流体真空动密封具有低的泄漏率，作为液体密封具有摩擦功耗小、结构简单、使用方便等优点，但也不适用于超高真空，因为超高真空系统一般要进行250℃以上的长时间烘烤，而磁流体载体耐受不了这么高的温度。另外，载体也会有蒸发、凝结以及磁性微粒凝聚等问题，也可能与被密封的介质发生物理或化学作用，其使用范围受到一定限制。另一种磁力耦合传动式真空动密封，在过去也有过，但仅限于传递小扭矩、低转速，由于永磁材料本身的性能而限制了使用范围。自从发展了钴基稀土永磁材料后，甘肃省科学院磁性器件研究所研究了新材料的特性，总结出一套独创的磁路设计方法，使得磁力耦合传动真空动密封的应用得到极大的拓展，目前已经广泛地用于真空动密封技术领域。

12.1.4.1 工作原理及特点

磁力耦合传动装置真空动密封的原理如图12-5所示。图12-5（a）是依靠电动机带动外磁转子旋转后，通过永磁体产生的磁力作用将运动传递到与工作轴相连接的内磁转子上，从而实现动力传递的目的。密封是通过设置在内、外磁转子中间气隙的隔离密封套，将内磁转子与工作轴一起封闭在真空容器内而实现的。图12-5（b）磁力来源于旋转电磁线圈。该线圈通电后，产生旋转磁场带动被隔离密封套封闭在真空容器内的内磁转子旋转从而达到动力输送的目的。

磁力耦合传动用于真空动密封的特点如下：

①磁力耦合传动真空动密封对真空容器内的真空几乎没有影响，可达到零泄漏。

②动力传送轴与真空容器壁不接触，变扭矩传递的动密封为静密封、密封性能可靠，在传送运动过程中除密封隔离套受压差的影响外，不承受其他载荷。

③密封件之间无运动摩擦，既消除了对真空容器内的污染，又消除了摩擦功耗。对于这种密封装置，除了应注意磁场的存在对周围环境的干扰外，应注意的主要问题是隔离密封套材料的选择。若采用金属材料，由于隔离套处于正弦交变磁场中产生涡流电流，由此引起的涡流效应致使隔离套温度升高，不但会影响永磁体的退磁而且也易于引起真空泵中油的温升，因此，在使用中应注意选择导磁性小的高性能金属材料或选用非金属材料并配合适当水冷或风冷等冷却方法来解决这一问题。

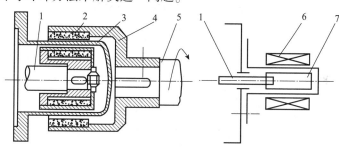

(a) 永磁体传动的密封结构　　　　(b) 旋转电磁场传动的密封结构

图12-5　磁力耦合传动装置真空动密封原理

1—被传动轴；2—内磁转子；3—隔离密封套；4—外磁转子；

5—传动轴；6—旋转电磁线圈；7—转子

12.1.4.2 分类及选择

磁力耦合传动真空动密封连接装置可按图12-6所示的不同方法进行分类。

选择磁力耦合传动真空动密封装置时，主要应从真空设备要求传递运动的方式、真空容器内压强的高低以及容器内从事真空工艺的具体要求等方面加以考虑。如传递旋转运动，压强高于10^{-5}Pa，磁力耦合传动介质为气体时，可选用图12-7所示的同轴式圆筒形组合拉推式磁力耦合传动真空动密封装置，其内磁转子可采用永磁体进行工作。如果条件不变，被抽容器内压强低于10^{-5}Pa处于超高真空状态时，则应将图12-7中的内磁转子上的永磁体用软磁材料来取代，以避免超高真空下烘烤时温度过高引起内磁转子上永磁体退磁而影响磁力耦合传动密封装置的性能。若采用同轴式圆筒形密封隔离套在结构上有困难时，也可采用如图12-8所示的平盘式磁力耦合传动真空动密封装置。如果需要选用直线式或复合运动式的密封结构时，可以结合实际应用的需求选用组合式（具有复合运动的）磁力耦合传动真空动密封装置，这种磁力耦合传动器的结构及传递复合运动的过程本章不做介绍。

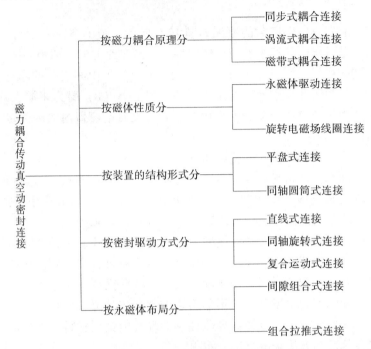

图 12-6　磁力耦合传动真空动密封连接的分类

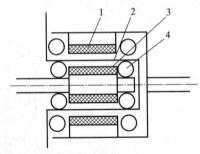

图 12-7　同轴式圆筒形组合拉推式磁力耦合传动真空动密封装置示意
1—外磁转子；2—隔离密封套；3—内磁转子；4—滚动轴承

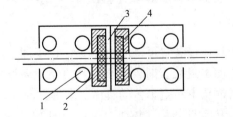

图 12-8　平盘式磁力耦合传动真空动密封装置结构示意
1—滚动轴承；2—内磁转子；3—隔离密封板；4—外磁转子

12.1.4.3　在真空获得设备以及容积式真空泵上的应用

磁力耦合传动密封装置在各种真空设备上的应用已经十分广泛。它不但可以将动密封转化为静密封，而且还可以作为机械手通过手动或机动等方式实现向真空容器中传递各种不同运动，其安装的结构形式多为卧式。传递的力或扭矩以及直线运动的位移，可根据各种要求进行磁路的结构设计。目前，在各种不同用途的真空设备中传递的扭矩最大已达到 1300N·m，直线或螺旋线运动的最大位移量为 1.8m，现在就几种真空设备上采用的磁力耦合传动密封装置介绍如下。

国内生产的旋片式、滑阀式、余摆线式等容积式真空泵，其转轴多采用 O 形橡胶圈进行密封，泵在工作中由于机械摩擦和振动等原因，不但易于漏气和污染真空环境，而且使用寿命短，需经常更换橡胶密封件。采用磁力耦合传动密封装置后的容积式真空泵不但在结构上取代了传递精度低、振动大、轴与轴承受力不均的皮带轮传递，而且在减小泵体积的同时，也实现了电动机与泵的直连。图 12-9 ~ 图 12-11 分别给出了旋片式机械真空泵、滑阀式机械真空泵、余摆线式机械真空泵的两种不同密封结构比较，三种泵的总体结构可参阅文献 [52]。

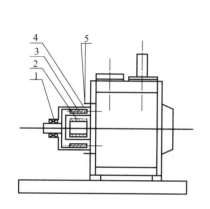 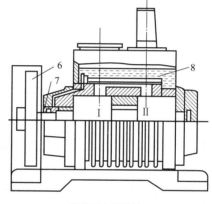

(a) 磁力耦合传动密封结构 (b) 橡胶圈密封结构

图 12-9　旋片式机械真空泵两种不同密封结构比较

1—轴承组件；2—内磁转子；3—外磁转子；4—隔离密封套；
5—支撑架；6—皮带轮；7—端面密封圈；8—气体通道

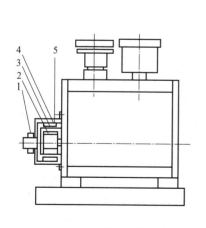 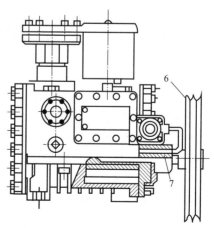

(a) 磁力耦合传动密封结构 (b) 橡胶圈密封结构

图 12-10　滑阀式机械真空泵两种不同密封结构比较

1—轴承组件；2—内磁转子；3—外磁转子；4—隔离密封套；
5—支撑架；6—皮带轮；7—橡胶密封组件

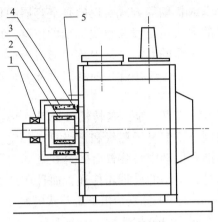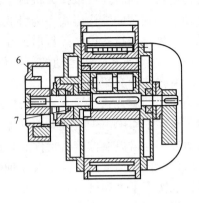

(a) 磁力耦合传动密封结构　　　(b) 橡胶圈密封结构

图 12-11　余摆线式机械真空泵两种不同密封结构比较

1—轴承组件；2—内磁转子；3—外磁转子；4—隔离密封套；
5—支撑架；6—皮带轮；7—橡胶密封组件

12.1.4.4　在超高真空设备上的应用

(1) 超高真空设备用磁力耦合传动器的特点

在磁力耦合传动技术中，各种磁力耦合传动器的基本工作原理是相同的，但由于应用领域的不同，用于不同场合的磁力耦合传动器又各有其自身的特点，所以，对特定环境下使用的磁力耦合传动器进行专门的研究是必要的。用于超高真空设备上的磁力耦合传动器与普通磁力耦合传动器相比较，最大差别是内磁转子上的磁体不使用永磁性材料而被软铁材料所取代。超高真空设备为了获得超高真空，在抽气过程中，必须对设备的真空室进行烘烤去气，如果内磁转子采用永磁性材料，会因烧烤温度超过永磁体的居里温度而使永磁体退磁失效，因此，不得不采用不怕烧烤的软磁材料。外磁转子在烘烤去气时可以从设备上拆下或采取一些保护措施，不会受到影响。内磁体通常可采用软磁性材料来代替，由于这种材料的更替导致工作原理有所不同，致使其工作特性曲线发生变化，为此，对超高真空设备上所使用的磁力耦合传动器进行专门的研究是必要的。

(2) 超高真空设备用磁力耦合传动器的原理及结构

超高真空设备用磁力耦合传动器的基本原理是基于软磁材料在靠近永磁体的磁场时会被感应磁化并受到吸引力作用的这一现象而实现的，它的具体结构通常是在要求运动传递的部位设置一个筒形静密封隔离套，将真空内、外隔离，当按照适宜磁路结构合理排列的永磁体在筒外做旋转或直线往复运动时，筒内对应位置的软磁材料受其吸引力作用也随之运动并带动与之相关联的部件，从而实现向真空室内传递运动的作用。筒内的软磁材料通常采用磁导率和饱和磁感应强度均较大的纯铁外磁筒中的永磁体，一般选用矫顽力高的永磁材料，如钕铁硼材料。为了充分利用磁能提高传递扭矩，减小元件体积和降低成本，永磁体的形状和排列方式都应进行精心的设计并使用导磁材料组成闭合回路。超高真空设备中经常采用的磁力耦合传动装置有旋转运动式、往复直线运动式等磁力耦合传动器，其结构如图 12-12、图 12-13 所示。

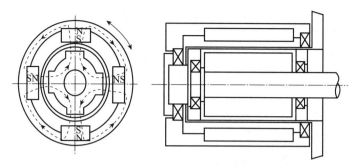

图 12-12　超高真空设备常用旋转运动式磁力耦合传动器的结构示意

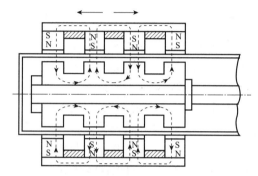

图 12-13　超高真空设备常用往复直线运动式磁力耦合传动器的结构示意

图中，虚线表示磁通环路。由于超高真空用磁力耦合传动器手动式较多，因此，图中没有给出内磁套及支撑元件，而是将其直接放入到隔离套内。当要求推进器同时传递旋转运动时，只需将磁力转轴的结构简单地串联在一起即可。

（3）超高真空设备用磁力耦合传动器结构参数的优化

为了使超高真空设备用磁力耦合传动器达到结构性能参数的要求，对传动器进行结构参数的优化是十分必要的。

①物理模型　由于磁力耦合传动器的径向气隙尺寸远小于轴向尺寸，故将磁场分布简化成二维平面磁场问题。基于磁路结构的对称性、周期性，同时为了更准确地反映出磁力耦合传动器内部磁场相互作用的实际情况，可以半个圆周为研究对象，建立起图 12-14 所示的物理模型，具体结构参数见表 12-3。

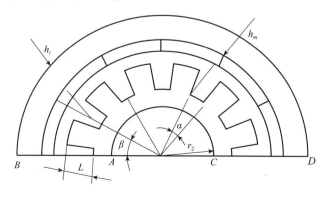

图 12-14　物理模型示意

表 12-3　物理模型结构参数

符号	名称	符号	名称
r_1	齿底圆半径	h_m	永磁体厚度
r_2	基圆半径	h_i	轭铁厚度
Δr	$r_1 - r_2$	T	扭矩
α	极间角	β	永磁块的弧度角
L	齿长	m	极数

②数学模型　采用矢量磁位 A 作为求解对象，求解区域内磁场方程前述章节已论述，不再赘述。利用有限元法求解场的拉普拉斯方程的边值问题，就是把该边值问题等价为一个相应的条件变分问题，通过引入近似函数，把条件变分问题离散为方程组，最后求解方程组，求得磁场的分布后，再用麦克斯韦应力法求得最大扭矩。

③结构参数优化　利用有限元法对磁力耦合传动器的极间角 α、齿长 L、永磁体厚度 h_m、极数 m 等参数进行一系列计算，从中计算出最佳参数，计算中选取外转子轭铁外径为 100mm 的传动器作为结构基本模型，外转子的轭铁及内转子的材质为纯铁，外转子的永磁材料为 NdFeB37MGO。

a. 极间角 α 的优化。如表 12-4 所示，对于 $m=6$ 的传动器，永磁块的弧度角 $\beta=60°$，当内磁转子轭铁的极间角 $\alpha=48°$ 时，扭矩最大；对于 $m=12$ 的传动器，永磁块的弧度角 $\beta=30°$，当内磁转子轭铁的极间角 $\alpha=24°$ 时，扭矩最大；对于 $m=16$ 的传动器，永磁块的弧度角 $\beta=22.5°$ 时，当内磁转子的轭铁的极间角 $\alpha=18°$ 时，扭矩最大。由此可见，传动器的最优极间角与永磁块的弧度角有关，表 12-4 的三组数据表明，$\alpha=0.8\beta$ 时为最优极间角。

表 12-4　极间角与扭矩 T 的关系

$m=6$ 时，$\beta=60°$		$m=12$ 时，$\beta=30°$		$m=16$ 时，$\beta=22.5°$	
$\alpha/(°)$	$T/N\cdot m$	$\alpha/(°)$	$T/N\cdot m$	$\alpha/(°)$	$T/N\cdot m$
20	14.74	4	4.46	4	35.65
30	26.84	8	11.79	9	50.04
40	34.58	12	37.23	12	51.07
45	36.75	15	61.86	15	59.48
48	39.37	20	84.02	18	71.06
50	31.77	24	103.89	20	58.91
52	26.36	26	71.00	21.5	46.51

b. 齿长 L 的优化。齿的长短对扭矩的大小有影响，而齿长对扭矩的影响与永磁体的厚度有直接关系。从表 12-5 可以看出，齿长的最优值为略大于永磁体的厚度。

表 12-5　齿长 L 与扭矩 T 的关系

h_m/mm	L/mm	T/N·m	h_m/mm	L/mm	T/N·m
3	2	5.711	5	6	49.33
	3	24.73		7	45.78
	3.6	27.17		8	41.88
	4	29.06	6	3	45.07
	5	28.55		5	46.20
	6	28.00		6	54.31
4	3	34.14		7	57.41
	4	35.01		9	55.28
	5	42.64		10	52.91
	6	34.70	7	5	53.35
	7	41.02		6	59.69
	8	37.24		7	62.37
5	3	39.69		8	59.58
	4	40.95		9	59.39
	5	45.07		10	61.16

　　c. 外磁转子轭铁厚度 h_i 的优化。沿径向磁化的磁体组成的磁力耦合传动器，外轭铁的使用能明显地提高磁力耦合传动器的性能，轭铁的厚度对扭矩的传递也有影响。如果轭铁的厚度太薄，在轭铁处将出现如图 12-15 所示的磁饱和而使磁阻增加，气隙磁密减小，传递的扭矩降低，磁力耦合传动器的性能下降；如果轭铁的厚度太厚，对传动扭矩的增加并无太大贡献，但却使旋转部件的转动惯量增

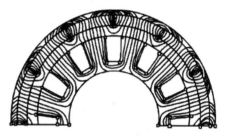

图 12-15　轭铁处磁饱和时磁场分布

大，从而增加了传动器的启动扭矩，降低了磁性材料的利用率，使运动部件的不稳定性增加。两组反映轭铁厚度 h_i 与传递扭矩 T 的关系的计算数据见表 12-6。由表可知，轭铁的厚度取永磁体厚度的 $1\sim2$ 倍为好，而 Δr（$\Delta r = r_2 - r_1$）值对扭矩的影响不大。

表 12-6　轭铁厚度 h_i 与传递扭矩 T 的关系

h_m/mm	h_i/mm	T/N·m	h_m/mm	h_i/mm	T/N·m
3	2	36.13	5	2	60.10
	3	51.80		3	75.05
	4	54.88		4	88.70
	6	54.59		5	93.32
	7	54.87		7	32.56
	8	53.97		9	93.35
	9	57.84		10	93.89
	12	50.21		13	94.56

d. 永磁体厚度 h_m 的优化。在保证轭铁不饱和的情况下，进行了多组不同永磁体厚度的扭矩计算，数据见表12-7。在一定范围内（3~7mm），随永磁体厚度的增加，扭矩增加得较快，超过此范围，扭矩增加得较慢。因为磁体随厚度的增加，磁势增加，而磁阻、漏磁也随着增加，当厚度增加到一定值后，所增加的磁势几乎全部消耗在增加的磁阻、漏磁上，而对外磁路的贡献很小，所以，出现了永磁体厚度增加很多，而扭矩增加很小的情况。基于上面的分析，为了提高永磁体的利用率，永磁体的厚度不宜太厚。

表 12-7　永磁体厚度 h_m 与扭矩 T 的关系

h_m/mm	3	5	7	8	9	10	12	13	14
T/N·m	59.85	92.41	116.27	118.59	120.02	130.60	132.06	133.30	135.01

e. 永磁极数 m 的优化。不同极数下的扭矩值见表12-8，从表中可以看出，极数太少或太多对扭矩的传递不利，静磁能的表达式

$$E_H = -HJ\cos (m/2) \phi$$

式中　E_H——静磁能；

H——磁场强度；

J——磁体的磁耦极矩；

m——磁极数；

ϕ——内、外磁转子的角度差。

表 12-8　永磁体的极数 m 与扭矩 T 的关系

m	4	6	8	10	12	14	16
T/N·m	46.19	74.91	68.97	71.30	87.73	71.6	29.03

可以看出，极数多有利于静磁能的储存，静磁能最终被转化为动能而被释放，所以，极数多有利于扭矩的传递，但极数太多，磁块之间漏磁太多，不利于扭矩的传递，见图12-16。所以，极数的选取应适中，本计算所用磁力耦合传动器12极为最佳。

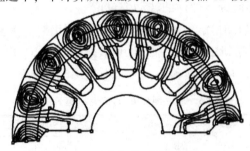

图 12-16　多极数时磁场分布

12.1.4.5　在真空设备上的应用实例

①在各种真空镀膜设备上用来传递镀膜工件及保证膜厚均匀，并且要求旋转的工件架和轴的动力输入等许多方面都采用磁力耦合传动密封装置，不但消除了O形密封圈易泄漏、磨损和污染真空等弊病，而且提高了镀膜层的质量和生产效率。

②我国的重离子加速器上采用了磁力耦合传动装置，在真空室中传送试验靶，安全可

靠，保证了试验效果，提高了试验质量和效率。

③在一些高真空及超高真空的设备上广泛采用了磁力耦合传动技术。比如航天技术地面模拟试验的各种真空容器与装置上所采用的磁力耦合传动装置，操作简单可靠，而且也保证了高真空或超高真空状态下的各种环境试验。

④在一些真空工艺设备上采用了磁力耦合传动装置作为机械手在真空室中传递工件、旋转工件等。比如真空熔炼炉中用磁力耦合传动装置取代了送料机构的取料机构；真空热处理炉中用磁力耦合传动装置取代了送样机构和取样机构；真空焊接炉中用磁力耦合传动装置准确地传送构件和取送焊接件等。

⑤一些专用的真空试验设备中也均采用了磁力耦合传动技术。比如航空、航天技术设备中用精密轴承、微型轴承在高真空状态下的寿命试验；一些重要仪器、仪表在高真空状态下的测试实验等。这类专用真空设备要求连续运动的时间长，保证在高真空状态下工作，传送机构及机械手均采用了磁力耦合传动装置，运动安全可靠，满足了技术要求。

⑥磁力耦合传动装置在一些特殊真空设备上的应用。我国第一台分子束外延设备上采用了旋转与直线运动的复合运动式磁力耦合传动装置作为机械手在真空室中传送样品，操作简便、结构合理、紧凑、运动安全可靠。设备采用真空无油机组，极限真空度达到 6×10^{-7} Pa，工作真空度达到 5×10^{-6} Pa，样品可进行 150℃ 烘烤。我国生产的独立束源，快速换片型分子束外延设备上采用了旋转与直线运动的复合运动磁力耦合传动装置。磁力耦合传动装置与全金属直通阀组成一套超高真空室，从高真空室中取出样品或工件并且在运作的过程中完成装卡工件的动作，整个过程中运行安全可靠，工作效率提高近 10 倍，工作室的真空度为 $10^{-6} \sim 10^{-7}$ Pa，真空室内样品的烘烤温度为 150℃。

12.2　磁力耦合传动技术在搅拌反应釜中的应用

磁力耦合传动搅拌釜或磁力耦合传动搅拌反应釜主要是用于对多种介质进行搅拌混合或防止沉淀以及促进介质间的化学反应而制成的设备。为方便起见，我们把这两种釜统称为磁力耦合传动搅拌反应釜。

随着食品、医药、有机合成、石油化工及环保工业的发展，对一些易燃、易爆、有毒、腐蚀及贵重介质的搅拌及搅拌反应过程要求越来越严格，对其使用的搅拌釜或搅拌反应釜的要求应做到绝无泄漏，以防止外界介质漏入釜内影响介质的搅拌反应质量，或是搅拌反应的介质泄漏到外界污染环境造成不良后果，这些都是十分必要的。

过去广泛使用的搅拌釜及搅拌反应釜通常采用填料密封和机械密封的方法，不可避免地存在着"跑、冒、滴、漏"现象，这种绝对泄漏的现象不能满足绝对无泄漏的要求。

近年来，由于稀土类高性能永磁材料的问世及其应用技术的发展，磁力耦合传动搅拌釜、搅拌反应釜已研制成功并广泛使用于食品、制药、化工等行业。磁力耦合传动搅拌釜及搅拌反应釜采用磁力耦合传动技术，将动密封转换为静密封，做到了绝对无泄漏，完全满足了一些工业生产中的特殊使用要求。

早在 20 世纪 30 年代，人们已经对磁力耦合传动技术在搅拌反应釜中的应用问题进行了探讨和展望。到了 40 年代已出现了如图 12-17 所示的简易的磁力耦合传动搅拌器，这种简易的搅拌器用一个玻璃器皿，在其底部的外侧装有永磁元件，器皿底部放置一个磁性金属棒，当外部永磁元件进行旋转时，即可带动金属棒旋转，从而达到了搅拌介质的作用。

　　20 世纪 70 年代，随着磁性材料的发展，磁力耦合传动技术的研究引起了世界上很多国家的重视，80 年代初，德、日等国家相继报道研制出了小型磁力耦合传动搅拌反应釜。我国在这方面的研制工作几乎与这些国家同时起步，而且在磁力耦合传动技术的研究方面当时领先于德国，所研制的磁力耦合传动式泵和搅拌釜在第七届国际稀土永磁材料及应用会议上引起了各国专家的极大关注和好评。

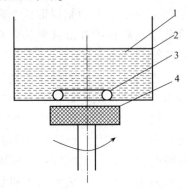

图 12-17　简易的磁力耦合传动搅拌器示意

1—被搅拌液；2—玻璃器皿；3—磁性棒；4—主动磁元件

12.2.1　磁力耦合传动搅拌反应釜的结构形式、工作原理及特点

　　磁力耦合传动搅拌反应釜的结构如图 12-18 所示。它由电动机与变速机构、磁力耦合传动装置、轴承箱、釜体以及搅拌轮五个部分所组成。

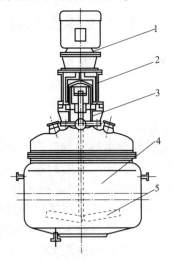

图 12-18　磁力耦合传动搅拌反应釜结构示意

1—电动机与变速机构；2—磁力耦合传动装置；3—轴承箱；4—釜体；5—搅拌轮

　　从图 12-18 中可以看出，五大部件又分别组合为相互分离的两个整体部件：由电动机、变速机构和外磁转子、支撑架组合成一个整体部件；由釜体、轴承箱、内磁转子、搅拌轮及隔离套组合成一个整体部件。

　　如果按搅拌釜中永磁体元件的磁路方向和耦合磁极排列的不同方法进行区分，磁力耦合传动搅拌器可分为平面形和同轴圆筒形两种，如图 12-19 所示。平面形构成组合极的永磁体充磁是轴向的，磁极间的间隙及工作面为平面且相互平等。同轴圆筒形构成组合磁极的永磁体是径向充磁的，磁极间的间隙及工作面为圆柱面。上述两种结构形式的共同特点都是采用非接触式的磁力耦合传动方式，并以隔离套的静密封代替常规的旋转式动密封，从而可进行高温、高压、高转速下的无泄漏操作。

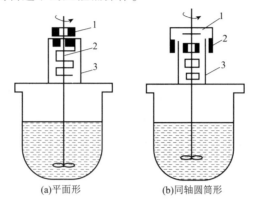

图12-19 两种不同形式磁力耦合传动搅拌器的结构

(a)平面形　　(b)同轴圆筒形

1—外磁转子；2—内磁转子；3—屏蔽隔离套

上述两种结构形式的工作原理完全相同，在隔离套两侧分别设有内磁转子与外磁转子，内磁转子与釜轴相连接，外磁转子与电动机相连接，当电动机带动外磁转子旋转后通过磁力作用将动力传递给内磁转子，从而带动釜轴旋转而实现其搅拌介质的作用。

由于圆筒形磁力耦合传动器为内磁式结构，永磁体利用率高，在相同磁路系数下，由于单位体积磁能所获得的扭矩大，圆筒形磁力传递比平面形磁力传递能够承受更高的工作压力且结构紧凑、体积小，所以，在通常情况下，高压磁力耦合传动反应釜多采用圆筒结构。

磁力耦合传动搅拌反应釜的应用特点是：釜内、外完全密封隔离，变动密封为静密封，可满足绝对无泄漏的要求；力及扭矩是软连接传递方式，传递振动小、噪声低；使用周期长、维修简便，提高了工作效率；由于无轴封等摩擦现象，有节能效果；具有过载保护功能，过载时对电动机、变速机构、轴等零部件有保护作用。

12.2.2 磁力耦合传动搅拌反应釜的分类

磁力耦合传动搅拌反应釜的用途十分广泛，产品品种规格繁多，根据应用效果及使用状态可按以下几种情况进行分类。

（1）按选用材质分类

按选用材质可分为以下4类。

①普通碳素钢类　采用这类材质制作的釜主要用于无腐蚀性介质的混合、搅拌及化合、有机合成等过程。

②耐腐蚀钢　选这类材质制作的釜主要用于各种腐蚀性介质的混合、搅拌、化学反应及合成等过程。

③高温钢　选用这类材质主要用于高温状态与介质的搅拌、反应、合成等过程。

④复合材料　复合材料的性能主要是抗腐蚀、耐磨损、耐冲刷，而且具有降低成本的作用。

材料复合的方法较多，釜体应用中主要有：

a. 复合金属的黏合或焊接；

b. 表面采用喷涂、喷焊的方法；

c. 表面采用镀或刷镀的方法；

d. 衬胶的方法；

e. 塑料衬里的方法；

f. 衬陶瓷的方法等。

用这类复合材质所制作的釜，主要用于腐蚀性及强腐蚀性介质的搅拌、混合、反应、合成以及处理含有颗粒等其他一些特殊介质的作用过程。

（2）按釜体结构形式分类

①夹套式结构　夹套式结构如图 12-20 所示。釜体为双层结构，夹套的作用主要是保温、加温或是降温等。主要用于一些特殊介质和特殊环境的小型釜。

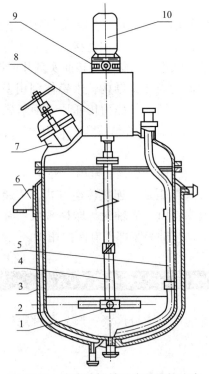

图 12-20　夹套式搅拌反应釜结构示意

1—搅拌轮；2—釜体；3—夹套；4—搅拌轴；5—压出管；6—支座；
7—人孔；8—磁力耦合传动装置；9—变速机构；10—电动机

②非夹套式结构　釜体没有夹套为单层结构。

（3）按工作压力分类

磁力耦合传动搅拌反应釜按工作压力分为以下 3 类。

①低压釜　工作压力小于或等于2MPa；

②中压釜　工作压力范围2～10MPa；

③高压釜　工作压力范围10～18MPa。

由于磁路设计的限制，隔离套壁壳不能过厚，因此高于18MPa的釜应根据具体情况进行特殊设计。

（4）按搅拌形式分类

按搅拌形式分为立式搅拌和卧式搅拌两类。

①立式搅拌　立式搅拌分为两种情况：一是如图12-19所示，轴从釜顶向下垂直搅拌；二是轴从釜底向上垂直搅拌。

②卧式搅拌　卧式搅拌也包括侧搅拌，侧搅拌一般在釜的下侧部。

立式搅拌和卧式搅拌工作目的和工作原理基本相同，只是在搅拌介质的过程中对介质混合反应的流向和方式要求不同。

12.2.3　磁力耦合传动搅拌反应釜的结构设计

（1）设计前的准备工作

设计前从工艺流程的角度对釜的技术条件等做出详细的书面报告，供设计使用。其主要内容为釜体容积、最大工作压力、工作温度、介质性能、传热面积、搅拌形式、转速及传动比、工艺接管尺寸、磁传动扭矩（或功率）。

（2）设计的基本程序

①确定总体结构设计方案

a. 根据生产工艺需求考虑制造、安装和使用维修等，确定各部分结构形式和尺寸，如封头、传热面、搅拌形式以及各附件的结构形式与连接方式等。

b. 初步进行示意图布局、尺寸分配、强度估算。

c. 进行结构分析、尺寸调整、结构调整。

d. 通过方案论证和方案修改，确定总体结构设计方案。

②图纸设计阶段

a. 图纸设计。包括总装图、零部件图以及标准零部件的标准图等。

b. 结构稳定性及强度计算。对各项设计必须进行强度计算和必要的稳定性计算校核。

c. 提出设计及技术要求。对制造、装配、检验和试车等方面提出设计要求和技术要求。

③磁力耦合传动装置的设计

a. 根据工作压力、工作温度等进行磁路结构设计，确定基本尺寸。

b. 磁性材料基本尺寸及性能选择确定。

c. 隔离套结构设计。包括隔离套法兰密封形式的确定及散热方案的选择确定。

d. 大功率（300kW以上）磁力耦合传动装置在设计时，还应考虑磁体组装工艺的设计和专用工卡具的设计以及试验检测方案的确定，其次还应考虑整体组装、拆卸的方案。

④轴承设计

　　a. 选择滚动轴承方案较简单，主要考虑轴承的承载能力、两支撑点跨距等。

　　b. 选择滑动轴承时应主要考虑以下几个问题：结构设计，选择合理的结构形式；材料选择，选择相应的配对材料；两支撑点跨距设计；轴承的安装及定位方式；轴承润滑及冷却方式的考虑和设计；轴承的拆装方法确定；轴承承载能力及运行寿命校核计算。

　　c. 轴向力及径向力的准确计算及消除。

　　d. 材料及标准件选择。

　　材料选择，根据实用要求按经济合理的原则选材。

　　标准件选择，应按国家标准严格选择，尽可能标准化。

　　零部件设计选用，包括电动机、联轴器、底座、减速机等有关零部件的选用和设计，也应尽可能考虑通用和标准化。

　　⑤编定设计计算书和使用说明书

12.2.4　磁力耦合传动搅拌反应釜的设计计算

　　(1) 磁力耦合传动装置的设计计算

　　磁力耦合传动搅拌反应釜中磁力耦合传动装置的设计与前述章节所述设计方法基本相同，这里不再介绍。

　　(2) 釜体设计

　　釜体由封头和筒体组成，下封头与筒体一般为焊接；上封头与筒体根据工艺要求用焊接或法兰连接两种方法，一般直径小于 1500mm 时可选用法兰连接。

　　①筒体内径 D_j　可按式（12-1）计算

$$D_j = \sqrt[3]{\dfrac{4V}{\pi \dfrac{H}{D_j}}} \tag{12-1}$$

　　式中　V——设备容积，m^3；

　　　　　H——筒体高，mm；

　　　　　D_j——筒体内径，mm。

　　$\dfrac{H}{D_j}$ 可按物料选取，液-固相或液-液相取 $\dfrac{H}{D_j} = 1 \sim 1.3$，气-液相取 $\dfrac{H}{D_j} = 1 \sim 2$，对发酵罐类取 $\dfrac{H}{D_j} = 1.7 \sim 2.5$。

　　②操作容积　可按式（12-2）计算

$$V_o = \eta V \tag{12-2}$$

　　式中　V——设备容积，m^3，一般工艺条件中给出；

　　　　　η——装料系数，表示操作时允许装满的程度，η 根据反应状态选取，一般为 $0.6 \sim 0.85$。

　　③釜体高度 H　按式（12-3）计算

$$H = \dfrac{V - V_h}{V_1} \ (m) \tag{12-3}$$

　　式中　V——设备容积，m^3；

V_h——封头容积，m^3；

V_1——较高筒体容积，m^3。

④釜体厚度计算　釜体壁厚的设计计算根据釜体的受载情况按压力容器设计计算方法计算确定。具体设计计算时还应注意以下几方面。

a. 釜内操作压力为釜体受内压力时，筒体和封头的壁按内压容器设计计算。

b. 釜体带夹套时，内压和外压同时分别计算，取两种计算所得壁厚的较大值。若封头带夹套时设计计算方法同前；为了便于焊接加工，一般情况下封头与筒体的壁厚相同。

（3）夹套设计

夹套的结构尺寸通常根据工艺和安装两方面的要求而定，夹套的内径 D_i 与釜体的内径 D_j 有关，D_i 的数值可按表 12-9 取值。

表 12-9　D_i 与 D_j 值

D_j/mm	500 ~ 600	700 ~ 800	2000 ~ 3000
D_i/mm	$D_j + 50$	$D_j + 100$	$D_j + 200$

夹套高度 H_i 的计算方法见式（12 – 4）

$$H_i = \frac{\eta V - V_h}{V_1} \qquad (12 - 4)$$

在确定夹套高度 H_i 时应注意两个问题：

①夹套与釜体法兰的配合尺寸及空间应符合有关设计标准和要求；

②验算釜体传热面积是否满足生产工艺的要求。

一般验算的简易方法见式（12 – 5）

$$F_i H_i + F_F \geqslant F \qquad (12 - 5)$$

式中　F——生产工艺要求的传热面积；

F_F——封头的传热面积；

F_i——每 1m 高的筒体内表面积。

壁厚以夹套内的最大工作压力按内压容器计算，真空时按外压进行设计计算，夹套筒体与封头一般也取相同壁厚，支承时应考虑容器重量和物料重量。

（4）法兰选择

法兰根据公称直径、公称压力以及选用材质、工作温度等参数从"压力容器法兰"或"管法兰"标准中查取。

法兰密封面形式和密封垫片材料可按照物料的性质和操作条件在《搅拌设备》（王凯、虞军等编，化学工业出版社出版，2003 年）中选取。

（5）接管口的选择

釜体上的接管口是按照设计任务提供的条件在反应釜上布置设计的。

①进料管口常见的形式如图 12-21 所示，通常是将管伸进设备内并设置一个 45°斜口，可避免物料沿釜体内壁流动，减少物料对壁面的磨损与腐蚀。管上部位（料液面以上）开几个小孔，以防止料液吸入。

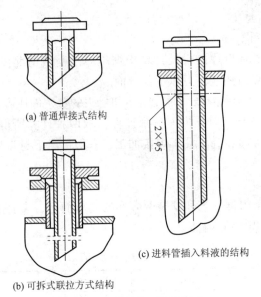

(a) 普通焊接式结构

(c) 进料管插入料液的结构

(b) 可拆式联拉方式结构

图 12-21　进料管口常见形式

②出料管有下出料管和上出料管（压料管）两种，常见的几种下出料管结构形式如图 12-22 所示。

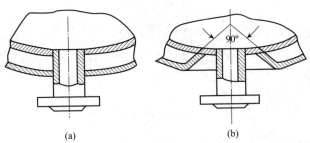

(a)　　　　　　　　(b)

图 12-22　下出料管结构形式

③仪器、仪表、温度计接管与釜体的安装除个别特殊情况外，一般均采用插入式。几种常用仪器、仪表接口结构形式见表 12-10。

表 12-10　几种常用仪器、仪表的接口结构形式

项目	压力计	液面计		温度计	
开口尺寸/mm	15	20	20	40	M27×2
连接形式	$p_g \leqslant 1.6\mathrm{MPa}$ 螺纹 $p_g \leqslant 1.6\mathrm{MPa}$ 法兰	法兰	螺纹	$p_g \leqslant 1.6\mathrm{MPa}$ 平焊法兰 $p_g \leqslant 1.6\mathrm{MPa}$ 凹凸面对焊法兰	螺纹

（6）搅拌系统的形式选择

搅拌系统由搅拌轮、搅拌轴及支承、轴承等组成。目前搅拌轮已是标准件，有关资料推荐的几种标准搅拌轮结构形式如表12-11所示。

表 12-11　几种标准搅拌轮的结构形式

类型		简图	常用尺寸	常用运转条件	常用介质黏度范围
桨式	平直叶		$D/D_1 = 0.35 \sim 0.30$ $B/D = 0.10 \sim 0.25$ $Z = 2$ 折叶 $\theta = 45°，60°$	$n = 1 \sim 100 r/min$ $v = 1.0 \sim 5.0 m/s$ 其中折叶有轴向、径向和环向分流作用，多在层流、过渡流状态时操作	$< 2 Pa \cdot s$
	折叶				
涡轮式	后弯叶开启涡轮		$D:L:b = 20:0:4$ $D/D_1 = 0.2 \sim 0.5$ （以0.33居多） 后弯叶扣弯角 $\alpha = 45°$	$n = 10 \sim 300 r/min$ $v = 4 \sim 10 m/s$ 最高转速可达 $600 r/min$ 径向流，有挡板时可形成上下两个循环流	$< 10 Pa \cdot s$
推进式			$D/D_1 = 0.2 \sim 0.5$ （以0.33居多） $S/D = 1.2$ （S 为螺距） $Z = 2、3、4$ （以3居多）	$n = 100 \sim 500 r/min$ 最高转速可达 $1760 r/min$ $v_{min} = 25 m/s$ 轴流型，循环速率高，剪切力小。采用挡板或导流筒则轴向循环更强	$< 2 Pa \cdot s$
锚式			$D/D_1 = 0.9 \sim 0.98$ $b/D_1 = 0.1$ $h/D_1 = 0.48 \sim 1.0$	$n = 1 \sim 100 r/min$ $v = 1 \sim 5 m/s$ 不同高度上的水平环向流，层流状态操作	$< 100 Pa \cdot s$
双螺带			$D/D_1 = 0.9 \sim 0.98$ $s/D = 0.5 \sim 1.15$ $b/D_1 = 0.1$ $h/D = 1.0 \sim 3.0$（可根据液层高度增大）	$n = 0.5 \sim 50 r/min$ $v < 2 m/s$ 轴流型，一般是液体沿槽壁螺旋上升，再沿桨轴而下	$< 100 Pa \cdot s$

类型	简图	常用尺寸	常用运转条件	常用介质黏度范围
螺杆式		$D/D_1 = 0.4 \sim 0.5$ $s/D = 1,\ 1.5$ $h/D = 1.0 \sim 3.0$（视液层高度还可增大）	$n = 0.5 \sim 50\text{r/min}$ $v < 2\text{m/s}$ 轴向流，层流状态操作	$< 100\text{Pa} \cdot \text{s}$
锯齿圆盘式		$D/D_1 = 0.2 \sim 0.5$	$v = 5 \sim 20\text{m/s}$ 径流型，湍流状态操作	$< 2\text{Pa} \cdot \text{s}$

搅拌轮的结构形式选择确定后，根据釜体内径尺寸设计确定搅拌轮外径尺寸，确定搅拌轮与搅拌轴的连接结构，进行搅拌轴的设计，选择轴的支承结构。

搅拌轴的机械设计内容同一般传动轴一样，主要考虑结构设计和强度刚度计算、转速与振动的问题以及临界转速的校核等。

（7）搅拌轴支承方式的选择

磁力耦合传动搅拌釜搅拌轴的轴承支承方式如图12-23所示。

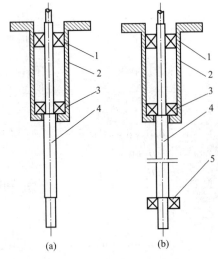

图 12-23　搅拌轴支承方式
1—轴承组件；2—轴承箱；3—轴承组件；4—轴；5—轴底部支承

上、下轴承组件分别由径向轴承和推力轴承组合；两轴承组件的跨距根据轴的总长和搅拌轮承载状态设计确定；轴承材质根据不同的工作介质选择确定。

根据工况条件和结构形式设计选用滑动轴承或是滚动轴承。载荷较大、转速较高时多选用滚动轴承；一些特殊应用中滚动轴承和滑动轴承组件混合使用；搅拌轴较长时，轴承组件1和轴承组件3的支承方式在结构上难以保证轴的径向跳动，一般在轴的下端部采用增加辅助轴承组件的方法保证搅拌轴在运转过程中的稳定性，如图12-23（b）中元件5所示。

辅助轴承组件多安装在搅拌轮前后或轴头端，以轮毂的方法固定在釜体上，结构允许也可固定在釜体底部，同样采用轴承箱和法兰连接固定的方法。

轴承箱用法兰连接固定在釜体上，垂直（或水平）定位采用止口定位的方法。釜体上止口定位要稳固可靠，保证一定的接合面积，使搅拌轴的运行可靠。

（8）工艺条件及技术要求

磁力耦合传动搅拌釜的设计是按工艺条件和技术要求进行的。其工艺条件和技术要求是根据工况条件确定的，工艺条件和技术要求反映了现场使用的工艺过程及生产技术要求。不同的工况条件具有不同的工艺条件及要求。下面模拟列举一种工艺条件及技术要求。

①工艺条件　工艺条件实例见表12-12。

表12-12　工艺条件实例

技术条件	性能指标	技术条件	性能指标
工作压力	釜内≤0.25MPa	搅拌	形式　桨式
	夹套≤0.30MPa		转速　150r/min
工作温度	釜内≤100℃		轴功率　1.4kW
	夹套≤115℃	操作容积	1.8m³
介质	釜内　溶液	传热面积	8m²
	夹套　热油	推荐材料	Q235-A（A3）
	腐蚀情况　轻微		

②接管直径　接管直径见表12-13。

表12-13　接管直径

编号	名称	公称直径/mm
1	温度计接口	65
2	进料口	60
3	视镜口	85
4	安全阀接口	25
5	出料口	70
6	排凝液口	25
7	进热油口	32
8	压力表接口	25
9	手孔	250

注：夹套加热热油系统上装安全阀，釜外保温，反应釜安装在楼板上。

③工艺条件　工艺条件见图 12-24。

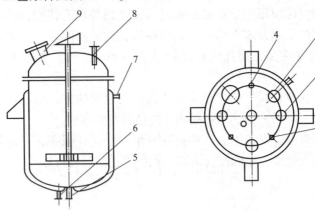

图 12-24　工艺条件示意

1—温度计接口；2—进料口；3—视镜口；4—安全阀接口；5—出料口；

6—排凝液口；7—进热油口；8—接压力表口；9—手孔

（9）冷却方法

搅拌釜在工作过程中因工作温度高需对磁力耦合传动部件进行冷却时，常采用以下几种方法。

①卧式搅拌釜一般从结构上尽可能采取措施，使搅拌釜内的搅拌液循环流动散热，循环系统分为内循环散热系统和外循环散热系统。如果搅拌液温度高，循环自散热达不到冷却效果时，可考虑在循环系统加冷却器的方法，使循环的搅拌液体通过外循环散热系统降低温度冷却散热。用这种方式冷却散热，一般采用外循环方式较简便，如图 12-25 所示。

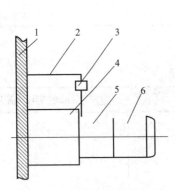

图 12-25　外循环冷却系统示意

1—釜体；2—外循环系统；3—冷却器；

4—轴承箱；5—磁力耦合传动装置；6—电动机

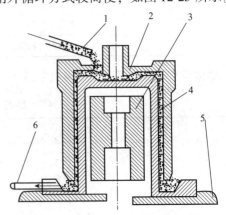

图 12-26　外加冷却系统示意

1—进水管；2—外磁转子；3—内磁转子；

4—隔离套；5—釜体；6—出水管

如果结构上难以实现搅拌液循环自冷却的形式或工艺条件限制不宜循环自冷却时，可采取外加冷却系统的方式，如隔离套及外磁转子采取水冷却的方法等。

②立式搅拌釜由于工作介质及结构的特殊性，一部分釜因工艺条件所限不能从结构上实现搅拌液循环自冷却散热的方式，冷却散热常选用外加冷却系统的方法进行。立式搅拌釜常采用的外加冷却系统的结构方式如图 12-26 所示。立式搅拌釜采用这种方法冷却散热，

结构简单、易实现、效果好。

③冷却散热的方法还有多种，具体采用什么方法，主要根据磁力耦合传动搅拌釜的工艺条件、介质状态以及结构形式确定搅拌机构磁力耦合传动的冷却方式。

（10）搅拌釜性能参数

目前，磁力耦合传动搅拌釜已成为系列产品，由于应用广泛，产品型号规格较多，本节仅提供主要的参数指标，见表 12-14。

表 12-14　搅拌釜性能参数

技术条件	性能指标	技术条件	性能指标
工作压力	釜内：常压~20MPa	介质	釜内：溶液
	夹套：常压~0.5MPa		夹套：水蒸气、热油
工作温度	釜内：常温~200℃		
	夹套：常温~230℃	搅拌介质	酸、碱、盐腐蚀类介质；剧毒、易燃、易爆类介质；含有粉尘颗粒类介质
搅拌	转速：0~3000r/min		
	搅拌转矩：0~10000N·m		

（11）磁力耦合传动装置性能参数

磁力耦合传动装置的性能参数见表 12-15。

表 12-15　磁力耦合传动装置的性能参数

性能	参数	说明
传递扭矩	0~10N·m，0~50N·m，0~500N·m，0~700N·m，0~1000N·m，0~1500N·m，0~1800N·m，0~2200N·m，0~2500N·m，0~3000N·m，0~5000N·m，0~7500N·m，0~10000N·m	按3000r/min 计，传递功率最大达 3000kW
工作温度	0~80℃，0~200℃，>200℃	大于200℃时外加冷却磁系统
工作转速	0~3000r/min，0~4500r/min	根据工艺要求确定

12.3　磁力耦合传动技术在全密封阀门中的应用

阀门是由阀机构和传动机构组合而成的一种构件，主要用于各种装置和系统中，对介质起截断、限制、调节等控制性作用。阀有闸阀、截止阀、隔膜阀、旋塞阀、球阀、蝶阀、节流阀、止回阀、多用阀、特种阀和专用阀等；传动机构有手动、电磁驱动、电动、液动、气动等。

磁力耦合传动全密封阀门是近年来在阀门产品中发展起来的一种新型产品。它是由阀和永磁磁力耦合传动装置组合而成的一种崭新的阀门结构形式。它的研制成功是对传统阀门技术的提升和结构的改进。阀部分采用符合国家标准制作成的构件，传动机构采用由永磁体构成的磁力耦合传动装置。这种阀门由于驱动件的柔性接触和扭矩的软传递，使得整机结构合理，性能稳定、安全、可靠，实现零泄漏，提高了阀门使用的可靠性。目前除了永磁材料使用温度受到一定限制外，在应用方面与其他阀门基本一样，其应用领域非常广阔，特别是使用在特殊工况中的低温阀、耐腐蚀阀、输油输气管道阀以及形形色色的安全阀等更显露出它的优越性，尤其适用于石油、化工、制药、军工等行业的易燃、易爆、腐蚀、毒害、放射性等有污染的生产环境中。

<h3>12.3.1 磁力耦合传动全密封阀门的结构、工作原理及特点</h3>

磁力耦合传动全密封阀门其基本传动原理是利用永磁材料磁作用使主动件与从动件之间无接触地传递扭矩（功率）。磁力耦合传动全密封阀门的运动方式不同于其他阀门，阀机构的运动不是直接通过阀杆控制，而是通过永久磁场控制，如图12-27所示。

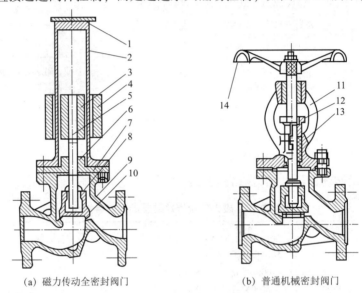

(a) 磁力传动全密封阀门　　(b) 普通机械密封阀门

图 12-27　磁力耦合传动全密封阀门结构示意

1—限位板；2—隔离套；3—内磁力耦合传动转子；4—外磁力耦合传动转子；5—阀杆；
6—导向板；7—密封圈；8—阀芯；9—阀体；10—密封环；11—密封支撑架；
12—压盖；13—密封组件；14—手轮

从图中看出，磁力耦合传动全密封阀门的零件 5 阀杆与零件 8 阀芯、零件 3 内磁力耦合传动转子相连接，封闭在零件 2 隔离套内，形成一个全封闭结构，力和扭矩是通过零件 3 和零件 4 内、外磁力耦合传动转子的磁场耦合力传递的；普通机械密封阀门的阀杆与阀芯和零件14手轮相连接，零件 11 为阀杆的密封支撑架，零件 13 为密封组件，零件 12 为密封组件压盖，力和扭矩的传递通过手轮传递给阀门和阀芯，是动密封结构。因此，普通机械密封阀门的阀杆轴向运动都是通过螺纹导向运动的。

由于磁力耦合传动全密封阀门在结构上不同于普通机械密封阀门，因此，在结构和应用上具有其突出的特点，显示了极大的优越性。

（1）运动灵活

磁力耦合传动的方式取代了阀杆传递力或扭矩的方式，阀结构中不采用动密封装置，阀杆运动摩擦力小，运行灵活。

（2）密封性好

磁力耦合传动全密封阀门采用磁力耦合传动密封装置，后阀杆与阀体动密封结构变为静密封结构，与普通机械密封装置相比，密封性能好，实现了零泄漏。

（3）安全性好

变动密封为静密封，实现了零泄漏，使用过程安全性好，特别是应用在一些特种介质和特殊操作过程中，具有很可靠的安全性。

（4）使用寿命长

磁力耦合传动全密封阀门从结构上看，易损件只是阀芯的密封元件而不是带有螺纹的阀杆导向螺母，与传统阀门相比，极大地提高了阀的使用寿命。

（5）温度影响

磁力耦合传动全密封阀门剔除了动密封装置，密封问题基本不受温度影响，阀门的使用温度主要取决于选用的永磁材质及结构。

12.3.2 磁力耦合传动全密封阀门的分类

（1）按工作温度分

①低温阀　$t = -30℃$；
②常温阀　$t = -30 \sim 90℃$；
③中温阀　$t = 90 \sim 230℃$；
④高温阀　$t > 230℃$。

（2）按工作压力分

①真空阀　$p_g < 0.1MPa$；
②低压阀　$p_g \leqslant 2.5MPa$；
③中压阀　$p_g = 2.5 \sim 10MPa$；
④高压阀　$p_g = 10 \sim 45MPa$；
⑤超高压阀 $p_g > 45MPa$。

（3）按用途分

①截断阀　主要用于截断或接通介质流量；
②调节阀　主要用于调节介质的流量、压力等；
③分流阀　主要用于分配、分离或混合介质。

（4）按阀体材质分类

有铸铁阀、钢阀、不锈钢阀等。

（5）按传动方式分类

有手动阀、电动阀等。

12.3.3　磁力耦合传动全密封阀门设计应注意的问题

①阀杆运动过程中有锁紧、退位等动作，因此，设计扭矩时应考虑到各种因素，设计足够大的磁扭矩。

②内、外磁转子在隔离套上应设计有旋转定位轴承，以保证阀杆的运动精度，如图12-28所示。

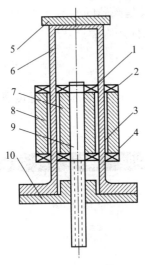

图 12-28　轴承定位示意图

1，3—内磁转子定位轴承；2，4—外磁转子定位轴承；

5—限位板；6—隔离套；7—内磁转子；

8—外磁转子；9—阀杆；10—导向板

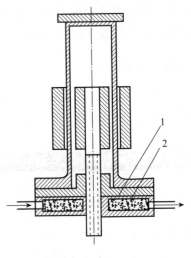

图 12-29　隔热冷却示意

1—隔热器；2—冷却液

③阀门在温度较高的场合使用时，为保证磁场的性能稳定和正常工作，在结构设计中应附加隔热冷却装置，以减小阀杆及其他零件和空间的热传递，如图12-29所示。

12.3.4　阀用磁力耦合传动结构形式

磁力耦合传动全密封阀门的阀体部分可采用国家标准阀体，设计时根据设计手册查样进行设计。磁力耦合传动部件的结构设计目前尚无标准，但根据运动形式可归纳为以下几种。

（1）管式结构

管式结构如图12-28所示。外磁转子在隔离套外圆上旋转运动时，内磁转子在隔离套内随着外磁转子的运动而运动。阀杆与内磁转子连接，随内磁转子运动。内、外磁转子在隔离套内、外呈环形套管结构。

（2）筒式结构

筒式结构如图 12-30 所示，内、外磁转子（4，9）呈筒式结构定位耦合，当外磁转子带动内磁转子运动时，位于磁力器中间的阀杆（3）通过内磁转子中心孔螺纹做轴向运动。位于下面的法兰（1）起固定转子轴承作用。这种结构的特点是：成本高、结构较复杂，用于精密密封传动的阀门上。

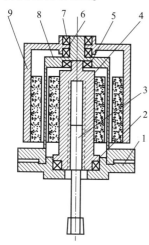

图 12-30 筒式结构示意

1—法兰；2，5—内磁转子轴承；3—阀杆；
4—内磁转子；6，7—外磁转子轴承；
8—隔离套；9—外磁转子

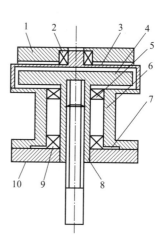

图 12-31 平面式结构示意

1—外磁转子；2—外磁转子轴承；3—隔离套；
4—内磁转子；5，9—内磁转子轴承；6—轴承箱；
7—密封垫；8—阀杆；10—法兰

（3）平面式结构

平面式结构如图 12-31 所示，内磁转子（4）、外磁转子（1）为两平板结构，内、外磁转子做耦合旋转时，阀杆（8）由内磁转子中心孔螺纹带动运动。这种结构的特点是：小型阀、低压力、结构简单。

（4）冷却隔热式结构

冷却隔热式结构如图 12-29 所示。当内、外磁转子在磁场作用耦合旋转工作时，于阀杆周围附加冷却液循环系统以防止介质温度过高造成磁传动装置退磁。冷却系统与磁传动装置之间利用隔热器隔断热传递。这种结构的特点是：高温、高压，结构复杂。

12.3.5 磁力耦合传动阀门主要参数计算

（1）阀门的流体阻力损失

流体通过阀门时会产生阻力，其阻力损失以阀门前后流体压力差 Δp 表示。

对于紊流流态的液体

$$\Delta p = \frac{\varepsilon}{2} v^2 \gamma \times 10^{-3} \quad (\text{MPa}) \qquad (12-6)$$

式中　γ——液体密度；

　　　v——进口处流速；

　　　ε——阀门的流体阻力系数，阀门类型、阀体结构尺寸和表面情况等不同，流体阻力
　　　　　系数不同，请查有关手册。

（2）传动速度

阀门阀杆的传动速度在不同介质状态中有不同的要求。传动方式为手动阀时，一般对传动速度要求不严格；如果传动方式为电动或气动、液动时，对传动速度的要求较为严格，一般按以下公式作简易计算。

①电动装置

$$T = \frac{60L_f}{tmn} \qquad (12-7)$$

式中　T——关闭时间，s；

　　　L_f——关闭行程，cm；

　　　m——螺纹头数；

　　　n——轴转速，r/min。

②气、液动活塞传动装置

$$T = \frac{60L_n A}{q} \quad (\text{s})$$

式中　L_n——活塞行程，cm；

　　　A——活塞缸有效面积，cm^2；

　　　q——单缸所需介质流量，cm^3/min。

（3）密封力计算

①平面密封　平面密封如图 12-32（a）所示。密封力 F_b 为

$$F_b = \frac{\pi}{4} \left(D_2^2 - D_1^2 \right) \ q_b = \pi D_m b q_b \qquad (12-8)$$

式中，q_b 为密封面上所需的最小比压，称为必需比压。

$$q_b = m \frac{a + cp}{\sqrt{b}} \quad (\text{kgf/cm}^2) \qquad (12-9)$$

式中　m——与介质有关的系数；

　　　a，c——与密封面材料有关的系数；

　　　p——公称压力。

②锥面密封　锥面密封如图 12-32（b）所示。密封力 F_b 为

$$F_b = \frac{\pi}{4} \left(D_2^2 - D_1^2 \right) \ (1 + \mu_m \cot\theta) \ q_b$$

$$= \pi D_m b q_b \sin\theta \ (1 + \mu_m \cot\theta) \qquad (12-10)$$

式中，μ_m 为楔角摩擦系数。

③刀形密封　刀形密封如图 12-32（c）、（d）所示。密封力 F_b 为

$$F_b = \pi D_m q_1 \qquad (12-11)$$

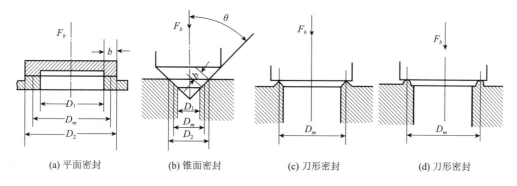

(a) 平面密封　　(b) 锥面密封　　(c) 刀形密封　　(d) 刀形密封

图 12-32　密封力作用示意

（4）阀杆的扭矩计算

阀杆的扭矩计算较为复杂，不同的阀，其作用力不同，扭矩的计算方法也不一样，所以，阀杆的扭矩计算根据有关手册的计算方法和具体阀的不同情况结合设计计算。

12.3.6　磁力耦合传动全密封阀门性能参数测试

对磁力耦合传动器的力和扭矩的测量，原则上是遵循扭矩公式，根据扭矩转速传感器的工作原理来进行的。扭矩的大小由扭矩转速传感器首先通过二次仪表直接显示，然后确定力臂，从而测得传递力和传递扭矩。

（1）测试机构

①扭矩测试机构由三部分组成。其扭矩测试机构方框图如图 12-33 所示。

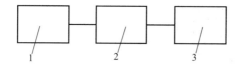

图 12-33　扭矩测试机构方框图

1—磁力耦合传动阀门；2—扭矩测试仪；3—数字显示仪

磁力耦合传动阀门通过管道、连接法兰与扭矩测试仪相连接，在使用扭矩测试仪时按技术说明书的使用要求进行操作，测试力和扭矩的性能参数在显示仪上显示。

②力的测试机构由四部分组成，其测力机构方框图如图 12-34 所示。

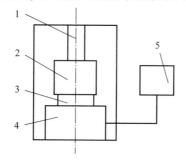

图 12-34　测力机构方框图

1—机架；2—滑动杆；3—磁力耦合传动组件；4—测力传感器；5—数字显示仪

滑动杆固定在机架上，磁力耦合传动组件分别连接滑动杆和测力传感器。测力传感器连接数字显示仪。

测力传感器测试的数据显示在数字显示仪上。

（2）几种不同类型的磁路排列

基于磁路结构的对称性、周期性特征，根据不同用途和不同功能阀门设计的需要，设计不同形式的磁路排列，用于阀门的传动上。

①轴向压力式磁路排列如图12-35所示。

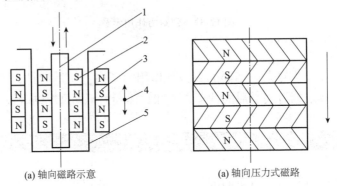

(a) 轴向磁路示意　　　　　　　(a) 轴向压力式磁路

图12-35　轴向压力式磁路与磁力器示意

1—轴；2—内磁转子；3—外磁转子；4—上下移动机构；5—隔离套

② 螺旋扭矩结构示意和螺旋扭矩式磁路展开图分别如图12-36（a）、（b）所示。

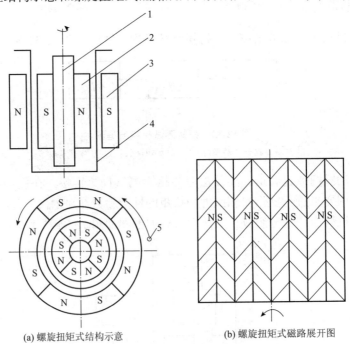

(a) 螺旋扭矩式结构示意　　　　　(b) 螺旋扭矩式磁路展开图

图12-36　螺旋扭矩式磁路展开图和结构示意

1—轴；2—内磁转子；3—外磁转子；4—隔离套；5—旋转机构

③径向、轴向组合式磁路排列如图12-37所示。

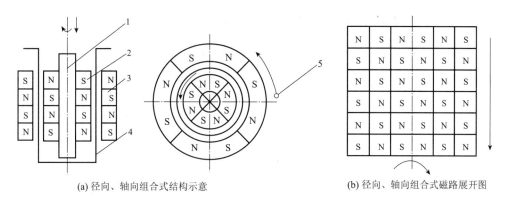

(a) 径向、轴向组合式结构示意　　　　　　(b) 径向、轴向组合式磁路展开图

图 12-37 径向、轴向组合式磁路展开图和结构示意

1—轴；2—内磁转子；3—外磁转子；4—隔离套；5—旋转机构

　　不同磁路排列与阀门形式的配置请参见 12.3.7 性能测试数据。阀门口径范围只要掌握了表 12-16 ~ 表 12-18 所给出的传递扭矩大小，再结合所需要的阀门特点，便可设计出任意口径大小的阀门。

表 12-16　CFN 系列轴向型磁力耦合传动阀门主要性能参数

型号	项目	轴向轴传递推力/N				径向轴传递扭矩/N·m				磁路展开尺寸/mm	
		1	2	3	平均值	1	2	3	平均值	内磁体	外磁体
CFN7	1	1012	989	1008	1003	0	0	0	0	383.2×39	408.4×39
	2	989	1001	995	995	0	0	0	0	383.2×39	408.4×39
	3	998	975	989	987	0	0	0	0	383.2×39	408.4×39
CFN15	1	1637	1727	1631	1665	0	0	0	0	439.8×52	477.5×52
	2	1609	1691	1695	1665	0	0	0	0	439.8×52	477.5×52
	3	1682	1706	1656	1681	0	0	0	0	439.8×52	477.5×52
CFN37	1	2878	2931	2874	2894	0	0	0	0	508.9×117	565.5×117
	2	2829	2883	2899	2871	0	0	0	0	508.9×117	565.5×117
	3	2891	2897	2835	2874	0	0	0	0	508.9×117	565.5×117

表 12-17　CFN 系列螺旋型磁路磁力耦合传动阀门主要性能参数

型号	项目	轴向轴传递推力/N				径向轴传递扭矩/N·m				磁路展开尺寸/mm	
		1	2	3	平均值	1	2	3	平均值	内磁体	外磁体
CFN7	1	238	224	235	232	55	61	51	55	383.2×39	408.4×39
	2	242	235	228	235	51	59	60	56	383.2×39	408.4×39
	3	227	243	236	235	62	65	50	59	383.2×39	408.4×39
CFN15	1	405	391	385	393	105	111	119	112	439.8×52	477.5×52
	2	387	382	391	387	112	121	106	113	439.8×52	477.5×52
	3	379	396	382	386	122	104	102	110	439.8×52	477.5×52
CFN37	1	705	718	711	711	401	392	395	396	508.9×117	565.5×117
	2	714	702	708	708	402	390	397	399	508.9×117	565.5×117
	3	698	709	718	708	389	402	396	399	508.9×117	565.5×117

表 12-18　CFN 系列组合型磁路磁力耦合传动阀门主要性能参数

型号	项目	轴向轴传递推力/N				径向轴传递扭矩/N·m				磁路展开尺寸/mm	
		1	2	3	平均值	1	2	3	平均值	内磁体	外磁体
CFN7	1	549	547	528	541	21	25	23	23	383.2×39	408.4×39
	2	535	546	538	539	22	24	19	21	383.2×39	408.4×39
	3	541	526	537	534	25	20	23	22	383.2×39	408.4×39
CFN15	1	1034	1037	1039	1036	41	45	43	43	439.8×52	477.5×52
	2	1028	1036	1019	1028	39	42	47	42	439.8×52	477.5×52
	3	1031	1029	1221	1027	40	39	44	41	439.8×52	477.5×52
CFN37	1	1862	1846	1875	1861	140	144	135	139	508.9×117	565.5×117
	2	1841	1839	1864	1848	138	148	141	142	508.9×117	565.5×117
	3	1877	1856	1848	1860	134	141	145	140	508.9×117	565.5×117

（3）性能参数测试

对研制的几种磁力耦合传动阀门进行了产品性能试验，在此基础上对几个主要参数进行了测试。

①选用图 12-35 所示的磁路排列、组合、组装生产的磁力耦合传动阀门，测试所得主要性能参数见表 12-16。

②采用图 12-36 所示的磁路排列、组合、组装生产的 CFN 系列磁力耦合传动阀门，测试的主要性能参数见表 12-17。

③采用图 12-37 所示的磁路排列、组合、组装生产的磁力耦合传动阀门，按照规定的性能测试方法测试的主要性能参数见表 12-18。

12.3.7　测试分析

（1）测试数据说明

①以上表中点数是指内、外磁转子相对运动一周中任意选定的测试点的数目；重复次数是确定测试点数后重复测试的次数；磁路展开尺寸是指内、外磁转子相互作用面的展开尺寸。

②轴向轴传递推力和径向轴传递扭矩是指内、外磁转子相对运动工作时，阀杆轴产生的轴向作用推力和径向旋转作用扭矩，表中数据是一确定磁体厚度下的最大值，即脱开值。表 12-16 中径向轴传递扭矩值很小，忽略不计，视为零值。

③实测时，表中数据群中除个别数据外，大多数数据的小数点后有多位小数，考虑到对测试分析和设计计算影响不大，小数点后只保留了一位小数，其他忽略不计。

④在测试过程中对数据未做修整处理，保证了数据的原始性和准确性。

（2）测试数据的可靠性

测试数据由于采用先进机械参数电测技术和自动检测技术，使用的测试仪表准确，测试方法合理，测试过程较完整，测试点数对称以及重复测试等，通过对测试结果的分析，一致认为此测试数据是可靠的。

（3）测试数据的实用价值

①表中测试数据和磁路展开尺寸为研究、生产制造磁力耦合传动全密封阀门提供了设计依据和宝贵经验。

②三种不同排列形式的磁路，其运动状态不同，力与扭矩的增减也有较大变化。图 12-35 形式磁路轴向作用推力大，适用于轴向滑动运动的阀门；图 12-36 形式磁路为大扭矩磁路，适用于螺旋运动的阀门，螺旋运动中也可产生一定的轴向推力；图 12-37 形式磁路既产生扭矩做旋转运动又产生轴向作用推力做轴向运动，有复合运动的能力，适用于常用的截断阀传动机构。

③CFN7 有效工作磁隙为 4mm，CFN15 有效工作磁隙为 6mm，CFN37 有效工作磁隙为 9mm，三种工作磁隙对应于三种工作半径，在磁路设计上为大间隙磁路设计，适用于高压、高温、腐蚀性介质的系统中，同时对研制中、低压常用阀有很好的推动价值。

④内、外磁转子磁场的相互作用的面积不变，改变磁体的排列形式，使得力和扭矩有序地增减，从而获得一系列在该变化状态下的测试数据，它对磁路设计和排列形式选择有很重要的参考价值。

（4）结论

对几种形式的磁力耦合传动阀门经过性能试验与参数测试分析，认为磁力耦合传动密封技术用于阀门机构是完全可行、可靠的；其结构设计与试验测试结果对产品的系列化设计、产品的结构设计和特性研究提供了很好的依据，为研究和开发本产品在技术方面加深认识和拓展思路提供了有意义的资料。

目前，限制磁力耦合传动阀门应用的主要原因有三个：一是磁力耦合传动阀门产品开发太少，人们在使用上还囿于传统的机械阀门，很少有条件和机会去审阅和见识磁传动阀门的优越性；二是对磁力耦合传动技术还缺乏应有的认识，不理解柔性接触和软传递扭矩的可靠性和安全度，不能从整体考虑和认识磁传动部件综合价值的优惠；三是当前磁传动阀门的绝对价格成本还比较大。但是，随着科技发展和社会进步以及这一类产品的进一步开发，磁传动阀门产品的前景还是非常看好的。

12.3.8 磁力耦合传动全密封阀门的选用

（1）选用时应注意的主要技术参数

①公称压力是指阀门在基准温度下允许的最大工作压力，用 p_g 表示。

②公称通径指阀门与管道连接处通道的名义直径，用 D_g 表示。在一般情况下，D_g 就是连接处通道的实际直径尺寸。磁力耦合传动全密封阀门的公称通径系列见表 12-19。

表 12-19 磁力耦合传动全密封阀门的公称通径系列

D_g/mm	3	6	10	15	20	25	32	40	50	65	80
	100	125	150	175	200	225	250	300	350	400	

③强度试验压力和密封试验压力用于检验产品质量和使用前试验压力，供试验用。

（2）阀门的温压表

阀门的工作温度和相应的最大工作压力变化表简称温压表。温压表是阀门设计和选用的基准。磁力耦合传动全密封阀门由于受磁性材料工作温度的限制，其温压表接近于铜合金阀门与铸铁阀门之间，基准温度一般为80℃，允许使用温度为250℃，若高于250℃在结构上就要采用冷却机构。

（3）材料选用

磁力耦合传动全密封阀门的材料选用与普通阀门的材料选用基本一样。而隔离套及磁力传动部件的材料选用是根据磁力耦合传动部件的设计来选择确定。

12.4　磁力耦合传动技术在仪表工业中的应用

磁力耦合传动在传递力或扭矩时，两磁力部件根据技术要求可以相隔一定距离，实现无摩擦、无接触传递力或扭矩；而且还可根据使用场合或环境的要求将一个磁部件相对隔离安装在容器或器皿内，另一个磁部件安装在容器或器皿外，在相隔一定距离和相对封闭的情况下同样实现力或扭矩的传递；磁力耦合传动传递力或扭矩的特有方式使得原动机和工作机之间没有硬连接，具有传递振动很小（可忽略不计）、噪声小、稳定可靠并有过载保护作用等优点。因此，磁力耦合传动技术可广泛应用于仪器、仪表工业中。

在仪器、仪表上应用的磁力耦合传动装置所需传递力或扭矩除个别特殊情况外，一般情况下较小。磁路设计和磁体排列方式可根据具体情况配套计算，也可做模拟试验和应用。

磁力耦合传动在仪器、仪表上应用时，应注意磁场对仪器、仪表性能的影响。因此，在设计仪器、仪表时采用磁力耦合传动技术，在选材、磁体安装位置以及磁屏蔽等技术方面应有严格的控制。

12.4.1　磁力耦合传动在液面检测仪中的应用

磁力耦合传动式液面检测仪的结构如图12-38所示。

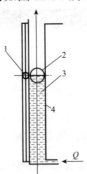

图12-38　磁力耦合传动式液面检测仪结构示意

1—磁性柱；2—磁性球；3—被测液体；4—液体管

当被测液体在管（罐）内上升和下降时，液面浮动的磁性球在液位表面随液面上、下浮动。由于磁性球磁场力的作用同时吸引管外磁性柱同步进行上、下滑动，可以直观地通过磁性柱的位置数读出液位的高度。

这种液面检测仪具有结构简单、使用方便、安全可靠、读数直观准确、不易损坏等优点。

12.4.2 磁力耦合传动在界面检测仪中的应用

磁力耦合传动式界面检测仪的结构原理如图 12-39 所示。从图中可以看出，两种不同介质由于相对密度的不同，在管内明显形成两种介质的界面，磁性球根据界面处的重力或浮力设计而成，潜浮在管内两介质的界面之间。当界面上、下浮动时，磁性球随界面上、下浮动，磁性柱随磁性球磁场的相互吸引同时做上、下浮动。磁性柱的某一位置准确显示了两介质界面的位置，依磁性柱的位置数读出界面的位置高度。

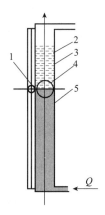

图 12-39 磁力耦合传动式界面检测仪结构原理
1—磁性柱；2—介质 A；3—液体管；4—磁性球；5—介质 B

12.4.3 磁力耦合传动在流量计中的应用

磁力耦合传动式流量计工作原理如图 12-40 所示。

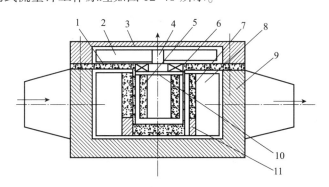

图 12-40 磁力耦合传动式流量计工作原理
1—隔离套；2—旋转指示针组件；3—外罩；4—转轴；5—内磁转子；6—轴承；
7—外磁转子；8—旋翼；9—过水管体；10—支撑垫；11—外套

　　从图中可以看出，当流量计过水时，旋翼 8 与外磁转子 7 旋转使水通过，由于磁场的作用力，内磁转子 5 随着外磁转子而旋转，当内磁转子旋转时带动转轴 4 转动，同时转轴 4 带动旋转指示针组件 2 转动并根据转动数量多少读出流量。

　　流量计有多种形式，其中旋翼式流量计普遍应用于生活用水管道，人们通称旋翼式水表或水表。

　　旋翼式水表在工业用水上也普遍使用，例如，炼油系统的各种用水、化工行业的各种用水、制药用水、电厂用水以及油田等工业用水。在工业用水中管压分低压、中压、高压；同样旋翼式水表也分低压用水表、中压用水表和高压用水表。高压用旋翼式水表，在使用过程中有很多缺陷，往往满足不了生产的需要，比如油田增压注水管路用旋翼式水表，在使用中检测准确度差；水浸字数读不清；可靠性、安全性差。尽管现在研制出了电子测量系统，但成本高、维修困难。

　　在旋翼式水表上采用磁力耦合传动技术，对传统产品结构进行技术改造和技术提升，经试验实用效果显著，适用于高中压用水管路。磁力耦合传动型旋翼式水表就是磁力耦合传动式流量计最普通、最常见的一种。

　　磁力耦合传动式流量计具有读数清楚、使用方便、安全、可靠、寿命长、安装操作简单和通常无需维修等一系列优点，所以，磁力耦合传动流量计在工业用水管路上特别是高、中压管路上的应用是今后发展的趋势，具有广阔的应用前景。

参 考 文 献

［1］赵克中编著. 磁力驱动技术与设备. 北京：化学工业出版社，2004.

［2］叶子兆. 水泵技术，1988. 4.

［3］磁力传动离心泵的可靠性.［英］∥World Pumps. 1997（375）：27.

［4］美国 Sterling Fluid Systems 公司的磁力泵降低单级化工离心泵的运行成本.［英］∥World Pumps. 1997（373）：20.

［5］无密封磁力传动离心泵.［英］∥World Pumps. 1997（375）：17.

［6］无密封泵厂在不断发展中.［英］Nanette R∕Chemical Engineering.

［7］美国 Ansimag 公司制成立式、自吸等多个系列最大功率达 60kW 的磁力传动化工离心泵.［英］∥World Pumps. 1996（361）：30-34.

［8］日本 Fuji Hunt Photographic Chernicals 公司的磁力传动化工离心泵 5 年无检修.［英］∥World Pumps. 1997（366）：29.

［9］英国 Michael Smith 公司的能够干转的磁力传动离心泵.［英］∥EureKa. 1997，17（4）：26.

［10］英国 Michael Smith Engineers Ltd. 公司的磁力传动输送固体颗粒—能干转的强腐蚀液体离心泵.［英］∥World Pumps. 1997（367）：20.

［11］美国 IJJ-C Pump 公司的能短时间无润滑运行的磁力传动化工泵.［英］∥World Pumps. 1997（367）：16.

［12］奥地利 Vogel，德国 Lowara 和美国 Gould's 三家技术生产的 Gould's 公司新系列不锈钢磁力传动泵显示新的优势.［英］∥World Pumps. 1997（368）：36.

［13］Guy Lemarguand. Optimal designs，IEEE Trans. Mgn.，1999（35）：2.

［14］陈存东. 水泵技术，2000. 5.

［15］王玉良. 水泵技术，1996，5：7-9.

［16］王玉良. 石油化工设备技术，1998，19（1）.

［17］Lwaki Co. Ltd. Magnetic coupling chemical process pumps，World Pumps，1985（2）：42.

［18］Alfred Mersc. Magnetic drive chemical pumps of tomorrow. World Pumps，1989（5）：146.

［19］W. Baran，Krupp Gmbh. Magnetic-Mechanical Cevics. At 6th international workshop on rare cobalt permanent magnets and their applications，Austria：1982，189.

［20］Dipllng. Magnetic drive plastic pump conquers new fields in the chemical industry. World Pumps∕February，1991，44-47.

［21］Permanent magnet drives For pumps and agitators. World Pumps，1982，175-178.

[22] Reduce maintenance and environmental risks chemical engineerg. January，1990，105-108.

[23] Magnetic couplings（A Cushing of magnetic force can now couple motors to pump at 300℃）Machine design/Ferbuary，1989，105-108.

[24] Recent innovation in magnetic drive pump production. World Pumps September，1999，55-57.

[25] Magnetic-drive plastic pump conquers New Fields in the chemical industry World Pumps/February，1991，44-46.

[26] Magnetic-drive plastic pump conquers new fields in the chemical industry. World Pumps/February，1991，44-47.

[27] An alternative to traditiona/sealless centrifugal pumps. World Pumps/January，1998，32-34.

[28] Selection of seal-less pumps for the chemical Industry.

[29] 陈茂庆. 流体工程，1991，4：15-17.

[30] M. H. Nagrial. Design optimization of magnetic couplings using high energy magnets，Elec. Machines Power Syst.，1993，21：115.

[31] P. Elies，Glemarquand. Analytical optimization of a permanent-magnetic coaxial sychronous coupling，IEEE Trans. Magn.，1998，34（4）：2267.

[32] Caio Ferreira，Jayant Vaidya，Torque analysis of permant magnetic coupling using 2D and 3D finite elements methods，IEEE Trans. Magn.，1989，2（4）：3080.

[33] M. V. K. chari. Corporate Research. General Electric ampany，Finite element anakysis of magnetic-mechanical devices，Proceeding of the Seventh international workshop on rare earth-cobalt permanent and their applications，Virginia，1981，237.

[34] D. R. Huang，G. J. Chiou. Effect of magnction profiles on the torque of magnetic couping，J. Appl. Phys.，1994，31：6862.

[35] Huang. Simulation Study of the magnctic couping between radial magnetic gears，IEEE Trans. Magn.，1997，33（2）：2203.

[36] 戴光明，等. 真空与低温，1996，1（2）：26-27.

[37] 刘泉明，等. 水泵技术，2001，3，29-32.

[38] 刘凯，等. 水泵技术，1997，1，37-38.

[39] 李国坤，李希宁，赵克中. 第七届国际稀土钴永磁铁及其应用会议论文集. 北京，1982.

[40] 秦增煌. 电子学. 北京：高等教育出版社，1991.

[41] 刘若茜，马世宏，夏平畴. 真空，1992（4）：27.

[42] 甘肃省科学院磁性器件研究所. FC 系列磁力驱动离心泵使用说明书，1990.

[43] 甘肃省科学院磁性器件研究所. FXC 系列磁力驱动旋涡式离心泵使用说明书，1990.

[44] 李国坤，赵克中. 科技参考资料. 甘肃：甘肃省科学院情报所，1983，4.

[45] 甘肃省科学院磁性器件研究所. EAY 系列磁力离心泵使用说明书，1990.

[46] Cheric Plants. 磁力传动齿轮泵，1995，28：3.

[47] 甘肃省科学院磁性器件研究所. MCB 系列高黏度磁力驱动齿轮泵使用说明书，1990.

[48] James R. Applications for Magnetic drive-rotary positive displacement pumps. World Pumps，1999（5）：24.

[49] 姜永. 磁性材料及器件，1986，4（2）：17.

[50] 李云奇，张世伟. 真空应用，1986.

[51] 赵克中，徐成海. 真空，2003，189（1）：21-24.

[52] 李国坤，李希宁，赵克中，等. 真空与低温，1982，2（1）：1-6.

[53] 雷振林，等. 真空，1998.

[54] 郭洪锋，蒋生发. 机械科学技术，1998，27（2）：11.

[55] 胡之光. 电机电磁场的分析. 北京：机械工业出版社，1989.

[56] 石来德，等. 机械参数电测技术［M］. 上海：上海科学技术出版社，1980，69-75.

[57] 陈守仁. 自动检测技术［M］. 北京：机械工业出版社，1981，151-159.